Hoimar v. Ditfurth:
Der Geist fiel nicht vom Himmel
Die Evolution unseres Bewußtseins

Mit 31 Abbildungen

Deutscher
Taschenbuch
Verlag

Grafik: Erwin Poell und Jörg Kühn, Heidelberg

Von Hoimar v. Ditfurth
sind im Deutschen Taschenbuch Verlag erschienen:
Dimensionen des Lebens (1277; mit Volker Arzt)
Kinder des Weltalls (10039)
Im Anfang war der Wasserstoff (30015)
Innenansichten eines Artgenossen (30022)
Querschnitte (30054; mit Volker Arzt)
Wir sind nicht nur von dieser Welt (30058)
Das Gespräch (30329; mit Dieter Zilligen)

Ungekürzte Ausgabe
1. Auflage Oktober 1980 (dtv 1587)
13. Auflage Dezember 1993: 211. bis 218. Tausend
Deutscher Taschenbuch Verlag GmbH & Co. KG,
München
© 1976 Hoffmann und Campe Verlag, Hamburg
ISBN 3-455-06967-5
Umschlaggestaltung: Simone Fischer
Umschlagfoto: G. Kersting
Umschlaggraphik: Erwin Poell, Jörg Kühn
Gesamtherstellung: C. H. Beck'sche Buchdruckerei,
Nördlingen
Printed in Germany · ISBN 3-423-30080-9

Das Buch

»... in Wahrheit wissen wir nur, daß es eine reale, objektive Welt geben muß, die evolutionäre Betrachtung zwingt jedoch zu der Einsicht, daß unser Gehirn mit Sicherheit noch nicht jedes Niveau erreicht hat, auf dem sein Fassungsvermögen ausreicht für die Summe aller Eigenschaften dieser Welt.« – Ausgehend von diesem provozierenden Kernsatz unternimmt Ditfurth hier den Versuch, die Entstehung menschlichen Bewußtseins als notwendiges Ergebnis einer Jahrmilliarden langen Entwicklungsgeschichte darzustellen. Mit einer Fülle von Beispielen zeichnet er diesen Weg nach – von den ersten einzelligen Lebewesen bis zum menschlichen Großhirn. Dabei wird deutlich, daß auch die Entstehung des Bewußtseins dem Grundprinzip der Evolution folgte, nämlich daß jeder Entwicklungsschritt dem biologischen Zweck dient, die Überlebenschancen zu verbessern, und nicht etwa dem Ziel, dem Organismus möglichst objektive Informationen über seine Umwelt zu liefern. Damit ist Ditfurths Buch nicht nur »eines der interessantesten und zugleich erregendsten Bücher über den Menschen und für die Erkenntnis seiner selbst« (Kölnische Rundschau), es ist gleichzeitig »der gelungene Versuch, dem Leser jenen Eckzahn des ›Mittelpunktwahns‹ zu ziehen, daß nämlich die Welt so beschaffen ist, wie wir Menschen sie erleben« (Hamburger Abendblatt).

Der Autor

Hoimar v. Ditfurth, geboren 1921 in Berlin, ist Professor für Psychiatrie und Neurologie. Seit vielen Jahren gehört er zu den erfolgreichsten deutschen Wissenschaftsjournalisten. Seine Fernsehserie ›Querschnitte‹ gilt als Musterbeispiel spannender und verantwortungsbewußter Popularisierung von Ergebnissen der modernen Naturwissenschaft. Ditfurth starb am 1. 11. 1989 in Freiburg. Er veröffentlichte u. a.: ›Kinder des Weltalls‹ (1970), ›Im Anfang war der Wasserstoff‹ (1972), ›Dimensionen des Lebens‹ (1974), ›Zusammenhänge‹ (1974), ›Der Geist fiel nicht vom Himmel‹ (1976), ›Wir sind nicht nur von dieser Welt‹ (1981), ›So laßt uns denn ein Apfelbäumchen pflanzen‹ (1985), ›Unbegreifliche Realität‹ (1987), ›Innenansicht eines Artgenossen‹ (1989), ›Das Erbe des Neandertalers‹ (1992).

Meinem Freund Gottlieb v. Conta

Inhalt

Farbabbildungen befinden sich zwischen den Seiten 192 und 193.

Einleitung
Der Geist fiel nicht vom Himmel

Eine der zentralen Entdeckungen der modernen Wissenschaft ist die Einsicht, daß die Beständigkeit, in der sich die Welt unserem Erleben präsentiert, nur scheinbar ist. Sie ist nichts als eine optische Täuschung, hervorgerufen durch die relativ zu kurze Lebensdauer des menschlichen Beobachters. Alles, was im Universum existiert, ist das vorläufige Ergebnis einer seit unvorstellbar langer Zeit ablaufenden Entwicklung, die wir neuerdings bis zu jenem fernen Punkt zurückzuverfolgen gelernt haben, der als der Anfang der Welt anzusehen ist.

Was vor diesem Punkt war, bleibt uns verschlossen. Warum es einen Anfang gab, ist eine unbeantwortbare Frage. Auch der Ursprung der Struktur der Urmaterie, der Bau des Wasserstoffatoms, ist für uns in dem Geheimnis dieses Anfangs und seiner Ursache verborgen. Alles das aber, was sich aus diesem Anfang ergeben hat, ist ein legitimer und grundsätzlich zugänglicher Gegenstand naturwissenschaftlicher Untersuchung.

Der nächste Schritt der Erkenntnis bestand in der Entdeckung, daß die Entwicklung kontinuierlich ist, in sich geschlossen. Es gibt nicht, wie wir zuerst glaubten, eine kosmische Entwicklung der toten Dinge, der Gase, Sonnensysteme und Spiralnebel, und daneben eine unabhängig vom kosmischen Geschehen auf der Oberfläche unseres – und anderer – Planeten sich vollziehende biologische Evolution. Aus der rasch anwachsenden Fülle fast unübersehbar vieler Einzelbefunde aus den verschiedensten naturwissenschaftlichen Disziplinen ergab sich in den letzten Jahren ein ganz anderes Bild.

Wir beginnen heute zu begreifen, daß die Aufeinanderfolge ganzer Fixsterngenerationen die Ursache gebildet hat für die sich im Ablauf von Jahrmilliarden abspielende Erzeugung der 92 Elemente, aus denen alles besteht, was uns umgibt. Die Astrophysiker und Chemiker haben herausgefunden, daß die Eigenschaften der durch diesen kosmischen

Prozeß aus dem Wasserstoff des Anfangs hervorgegangenen Elemente ihren Zusammenschluß zu Molekülen immer komplizierterer Struktur unausweichlich zur Folge haben mußten. Das geschieht, wie moderne radioastronomische Beobachtungen beweisen, sogar heute noch im freien Weltraum. Um so rascher vollzog sich der Prozeß auf der Oberfläche von Planeten, deren Gravitation die Moleküle auf engstem Raum konzentrierte.

Biochemiker und Entwicklungsforscher haben in den vergangenen Jahren auf vielfältige Weise die Einwände widerlegt, die jahrzehntelang gegen die Wahrscheinlichkeit ins Feld geführt worden sind, daß der Zusammenschluß der Moleküle aus der gleichen, inneren Gesetzlichkeit weiter fortschreiten mußte bis zu einem Niveau der Kompliziertheit, das den Beginn der biologischen Phase der Entwicklung einleitete. Zwar kolportieren mangelhaft oder einseitig Gebildete statistische »Gegenargumente« gegen diesen Schritt bis auf den heutigen Tag. Wer jedoch bereit ist, die vorliegenden experimentellen Ergebnisse und Beobachtungsdaten zur Kenntnis zu nehmen, kann sich leicht davon überzeugen, daß die Materie unter dem Einfluß der Naturgesetze nicht nur Sonnen- und Milchstraßensysteme, sondern auch lebende Strukturen hervorbringen mußte. So, wie die Naturgesetze sind, und so, wie die Materie beschaffen ist, war die Entstehung von Leben – genügend große Zeiträume vorausgesetzt – nicht nur wahrscheinlich, sie war unausbleiblich.

In diesem Buch wird die Ansicht vertreten, daß das auch für unseren Geist gilt. Ich bin überzeugt, daß das heute vorliegende wissenschaftliche Material bei aller Lückenhaftigkeit unseres Wissens ausreicht, um nachzuweisen, daß die Materie im Verlaufe des gleichen Entwicklungsprozesses auch psychische Phänomene – Empfindungen und Gefühle, Wahrnehmungsvorgänge und schließlich ein Bewußtsein – mit Notwendigkeit hervorbringen mußte.

Wenn man die Tatsache der chemischen und einer sich an diese Phase anschließenden biologischen Evolution anerkennt und voraussetzt, ebenso die Tatsache des Fortschreitens dieser Evolution zu immer komplizierteren Strukturen und Leistungen, dann erweist sich auch das Auftreten psychischer Phänomene im Verlaufe der biologischen Weiterentwicklung als unausbleibliches Ereignis.

Mir ist klar, daß eine solche These zunächst mehr Vorurteile und Mißverständnisse wecken kann, als sich in einer kurzen Einleitung ausräumen lassen. Nur auf zwei werde ich kurz eingehen. Das erste betrifft den Vorwurf des »Materialismus«. Wer ihn gegen den hier vertretenen Aspekt – die Einbeziehung der psychischen Dimension in den naturgeschichtlichen Evolutionsprozeß – erhebt, zielt auf jene Ideologie, die Ernst Bloch als »Klotzmaterialismus« verspottete.

Nun läßt sich nicht leugnen, daß diese primitive Variante im naturwissenschaftlichen Denken vorübergehend eine gewisse Rolle gespielt hat. Das gilt allerdings für eine Epoche, die inzwischen seit drei Generationen überwunden ist. Man sollte der Naturwissenschaft diese Jugendsünde – der ohnehin auch in der schlimmsten Zeit nur ein Teil ihrer Vertreter verfallen war – heute daher nicht länger vorhalten. Vor allem aber: diese Primitivideologie ist hier nicht gemeint.

Nicht ohne Grund habe ich eben die Anerkennung der Tatsache einer chemischen und biologischen Evolution als Voraussetzung der Möglichkeit genannt, den hier gemeinten Aspekt verstehen zu können. Denn wir dürfen nicht vergessen, daß wir – aus geistesgeschichtlich leicht rekonstruierbaren Gründen – die Materie jahrhundertelang in groteskem Maß unterschätzt haben. Dieser Umstand hat die Einsicht in die Natur dieser Welt unnötig lange aufgehalten.

Wer sich darauf versteift, die Materie materialistisch mißzuverstehen, wer diesen Begriff nur von ideologischen Assoziationen belastet denken kann, der allerdings muß bei der Betrachtung moderner naturwissenschaftlicher Befunde schon sehr früh in Schwierigkeiten kommen, spätestens beim Übergang von der chemischen zur biologischen Evolution. Wer die Entwicklung in Gedanken aber bis an den Anfang zurückverfolgt, dem geht auf, in welchem Maße wir der Materie unrecht getan haben. Er entdeckt in der Struktur des Wasserstoffatoms – als der Materie des Uranfangs, aus der alles hervorgegangen ist, was heute existiert – den unübersehbaren Hinweis auf eine jenseits unserer Wirklichkeit gelegene Ursache der Welt (1).

Ist es dann aber womöglich »Biologismus«, wenn man die Ansicht vertritt, daß es im Ablauf der Evolution eine Stelle gegeben haben muß, an der die biologische Weiterentwicklung die Entstehung psychischer Erscheinungen zur Folge hatte? Doch nur dann, wenn man gleichzeitig bestritte, daß sich damit erstmals eine grundsätzlich neue Dimension der Wirklichkeit auftat. Wer biologistisch denkt, wer also meint, Seelisches durch Biologisches erklären zu können – etwa als lediglich besonders komplizierte Form physiologischer Prozesse –, der hat nicht verstanden, was Evolution ist.

Das Wesen dieser universalen Entwicklung, die identisch ist mit der Geschichte der Welt, ist es gerade, daß sie mit naturgeschichtlicher

Unausweichlichkeit Schicht auf Schicht Neues hervorbringt. Eben: Schicht auf Schicht. Da fällt nichts vom Himmel. Da ist nichts unvermittelt plötzlich da, was es vorher nicht gab. Da entsteht in einem kontinuierlichen Schöpfungsprozeß das Neue aus dem Alten: Da schließen sich Elemente zu Molekülen zusammen, mit neuen, bis dahin unbekannten Eigenschaften, die Möglichkeiten eröffnen, die sich nicht vorhersagen ließen. Eine dieser Möglichkeiten war der Zusammenschluß bestimmter dieser Moleküle zu Strukturen, welche die Regeln, nach denen sie selbst aufgebaut waren, in sich enthielten. Das führte zu der grundlegend neuartigen Fähigkeit der Selbstverdoppelung und damit für unser nachträgliches Verständnis zum fließenden und zeitraubenden Übergang von toter zu belebter Materie.

Hier entsteht also fortwährend Neues. Wäre es nicht so, dann wäre die Welt heute noch leer. Aber das Neue bildet sich in jedem Falle, ohne jede Ausnahme, auf dem Fundament des Gegebenen. Es geht aus dem Alten hervor, es entsteht auf jeder Stufe durch eine Verwandlung des Alten. Jeder einzelne Schritt für sich bildet so etwas wie einen Abschluß. Jede einzelne Stufe der Entwicklung wirkt in sich geschlossen, scheinbar vollkommen. Es ist bei aller Großartigkeit der Evolution vielleicht ihr faszinierendster Aspekt, daß sie so nie zum Stillstand kam, weil jede Stufe, die sie erreichte, gleichbedeutend war mit neuen Möglichkeiten, durch die sie stets von neuem in Gang gesetzt wurde.

Auch unser Geist also, das ist die These dieses Buches, muß aus dieser Entwicklung hervorgegangen sein. Woher sonst sollte er stammen? Den Inhalt dieses Buches bildet der Versuch, den Weg, den die Entwicklung an der für diesen Übergang entscheidenden Stelle genommen haben muß, an Hand des bis heute vorliegenden wissenschaftlichen Materials nachzuzeichnen. Das ist keineswegs lückenlos möglich, sondern nur in der Form einer Skizzierung der wichtigsten Entwicklungslinien. Das Bild ist aber deutlich genug, um dem, der es unvoreingenommen betrachtet, die befriedigende Einsicht zu verschaffen, daß es bei der Entstehung unseres Bewußtseins mit natürlichen Dingen zugegangen ist.

Noch ein wichtiger Punkt: Im ersten Augenblick scheint es zu genügen, wenn man für unseren Zweck einfach den Aufbau unseres Gehirns und vor allem seine stammesgeschichtliche Entwicklung betrachtet, um zu erfahren, auf welche Weise die Evolution von der biologischen zu einer psychischen Ebene aufsteigen konnte. Wir werden uns dieser wichtigen Quelle auch fortwährend bedienen. Das wird jedoch nur mit Vorsicht und nur in loser Anlehnung an anatomische und physiologische Gegebenheiten geschehen. Denn wer die Evolution des Psychischen aus der Anatomie unseres Zentralnervensystems abzuleiten versucht, der ist ständig in der Gefahr, die Ursache mit der Wirkung zu verwechseln. Wir dürfen nicht vergessen, daß die Wurzeln des Bewußtseins älter sein müssen als alle Gehirne.

Den Entwicklungsschritt, von dem dieses Buch handelt, kann man nur dann verstehen, wenn man sich klarmacht, daß das Gehirn das *Werkzeug* des Denkens ist und nicht seine Ursache. Nicht unser Gehirn hat das Denken »erfunden«, eher ist es umgekehrt. So, wie auch Beine nicht das Gehen erfunden haben und Augen nicht das Licht. Die Entstehung von Beinen in der Evolution war die *Folge* des Bedürfnisses nach schneller Fortbewegung auf dem trockenen Land. Die Ausbildung von Augen war eine *Reaktion* auf die Möglichkeit, sich des Lichts der Sonne zur Orientierung zu bedienen.

In genau der gleichen Weise sind auch die einzelnen Abschnitte unseres Gehirns, Stufe für Stufe und Schritt für Schritt, eine Antwort der Evolution auf Möglichkeiten gewesen, die sich aus dem jeweils verwirklichten Entwicklungsstand neu ergaben. Die funktionell – und in ihrem Alter – so außerordentlich voneinander verschiedenen drei Hauptabschnitte unseres Gehirns spiegeln daher zwar bis auf den heutigen Tag die drei wichtigsten Schritte wider, mit deren Hilfe die Evolution von der biologischen zur psychischen Ebene emporstieg. Sie sind aber das Ergebnis dieser Entwicklung und nicht etwa ihre Ursache.

Vorsorglich noch eine letzte Bemerkung: Selbstverständlich ist es auch auf diesem naturgeschichtlich-genetischen Weg, auf dem wir uns hier dem Phänomen des Psychischen nähern wollen, gänzlich unmöglich, etwa eine Antwort auf die Frage zu finden, was Geist oder Bewußtsein oder Gefühl »ist«. Die Dimension des Psychischen bildet die oberste Stufe, die die Evolution – jedenfalls auf der Erde – bisher erreicht hat. Damit handelt es sich bei ihr aber im Unterschied zu allen anderen, älteren Entwicklungsebenen um die einzige Stufe, die wir nicht gewissermaßen »von außen« betrachten können. Es fehlt uns, wie der Evolutionstheoretiker sagen würde, eine nächsthöhere, eine »Meta-Ebene«, von der aus allein wir umfassend überblicken könnten, was Psychisches »ist«.

Eines aber wird auf dem Wege, den wir vor uns haben, mit ungewohnter Deutlichkeit sichtbar werden: Wenn man den psychischen Bereich im wahrsten Sinne des Wortes »von unten angeht«, wenn man also den gleichen Weg abschreitet, auf dem sich in den letzten Jahrmilliarden auf der Erde aus biologischen Möglichkeiten und Bedürfnissen Schritt für

Schritt psychische Funktionen entwickelt haben, dann wird mit einem Male die historisch gewachsene Natur auch unseres eigenen Bewußtseins erkennbar. Wie alles andere, was es auf dieser Welt gibt, so ist auch dieses Bewußtsein in allen seinen Besonderheiten das Produkt einer realen Geschichte, die Summe der Abfolge ganz bestimmter und konkreter Ereignisse, die es hervorgebracht haben. Unser Denken und Erleben, unsere Ängste und Erwartungen sind von den Spuren dieser Geschichte bis auf den heutigen Tag geprägt.

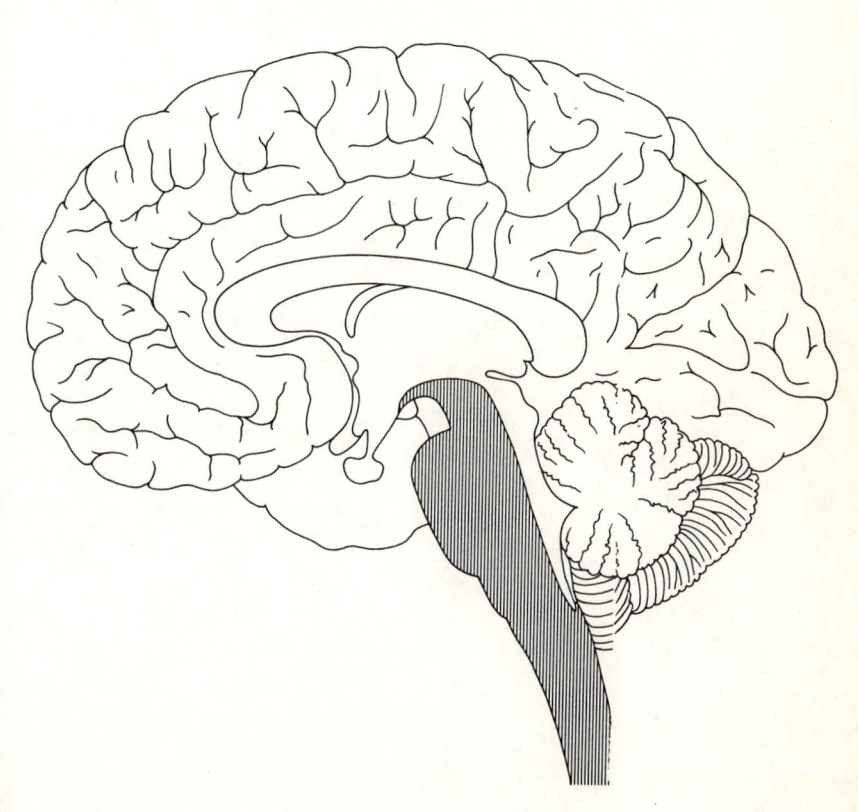

1. Einzeller als Hirnsonden

Vom Spürsinn der Mikroben

Die besondere Funktion des ältesten Hirnteils wurde kurz nach der Jahrhundertwende von einem außerhalb der Fachkreise gänzlich unbekannt gebliebenen Würzburger Psychiater mit der Hilfe einer Waage entdeckt. Martin Reichardt, damals Direktor der Würzburger Nervenklinik, bediente sich bei seinen Untersuchungen zusätzlich aber der besonderen Fähigkeiten eines winzigen Mikroorganismus, dem die Wissenschaftler den Namen *Spirochaeta pallida* gegeben hatten. Spirochaeta pallida ist der Erreger der Syphilis.

Ich muß hier einen kurzen allgemeinbiologischen Exkurs einschieben, um erklären zu können, in welcher Weise die Mikroben dem Würzburger Gelehrten nützlich sein konnten. Infektionskrankheiten sind, wie jeder heute weiß, die Folge der Besiedelung eines mehrzelligen Lebewesens durch einzellige Organismen. Das Wort »Besiedelung« ist dabei ganz wörtlich zu verstehen. Das Eindringen der winzigen Keime hat in keinem Falle etwa die Schädigung des Wirtsorganismus zum Ziel, nicht einmal dann, wenn es sich um Choleravibrionen oder die Erreger einer anderen bösartigen Krankheit handelt (2). Die Mikroben folgen, wie alle anderen Lebewesen auch, allein den unerbittlichen Regeln der Evolution. Unter ihrem Einfluß haben sie sich im Laufe der Zeit in immer neue Arten und Rassen aufgesplittert, die immer neue Lebensräume auf der Erde zu besetzen in der Lage waren, genau so, wie es im großen Reich der Vielzeller ebenfalls geschah.

Im Zuge dieser Entwicklung mußte früher oder später auch der Warmblüterorganismus als möglicher Lebensraum entdeckt werden. Die von ihm dargestellte Konzentration organischer Materie, die in ihm vereinigte Vielzahl verschiedenster Gewebearten, die als Nährboden und Lebensraum in Betracht kamen, das alles machte ihn für mikroskopisch kleine Einzeller zur fast idealen biologischen Umwelt.

Als Folge davon werden wir alle vom Augenblick unserer Geburt an von einer fast unübersehbar großen Vielfalt der verschiedensten Keimarten »bewohnt«. Sie sitzen, unsichtbar und unspürbar, auf unserer Haut, in unseren Haaren, auf unseren Schleimhäuten und in unserem Darm. Fast alle sind harmlos, einige sogar längst unentbehrlich für uns geworden. So gehören zu der normalen »Flora« – Bakterien rechnen biologisch zu den Pflanzen! – unseres Darms auch Keime, die das lebensnotwendige Vitamin B_{12} produzieren, das unser Organismus selbst nicht synthetisieren kann.

In diesem Falle ist es also zu einer echten Symbiose gekommen, zu einer Lebensgemeinschaft, aus der beide Partner ungeachtet ihrer extremen Unterschiede ihren Vorteil ziehen. Ohne Vitamin B_{12} könnten wir nicht existieren, und die mikroskopisch kleinen Einzeller, die diese unentbehrliche Substanz in unserem Darm produzieren, sind ihrerseits auf unser Wohlergehen als Voraussetzung der Beständigkeit ihrer Umwelt angewiesen. Jedoch hat die Entwicklung nicht in jedem Falle zu dem Idealzustand einer solchen wechselseitigen Kooperation oder wenigstens zu gegenseitiger Verträglichkeit geführt.

In immer wieder vorkommenden Ausnahmefällen – es gilt wirklich nur für einen verschwindend kleinen Prozentsatz aller Keime – führt das Eindringen des Mikroorganismus zu mehr oder weniger heftigen Reaktionen des Wirtskörpers. Hier ist die Anpassung zwischen den beteiligten Partnern so unvollständig geblieben, daß die Stoffwechselprodukte der Mikroben auf die Zellen der von ihnen besetzten Gewebe giftig wirken oder daß die Keime bis in die Blutbahn des Wirtsorganismus vordringen und sich dort hemmungslos vermehren. Das führt zu den entsprechenden Abwehrreaktionen des Wirts, durch die den Eindringlingen das Leben so schwer wie möglich gemacht werden soll. Die äußerlich sichtbaren und nachweisbaren Anzeichen dieser Auseinandersetzung bilden die ärztlich bekannten Symptome einer »Infektionskrankheit«. Diagnostisch besonders hilfreich ist dabei die ärztliche Erfahrung, daß es nicht nur allgemeine, sondern auch spezifische, für die Infektion mit einer bestimmten Erregerart charakteristische Symptome gibt.

Bei ihnen handelt es sich bezeichnenderweise fast immer um Hinweise auf die Schädigung bestimmter Organe: Um Halsschmerzen oder Husten, um Hautausschläge, eine Gelbsucht als Folge des Befalls der Leber, Durchfall oder Nierenschmerzen. Die Kombination der allgemeinen Symptome – Fieber, Kopfschmerzen, Vermehrung der weißen Blutkörperchen usw. – mit derartigen lokalen Krankheitserscheinungen erst macht das typische klinische Bild einer klassischen Infektionskrankheit aus. Sie erlaubt dem erfahrenen Arzt in den meisten Fällen schon ohne Blutuntersuchung oder Benutzung eines Mikroskops einen zuverlässigen Rückschluß auf die Art der für die Erkrankung verantwortlichen Erreger.

So nützlich dieser Umstand klinisch ist, uns interessiert hier im Zusammenhang mit der Entdeckung Martin Reichardts allein der biologische Aspekt des Phänomens. Daß bestimmte Erreger mit so großer Zuverlässigkeit immer wieder ganz bestimmte Organe oder Gewebsarten befallen, unterstreicht den »Umwelt-Charakter«, der dem befallenen Organismus aus dem Blickwinkel der Mikroben zufällt, und ebenso den Charakter des Infektionsvorgangs insgesamt als des Resultats einer evolutionistischen Anpassung: Wie die Lebewesen der äußeren Welt, so haben sich auch die an unser Körperinneres als ihre Umwelt angepaßten Mikroben unter dem ständigen Druck der Konkurrenz ihrer Artgenossen auf ganz spezifische »ökologische Nischen« innerhalb unseres Körpers spezialisiert.

Artkonkurrenz ist in der Praxis des »Kampfs ums Dasein« fast immer Futterkonkurrenz. Eine Art, die unter Konkurrenzdruck gerät, wird daher dazu tendieren, sich durch zunehmende Spezialisierung in der Futterwahl auf eine bislang noch ungenutzte Nahrungsquelle umzustellen, deren sie sich bedienen kann, ohne durch allzu ähnlich veranlagte Konkurrenten übermäßig belästigt zu werden.

Ein klassisches Beispiel: Die Finken der Galapagos-Inseln, deren Beobachtung für den jungen Darwin zum entscheidenden Schlüsselerlebnis wurde, haben das getan, indem sie im Laufe der Generationen die Formen ihrer Schnäbel so vielseitig variierten, wie es nur ging. Auf diesen Inseln, auf denen keine anderen Vögel als Konkurrenten vorkommen, existieren heute daher Finken mit feinen, spitzen Schnäbeln, die ihre Besitzer als Insektenfresser kennzeichnen, neben Finken mit sperlingshaft derben Schnäbeln, die sich bevorzugt von Körnern ernähren.

Wie mächtig noch ungenutzte Möglichkeiten eine solche erbliche Spezialisierung fördern, zeigt das kaum mehr überbietbare Beispiel jener Finken-Variante auf den Galapagos, die, um mit Konrad Lorenz zu sprechen, den »Beruf des Spechts« ergriffen hat, die sich also von den von niemandem sonst begehrten Insekten ernährt, die tief unter der Rinde oder in Astlöchern von Bäumen stecken. Bei ihnen haben sich offenbar trotz erheblichen Konkurrenzdrucks durch die anderen, nahe verwandten Finken die Mutationen nicht rechtzeitig eingestellt, die die für diese Art der Nahrungssuche wünschenswerte Schnabelform hätten hervorbringen können. Dafür haben Mutation und Selektion dieser auf der Erde einzigartigen Finkenvariante eine Instinkthandlung angezüchtet, die es ihren Vertretern ermöglicht, das gleiche Ziel mit anderen Mitteln zu erreichen: Die »Spechtfinken« der Galapagos-Inseln brechen mit ihren unzulänglichen Schnäbeln Kakteenstacheln ab und stochern mit diesen erfolgreich in den Ritzen und Wurmlöchern nach ihrer Beute.

Was für die Darwin-Finken gilt, gilt im Prinzip für alle anderen Lebewesen auch und daher auch für die Einzeller. Das ist der Umstand, dem Reichardt seine wichtige Entdeckung verdanken sollte. Auch die krankheitserregenden Mikroorganismen haben seit langer Zeit damit begonnen, sich in ihrer Umwelt, in unserem Körper also, an immer spezialisiertere Nischen anzupassen, an ganz bestimmte Gewebe oder Zellarten, in denen sie sich, von Artverwandten möglichst unbehelligt, vermehren können. Dieser evolutionistische Prozeß, in dessen Verlauf sich eine immer größere Zahl auf ganz bestimmte Körpergewebe spezialisierter Mikrobenarten entwickelt hat, ist also die eigentliche Ursache für die Existenz klinisch wiedererkennbarer Infektionskrankheiten.

Nun kann man, und damit wird endlich auch der Grund für unseren evolutionistischen Exkurs erkennbar, diese Spezialisierung der Erreger unter einem ganz anderen Aspekt sehen. Man kann sie als eine besondere Fähigkeit interpretieren, unter den Tausenden und Abertausenden von Zellarten eines Großorganismus mit unfehlbarer Zielsicherheit einen ganz bestimmten Gewebetyp herauszufinden.

Wie außerordentlich entwickelt die Fähigkeit von Infektionserregern ist, das zu tun, läßt sich ermessen, wenn man berücksichtigt, daß alle Zellen, aus denen sich ein Wirtsorganismus zusammensetzt, ungeachtet ihrer vielseitigen Differenzierungen zu Bausteinen ganz bestimmter Organe, grundsätzlich doch vom gleichen Typ sind. Sie alle bestehen aus Kern und Protoplasmaleib, sie alle enthalten die gleichen Organelle (Ribosomen, Mitochondrien und viele andere), mit denen sie Eiweißkörper herstellen, atmen und die vielen anderen Funktionen vollbringen, die ihnen ebenfalls gemeinsam sind.

Die einzigen zwischen ihnen bestehenden Unterschiede beziehen sich auf die Funktionen, die sie im Rahmen des Ganzen übernommen haben. Ob sie bestimmte Enzyme nach außen abgeben oder Hormone, ob sie Fibrillen ausgebildet haben, die sich kontrahieren können, oder Fortsätze, die elektrische Impulse leiten, das hängt davon ab, ob sie ein Teil der Leber sind oder einer Drüse, ob sie Bausteine eines Muskels sind oder Teil des

Nervensystems. Mit diesen Unterschieden ihrer Funktionen sind nun aber auch geringfügige Unterschiede ihres Stoffwechsels verbunden. Die Verteilung der Moleküle, die sie umsetzen oder als Endprodukte ihres Stoffwechsels abgeben, ist von Fall zu Fall geringfügig verschieden.

Diese minimalen chemischen Differenzen, die sich in vielen Fällen sicher nur auf einige wenige Moleküle beziehen, sind es nun offensichtlich, die den Mikroorganismen zur Orientierung dienen und die es ihnen ermöglichen, exakt jene besondere Zellart zu finden, an die als Umwelt sie sich angepaßt haben. Da es sich um chemische Unterschiede handelt, ist es zulässig, zu sagen, daß die verschiedenen Gewebe unseres Körpers offenbar unterschiedlich »riechen« und daß die Mikroorganismen in der Lage sind, unter den Tausenden von Gerüchen unserer Körpergewebe jenen einen herauszufinden und zu erkennen, der von der Gewebeart ausgeht, die sie zum Überleben benötigen.

Ein Orientierungsvermögen von solcher Spürsicherheit stellt auch heute noch alles in den Schatten, was unsere moderne Chemie trotz aller technischen Raffinessen zuwege zu bringen vermag. Man stelle sich vor, welche Revolution der Behandlungsmöglichkeiten es mit sich bringen würde, wenn wir in der Lage wären, Substanzen zu entwickeln, die eine chemische Affinität nur zu einer ganz bestimmten Gewebeart hätten und die daher, wenn wir sie schluckten oder injiziert erhielten, nur von dieser einen Gewebeart aufgenommen und dort angereichert würden. Man könnte derartige Substanzen dann als »Vehikel« für bestimmte Arzneimittel benutzen.

Die therapeutischen Substanzen würden sich dann nicht »auf gut Glück«, ungezielt wie eine Flaschenpost, im ganzen Körper verteilen. Die Probleme der Arzneimittelverträglichkeit würden kaum noch eine Rolle spielen. Die zur Behandlung benötigten Mengen würden sich nämlich auf Bruchteile reduzieren lassen. Heute müssen wir in der Regel ja den ganzen Organismus mit relativ gewaltigen Mengen des jeweiligen Medikaments überschwemmen, um sicher zu sein, daß an dem Ort, wo ihre Wirkung allein benötigt wird, überhaupt noch ausreichende Konzentrationen ankommen.

Versuche, derartige »Vehikel-Substanzen« zu finden, sind seit längerer Zeit im Gange. Manche Arzneistoffe reichern sich auch auf Grund besonderer Stoffwechselwege bei ihrem Abbau vorwiegend in bestimmten Organen an. Von der hochgradigen, gezielten Gewebsspezifität, welche bestimmte pathogene Keime aufweisen, sind alle diese Versuche aber noch meilenweit entfernt.

Woran stirbt ein Paralytiker?

Dieser unserer Wissenschaft noch gänzlich unerreichbaren Zielsicherheit der Mikroben beim Auffinden einzelner Körpergewebe bediente sich kurz nach der Jahrhundertwende nun der Würzburger Psychiater Reichardt. Er tat es sicher nicht bewußt oder gar planmäßig, denn von den theoretischen Überlegungen und Vorstellungen, von denen eben die Rede war, wußte man damals noch so gut wie nichts. Reichardt war aber ein außerordentlich guter klinischer Beobachter und dazu ein besonders geduldiger Forscher. Diese Eigenschaften, zusammen mit der Intuition, die richtige Fragestellung zu finden, führten ihn mit geradezu lächerlich einfachen Mitteln zu einer bedeutsamen Entdeckung.

Reichardt stellte sich einfach die Frage, woran ein Paralytiker eigentlich stirbt. Man wußte damals schon, daß die sogenannte *progressive Paralyse* die Spätfolge einer syphilitischen Infektion ist. Bei etwa 3–5 Prozent aller Patienten, die sich syphilitisch infizieren, entwickelt sich 10, 20 oder 30 Jahre später diese zur Zeit Reichardts noch unheilbare Hirnerkrankung. Man kannte den Erreger der Krankheit, die korkenzieherartig gewundene Spirochaeta pallida, seit 1905, und 1911 gelang es schließlich auch, den winzigen Keim im Gehirn von Patienten nachzuweisen, die an einer Paralyse gestorben waren.

Warum aber führte diese furchtbare Krankheit eigentlich mit solcher Regelmäßigkeit zum Tode? Der Befall des Gehirns verriet sich zunächst durch eine zunehmende Vergeßlichkeit. Im weiteren Verlauf entwickelte sich bei den Patienten eine eigenartig heitere und sorglose Stimmung. In den anschließenden Monaten kam es zu einem fortschreitenden Verfall ihrer Intelligenz, sie »verblödeten«. Die Stimmung wurde dabei immer kritikloser und euphorischer. Beides zusammen führte dann früher oder später zu grotesken Fehlbeurteilungen der eigenen Möglichkeiten und in vielen Fällen zu dem für die klassische Paralyse typischen Größenwahn.

Die Patienten faßten unsinnige Entschlüsse und abenteuerliche Pläne. Sie erklärten, sie wollten die Regierung übernehmen und alle Krankheiten ausrotten. Sie waren überzeugt, daß ihre ungewöhnliche Tüchtigkeit es ihnen ermöglichen würde, in kürzester Zeit gewaltige Reichtümer zu erwerben. Andere erklärten, sie wollten Weltmeister im Sport werden oder sich an die Stelle des Papstes setzen, um die Religionen der Welt zu vereinigen. In diesem Stadium war ihr Zustand schon so furchtbar, daß ganz sicher keiner dieser abstrusen Einfälle jemals einen der behandelnden Psychiater zum Lachen gereizt hat. Die Menschen, die da von künftigen

Reichtümern und sportlichen Rekorden phantasierten, waren psychisch und körperlich nur noch Wracks, die keinen zusammenhängenden Satz mehr schreiben konnten und ihre Notdurft ins Bett verrichteten.

Der geistige Verfall schritt im Laufe eines Jahres schließlich so weit fort, daß die Patienten nur noch unverständlich lallen und ihre Umgebung nicht mehr erkennen konnten. Apathisch lagen sie im Bett. Essen, Schlafen und Verdauen waren ihre einzigen Aktivitäten. Und dann starben sie. Mitunter kündigte sich das Ende einige Wochen vorher an. Die Patienten begannen trotz unverändert guten Appetits rasch bis zum Skelett abzumagern. Andere wurden in diesen letzten Wochen plötzlich fett. In wieder anderen Fällen trat ohne erkennbaren Grund hohes Fieber auf. Ausnahmslos alle aber starben.

Warum eigentlich? Der Prozeß spielte sich im Gehirn ab, dementsprechend waren die Symptome auch psychischer Natur. Mit Vergeßlichkeit begann es, es folgten krankhafte Veränderungen der Stimmung, Verblödung, Größenideen, schließlich der Zerfall der Sprache. Alle diese Erscheinungen waren als Folge einer Zerstörung von Hirngewebe verständlich. Wieso aber konnte eine fortschreitende »Verblödung« eigentlich tödlich sein? Herz und Kreislauf waren in fast allen Fällen bis zum letzten Augenblick völlig intakt. Das gleiche galt für die Leber der Patienten und alle anderen inneren Organe, die Reichardt untersuchte oder von den entsprechenden Spezialisten untersuchen ließ. Trotzdem war das Ende unaufhaltsam.

Es lag auf der Hand, daß die Todesursache ebenfalls im Gehirn liegen mußte. Das war damals, vor dem Ersten Weltkrieg, noch eine äußerst kühne Hypothese. Das Gehirn war der Sitz des Bewußtseins und aller anderen psychischen Phänomene. Einige von ihnen, so etwa bestimmte Teilfunktionen des Sprachvermögens, hatte man sogar bereits an bestimmten Stellen der Großhirnrinde lokalisieren können. Wie aber sollte eine Störung psychischer Funktionen zum Tode führen können?

Nachdem Reichardt auf das Problem erst einmal aufmerksam geworden war, ging er ihm mit der denkbar einfachsten Methode und unbeirrbarer Konsequenz nach. Er begann, bei seinen Paralyse-Patienten systematische Gewichtsmessungen vorzunehmen und Gewichtskurven anzulegen. Er hielt tagtäglich, bis zu ihrem Tode, fest, wieviel sie aßen. Mit der gleichen Pedanterie verzeichnete er die Flüssigkeitsmengen, die sie zu sich nahmen, und das tägliche Urinvolumen.

Mit diesen Daten in der Hand begannen dann nach dem Tode des Patienten neue Wiegeprozeduren. Jetzt zerlegte Reichardt die Gehirne der Toten, und zwar trennte er mit möglichst großer Präzision das Großhirn von den darunter gelegenen Abschnitten des Hirnstamms (siehe dazu Abbildung 1). Ebenso verfuhr er vom Beginn seiner Untersuchungen an über Jahre hinweg mit den Gehirnen aller anderen Patienten, die in seiner Klinik seziert wurden. Er entwickelte sich dabei zu einem Spezialisten für die natürlich vorkommenden Variationen durchschnittlicher Hirngewichte. Vor allem aber erwarb er eine zuverlässige Übersicht über das Verhältnis, das normalerweise zwischen dem Gewicht des Großhirns und dem der verschiedenen Teile des Stammhirns besteht (3).

Die über Jahre hinweg fortgesetzte Mühe führte zu einer bemerkenswerten Feststellung: Der Tod der paralytischen Patienten war offensichtlich die Folge des Übergreifens des paralytischen Prozesses auf bestimmte Abschnitte des unteren Stammhirns. Hier kamen Reichardt nun die für die verschiedenen Stämme der Spirochaeta pallida charakteristischen Gewebsvorlieben zugute. Zwischen ihnen bestehen so feine Unterschiede, daß bestimmte Rassen des Erregers sogar noch zwischen Einzelteilen des unteren Hirnstamms unterscheiden und damit Grenzen ziehen, die im Mikroskop, auch bei der Anwendung spezieller Färbetechniken oder anderer moderner Hilfsmittel, bis heute nicht zu erkennen sind.

Auch die Spirochaeta pallida aber wählt, wie alle anderen Erreger, letztlich nach chemischen Gesichtspunkten. Die Grenzen, die eine bestimmte Erregerrasse im Hirngewebe respektiert, sind daher Grenzen zwischen Hirngebieten unterschiedlicher biochemischer Aktivität. Es sind, anders ausgedrückt, für das Auge normalerweise unsichtbare Grenzen zwischen Hirngebieten unterschiedlicher Funktion. So, wie eine Entwicklerflüssigkeit auf einem belichteten Photopapier die bis dahin unsichtbaren Grenzen zwischen Hell und Dunkel sichtbar macht, so markieren folglich die von verschiedenen Spirochaetenrassen in das Hirngewebe hineingefressenen Zerstörungsgebiete Hirnareale gemeinsamer Funktion. Die in die Hirne der Patienten eingedrungenen Spirochaeten verrichten ihre Zerstörungsarbeit demnach wie mikroskopisch winzige Hirnsonden, die mit einer auf andere Weise gar nicht denkbaren Präzision *funktionsspezifische* Regionen sichtbar machen. Welche Funktion die bei der mikroskopischen Untersuchung des befallenen Gehirns entdeckten Zerstörungsgebiete zu Lebzeiten des Patienten hatten, ergibt sich dann rückblickend aus seiner Krankengeschichte.

Reichardt war, mit anderen Worten, auf den glänzenden und dabei im Grunde furchtbar einfachen Gedanken gekommen, das Nervengewebe des Hirnstamms mit der Hilfe von Mikroorganismen zu »kartographieren«. Was dabei herauskam, war eine zu seiner Zeit revolutionäre Feststellung. Mit seinen Krankengeschichten und Gewichtskurven einerseits und seinen mikroskopischen Hirnpräparaten andererseits konnte der Würzburger Wissenschaftler unwiderleglich beweisen, daß das Gehirn keineswegs ausschließlich der Sitz der Seele war.

Immer waren es ganz bestimmte Stellen im Hirnstamm, die sich bei der Sektion als zerstört erwiesen, wenn die Patienten vor ihrem Tode abnorm stark zugenommen hatten. Andere, aber ebenfalls immer wieder die gleichen Stellen waren es dann, wenn die Erkrankten rapide abgenommen hatten. Und wieder andere Areale waren bei den Patienten in Mitleidenschaft gezogen, bei denen es in den letzten Lebenswochen zu unerklärlichen Temperaturen gekommen war.

Die Schlußfolgerung war unabweichlich, als sich diese und ähnliche Fälle im Laufe der Jahre häuften. Im unteren Hirnstamm waren, wie es schien, überhaupt keine seelischen Funktionen lokalisiert. Das Gehirn diente, so unglaublich es den Ohren von Reichardts Zeitgenossen auch klingen mochte, keineswegs einzig und allein der Aufrechterhaltung des Bewußtseins und anderer psychischer Vorgänge. Zumindest für den Hirnstamm galt das nicht. Hier existierten offenbar Zentren, die nicht psychische, sondern *vegetative* Prozesse steuerten.

Man wußte damals schon, daß es im obersten Teil des Rückenmarks Steuerungszentren für die Herztätigkeit und die Atmung gab. Ferner war bekannt, daß das Kleinhirn (s. dazu Abbildung 1) nichts mit psychischen oder Bewußtseinsvorgängen zu tun hatte, sondern auf irgendeine Weise für die Abstimmung, die »Koordination« der Muskelinnervierung bei allen Bewegungen verantwortlich zu sein schien. Beides aber waren Teile des Nervensystems, die schon dem Namen nach und erst recht anatomisch vom Hirn selbst deutlich abgegrenzt waren.

Jetzt gab auch der unweigerlich tödliche Verlauf der Paralyse keine Rätsel mehr auf. Die Patienten starben gar nicht als Folge des Zusammenbruchs ihrer psychischen Fähigkeiten. Dieser Zusammenhang war es ja gewesen, der Reichardt von vornherein so unwahrscheinlich vorgekommen war. Als Folge des Eindringens der Spirochaeten in das Gehirn kam es eben nicht nur zu psychischen Symptomen, sondern dann, wenn die Entzündung auf den Hirnstamm übergriff, auch zur Störung körperlicher Funktionen. Dieser Hirnteil stellte ganz offensichtlich ein Regelungsorgan für lebensnotwendige Stoffwechselprozesse dar. Das Gehirn war also nicht nur für psychische Abläufe verantwortlich, sondern auch für das biologische Funktionieren des menschlichen Organismus.

Die Frage nach der Todesursache der paralytischen Patienten war damit überzeugend beantwortet. Wie stets in der Wissenschaft hatte sich damit die Zahl der Probleme insgesamt aber keineswegs verringert. Sofort erhob sich eine Reihe neuer Fragen, von denen die wichtigste lautete: Wie kommt es eigentlich, daß das Gehirn zwar zum ganz überwiegenden Teil ein »Organ der Seele« ist, daß es dennoch gleichzeitig aber auch vegetative Zentren enthält?

In den seit Reichardts Untersuchungen vergangenen Jahrzehnten wurden im Hirnstamm unter anderem Zentren zur Regelung des Blutdrucks, der Körpertemperatur und der Flüssigkeitsbilanz entdeckt. Das alles sind Funktionen, die ganz offensichtlich frei sind von irgendwelchen »psychischen« Qualitäten. Wie ist es zu erklären, daß sie und andere ähnliche Funktionen dennoch zusammen mit unserer Psyche in ein und demselben Organ untergebracht sind? Welche Geschichte, welcher eigentümliche Gang der Entwicklung hat die Vereinigung so unterschiedlicher Phänomene in unserem Gehirn bewirkt?

Die Suche nach der Antwort auf diese Frage führt uns zurück bis zu jenem Punkt in der Vergangenheit, an dem der Grundstein gelegt wurde für die Entwicklung, welche sehr viel später die Grenze zum Bewußtsein überschritt. Wir müssen zurückgehen bis zu dem Augenblick der Entstehung des Lebens und uns dann jener frühen Phase der Entwicklung zuwenden, in der die Natur vor der Aufgabe stand, das Problem des Übergangs zu mehrzelligen Lebewesen zu lösen. In dieser fernen Vergangenheit fielen die Entscheidungen, die dann, sehr viel später und gänzlich unvorhersehbar, zum Auftauchen der psychischen Dimension in der Geschichte des Lebens führen sollten.

2. Biologische Vorentscheidungen

Ein Akt der Abgrenzung

Die Evolution ist eine einzige Kette von staunenswerten und wunderbaren Ereignissen. Kein einziger der unzähligen Schritte, aus denen sie sich zusammensetzt, ist ohne jeden einzelnen der vorangegangenen Schritte verständlich und denkbar. Trotzdem möchte ich hier zwei Entwicklungssprünge aus einem sehr frühen Zeitpunkt der Entwicklung hervorheben, weil ihre nähere Betrachtung uns im weiteren Verlauf unseres Gedankengangs helfen wird, zu verstehen, wie es möglich war, daß die biologische Entwicklung psychische Phänomene hervorbringen konnte.

Es handelt sich bei den beiden Entwicklungssprüngen nicht etwa um »die« Wurzeln unseres Bewußtseins. Wegen des kontinuierlichen Charakters der Evolution ließe sich das gleiche von jedem beliebigen anderen, dem Auftauchen des Bewußtseins vorangehenden Punkt der Entwicklung auch sagen. Die beiden Fälle, mit denen wir uns in den folgenden Kapiteln näher beschäftigen wollen, stellen rückblickend aber doch so etwas wie entscheidende Weichenstellungen dar.

Es ist vielleicht kein Zufall, daß die Evolution an diesen beiden – zeitlich weit voneinander getrennten – Stellen jeweils vor einer Aufgabe stand, die, jede auf ihre besondere Weise, paradox genannt werden mußte. Jedenfalls ist nicht zu übersehen, daß es die von der Paradoxie der jeweiligen Situation erzwungenen Kompromisse gewesen sind, die den speziellen weiteren Ablauf ausgelöst haben, der uns hier interessiert.

Die erste Entscheidung fiel im Augenblick der Entstehung des Lebens selbst. Nach allem, was wir heute über den Übergang von der chemischen zur biologischen Evolution wissen, kann es sich bei der ersten Lebensform, dem ersten lebenden Organismus auf unserer Erde, nur um eine Art »Ur-Zelle« gehandelt haben. Die lange Zeit für diese Rolle favorisierten Viren scheiden ganz sicher aus, weil sie von den beiden grundlegenden Leistungen, die für »Leben« konstitutiv sind, nur eine beherrschen: Sie können zwar ihren eigenen Bauplan speichern, verfügen aber nicht über die zur praktischen Anwendung dieses Plans, also zur Vermehrung, notwendige Apparatur, weshalb sie dazu auf das Vorhandensein lebender Zellen angewiesen sind.

Der erste Organismentyp dieser Erde war daher mit größter Wahrscheinlichkeit eine primitive Ur-Zelle. Eine Zelle also, die ganz ohne Zweifel noch nicht über die reiche Ausstattung mit spezialisierten Organellen verfügte, die für eine höhere Zelle typisch sind. Auch einen Zellkern gab es sicher noch nicht. In dem Inneren ihres Protoplasmaleibs muß diese Ur-Zelle jedoch das Ribonukleinsäure-Molekül enthalten haben, in dem ihr Bauplan gespeichert war, sowie eine Reihe von Enzymen, die in der Lage waren, die Anweisungen dieses Bauplans praktisch durchzuführen. Vor allem aber muß das »Innere« dieser Ur-Zelle durch eine deutliche Grenze von der »Außenwelt« abgeschirmt gewesen sein.

Überleben konnte diese erste Zelle nur, wenn die in ihrem Inneren geordnet ablaufenden chemischen Prozesse, mit Hilfe derer sie ihre Struktur regenerierte und aus denen sie ihre Energie bezog, von den chaotischen, gänzlich ungeordneten physikalischen und chemischen Vorgängen ihrer nichtbelebten Umwelt getrennt blieben. Nur eine solche saubere Scheidung zwischen »innen« und »außen« gab ihr eine Chance, die eben erst mühsam erworbene innere Ordnung bewahren zu können.

Moleküle mit Eigenschaften, die eine Speicherung des Bauplans und seine Kopierung ermöglichten, Enzyme zur Ausführung der Anweisungen dieses Plans, Aminosäuren und Eiweißkörper als Bausteine, das alles hatte »abiotisch«, ohne die Anwesenheit lebender Zellen, entstehen können. Der erste Schritt des Lebens muß in der Zusammenfassung dieser Elemente im Inneren einer wie auch immer gearteten Hülle bestanden haben, welche die zwischen ihnen möglichen Kreislaufprozesse dadurch schützte, daß sie sie von der zufälligen Willkür der in der toten Außenwelt ablaufenden chemischen und physikalischen Vorgänge trennte.

Der erste Schritt des Lebens war somit ein Akt der *Verselbständigung*, des *Absetzens* von der Umgebung, die damit objektiv zur Außenwelt wurde. Ein Schritt der Abgrenzung. Lebende Systeme sind winzige Oasen der Ordnung, verstreut in einer weitgehend – wenn auch keineswegs total – ungeordneten Umwelt. Sie müssen sich von dieser Umwelt abschließen, wenn sie die funktionelle Ordnung bewahren wollen, die sie zu lebenden Systemen macht.

Dieser fast selbstverständlichen Forderung steht nun jedoch in einer paradox anmutenden Weise eine genau entgegengesetzte Notwendigkeit gegenüber, die dazu zwingt, die Verbindung zu der gleichen Außenwelt ununterbrochen aufrechtzuerhalten. Diese entgegengesetzte Forderung ergibt sich mit absoluter Unerbittlichkeit aus einem physikalischen Grundgesetz, dem der Entropie. In vereinfachter Form besagt dieses Gesetz, daß in einem geschlossenen System alle Energiedifferenzen dazu tendieren, sich auszugleichen, bis alles »Gefälle« verschwunden ist.

Das Gesetz gilt für alle Systeme, für die Welt im ganzen ebenso wie für die Erde oder eine einzelne Zelle. Die Geschichte der Erde und alles dessen, was sie trägt, ist nur deshalb auch nach 5 Milliarden Jahren noch nicht zum Stillstand gekommen, weil die Erde eben kein geschlossenes System darstellt. Unsere irdische Umwelt ist bekanntlich »offen« für die Sonne, die in diesem Zusammenhang als gewaltiger kosmischer Atomreaktor anzusehen ist, welcher der Erde laufend gewaltige Energiemengen zustrahlt. Solange die Sonne lebt – aber eben nur so lange –, wird daher auf der Erde immer von neuem das Energiegefälle erzeugt, das für alle auf ihrer Oberfläche sich abspielenden Prozesse unentbehrlich ist.

Der Kosmos als ganzes erst ist – soweit wir wissen – ein »in sich geschlossenes System«. Tatsächlich wird er ja auch, wie wir heute zu wissen glauben, in einer fernen Zukunft ein Ende haben. In einer für unsere Maßstäbe allerdings unvorstellbar fernen Zukunft. Denn je größer ein System ist, um so länger dauert es verständlicherweise, bis sich die in ihm vorhandenen Energiedifferenzen ausgeglichen haben.

Damit wären wir wieder bei der Zelle. Eine Zelle, die es fertigbrächte, sich von ihrer Umwelt total abzukapseln, wäre innerhalb kürzester Zeit nicht mehr am Leben. Ihr Vorrat an »Energiegefälle« trägt sie nicht über einen längeren Zeitraum. Auch die Zelle muß daher, unabdingbares Erfordernis schon aus energetischen Gründen, »offen« bleiben zur Außenwelt hin, die allein den Nachschub liefern kann, den sie braucht.

Dem Zwang zur Abgrenzung steht also die ebenso unausweichliche Notwendigkeit einer Öffnung zur Außenwelt gegenüber. Welcher Kompromiß ist angesichts dieser beiden einander widersprechenden Forderungen denkbar? Die Antwort liegt auf der Hand: Die Lösung kann nur in der Herstellung einer ausgesprochen »qualifizierten« Verbindung zur Außenwelt bestehen. Es muß sich um eine Verbindung handeln, die selektiven, auswählenden Charakter hat. Benötigte Substanzen oder Energiemengen müssen Zugang zum Inneren der Zelle finden. Gleichzeitig dürfen aber die ungeordneten Schwankungen in der unbelebten Umwelt nicht auf die biochemischen Prozesse im Zellinneren einwirken oder gar übergreifen. Anders ausgedrückt: Die Zelle muß es fertigbringen, zwischen den verschiedenen Eigenschaften der Umwelt auf irgendeine Weise zu »unterscheiden«. Die Faktoren der Außenwelt – seien sie nun stofflicher oder energetischer Natur – müssen ausgeschlossen bleiben mit der alleinigen Ausnahme jener wenigen Stoffe oder Energieformen, die die Zelle zu ihrem Überleben benötigt. Das jedenfalls ist die Forderung. Je besser sie erfüllt ist, um so besser steht es um die Lebensfähigkeit der betreffenden Zelle.

Das mag für den Laien immer noch reichlich paradox klingen, für den Fachmann, den Biologen, ist das eine sozusagen alltägliche Situation. Wir würden die Lage jedoch verkennen, wenn wir übersähen, daß in diesem Falle der Laie im Recht ist. Die Aufgabe *ist* paradox. Ohne ihre Lösung ist Leben jedoch aus den genannten chemischen und physikalischen Gründen nicht möglich. Die Evolution hat folglich den Kompromiß gefunden, sie hat die Aufgabe gelöst, sonst gäbe es keine Zellen und damit kein Leben auf der Erde. Es ist daher nur die Gewohnheit als Folge einer täglichen Beschäftigung mit lebenden Organismen, die den Biologen gewöhnlich vergessen läßt, wie widersprüchlich die Ausgangssituation in der Tat war, die am Anfang allen Lebens stand.

Der Kompromiß besteht in der Entwicklung semipermeabler (»halbdurchlässiger«) Membranen als Zellumhüllung. Der Ausdruck »semipermeabel« gibt die erstaulichen Fähigkeiten der dünnen Häutchen nur höchst unvollkommen wieder. Diese Grenzmembranen – die bis heute in keinem lebenden Gewebe fehlen: die Aufgabenstellung ist bis in unsere Gegenwart die gleiche geblieben – selektieren nämlich keineswegs einfach nach quantitativen Gesichtspunkten. Es handelt sich bei ihnen um eine Art molekularen Grenzzauns, der weit mehr leistet als ein Maschendraht oder ein Filter.

Mechanische Siebe taugen lediglich dazu, materielle Teilchen oberhalb einer bestimmten Durchmessergröße abzufangen und alle kleineren Partikel passieren zu lassen. Eine so simple Sortierung in zwei verschiedene Größenklassen genügt den Ansprüchen einer lebenden Zelle aber bei weitem nicht. Sie bedarf zu ihrem Gedeihen einer Vielzahl verschiedener Moleküle sehr unterschiedlicher Größe, und sie ist gleichzeitig darauf angewiesen, daß eine große Zahl anderer Moleküle »draußen« bleibt, die teils größer, teils kleiner, zu einem nicht geringen Teil aber auch von genau der gleichen Größe sind wie andere Substanzen, die sie in ihrem Inneren braucht.

Eine biologische Grenzmembran bringt dieses Kunststück ohne Schwierigkeiten fertig. Sie sortiert nicht nach der Partikelgröße, sondern nach der

Partikelart, sie siebt also nach *qualitativen* Gesichtspunkten. Das ist fraglos eine höchst staunenswerte, eine geradezu wunderbare Eigenschaft, die heute aber auch schon weitgehend erklärt werden kann. Das molekulare Gitter der Membran sortiert die verschiedenen eintreffenden Moleküle nach ihren elektrischen Eigenschaften, und zwar in Abhängigkeit von ihrer eigenen molekularen Struktur. Es ist sogar schon seit längerer Zeit möglich, derartige semipermeable Membranen mit unterschiedlichen qualitativen Filtereigenschaften künstlich herzustellen.

Das ist nun wieder insofern nicht so überraschend, wie es im ersten Augenblick klingt, als ja die biologisch wirksamen Grenzmembranen, mit deren Hilfe sich die ersten Ur-Zellen von ihrer Umwelt »halbdurchlässig« abtrennten, ebenfalls abiotisch entstanden sein müssen. Das heißt aber, daß die Entstehung derartiger Trennhäute oder Trennschichten aus allgemeinen chemischen und physikalischen Ursachen, auf Grund einfach bestimmter Eigenschaften der Materie, unter geeigneten Bedingungen sogar spontan erfolgt. In seiner Geburtsstunde standen dem Leben ausschließlich Bausteine zur Verfügung, für die das zutraf.

Wir können die allgemein-biologischen Überlegungen an diesem Punkt abbrechen. Die für unseren Gedankengang wesentlichen Punkte sind bereits erwähnt. Von einiger Bedeutung scheint mir dabei der Umstand zu sein, daß es offensichtlich nicht möglich ist, die ersten Schritte, die das Leben auf diesem Planeten getan hat, ohne Formulierungen zu beschreiben, die wir im allgemeinen bewußten, willentlichen Entscheidungen, also psychischen Funktionen, vorbehalten.

Vom ersten Augenblick ihrer Existenz an mußten die lebenden Systeme in der Lage sein, zwischen verschiedenen Eigenschaften ihrer Umwelt zu *unterscheiden.* Lebensfähig waren sie nur insoweit und nur so lange, wie sie es fertigbrachten, die Umweltfaktoren zu *erkennen*, von denen sie zur Aufrechterhaltung ihres Stoffwechsels abhängig waren. Diese Faktoren (etwa energieliefernde Großmoleküle wie Zucker oder Eiweiße) mußten sie schließlich aus der großen Zahl aller übrigen Moleküle, die für sie nutzlos waren oder sogar gefährlich (weil sie als »Gifte« ihren Stoffwechsel chemisch aus dem Geleise brachten), auf irgendeine Weise *auswählen* können.

»Vom ersten Augenblick an« – das heißt aber nun keineswegs etwa, daß alle in dieser frühen Epoche entstandenen Urzellen über alle diese Fähigkeiten verfügt hätten. Alles, was wir über die Evolution wissen, macht es im Gegenteil wahrscheinlich, daß das nur für eine verschwindende Minderheit von ihnen galt. Diese wenigen Ausnahmefälle aber waren die einzigen, die überlebten. Die Evolution ist, das ist unbestreitbar, eine einzige Kette von unwahrscheinlichen Ereignissen. Dessenungeachtet ist sie trotzdem unaufhörlich weitergelaufen, weil bei jedem ihrer Einzelschritte das Unwahrscheinliche dadurch zur Regel wurde, daß allein der »zufällig passende Glücksfall« überlebte.

Tatsache ist jedenfalls, daß die Fähigkeit zur Auseinandersetzung mit einer vom Organismus abgegrenzten Außenwelt, und im Rahmen dieser Auseinandersetzung die Fähigkeiten zur Unterscheidung, zum Erkennen und zur Auswahl angesichts verschiedener Eigenschaften der Außenwelt primäre biologische Funktionen sind, ohne die Leben in der uns bekannten Form undenkbar wäre. Ich bin davon überzeugt, daß die sich in diesen Formulierungen ausdrückende Analogie zu den psychischen Leistungen des Unterscheidens, des Erkennens und der Auswahl alles andere als zufällig ist.

Wir neigen verständlicherweise immer dazu, die Situation von unserem eigenen, gegenwärtigen Standpunkt aus zu beurteilen. Das ist natürlich, keineswegs aber selbstverständlich. Im weiteren Verlauf wird uns noch aufgehen, daß auch diese uns angeborene psychische Tendenz, die Probleme stets unter der egozentrischen Perspektive des eigenen Standpunkts zu betrachten, eine Folge unserer »Natur« ist, der biologischen Geschichte also, die uns hervorgebracht hat. In dem Augenblick, in dem wir über ein bestimmtes Phänomen objektiv etwas wissen wollen (und das heißt eben »unabhängig vom eigenen Standpunkt«), müssen wir versuchen, uns von dieser uns angeborenen Perspektive freizumachen.

Deshalb müssen wir uns im vorliegenden Fall davor hüten, einfach anzunehmen, die genannten biologischen Grundfunktionen seien lediglich aus äußerlichen Gründen mit den verwendeten Begriffen zu beschreiben. Es wäre falsch, wenn wir davon ausgingen, daß das lediglich die Folge davon sei, daß unsere heutige Sprache nun einmal über diese Begriffe verfüge und wir sie daher gewissermaßen gleichnishaft auch zur Beschreibung der biologischen Vorgänge benutzten. Die falsche Annahme also, daß zwischen diesen Begriffen und den mit ihnen hier gemeinten objektiven Vorgängen kein innerer Zusammenhang bestehe.

In Wirklichkeit ist es umgekehrt. Unsere Sprache (und das gilt bezeichnenderweise nicht nur für unsere, sondern für alle anderen Sprachen auch, die auf der Erde gesprochen werden) enthält die Begriffe »unterscheiden«, »erkennen« und »auswählen« ja deshalb, weil uns allen die entsprechenden *Denkkategorien* angeboren sind. Das aber ist seinerseits die Folge davon, daß diese Kategorien das Verhältnis zwischen einem lebenden

Organismus und seiner Umwelt von Anfang an bestimmt haben. Mit anderen Worten: Schon Jahrmilliarden vor dem ersten Auftauchen psychischer Phänomene, Jahrmilliarden noch vor dem Augenblick, in dem es die erste Nervenzelle gab, stand fest, daß das Verhältnis zwischen dem lebenden Individuum und seiner Umwelt von diesen drei wiederholt genannten Kategorien bestimmt wird. Hinter der Bedeutung, die diese Begriffe heute für uns haben, bleibt in der Regel verborgen, daß die von ihnen bezeichneten Beziehungen primär biologischer Natur sind. Alles andere, was später folgte, ist von ihnen geprägt. Es ist, noch präziser ausgedrückt, ihre Folge.

Wer Naturgeschichte als einen realen Vorgang begreift, als einen seit dem Anfang der Welt ablaufenden Entwicklungsprozeß, dem leuchtet sofort ein, daß es anders gar nicht sein kann. Die Macht der Gewohnheit ist jedoch so groß und die Betrachtung der Welt aus der objektiv einzig zutreffenden, nämlich einer historisch-genetischen Perspektive, noch immer so wenig verbreitet, daß ich versuchen will, diesen Zusammenhang noch an zwei weiteren Beispielen etwas konkreter darzustellen, obwohl dazu ein Vorgriff auf sehr viel spätere Abschnitte unseres Gedankengangs notwendig ist.

So wenig Außenwelt wie möglich

Bei der Erörterung der elementaren Voraussetzungen für die Existenzfähigkeit einer Zelle waren wir als erstes auf die Notwendigkeit der Abgrenzung gegenüber der Außenwelt gestoßen. Erst gewissermaßen in einem zweiten Schritt hatte es sich dann herausgestellt, daß die Abgrenzung keineswegs vollständig sein durfte. Im Endergebnis lief das auf die Forderung hinaus, daß alle Eigenschaften der Außenwelt am Eindringen in das Zellinnere gehindert werden mußten, mit der einzigen Ausnahme der wenigen Faktoren, die von der Zelle als Bausteine oder Energiespender benötigt wurden.

Als Charakteristikum des Kompromisses in der geschilderten Situation wurde also eine Tendenz sichtbar, die darin bestand, nur das unbedingt notwendige Minimum an Außenweltfaktoren zuzulassen. »So wenig Außenwelt wie möglich und nur so viel Außenwelt, wie unbedingt notwendig«, so etwa läßt sich die Maxime formulieren, unter deren Regiment die Urzellen das Kapitel des Lebendigen in der Geschichte der Erde eröffneten.

In dieser Formulierung wird nun sogleich sehr viel anschaulicher, daß diese Regel der ersten Stunde im weiteren Ablauf der Geschichte grundsätzlich nicht an Geltung verlor, daß sie überall ihre Spuren hinterlassen hat. Man könnte sagen, daß sie einen Rahmen setzte, der die Entwicklung auch noch sehr viel später und auch dann noch prägte, als es nicht mehr um biologische Grundvoraussetzungen, sondern um die Eroberung einer neuen Ebene, der Dimension des Psychischen, ging.

Im Verlaufe der vor uns liegenden Kapitel wird sich noch zeigen, wie unvorstellbar gering – von unserem heutigen Standpunkt aus gesehen – die Zahl der Umweltqualitäten tatsächlich ist, die bei einem primitiven, urtümlichen Organismus überhaupt »ankommen«. Wir werden an einigen repräsentativen – vor allem für unsere heutige, menschliche Art des »Erlebens« repräsentativen – Beispielen sehen, in wie mühevoller Langsamkeit die Zahl dieser vom Individuum zugelassenen Eigenschaften der Außenwelt im Laufe der Entwicklung vermehrt wurde. Immer nur in kleinsten Schritten und immer nur unter dem Druck eines aktuellen biologischen Bedürfnisses, im Interesse also eines unmittelbar eintretenden Vorteils. Und wir werden sehen, wie die von einer zunächst geradezu lächerlich geringen Zahl von »Reizen« gebildete spezifische Umwelt des niederen Organismus dabei immer reichhaltiger und bunter wird, wie sie gleichzeitig immer eigenständiger und gegenständlicher wird, bis hin zu der von uns erlebten Umwelt, die wir so selbstverständlich für »die« Welt schlechthin zu halten pflegen, für identisch mit der objektiven Wirklichkeit.

Schon bei dieser stichwortartigen Vorwegnahme läßt uns die naturgeschichtliche Perspektive ahnen, daß diese Gleichsetzung auf eine maßlose Überschätzung unserer Rolle hinausläuft. Unbestreitbar ist unsere, die menschliche Erlebniswelt, die reichhaltigste und umfassendste »Welt«, die es auf der Erde gibt. Unbestreitbar ist wohl auch, daß sie objektive Elemente enthält, Stellen also, an denen sie in einer allerdings kaum genau beschreibbaren Weise zur Deckung zu kommen scheint mit der objektiven Realität, die wir hinter den Erscheinungen der uns gewohnten Umwelt anzunehmen haben.

Anders wäre es kaum erklärbar, daß wir Naturwissenschaft betreiben können. Immerhin verkörpern wir schon eine Stufe der Entwicklung, auf der nachprüfbare Aussagen über objektive, von unserer sinnlichen Erfahrung unabhängige oder diesen Horizont sogar übersteigende Eigenschaften der uns umgebenden Welt möglich sind. Aber es ist eine Illusion, wenn wir immer stillschweigend davon ausgehen, als sei mit uns der Gipfel des Möglichen erreicht und das Ende der Evolution gekommen. Die Gegenwart, in der wir leben, ist nichts anderes als ein durch den zufälligen Zeitpunkt unserer Existenz willkürlich herausgegriffener Moment der Entwicklung, die über uns hinaus weiter fortschreiten wird.

Es ist nicht der geringste Grund erkennbar, der zu der Annahme berechtigte, daß ausgerechnet unser Gehirn, so wie es heute ist, einen Stand der Entwicklung repräsentiert, der es als erstes von allen Gehirnen, die es in der Evolution bis heute gab, in den Stand setzte, die ganze Welt mit allen ihren Eigenschaften in sich aufzunehmen. Bei Licht betrachtet liefert gerade unsere Wissenschaft, unsere Fähigkeit also, nach objektiven Eigenschaften dieser Welt zu fragen, den handgreiflichen Beweis für das Gegenteil. Denn überall dort, wo wir dem Augenschein auf den Grund gehen, stoßen wir auf Zusammenhänge, die sich für uns im Unanschaulichen, im nicht mehr Vorstellbaren verlieren.

Als objektiven Grund der Materie entdecken wir Elementarteilchen, die weder ausschließlich als Korpuskeln noch allein als Energiequanten zu verstehen sind. Und in der gleichsam entgegengesetzten Richtung, bei der Frage nach dem Bau und den Grenzen des Universums, bekommen wir die Antwort, daß dieses Universum einen Raum darstellt, der mit dem dreidimensionalen Raum unserer Vorstellung keine Ähnlichkeit hat.

Aber wir brauchen gar nicht so weit zu gehen. In unserer alltäglichen Umwelt benutzen wir fortwährend Eigenschaften der Welt, die für unsere sinnliche Wahrnehmung gar nicht existieren. Wir bedienen uns elektrischer Energie, wir lassen uns röntgen und wir halten es längst nicht mehr für erstaunlich, daß Radio und Fernsehen mit der Hilfe von »Wellen« zu uns kommen, für die wir neben mathematischen Symbolen auch nur ein willkürlich gewähltes Wort haben.

Manche Tiere hören Ultraschall, andere sehen Farben, die es für uns nicht gibt, kurz, wir wissen, daß der Welt eine Fülle von Qualitäten zukommt, die uns nicht faßbar oder vorstellbar sind. Wir wissen das mit solcher Gewißheit, weil wir in einigen Fällen indirekt auf das Vorhandensein dieser Qualitäten schließen können. Wie groß ihre Zahl insgesamt ist, wie weit der Raum ist, den die Welt jenseits unseres Wahrnehmungs- und Vorstellungshorizonts ausfüllt, können wir jedoch nicht einmal ahnen. Man braucht nur daran zu denken, wie winzig der Anteil ist, den das »sichtbare Licht« im Gesamtspektrum der elektromagnetischen Wellen einnimmt, um am Beispiel eines einzigen unserer Sinne ablesen zu können, daß das, was wir als Wirklichkeit erleben, nur einen Ausschnitt der Welt bildet.

Der namhafte englische Wahrnehmungsphysiologe Richard L. Gregory stellte im Verlaufe ähnlicher Überlegungen ebenso kurz wie prägnant fest: »Eigentlich sind wir so gut wie blind.« Genau so ist es. Wir denken nur nie daran. Unser Wahrnehmungsapparat gleicht einem Rundfunkempfänger, der mit größter Trennschärfe unveränderlich auf eine bestimmte Wellenlänge festgelegt ist, während die Luft um uns herum erfüllt ist von einer unübersehbaren Vielzahl der verschiedensten Programme. Wie die Welt für uns aussähe, wenn wir alle diese Programme ebenfalls zu empfangen in der Lage wären, kann keine menschliche Phantasie ausmalen. Wir sind von dieser Möglichkeit genauso hoffnungslos getrennt wie ein Insekt von der Chance, auf irgendeine Weise eine Vorstellung davon haben zu können, wie wir Menschen diese Welt erleben. Auch die Ursache der Unmöglichkeit ist in beiden Fällen die gleiche.

Kein Zweifel, die Maxime »So wenig Außenwelt wie möglich, nur so viel, wie unbedingt notwendig«, hat der Entwicklung ihren Stempel aufgeprägt. Sie gilt für alle Nachkommen der Urzelle und damit auch für uns selbst. Der Horizont der faßbaren Umwelteigenschaften ist im Laufe der Zeit ohne Zweifel immer weiter geworden. Grundsätzlich aber sind auch unserem Wahrnehmungsapparat nur die Qualitäten der Außenwelt zugänglich, die wir auf der inzwischen erreichten Entwicklungsstufe als lebende Organismen benötigen. Auch unser Gehirn ist ursprünglich kein Organ zum Verstehen der Welt, sondern ein Organ zum Überleben.

Die Anziehungskraft des Bekömmlichen

Es gibt noch andere Beispiele, die in einer von uns nur aus täglicher Gewohnheit übersehenen Deutlichkeit an jenen frühen Augenblick der Geschichte des Lebens erinnern, von dem wir inzwischen durch einen so unvorstellbar langen Zeitraum getrennt sind. Eines davon ist unser Geschmackserleben. Das Quartett der Empfindungen süß, sauer, bitter und salzig ist eine jener noch heute existierenden Spuren, welche die biologischen Startbedingungen des irdischen Lebens in unserem Bewußtsein hinterlassen haben. Zugleich stellt gerade der Geschmackssinn ein besonders überzeugendes und konkretes Beispiel für die biologische Abstammung der psychischen Fähigkeit des Auswählens dar.

Wir brauchen, um das zu erkennen, nur die verblüffende und auf den ersten Blick geradezu unerklärlich scheinende Entsprechung zu bedenken, die zwischen der geschmacklichen Wertung durch unser Erleben und der biologischen Bedeutung der jeweils von uns geschmeckten Substanz besteht. Es beginnt bereits damit, daß nur wasserlösliche Stoffe überhaupt einen Geschmack haben können. Nur wasserlösliche Stoffe aber haben auch für den sich in dem wäßrigen Milieu unseres Körpers abspielenden Stoffwechsel eine biologische Bedeutung. Nur Stoffe, für die das gilt, können nützlich oder schädlich für uns sein.

Die Erklärung für diesen zweckmäßigen Zusammenhang ist noch recht trivial. Daß eine Substanz von den Sinnesrezeptoren unserer Zunge wahrgenommen wird, ist bereits identisch mit einem »Eingriff« dieser Substanz in das chemische System unseres Körpers. Zwar sind die Vorgänge, die sich bei der Berührung an den Geschmackspapillen abspielen, heute noch weitgehend unbekannt. So viel aber ist sicher: Die Reizung dieser Empfänger unseres Geschmackssinns kommt durch chemische Einwirkung zustande (und nicht etwa, wie zum Beispiel bei den Rezeptoren des Tastsinns, durch mechanische Einwirkung).

Unter diesen Umständen ist es selbstverständlich, daß nur Substanzen geschmeckt werden können, die wasserlöslich sind und deshalb einen Einfluß auf chemische Abläufe an unserer Körperoberfläche – in diesem Falle auf der Zungenschleimhaut – ausüben können. Erstaunlich wird die Angelegenheit jedoch, wenn wir bedenken, daß die unbestreitbare Attraktivität der Geschmacksqualität »süß« sich mit einem verblüffend hohen Grad an Zuverlässigkeit auf Substanzen beschränkt, die als die wichtigsten biologischen Energiespender anzusehen sind: chemisch zum Teil ganz unterschiedlich aufgebaute Zucker, ferner bestimmte Alkohole und Aminosäuren.

Man muß hier einräumen, daß allerdings auch Bleiacetat, Chloroform, Berylliumsalze und einige andere chemische Verbindungen »süß« schmecken, für die das nicht gilt. Zu ihnen gehört auch der »Süßstoff« Saccharin. Die Unfähigkeit unseres Geschmackssinns, diese kalorisch bedeutungslosen oder in einigen Fällen sogar schädlichen chemischen Verbindungen von Zucker unterscheiden zu können, erscheint jedoch verzeihlich, wenn wir bedenken, daß sie unter natürlichen Bedingungen nicht vorkommen. Beim Saccharin übrigens nutzen wir diese Unfähigkeit unter den modernen zivilisatorischen Lebensbedingungen mit ihrem kalorischen Überangebot bekanntlich gezielt aus. Daß eine Unterscheidung auch in diesem Fall grundsätzlich möglich ist, zeigt das Beispiel der Bienen. Im Unterschied zum Menschen kann man diese Insekten mit künstlichem Süßstoff, der sich chemisch vom echten Zucker unterscheidet, nicht hereinlegen. Saccharin ist für sie völlig unattraktiv.

Diese Entsprechung zwischen dem »guten« Geschmack und der biologischen Nützlichkeit eines Zuckermoleküls ist nun keineswegs mehr trivial und in unserem Zusammenhang außerordentlich aufschlußreich. Daß sich dahinter ein biologisches Prinzip verbergen muß, erscheint als über jeden Zweifel erhaben, sobald wir die anderen drei Geschmacksqualitäten in die Betrachtung miteinbeziehen. Für sie gilt bezeichnenderweise grundsätzlich das gleiche. Zwar ist »salzig« für sich allein oder gar in konzentrierter Form kein angenehmer Geschmack. Als Zutat jedoch ist diese Komponente fast unentbehrlich, wie insbesondere Erfahrungen in Hungerzeiten belegen. In derartigen Extremsituationen stellt sich heraus, daß das als Energiespender völlig bedeutungslose Kochsalz im Urteil des Menschen nicht weniger hoch rangiert als die klassischen Grundnahrungsmittel.

Die chemische Zuverlässigkeit (»Spezifität«) unseres Geschmacksinns ist in diesem Fall sogar noch größer als beim Zucker. Es gibt nur eine einzige Verbindung, die uns rein salzig schmeckt: Natriumchlorid, das wir deshalb »Kochsalz« nennen. Dabei haben sich die Chemiker seit langer Zeit bemüht, eine Verbindung zu finden oder herzustellen, die Kochsalz als Geschmacksstoff in ähnlicher Weise ersetzen könnte wie das Saccharin den Zucker. Zum Kummer der zahlreichen Menschen, die auf eine salzfreie Diät angewiesen sind, ist das bisher noch nicht wirklich befriedigend gelungen.

Dem ausgeprägten Bedürfnis nach einer salzigen Geschmackskomponente entspricht objektiv nun die Unentbehrlichkeit von Natrium (das die eine Hälfte des Kochsalzmoleküls bildet) für jeden lebenden Organismus. Während Zucker (vor allem in der Form von Traubenzucker oder Glukose) zwar die Rolle des wichtigsten, aber keineswegs die des einzigen Energielieferanten spielt, ist Natrium absolut unersetzlich. Seine sehr komplizierten biologischen Aufgaben im Zusammenhang mit dem Flüssigkeitsgehalt des Zellinneren und dem elektrischen Ladungszustand der Zellwand brauchen uns im einzelnen hier nicht zu interessieren. Wichtig ist allein die Feststellung, daß keine Zelle ohne Natrium auch nur für kurze Zeit existieren kann und daß das uns angeborene Bedürfnis nach Kochsalz gewährleistet, daß es dazu nicht kommt (4).

Ähnlich, wenn auch mit umgekehrtem Vorzeichen, verhält es sich mit den beiden restlichen Geschmacksqualitäten (5). Der Widerwille gegen bittere Substanzen ist biologisch insofern bedeutsam, als eine große Zahl giftiger Naturstoffe, vor allem pflanzlicher Alkaloide, bitter schmeckt. Neuere Untersuchungen sprechen sogar dafür, daß die meisten dieser Stoffe für uns um so bitterer schmecken, je giftiger sie für uns sind.

Weniger handgreiflich sind die Verhältnisse beim sauren Geschmack. Konzentrierte Säuren sind zwar unbestreitbar ätzend und giftig, kommen unter natürlichen Verhältnissen aber nicht vor. Verdünnte organische Säuren können bekanntlich sogar erfrischenden Charakter haben (Zitronensaft). Aber immerhin ist es fast eine Regel, daß die für uns als Nahrung in Frage kommenden Früchte und Beeren unangenehm sauer schmecken, solange sie unreif und schlecht bekömmlich sind, und daß sich ihr Geschmack ins Süße verwandelt, sobald das nicht mehr der Fall ist.

Es ist nicht zu übersehen, daß alle diese Entsprechungen außerordentlich zweckmäßig sind. Daß bekömmliche Nahrung gut, notwendige Kost ausgesprochen attraktiv schmeckt, und daß umgekehrt potentiell schädliche Pflanzen bitter oder sauer schmecken (jedenfalls unter natürlichen Verhältnissen), ist Ausdruck einer biologischen Orientierungshilfe, die in der Vergangenheit wahrscheinlich lebensnotwendig gewesen ist. Die modernen Ernährungsphysiologen haben uns unter anderem die Augen dafür geöffnet, wie kompliziert unsere Nahrung zusammengesetzt sein muß, wenn wir gesund bleiben sollen. Wie hätten wir ohne den Rat dieser Spezialisten in der langen hinter uns liegenden Geschichte das Richtige tun können, wenn uns nicht angeborene Neigung – gesteuert in erster Linie durch unseren »Geschmack« – die uns bekömmliche Kost »instinktiv« hätte finden helfen?

Über die außerordentliche Zweckmäßigkeit einer solchen Abstimmung zwischen dem Individuum und seiner Umwelt brauchen wir kein Wort mehr zu verlieren. Was uns interessiert, ist die Entstehung solcher Entsprechungen. Wem verdanken wir diese glückliche Fügung? Niemandem natürlich, denn so ist die Frage falsch gestellt (übrigens wieder, der alten Gewohnheit folgend, »anthropozentrisch«, von unserer heutigen Situation aus). Wer hier eine glückliche Fügung vermutet, der stellt sich die Dinge so vor, als ob es da erst den Menschen gegeben hätte, fix und fertig, so, wie er heute ist, mit seiner Vorliebe für Süßes und einem Widerwillen gegen Säuren.

Wer an die Frage so herangeht, der steht im nächsten Augenblick dann allerdings vor der unlösbaren Aufgabe, erklären zu müssen, wie es dazu kommen konnte, daß sich der biochemische Prozeß des Reifens eines Apfels der vorgegebenen Skala unseres Geschmackssinns so zweckmäßig hat anpassen können. Glücklicherweise sind wir nicht darauf angewiesen, uns mit dieser unbeantwortbaren Frage abzuquälen.

Die Glukose und andere Zucker waren selbstverständlich längst unentbehrliche Energielieferanten, bevor es höher entwickelte Zellen gab, von höheren Lebewesen ganz zu schweigen. Natrium, und damit das von uns heute »Kochsalz« genannte Natriumchlorid, war für die einwandfreie Funktion der Zellwand bereits unentbehrlich, als das Leben auf der Erde noch allein von den ersten primitiven Einzellern repräsentiert wurde. Mit anderen Worten: selbstverständlich hat sich nicht der Apfel angepaßt, sondern der Mensch. Vorgegeben war nicht die Sinnesleistung unserer Zunge, sondern das Angebot der Umwelt, aus dem wir, wie jedes andere Lebewesen auch, zu wählen hatten.

Um es kurz zu machen: Die Bewertungsskala unseres Geschmacksinns ist eine mittelbare Folge des Zwangs zur Auswahl, der schon das Leben der ersten erfolgreichen Urzelle diktiert hat. Sie durfte aus dem Angebot ihrer Umwelt nur die unbedingt benötigten Moleküle in sich aufnehmen. Da alle Zellen, die heute auf der Erde existieren, und so auch die Zellen unseres Körpers, die Nachkommen der Urzelle sind, die diese Aufgabe erstmals löste, ist die Auswahl, die damals getroffen wurde, bis auf den heutigen Tag gültig. »Geschmack« ist, zugespitzt formuliert, als Ausdruck einer auswählenden Verbindung zur Umwelt ursprünglich keine psychische, sondern eine biologische Funktion.

Es ist zwar wunderbar, aber alles andere als rätselhaft, daß sich dann, als sich unausdenkbar lange Zeiträume später ein »Bewußtsein« entwickelte, in diesem Bewußtsein als »angenehm« spiegelte, was bis dahin schon Jahrmilliarden lang richtig und bekömmlich gewesen war. Daß Geschmack eine biologische Funktion *ist* (und nicht nur *hat*), daß Geschmack grundsätzlich auch dann funktioniert, wenn er gar nicht mit psychischem Erleben einhergeht, wird zusätzlich durch eine seltene Mißbildung belegt.

Der deutsche Psychiater Gamper untersuchte vor einigen Jahrzehnten ein Kind, das ohne Großhirn auf die Welt gekommen war. Diese schwere, von den Wissenschaftlern als *Anencephalie* bezeichnete Mißbildung ist bei Menschen – man möchte hinzufügen: glücklicherweise – nicht für längere Zeit mit dem Überleben vereinbar. Auch bei sorgfältigster Pflege gelingt es allenfalls, die Kinder einige Wochen, höchstens Monate am Leben zu erhalten, weil immer auch Abschnitte des Hirnstamms mißgebildet sind, die für die schon genannten lebensnotwendigen Körperfunktionen verantwortlich sind.

Wenn Gamper nun dem von ihm untersuchten Kind mit einem kleinen Wattebausch vorsichtig eine Zuckerlösung auf die Zunge tropfte, dann löste das sofort wohlig wirkende Schmatzlaute und Schluckbewegungen aus. Wenn er das gleiche mit einer bitteren Lösung tat, erfolgten reflektorisch abwehrende Bewegungen der Lippen und der Zunge. Selbst bei diesem Kind also, das mit Sicherheit nicht die für ein bewußtes Erleben notwendigen Hirnteile besaß, lösten die objektiv vorhandenen Geschmacksstoffe reflektorisch die sich normalerweise in unserem Erleben widerspiegelnden Tendenzen zur Aufnahme oder zur Ablehnung aus.

Im Falle des Geschmacks ist also nicht das bewußte »Ich« die handelnde Instanz. Die Aktion findet auf einer sehr viel elementareren, archaischeren Ebene statt. Was dabei in unserem Bewußtsein auftaucht, ist nur der Widerschein des biologischen Vollzugs. Wir können gewissermaßen nicht umhin, mitzuerleben, was sich da an unserem Leib abspielt. Sobald ein Organismus über ein Bewußtsein verfügt, ist unausbleiblich, daß sich die Funktionen, auf denen seine biologische Existenz beruht, in diesem Bewußtsein zu spiegeln beginnen.

Soweit sich in diesen Funktionen eine Festlegung gegenüber bestimmten Eigenschaften der Umwelt ausdrückt, erscheint die Richtung dieser Festlegung im Bewußtsein in der Form einer entsprechenden Gefühlsqualität. *Das* ist der Grund dafür, daß wir über unsere Gefühle nicht frei verfügen, daß wir ihnen nicht befehlen können. Wir können uns »beherrschen«, indem wir uns ihrem richtenden Einfluß widersetzen. Aber wir haben nicht die Wahl, etwa die Geschmacksqualität »bitter« angenehm oder den Geschmack »süß« als abstoßend zu empfinden. Das Vorzeichen auf der Bewertungsskala ist unserem Einfluß entzogen. Als das Bewußtsein auftauchte, war die Entscheidung seit undenkbar langer Zeit gefallen. Wir sind gewissermaßen »biologische Opportunisten«, die gelernt haben, aus der Not eine Tugend zu machen: »Süß« ist für uns aus dem einzigen Grund ein angenehmes Geschmackserlebnis, weil Zucker biologisch für uns notwendig ist.

Was damit über so elementare leibliche Gefühle wie die mit dem Geschmack verbundenen gesagt ist, gilt für alle anderen emotionalen Regungen auch. »Gefühl« ist immer der Widerschein einer grundsätzlich autonomen, außerhalb der psychischen Ebene selbständig ablaufenden biologischen Funktion. Das sei hier zunächst in dieser vorläufigen Weise stichwortartig festgehalten. Verstehen können wir das erst bei der Besprechung der zweiten Stufe, dann, wenn sich die psychische Ebene selbst zu erschließen beginnt. Schon mit der bloßen Erwähnung des »Gefühls« haben wir den Ereignissen wiederum weit vorgegriffen.

Aber dieser Vorgriff war hier unvermeidlich. Es ging ja, wie wir uns erinnern wollen, darum, an einem anschaulichen Beispiel zu belegen, wie weitreichend – in des Wortes ursprünglichster Bedeutung – die Entscheidungen gewesen sind, die hinsichtlich des Rahmens der weiteren Entwicklung schon im Augenblick der Entstehung der ersten Zelle fielen. Unser Geschmackserleben erwies sich für eine solche Beweisführung als besonders geeignet. Bevor wir diesen Ansatz weiterverfolgen können, müssen wir jedoch die Beschreibung der biologischen Grundlagen fortführen, von denen aus die Entwicklung zu psychischen Phänomenen vorstieß.

3. »Paläontologie der Seele«

Eine aufschlußreiche Zusammensetzung

Unsere Frage lautet nach wie vor: Wie kommt es, daß vegetative und psychische Funktionen in dem gleichen Organ untergebracht sind, in unserem Gehirn? Alle anderen Organe unseres Körpers sind ganz offensichtlich auf einen in sich geschlossenen Funktionskreis spezialisiert: Die Leber entgiftet das aus dem Verdauungstrakt eintreffende Blut, speichert Teile der in ihnen enthaltenen Nahrungsstoffe und produziert die zu deren Verarbeitung notwendigen Enzyme sowie Verdauungssäfte. Die komplizierte Struktur der Nieren dient einzig dem Zweck der Reinigung des Bluts von Abbauprodukten unseres Stoffwechsels. Analoges gilt von den Lungen, dem Herz oder unserer Milz.

Wie ist es unter diesen Umständen zu erklären, daß ausgerechnet das bei weitem komplizierteste und am höchsten entwickelte unserer Organe in dieser Hinsicht so total aus dem Rahmen zu fallen scheint? Welcher Zusammenhang verbirgt sich hinter der eigenartigen Tatsache, daß das gleiche Gehirn, mit Hilfe dessen wir logische Überlegungen anzustellen in der Lage sind, auch für die Regulation unseres Blutdrucks oder die Einhaltung unserer Körpertemperatur verantwortlich ist?

Die halbe Antwort haben wir bereits gefunden, auch wenn das ohne zusätzliche Erklärung nicht gerade auf der Hand liegt. Der erste Teil der Antwort besteht in der Einsicht, daß vegetative Funktionen und psychische Phänomene nicht so total oder besser: nicht für alle Zeiten so total voneinander getrennt sein müssen, wie es uns gewöhnlich scheint. Für die uns eigene – und unserer Lebensspanne angemessene – statische Betrachtungsweise klafft hier ein Abgrund. Eine Momentaufnahme der gegenwärtig vorliegenden Situation läßt keinen Zusammenhang erkennen.

Zwischen den sich an einer Zellwand abspielenden physikalisch-chemischen Austauschprozessen und den psychischen Fähigkeiten des Erkennens oder Unterscheidens besteht für uns, wenn wir beides nebeneinander betrachten, kein Zusammenhang. Der Eindruck änderte sich jedoch, als wir zu einer historisch-genetischen Betrachtungsweise übergingen. Zunächst könnte es dabei noch so scheinen, als ob die Ähnlichkeit zwischen dem auswählenden Umgang der Zelle mit ihrer Umwelt und den psychischen Kategorien des Unterscheidens oder Erkennens nur sprachlich-formaler Natur sei. Als ob es sich lediglich um eine äußerliche Analogie handele.

Unser Vorgriff auf die unserem Geschmackserleben zugrunde liegenden biologischen Funktionen hat uns dann jedoch eines Besseren belehrt. Hier waren wir auf ein erstes Beispiel dafür gestoßen, daß vegetative Funktionen im Verlaufe langer Entwicklungszeiten sehr wohl einen psychischen Charakter erhalten können und daß bei diesem Prozeß die grundlegenden formalen Kategorien erhalten bleiben: Zwischen der selektiven Bevorzugung von Natriumionen durch die lebende Zelle und unserem Bedürfnis nach einer salzigen Geschmackskomponente unserer Speisen besteht mehr als ein äußerlicher Zusammenhang. Beide Phänomene sind durch einen kontinuierlichen Entwicklungsprozeß miteinander verknüpft (6).

Wie dieser Entwicklungsprozeß abgelaufen sein könnte, wie die Verbindung zwischen den beiden Ebenen beschaffen ist, d. h. also, welcher konkrete Weg die Entwicklung von der einen zur anderen geführt hat, das werde ich im weiteren Ablauf dieses Buches nachzuzeichnen versuchen. Die Rekonstruktion ebendieses Weges macht ja seinen wesentlichen Inhalt aus. An dieser Stelle ist es nur wichtig, festzuhalten, daß vegetative Funktionen und psychische Phänomene, so wesensverschieden sie bei der üblichen Betrachtungsweise auch erscheinen mögen, nicht in jedem Falle zusammenhanglos nebeneinander stehen. Wenn man unter einem entwicklungsgeschichtlichen Aspekt an die Frage herangeht, stellt sich heraus, daß sie, wenigstens in bestimmten Fällen, nicht ihrem Wesen nach, sondern nur durch – wenn für unsere Begriffe auch gewaltige – Entwicklungsspannen voneinander getrennt sind.

Wenn das aber so ist, liegt dann nicht in unserer Ausgangsfrage vielleicht sogar die ganze Antwort schon verborgen? Wenn vegetative und psychische Phänomene in bestimmten Fällen nur durch einen zeitlichen Abstand voneinander getrennt sind, sollten wir dann nicht die räumliche Nähe, in der sie durch unser Gehirn zusammengefaßt sind, als einen Hinweis darauf ansehen können, daß dieser grundsätzlich mögliche entwicklungsgeschichtliche Zusammenhang hier vorliegt? Wenn er überhaupt möglich ist – und unser Exkurs über unser Geschmackserleben hat das ergeben –, dann müßte es in diesem Falle sinnvoll sein, nach ihm zu suchen. Wenn es ihn schon gibt, dann erscheint es vernünftiger davon auszugehen, daß sich auch unser Zentralnervensystem allem Augenschein zum Trotz so, wie die anderen Organe unseres Körpers, auf einen, in sich geschlossenen Funktionskreis spezialisiert hat.

Wir werden daher die Vereinigung vegetativer und psychischer Funktionen in unserem Gehirn, die uns eben noch so willkürlich zu sein schien, zum Ausgangspunkt unseres weiteren Vorgehens machen. Eben die Tatsache, daß die Regelung unseres Blutdrucks oder die unserer Körpertemperatur durch das gleiche Organ erfolgt, das auch die biologische Grundlage unserer Fähigkeit zum Ziehen logischer Schlüsse bildet, dient uns als Grundlage für die Vermutung, daß beide Funktionsebenen nur durch zeitliche, entwicklungsgeschichtliche Abläufe voneinander getrennt sind.

Einfacher ausgedrückt: Der Bau und die eigentümliche Zusammensetzung unseres Gehirns liefern unter diesem Aspekt einen unübersehbaren Hinweis darauf, daß sich im Verlauf der Evolution aus vegetativen Funktionen psychische Phänomene entwickelt haben müssen. Die drei übereinander liegenden Abschnitte, in die sich unser Gehirn – unter funktionellen Gesichtspunkten – einteilen läßt (s. dazu Abbildung 1), entsprechen dann drei entscheidenden Stufen, mit Hilfe derer die Evolution den Abstand zwischen der biologischen und der psychischen Ebene überwunden hat. Man könnte genausogut sagen, daß diese drei Hirnteile – der untere Hirnstamm, das Zwischenhirn und das Großhirn – die drei Organe sind, die sich die Evolution nacheinander schuf, um die sich von der jeweils erreichten Stufe aus anbietenden Möglichkeiten zur Verbesserung der Überlebenschancen des Individuums auszunützen.

Um einem naheliegenden, wenn letztlich vielleicht auch unausrottbaren Mißverständnis entgegenzutreten, sei hier betont, daß in keinem Augenblick der Evolution die psychische Dimension etwa das »Ziel« der aufeinanderfolgenden Einzelschritte gewesen ist. Es gab niemanden, der hätte zielen können. Die Möglichkeit des Psychischen war unvorhersehbar. Auch die Evolution ist keine handelnde Person. Sie verläuft unbewußt und lenkt sich nicht selbst. Daß sie dessenungeachtet nicht ins Chaos führt, ist allein eine Folge der Struktur der Materie und ihrer wunderbaren Entfaltungsmöglichkeiten.

Ich kann darauf hier nicht weiter eingehen. Es ist nicht möglich, in jedem Buch von neuem alle notwendigen Voraussetzungen zu wiederholen. Ich muß daher den, der sich für Einzelheiten der Begründung interessiert, nochmals auf mein vorangegangenes Buch verweisen (1).

Lebende Fossilien

In unserem Gehirn liegen also drei »Teilorgane« übereinander, die drei verschiedenen Stufen auf dem Wege zum Bewußtsein entsprechen. Ihre relative Selbständigkeit, ihre noch näher zu besprechenden funktionellen Eigentümlichkeiten und sogar eine – wenn auch nur unscharfe – anatomische Abgrenzbarkeit lassen sie als eine Art Fossilien erscheinen, welche die Entwicklung hinterlassen hat. Der Vergleich hinkt weniger, als man denken könnte. Ganz so wie bei der Paläontologie, jener Wissenschaftsdisziplin, die sich der Auffindung und Untersuchung vorzeitlicher Lebensspuren (Fossilien) verschrieben hat, so liegt auch in unserem Gehirn Schicht über Schicht, das Jüngere jeweils auf dem Alten.

Der Hirnstamm – gleichsam das unterste und damit älteste Sediment – ist, grob geschätzt, etwa 1,5 Milliarden Jahre alt. Aus Gründen, die wir im nächsten Kapitel kennenlernen werden, fällt dieser Termin mit dem Auftauchen der ersten mehrzelligen Lebewesen zusammen.

Wie viele heute existierende primitive Organismen beweisen, kann man als Mehrzeller auf dieser Erde auch mit dem Hirnstamm allein im Grunde auskommen. Für die Geborgenheit einer rein biologischen Existenz ist diese Ausstattung absolut ausreichend. Die analoge Feststellung läßt sich bezeichnenderweise für jeden beliebigen anderen Schritt der Evolution ebenfalls treffen. Es ist kein Grund erkennbar, warum die Entwicklung nicht schon auf einer sehr viel früheren Stufe, etwa nach der Entstehung von Sternen und Milchstraßensystemen, zum Stillstand gekommen ist. Warum sie es mit der Hervorbringung der kosmischen Ordnung des Fixsternhimmels nicht genug sein ließ.

Wir wissen nicht, warum es immer weiterging, warum jede Ebene der Entwicklung immer nur als Stufe für einen nächsten Schritt zu dienen hatte. Wir wissen nur, daß es ausnahmslos so gewesen ist. Und so war auch mit dem Hirnstamm nicht das Ende der Entwicklung gekommen. Über ihm entstand das Zwischenhirn. Auf die Stufe der vegetativen Geborgenheit folgte die der nach außen, auf die Außenwelt gerichteten Programme. Das Alter der Neuerwerbung, dieses zweiten Hirnteils in der »paläontologischen Schichtung« unseres Zentralnervensystems, ist auf höchstens 1 Milliarde Jahre zu veranschlagen. Das alles sind natürlich nur

Größenordnungen. Die absoluten Zahlen schwanken in weiten Bereichen, je nachdem, welchen Entwicklungsstand – erste Anfänge oder vollständige Ausreifung – man zugrunde legt.

Auch das aber war noch immer nicht alles. Vor etwa 500 Millionen Jahren erfolgte der – bisher – letzte Schritt: Über dem jetzt voll entwickelten Zwischenhirn entstanden neue, vorerst nur knospenartige Konzentrationen von Nervenzellen. Sie waren die ersten Ansätze der Ausbildung des obersten, jüngsten Hirnteils, den wir heute »Großhirn« nennen. Mit ihm ist eine Stufe erreicht, die wir an dieser Stelle vorläufig mit den Stichworten Bewußtsein, individuelles Lernvermögen und Wahrnehmung einer objektiven Außenwelt charakterisieren können.

Es handelt sich hier übrigens nicht nur um die bisher faktisch letzte, sondern auch um eine Stufe, die uns als ein »Non plus ultra« erscheint, eine Stufe der Entwicklung, über die wir nicht um einen Millimeter hinauszudenken vermögen. Daß diese Unfähigkeit keine Rückschlüsse auf die reale Zukunft der Entwicklung zuläßt, dürfte nach allem, was bisher gesagt wurde, selbstverständlich sein. Die Möglichkeit, daß unser Großhirn den Endpunkt der bisherigen Geschichte bilden könnte, ist von so astronomischer Unwahrscheinlichkeit, daß wir auch die von uns selbst erreichte Ebene getrost als nur vorläufig, als Übergangsstufe ansehen können. Immerhin sind wir die ersten Lebewesen auf diesem Planeten, die ihre eigene Rolle in dieser Weise zu relativieren fähig sind. Was aber auf die Stufe des Bewußtseins folgen wird, das bleibt dem Bewußtsein für immer verschlossen.

Angesichts der chronologischen Schichtung unseres Gehirns und des fossilen Charakters der unterhalb des Großhirns gelegenen älteren Teile läßt sich das, was wir in diesem Buch vorhaben, mit Recht als eine Art »Paläontologie der Seele« bezeichnen. Neben der schon genannten Parallele, der altersgemäßen Schichtung, gilt hier noch eine weitere Entsprechung. Der Paläontologe schließt aus der räumlichen Anordnung seiner Fundstücke auf eine zeitliche Abfolge. Das gibt ihm die Möglichkeit, die zwischen verschiedenen Fossilien festzustellenden Unterschiede als Stichproben einer zusammenhängenden Entwicklung zu deuten und die Lücken zwischen ihnen entsprechend zu rekonstruieren.

Genau das ist die Methode, nach der auch ich vorgehen möchte. Vegetative Regulationen, die Verhaltensprogramme des Zwischenhirns und die durch das Großhirn ermöglichte Wahrnehmung einer objektiven Außenwelt markieren aufeinander folgende Stufen ein und derselben Entwicklungslinie. Die zwischen ihnen bestehenden Unterschiede erscheinen auf den ersten Blick zwar als grundsätzlich. Die Tatsache jedoch, daß alle diese Funktionen »am selben Fundort«, eben in unserem Gehirn, in unmittelbarer räumlicher Nachbarschaft in einer Anordnung nachzuweisen sind, die einer zeitlichen Abfolge entspricht, legitimiert den Versuch, die zwischen ihnen bestehenden Lücken durch rekonstruierte Entwicklungsschritte auszufüllen.

Unsere Frage danach, wie es zu erklären sein könnte, daß vegetative Regulationen und die Fähigkeit etwa zur Wahrnehmung der Außenwelt oder anderen Leistungen bewußten Denkens im gleichen Organ vereinigt sind, hat damit eine Antwort gefunden. Befriedigend erscheint diese Antwort deshalb, weil sie uns die beruhigende Gewißheit verschafft, daß wir unser Thema nicht verfehlen, wenn wir uns im nächsten Kapitel etwas eingehender mit der Funktion des Stammhirns beschäftigen. Wir können, anders gesagt, sicher sein, daß wir es mit dem ersten Schritt auf dem Wege zum Bewußtsein zu tun haben, wenn wir uns jetzt der Frage zuwenden, welches biologische Bedürfnis den ältesten Teil unseres Gehirns, das Stammhirn, hat entstehen lassen.

Abschließend hier nur noch eine Bemerkung zum Begriff der »Paläontologie der Seele«. Wie alle anderen Bilder oder Vergleiche, so hat auch dieser seine Grenzen. Bei allen Parallelen dürfen wir einen entscheidenden Unterschied nicht übersehen: Auf dem Gebiet, mit dem wir uns hier beschäftigen, sind alle Fossilien noch am Leben. Ungeachtet seines archaischen Alters erfüllt der Hirnstamm auch in unserem Gehirn noch die elementaren Funktionen, deren Beherrschung die erste Stufe der uns interessierenden Entwicklung gebildet hat. Das gleiche gilt für das Zwischenhirn. Beider Funktionen aber spiegeln die längst vergangenen Bedingungen wider, denen das Leben zur Zeit ihrer Entstehung unterworfen war. Unser Gehirn besteht folglich aus Teilen höchst unterschiedlichen Alters. Es ist ein anachronistisch zusammengesetztes Organ. Von den Folgen dieses meist übersehenen Umstands wird in der zweiten Hälfte dieses Buches noch ausführlicher zu reden sein. Denn von all den Erklärungen, die sich für die unbestreitbare Irrationalität menschlichen Verhaltens ins Feld führen lassen, ist dies ganz sicher die wichtigste.

4. Bewußtlose Geborgenheit

Ein neues Bauprinzip und seine Folgen

Etwa vor 1 500 000 000 Jahren muß es irgendwo auf der Erde geschehen sein, in irgendeinem der damaligen Urozeane. Vielleicht wiederholt, in mehreren, zunächst vergeblichen Anläufen an verschiedenen Stellen. Wie noch jedesmal bei früheren Anlässen und später bei jeder vergleichbaren Gelegenheit nahm sich die Angelegenheit zunächst relativ belanglos aus. Die Fülle der Konsequenzen war dem Ereignis jedenfalls nicht anzusehen. In dieser so ungeheuer lange zurückliegenden Periode der Erdgeschichte begannen die ersten Einzeller, sich zu mehrzelligen Organismen zusammenzuschließen. Das geschah nicht übergangslos. Die ersten Verbindungen umfaßten wahrscheinlich jeweils nur 16 Zellen. Genaugenommen handelte es sich auch nicht um Zusammenschlüsse, weil die beteiligten Zellen zu keiner Zeit etwa getrennt existiert hatten.

Die »16-Zeller«, um die es sich in den ersten paar Jahrhunderttausenden dieser Phase gehandelt haben dürfte, entstanden vielmehr dadurch, daß die Zellen sich nach ihrer Teilung nicht vollständig voneinander trennten. Daß diese ersten Mehrzeller aus 16 Untereinheiten zusammengefügt waren und nicht aus 10 oder 12 oder 14, ist ganz einfach dadurch zu erklären, daß sie das Produkt der 4maligen Teilung einer einzelnen Ursprungszelle waren (7).

Das Auftreten dieser Zellbündel war im Grunde ganz sicher das Ergebnis einer Panne. Vor dem Hintergrund aller bis dahin existierenden einzelligen Lebensformen wirkten die neuen Zellhaufen grotesk. Es waren Mißbildungen. Resultate einer Mutation. Fast immer ist das eine Katastrophe. In diesem Falle wirkte es sich als Vorteil aus.

Die noch ungefügen und kaum organisierten Zellhaufen begannen verhältnismäßig rasch an Zahl zuzunehmen. Offensichtlich verschaffte ihr Zusammenhalt ihnen Vorteile. Wir können nur vermuten, worin ihre Überlegenheit bestanden haben könnte: ihre Größe mochte sie davor schützen, gefressen zu werden, die vereinigte Kraft ihrer Geißeln ließ sie schneller vom Fleck kommen, ob als Jäger oder als Beute. Jedenfalls wurde ihre Zahl immer größer.

Und da die Evolution opportunistisch taktiert und mit Vorliebe dort weiterarbeitet, wo sie ohnehin erfolgreich ist, wurden die Zellaggregate größer und größer. Daraus aber ergaben sich bestimmte Konsequenzen. Die Art und Weise, in der die Zellen aneinander hingen und miteinander oder auch nebeneinander agierten, hatte kaum eine Rolle gespielt, solange ihre Zahl innerhalb des gemeinsamen Verbandes gering geblieben war. Das aber änderte sich jetzt und erforderte neue Anpassungen.

Ich will hier nicht im einzelnen auf die Veränderungen der Form eingehen, denen die einzelnen Zellen Schritt für Schritt unterworfen wurden, je nach der Stelle des Organismus, an der sie sich befanden. Auch nicht auf ihre ebenso schrittweise sich vollziehende Spezialisierung auf ganz bestimmte arbeitsteilige Funktionen innerhalb des Ganzen. Von entscheidender Bedeutung ist bei diesem Wandel für unseren Gedankengang vor allem die Tatsache, daß im Zuge dieser Entwicklung zwangsläufig die Zahl der Zellen immer kleiner werden mußte, die an der Oberfläche des neuen Organismustyps lagen.

Das aber beschwor eine einschneidende Komplikation herauf. Die Oberfläche jeder einzelnen Zelle war bis dahin, weit mehr als zwei Jahrmilliarden lang, die direkte Grenze zur Außenwelt gewesen. Eben deshalb besaß die Zellwand, die Membran, die diese Oberfläche bildete, jene kunstvolle »semipermeable« Struktur, von der die Rede war. Und die selektiven, auswählenden Fähigkeiten dieser Membran – oder, anders ausgedrückt, ihre komplizierte molekulare Zusammensetzung – hatten sich in dieser Phase an das von der Außenwelt präsentierte Angebot längst optimal angepaßt. Sie hatten mehr als zwei Milliarden Jahre Zeit dazu gehabt.

Durch die Entwicklung zur Mehrzelligkeit mußte deshalb das entstehen, was die Entwicklungsforscher eine »Sackgasse der Evolution« nennen. Ein immer größerer Anteil der Zellen der neuen »Individuen« wurde vom direkten Kontakt mit der Umwelt abgeschlossen. Der eben noch so erfolgreiche und daher mit besonderem Nachdruck verfolgte Trend zur Vergrößerung der Zellzahl der neuen »Individuen« drohte damit, den im Körperinneren verschwindenden Zellen die Lebensgrundlage abzuschneiden. Dadurch entstand das zweite, schon angekündigte Paradoxon, dem sich das Leben an diesem Punkt konfrontiert sah: Der weitere Fortschritt konnte nur in einer konsequenten Weiterverfolgung des

Prinzips der Mehrzelligkeit der Organismen bestehen. Ebendieses Prinzip aber mußte den inneren Bausteinen des neuen Organismentyps die Lebensgrundlage entziehen. Die aufwendige Antwort der Evolution auf dieses Dilemma bestand in der Entwicklung von Regelmechanismen.

Die Zellen, die da im Inneren verschwanden, stellten nach wie vor die gleichen Ansprüche wie in den zurückliegenden Jahrmilliarden. Ihnen stand als »Außenwelt« jetzt aber nicht mehr die praktisch unbegrenzte Weite eines Ozeans zur Verfügung, sondern nur noch der schmale Flüssigkeitsspalt, der sie von der Membran der Nachbarzelle trennte. Die dadurch entstehenden Probleme waren gewaltig.

Eine isoliert im Weltmeer dahintreibende Zelle kann ihrer Umgebung so viele Zuckermoleküle oder Natrium entnehmen, wie sie mag. An der Zusammensetzung des Ozeans wird sich dadurch nichts ändern. Auch die laufende Ausscheidung von Abfallprodukten ihres Stoffwechsels führt nicht zur spürbaren Verunreinigung ihrer Umgebung. Die Lebensnotwendigkeit einer Konstanz des »inneren Milieus« der Zelle war von Anfang an offensichtlich gewesen. Fast die ganze komplizierte Ausstattung jeder lebenden Zelle diente allein dem Zweck, diese Konstanz unter allen Umständen zu gewährleisten.

Daß das für die Konstanz des äußeren Milieus – die Zusammensetzung der »extrazellulären Flüssigkeit«, in der die Zellen schwammen – grundsätzlich in dem gleichen Maße galt, hatte bislang dagegen keine Rolle gespielt. Um die Unveränderlichkeit der Zusammensetzung des umgebenden Wassers hatten sich die Zellen sozusagen nicht zu kümmern brauchen. Sie wurde durch Faktoren außerhalb der Lebensprozesse automatisch gewährleistet.

Die geologischen und meteorologischen Prozesse aber, um die es sich dabei in erster Linie handelte, spielten sich in einem vergleichsweise gewaltigen Rahmen ab, und auch die Menge des »extrazellulären Wassers« war so unermeßlich groß, daß die lebendige Aktivität der Zellen das Gleichgewicht nicht in Gefahr bringen konnte. Das änderte sich mit dem Auftauchen des neuen, mehrzelligen Konstruktionstyps, und zwar einschneidend. Die Menge der »extrazellulären Flüssigkeit« reduzierte sich mit einem Male um astronomische Größenordnungen.

Daß das keine Übertreibung ist, wird deutlich, wenn wir zum Vergleich die Situation in unserem eigenen Körper heranziehen. Das Verhältnis zwischen intrazellulärer und extrazellulärer Flüssigkeit ist beim Einzeller im Ozean identisch mit der Relation zwischen dem wäßrigen Inhalt der einzelnen, mikroskopisch kleinen Zelle und der Menge des Wassers im

Weltmeer. Das Verhältnis beträgt in diesem Falle somit fast 1 zu unendlich.

Die sich in dieser Proportion ausdrückende Unerschöpflichkeit der extrazellulären Flüssigkeit wird beim Mehrzeller nun nicht einfach nur einschneidend beschränkt. Bemerkenswerterweise verkehrt sich das Verhältnis bei ihm sogar ins Gegenteil. Beim erwachsenen Menschen stehen rund 30 Litern intrazellulärer Flüssigkeit (= der Inhalt aller unseren Körper bildenden Zellen) nur etwa 10 Liter extrazellulärer Flüssigkeit (Blutserum, Gewebsflüssigkeit, Lymphe) gegenüber. In uns selbst ist das »Weltmeer« also nur noch ein Drittel so groß wie der Inhalt aller der Zellen, die aus diesem Reservoir versorgt werden müssen. Das gleiche gilt – mit geringfügigen Abweichungen – für alle anderen mehrzelligen Lebewesen dieser Erde. Man braucht kein Fachmann zu sein, um zu ahnen, wie ungeheuer groß die Probleme und Aufgaben sind, die gelöst werden müssen, wenn die Lebensfähigkeit der Zelle auch unter solchen Umständen weiterhin gewährleistet bleiben soll.

Die Tatsache, daß es uns gibt, beweist, daß die Natur mit der Aufgabe fertig geworden ist. Sie bestand, konkret formuliert, darin, die seit den ersten Anfängen des Lebens über rund 2 Milliarden Jahre hinweg konstant gebliebene Zusammensetzung des äußeren Milieus auch dann noch aufrechtzuerhalten, als das Volumen der extrazellulären Flüssigkeit von den Dimensionen eines Weltmeers auf weniger als die Hälfte des Zellinhalts schrumpfte.

Es war die einzige Möglichkeit, die es gab, die Klippe zu umschiffen. Die Natur kann in jedem einzelnen Augenblick nur mit den Elementen bauen, die sie schon hat. Keine einzige der Zellen, aus denen sie mehrzellige Individuen aufzubauen sich abmühte, war fähig, die Ansprüche nennenswert abzumildern, an die eine seit dem Beginn des Lebens gleichbleibende Umwelt sie »gewöhnt« hatte. Diesen Ansprüchen hatte die Entwicklung sich folglich zu fügen, so groß die Anstrengungen auch immer sein mochten.

Einige Daten, wieder aus unserem eigenen Organismus, können zeigen, mit welch atemberaubender Präzision das scheinbar Unmögliche gelang. Bis auf den heutigen Tag entspricht die Zusammensetzung der extrazellulären Flüssigkeit unseres Körpers bis in Einzelheiten der Zusammensetzung des Meerwassers. Das erstaunlichste Beispiel betrifft das wechselseitige Mengenverhältnis zwischen den biologisch bedeutsamen Salzen Natriumchlorid (Kochsalz), Kaliumchlorid und Kalziumchlorid. Biologisch bedeutsam sind alle drei und auch das Mengenverhältnis zwischen ihnen, weil, wie schon kurz angedeutet, die Bestandteile aller drei Verbindungen die elektrischen Eigenschaften der Zellmembran und damit ihre Filterqualität maßgeblich beeinflussen.

Im Meerwasser beträgt das Verhältnis zwischen den drei Molekülen nun 100 zu 2 zu 2. Das heißt, auf 100 Moleküle Kochsalz kommen jeweils 2 Moleküle der anderen zwei Verbindungen. In unserer extrazellulären Körperflüssigkeit lautet die Relation 100 zu 2 zu 1, sie ist also praktisch identisch. Das bedeutet nichts anderes, als daß die Natur seinerzeit das Meerwasser gleichsam in das Körperinnere mitgenommen hat, als es galt, die Ansprüche der infolge der Vielzelligkeit dorthin verschlagenen Zellen auch weiterhin zu befriedigen.

Aber das ist noch nicht das Erstaunlichste an der ganzen Geschichte. Am erstaunlichsten ist die Tatsache, daß dieses in unserem Körper einge- schlossene »innere Meer« sauber und in seiner Zusammensetzung konstant bleibt, obwohl es die Versorgung einer Zellmenge übernommen hat, deren Inhalt insgesamt sein eigenes Volumen um rund das Dreifache übersteigt.

Der Aufwand, der hinter diesen Zahlenproportionen steht, ist enorm. Die höheren Lebewesen auf der Erde, und so auch wir selbst, haben eine große Zahl spezialisierter Organe entwickelt, die durch komplizierte und vielfältig miteinander verschlungene Funktionen dafür zu sorgen haben, daß trotz ständig wechselnder Aktivitäten unseres Körpers die Ähnlich- keit zwischen seiner Gewebsflüssigkeit und dem Meerwasser stets erhalten bleibt.

Zwar sind bei den höheren Lebewesen zu den mineralischen Komponen- ten im Laufe der Zeit viele andere Substanzen hinzugekommen – etwa Zucker und bestimmte Fettsäuren –, aber auch für diese gelten durch- schnittliche »Normwerte«. Schon relativ geringfügige Abweichungen nach oben oder unten registrieren wir als spürbare Beeinträchtigung unseres Wohlbefindens. Bleibende Veränderungen – eine konstante Erhöhung des Blutzucker-Spiegels oder des Fettsäuregehalts – sind Ausdruck von Störungen, die von den Ärzten den Stoffwechselkrankhei- ten zugerechnet werden.

Zur Regelung dieser und unzähliger anderer Faktoren existieren nicht weniger zahlreiche biologische Einrichtungen. Einige wenige Beispiele, wieder aus unserem eigenen Körper: Spezielle Hormone aus der Rinde unserer Nebennieren bewirken eine Zurückhaltung von Natrium durch das Blutfilter unserer Nieren und gleichzeitig eine Erleichterung der Ausscheidung von Kalium. Der Kalzium-Spiegel in unserem Blut wird dagegen durch mindestens zwei Hormone der Nebenschilddrüsen eingepegelt, von denen das erste eine den Kalziumgehalt steigernde, das andere die gegenteilige Wirkung hat. Beiden Hormondrüsen übergeordnet ist der Vorderlappen der Hypophyse (Hirnanhangsdrüse), deren Hormone die Aktivität dieser und aller anderen innersekretorischen Drüsen regelt. Der Hypophysenhinterlappen wiederum greift in diese Prozesse durch eine Steuerung der allgemeinen Konzentrationsleistung unserer Nieren ein.

Das auf diese Weise entstehende Netz vielfältiger und sich untereinander noch durch Rückkoppelung beeinflussender Regelmechanismen ist von unübersehbarer Kompliziertheit. Obwohl die Fülle der bekannten Details heute schon ausreicht, einen Medizinstudenten zur Verzweiflung zu bringen, sind seine Maschen auch von der modernen physiologischen Forschung noch keineswegs auch nur annähernd vollständig entwirrt. Wir sollten dabei aber beachten, daß dieses unser »inneres Milieu« regelnde Netzwerk, soweit wir es bisher beschrieben haben, nicht aus festen Maschen gewirkt ist. Alle bisher als Beispiele skizzierten Einzelheiten bezogen sich auf Fälle hormonaler Steuerung. Flüssige Wirkstoffe waren es dann also immer, die sich in unserer Gewebsflüssigkeit ausbreiteten und dort, wo sie schließlich eintrafen, den Effekt auslösten, der ihrer chemischen Besonderheit entsprach.

Daß das für alle bisher erwähnten Beispiele galt, ist alles andere als Zufall. Zwar sind an der kunstvoll abgestimmten Regelung unseres inneren biologischen Gleichgewichts auch Nerven, sogenannte »vegetative« Nerven, beteiligt. Die Ausschüttung von Adrenalin zum Beispiel aus den Nebennieren wird auch durch Impulse vermittelt, die nicht von Hormonen, sondern von Nerven übertragen werden. Aber alles in allem ergibt sich bei einem Überblick doch der Eindruck, daß die Nervenleitung als Signalträger bei dieser Art der »Binnenabstimmung« eine zweite Geige zu spielen scheint.

Das ist außerordentlich interessant. Die Feststellung, daß bei der urtümlichsten und ganz sicher ältesten Form der Regelung, die sich in unserem Körper abspielt, humorale (flüssige) Überträgermechanismen gegenüber festen Nervenverbindungen eine Vorrangstellung einnehmen, bildet, wie mir scheint, einen unübersehbaren Hinweis auf die biologische Entstehungsgeschichte der Nervenleitung. Die Vermutung, die sich hier aufdrängt, wird weiter durch die Tatsache gestützt, daß gewisse primitive Mehrzeller, wie etwa die Schwämme, trotz eines zum Teil schon recht komplizierten Körperbaus mit vielfältig arbeitsteiliger Funktion bis auf den heutigen Tag sogar ganz ohne Nervenleitung auskommen.

All das legt den Gedanken nahe, daß die »Verständigung« zwischen den verschiedenen Mitgliedern der ersten Mehrzellerverbände zunächst ausschließlich auf humoralem Wege erfolgt ist, also durch die Vermittlung von flüssigen, hormonähnlichen Wirkstoffen. Die Vorstellung leuchtet unmittelbar ein. Man glaubt an dieser Stelle sogar zu verstehen, wie es zur Bildung der ersten Hormone gekommen sein könnte: Jede Zelle produziert bei jeder ihrer Tätigkeiten jeweils ganz bestimmte Stoffwechsel-Endprodukte, die sie als Abfall nach außen abstößt. Bei einem Mehrzeller gelangen diese Sekrete in den extrazellulären Raum, in dem sie sich verteilen, bis sie früher oder später unweigerlich auch in Kontakt mit benachbarten Zellen kommen. Da diese Produkte nun aber charakteristisch für die Art der Zellaktivität sind, die sie hat entstehen lassen, stellen sie mehr dar als bloß Abfall. Sie sind ganz unvermeidlich zugleich auch potentielle Signale, eine Art von Stoffwechsel-»Fall-out«, der auf den Ablauf einer ganz bestimmten Zelltätigkeit in der Umgebung mit der gleichen Präzision schließen lassen kann, wie die Anreicherung bestimmter radioaktiver Isotope in der Erdatmosphäre auf die Art eines Atomwaffenversuchs, der in großer Entfernung stattgefunden hat.

Es wäre ein Wunder, wenn die Evolution von dieser sich aus der Lage der Dinge von selbst anbietenden Gelegenheit keinen Gebrauch gemacht haben sollte. Natürlich ist das heute noch eine Spekulation. Aber die nächstliegende, die sich denken läßt. Ich vermute, daß diese mögliche Signalfunktion spezifischer Stoffwechselprodukte evolutionistisch den Ausgangspunkt für die Entstehung der meisten heute bekannten Hormone gebildet haben dürfte (8).

Die Erfindung der Nervenleitung

So können wir uns den Typ des ersten Mehrzellers also als einen im Wasser treibenden Verband von einigen hundert, höchstens einigen tausend Einzelzellen vorstellen. Das Ganze hatte kugelförmige Gestalt, ähnlich wie der heute noch lebende Volvox (s. Abbildung 2). Ein Nervensystem gibt es noch nicht. Die Abstimmung der Aktivität der vielen Zellen auf einen harmonischen Zusammenklang oder, wissenschaftlicher formuliert: die funktionelle Integration der Zellen zu einem einheitlich agierenden Individuum erfolgt durch flüssige Stoffwechselprodukte, die die kleine Kugel in langsam aufeinander folgenden Wellen durchströmen und alle ihre Mitglieder den jeweils gleichen chemischen Reizen unterwerfen.

Über lange Zeiten hinweg, während vieler kleiner Schritte der Weiterentwicklung, dürfte sich daran grundsätzlich nichts geändert haben. Das System funktionierte ausgezeichnet. Noch war die Zahl der Zellen so klein, daß die meisten von ihnen ausreichenden Kontakt mit der »extrazellulären Flüssigkeit« des Meeres hatten, in dem ihr Verband schwamm. Die Erfordernisse der gegenseitigen Abstimmung beschränkten sich daher vorerst noch auf die Notwendigkeit einer Synchronisation der Geißelaktivität, um eine geordnete Fortbewegung des Ganzen zu ermöglichen, und vielleicht auf die im Interesse des Ganzen ebenfalls notwendige synchrone Einstimmung aller Mitglieder auf den rhythmischen Wechsel von Ruhe und Aktivität im Gefolge des äußeren Rhythmus von Tag und Nacht.

Ich habe schon begründet, warum es damit auf die Dauer nicht sein Bewenden haben konnte. Immer kleiner wurde der Anteil des extrazellulären Mediums, des »inneren Meeres«, aus dem alle Zellen sich zu ernähren hatten. Unweigerlich kam so im Verlaufe des weiteren Wachstums der Augenblick, in dem besondere Einrichtungen »erfunden« werden mußten, welche die Reinerhaltung dieses Binnenmeeres zu übernehmen hatten, also eine nierenartige Funktion, und andere, die es künstlich mit neuen Nährstoffen anreichern mußten.

Damit aber genügte die bisherige, hormonale Form des Zusammenhalts nicht mehr. Der nunmehr erreichte Grad der Kompliziertheit machte es notwendig, verschiedene Zellgruppen des Verbandes gleichzeitig in *unterschiedlichem* Sinn beeinflussen zu können. Mit einem flüssigen Signal, das den ganzen Organismus überschwemmte, war das unmöglich. Je komplizierter die neuen Individuen wurden, um so größer wurde außerdem das Bedürfnis nach einer schnelleren Übermittlung von steuernden Impulsen auch in relativ entfernte Zellgebiete.

Eine gezielte anstelle einer diffusen und eine möglichst schnelle Signalübermittlung, das also waren die aus dem Stand der Dinge ganz natürlich sich ergebenden Bedürfnisse. Aus dem Rückblick wird klar, daß dies die Geburtsstunde der Nervenleitung gewesen sein muß. Ein elektrischer Impuls, der auf vorgezeichneter Bahn einem festliegenden Ziel zustrebt – das ist die Antwort auf beide Forderungen. Nun besteht aber auch in der Natur keine unmittelbare Verbindung zwischen einem Bedürfnis und seiner Erfüllung. Wie also ist es zur Entstehung von Nervenbahnen für die Signalübermittlung gekommen?

Wieder sind wir auf Vermutungen angewiesen. Wieder können wir uns aber auch auf gewisse Anhaltspunkte stützen. Es erscheint mir plausibel, davon auszugehen, daß die ersten Nervenzellen – oder »Ganglienzellen«, wie der Wissenschaftler sie nennt – ihre leitenden Fortsätze entgegen der Richtung des Konzentrationsgefälles der bei ihnen eintreffenden hormonalen Reize haben wachsen lassen (s. dazu Abbildung 3). Daß die ersten Nervenleitungen die bisherige hormonale Nachrichtenverbindung insofern also ganz buchstäblich und konkret ersetzt haben, als sie den von Hormonen zwischen Absender und Empfänger zurückgelegten Weg durch ihre leitenden Fortsätze nachzeichneten.

Natürlich ist dazu bereits eine wenn auch noch so bescheidene Einschränkung der ursprünglich absoluten Ziellosigkeit der hormonalen Botschaft vorauszusetzen. Dies aber können wir ohne Bedenken tun. Dieser Nachteil der hormonalen Nachrichtenübertragung ist heute, bei den modernen Hormonen, weitgehend gemildert. Zwar ist dieser Form der Übermittlung die geradezu punktförmige Zielgenauigkeit, welche die nervöse Impulsübertragung auszeichnet, nach wie vor verschlossen. In vielen Fällen gibt es heute aber doch immerhin gezielte hormonale Beziehungen zumindest zwischen ganz bestimmten einzelnen Organen. Dies gilt in erster Linie für die Beziehungen zwischen den hormonproduzierenden endokrinen Drüsen selbst.

So war schon davon die Rede, daß der Vorderlappen der Hypophyse oder Hirnanhangsdrüse die Aktivität der Nebennieren steuert. Er regiert in gleicher Weise als übergeordnete Zentrale aber auch über die Tätigkeit aller anderen endokrinen Drüsen unseres Körpers: die der Schilddrüse, der Keimdrüsen, der Bauchspeicheldrüse und so fort. Jeder dieser Verbindungen dient ein besonderes spezielles Hormon. Und der jeweils gemeinte Empfänger, das »Erfolgsorgan«, verfügt offensichtlich über ebenso spezifische Rezeptoren, die nur auf das auf ihn selbst gemünzte Hormon ansprechen.

Auch heute noch verbreitet sich jedes Hormon gänzlich ungerichtet. Es wird von der extrazellulären Flüssigkeit aufgenommen und diffundiert im ganzen Körper. Daran hat sich nichts geändert. Aber längst gibt es bestimmte, lokalisierte Zellkomplexe – die »endokrinen Drüsen« –, die als »Sender« fungieren, indem sie ganz bestimmte, chemisch eindeutig charakterisierte Nachrichtensubstanzen ausscheiden. Ihnen stehen »Empfänger« gegenüber, Zellareale, die allein diese eine Nachricht zu lesen im Stande sind, während alle übrigen Zellen des Körpers beim Eintreffen des Hormonsignals gleichsam taub bleiben.

Nichts hindert uns nun, anzunehmen, daß das hormonale Nachrichtensystem bereits die allerersten Fortschritte in dieser Richtung gemacht hatte, als die ersten Nervenleitungen gezogen wurden. Daß es also schon umschriebene Zellkomplexe gab, die Stoffe produzierten, welche nicht mehr bloßen »Fall-out«-Charakter hatten, deren chemischer Aufbau schon geringfügig abgeändert war, so daß er sich als vage erkennbare Nachricht abhob von dem Hintergrund des Einerlei der übrigen Körpersäfte. Und daß es Zellen gab, die dieser Nachricht mehr als ihre Nachbarn bedurften und die daher eine geringfügig vermehrte Sensibilität ihr gegenüber entwickelt hatten.

Sobald es eine solche, noch so lose Beziehung zwischen Sender und Empfänger gab, bestand eine eindeutig definierte Richtung, das, was die Wissenschaftler einen »Gradienten« nennen. Sender und Empfänger waren jetzt durch ein abnehmendes Konzentrationsgefälle des flüssigen Signals miteinander verbunden, das als Leitlinie für die Wachstumstendenz von Nervenzell-Fortsätzen bzw. als Selektionskriterium für entsprechende Mutationen dienen konnte.

Es gibt Hinweise, die einen solchen Ablauf plausibel erscheinen lassen. Trotz aller Unterschiede in der Funktionscharakteristik und im Übertragungsmodus stehen beide Methoden der Nachrichtenverbindung bis auf den heutigen Tag in einer erstaunlich engen Beziehung zueinander, die eigentlich nur historisch erklärbar erscheint. So gibt es Hinweise, die dafür sprechen, daß die Vorfahren der heutigen Nervenzellen Drüsenzellen gewesen sind, daß sich also die eine aus der anderen Zellart entwickelt haben könnte.

Bei näherer Betrachtung erweist sich ferner die nervöse Verbindung zwischen der einen Impuls aussendenden Instanz und dem Erfolgsorgan nicht als lückenlos. Das Netz unserer Nerven entspricht nicht dem Bild einer festen »Verdrahtung«. Zwischen dem äußersten Ende des Fortsatzes der einen und dem Leib der nachfolgenden Nervenzelle, die den Impuls weiterreichen soll, besteht bemerkenswerterweise kein direkter körperlicher Kontakt.

Wie elektronenmikroskopische Untersuchungen in den letzten zwei Jahrzehnten gezeigt haben, klafft an dieser »Synapse«, wie die Verbindungsstelle zwischen zwei Nervenzellen in der Sprache der Wissenschaft heißt, in jedem Falle ein winziger Spalt. Die Lücke ist nur mit vieltausendfacher Vergrößerung sichtbar zu machen. Sie ist aber groß genug, um das Überspringen des elektrischen Impulses von der einen Zelle auf die andere zu verhindern (s. Abbildung 4).

Wie kommt die kontinuierliche Nervenleitung dann aber zustande? Die Antwort ist heute ebenfalls schon bekannt: dadurch, daß die Impulse von sogenannten »Überträgersubstanzen« zur nächsten Zelle weitergeleitet werden. In unserem Zusammenhang besonders interessant ist dabei die Feststellung der Biochemiker, daß es sich bei diesen Überträgersubstanzen um hormonartige Wirkstoffe handelt, in mindestens einem Fall um ein echtes Hormon, und zwar Adrenalin, ein Hormon des Nebennierenmarks.

Genaugenommen stellen die Bahnen, auf denen in unserem Nervensystem die Impulse hin und her laufen, mit Hilfe derer wir uns bewegen, empfinden und denken können, also keine durchgehenden »Leitungen« dar. In einem stafettenartigen Wechsel werden die Impulse auf jeder dieser Strecken, ob im Gehirn oder im Rückenmark, immer abwechselnd von Nervenzell-Fortsätzen und von hormonalen Substanzen weitergetragen. Die Nerven haben also, so könnte man das auch beschreiben, die ursprünglichen hormonalen Verbindungswege keineswegs total ersetzt. Unter einem technischen Aspekt betrachtet hat die Evolution sich hier so verhalten wie ein Konstrukteur, der versucht hat, zwei grundverschiedene Systeme miteinander zu verbinden.

Solchen Aufwand treibt ein Konstrukteur aber nur dann, wenn er sich einen entsprechenden Vorteil erhofft. Das gleiche gilt für die Evolution. Worin besteht hier der Vorteil? Sehr wahrscheinlich darin, daß auf diese Weise die Möglichkeit geschaffen wird, die Aktivität des Nervensystems durch chemische – hormonale – Einflüsse ständig steuernd regeln zu können, etwa zwischen den Polen äußerster Aktivität oder Entspannung. Außerdem zeigt die genauere Überlegung, daß eine tatsächlich lückenlose Nervenleitung allen bis dahin erreichten Fortschritt wieder illusorisch gemacht hätte. Jeder einmal ausgelöste Signalreiz würde sich in einem so gebauten System ungehindert und bis zur Erschöpfung nach allen Seiten ausbreiten. Eine gezielte Steuerung bestimmter Einzelteile des Organismus wäre unmöglich. Auch bei der Unterbrechung von Impulsen, vereinfacht ausgedrückt: bei der An- oder Abschaltung einzelner Teile unseres Nervensystems, spielen die Synapsen als Schaltelemente eine unentbehrliche Rolle.

Am Rande sei hier schließlich angemerkt, daß diese zwitterhafte oder »hybride« Natur unseres Nervensystems, bei dem jedes Signal immer sowohl durch elektrische als auch durch chemische Reize weitergetragen wird, der Grund ist für die Wirksamkeit der modernen Psychopharmaka. Unsere computerselige Epoche neigt ganz sicher dazu, unser Gehirn allzu einseitig als eine mit elektrischen Impulsen arbeitende Verrechnungsmaschine großer Kompliziertheit anzusehen. Es besteht jedoch Grund zu der Annahme, daß gerade die kompliziertesten sich in unserem Denkorgan abspielenden Prozesse auf chemischen Vorgängen beruhen.

Der Optimierungscharakter der Kombination eines chemischen mit einem elektrischen Signalsystem wird bei einem anderen Beispiel besonders augenfällig. Ich habe eben schon erwähnt, daß in manchen Fällen, so bei der Nebenniere, elektrischer und chemischer Reiz hintereinandergeschaltet sind: Die Ausschüttung von Adrenalin, dem Hormon des Nebennierenmarks, wird durch einen vegetativen Nerv, den sogenannten »Sympathikus«, ausgelöst. Hier wird also die Schnelligkeit und Zielsicherheit der nervösen Signalübermittlung dazu eingesetzt, um schließlich ein sich diffus im ganzen Körper ausbreitendes Hormon auszuschütten. Wie optimal das unter biologischen Gesichtspunkten ist, wird sofort klar, wenn man sich die Funktion von Adrenalin vor Augen führt: Dieses Hormon hemmt die Darmbewegungen und stoppt die Verdauungsvorgänge. Dadurch wird eine beträchtliche Blutmenge zur zusätzlichen Versorgung der Muskulatur freigestellt. Gleichzeitig wird der Herzschlag beschleunigt und der Blutdruck erhöht. Die Bronchien der Lunge weiten sich und erleichtern dadurch die Sauerstoffversorgung. Der Zuckergehalt des Blutes steigt an, womit den Muskeln zusätzliche Energie zugeführt wird. Schließlich erweitern sich noch die Pupillen und erhöhen dadurch die Empfindlichkeit der Augen auf optische Reize.

Wenn man alle diese höchst verschiedenartigen Einzelfunktionen im Zusammenhang betrachtet, fügen sie sich zu einem geschlossenen Bild: Adrenalin bewirkt im Endeffekt eine »Alarmierung« des Organismus. Die Physiologen sprechen sehr anschaulich von einer »Notfallfunktion« dieses Hormons. Es wirkt an sehr vielen verschiedenen Stellen des Organismus auf sehr unterschiedliche Weise. Alles in allem ergibt sich aus der Summe aller Einzeleffekte eine erhöhte Leistungsbereitschaft, sei es zur Flucht, sei es zur Abwehr oder zum Angriff.

Die Zweckmäßigkeit des Zusammenspiels beider Nachrichtensysteme ist unter diesen Umständen offensichtlich: Die Schnelligkeit der Auslösung eines Alarms ist von gleicher Bedeutung wie die Verwendung eines Hormons zur Ausführung eines Befehls, der eine Erfassung und »Gleichschaltung« möglichst des gesamten Organismus zum Ziel hat.

Vollkommenheit im Kleinen

Aber kehren wir wieder zu unserem Mehrzeller im Urozean zurück. Wir dürfen ihn uns jetzt mit einem primitiven Nervennetz ausgerüstet vorstellen. Die Signale, die seinen Leib bisher in flüssiger Form durchströmten, laufen nunmehr wenigstens zu einem Teil auf festgelegten Bahnen. Das geht schneller und vor allem zielsicherer. Die Folge ist die Möglichkeit, immer kleinere Zellanteile gesondert »ansprechen« und zu immer spezielleren Aufgaben heranziehen zu können.

Die mit bloßem Auge jetzt eben sichtbare Kugel ist auf solche Fähigkeiten inzwischen immer dringender angewiesen. Sie hat in den zurückliegenden Jahrhunderttausenden im Ablauf der Generationenfolge mit unmerklicher Langsamkeit die Größe überschritten, jenseits derer die Versorgung der Zellen ihres Körperinneren nicht länger ohne zusätzliche Leistungen erfolgen kann. Die Reaktion der Evolution auf die sich daraus ergebenden Forderungen war zwiefach gewesen. Durch eine Einstülpung der Oberfläche war an einer Stelle der Kugel eine Öffnung entstanden. Eine Art Ur-Mund, der allerdings nicht nur der Einfuhr nährstoffhaltigen Wassers aus der Umgebung ins Innere, sondern auch der Ausstoßung abgebauter Reste in der umgekehrten Richtung zu dienen hatte. Im Innern gab es jetzt eine Höhlung, deren Wandzellen weiterhin mit dem Umgebungswasser Kontakt hatten, soweit dieses durch den Ur-Mund eindringen konnte.

Es hatte aber nicht nur derartige bauliche, sondern Hand in Hand damit auch funktionelle Änderungen gegeben, ohne die die Neuerungen sinnlos gewesen wären. Die 10 oder 20 000 Zellen, aus denen die lebende Kugel jetzt bestehen mochte, glichen einander längst nicht mehr wie ein Ei dem anderen. Je nach dem Ort, an dem sie sich befanden, war ihre Lage auch im übertragenen Sinne eine andere, und ihr Aussehen hatte begonnen, sich diesen Unterschieden anzupassen.

Die Zellen an der äußeren Oberfläche zeichneten sich unter anderem durch besonders kräftige und lange Geißeln aus, deren Schlag die Mobilität des Ganzen garantierte. Die Zellen der inneren Oberfläche dagegen, die neu hinzugekommen waren, hatten ihre Geißeln stark verkürzt. Sie dienten nicht länger der Fortbewegung. Ihre Aufgabe war es jetzt, den Flüssigkeitsstrom, der das Kugelinnere mit dem äußeren Meer verband, aufrechtzuerhalten, und zwar in beiden Richtungen. So einleuchtend und einfach das auch erschien, es hatte eine gewaltige Konsequenz.

Das neue Bauprinzip konnte nur funktionieren, wenn es gelang, die damit neu entstandenen beiden Arten geißeltragender Zellen auch funktionell voneinander zu trennen. Bisher hatte eine Steuerung vom globalen Typ ausgereicht. Bisher war es immer richtig und zweckmäßig gewesen, wenn alle Oberflächenzellen ihre Geißeln im gleichen Takt und in der gleichen Richtung bewegt hatten. Das aber hatte sich, ebenso wie die Intensität der jeweils erwünschten Geißelarbeit, mit einer deren Bewegung aktivierenden oder hemmenden Substanz einwandfrei besorgen lassen.

Diese einfache Lösung genügte jetzt nicht mehr. Nehmen wir an, ein glücklicher Zufall habe unsere Organismenkugel in ein günstiges Milieu treiben lassen. An einen Ort, an dem die flüssige Umgebung besonders reich ist an gelösten Nährstoffen und Mineralien, von angenehmer Temperatur und auch von der Sonne gerade richtig bestrahlt. Dann ist es erforderlich, daß unser Organismus seine äußeren Geißeln abstellt oder ihren Schlag doch möglichst verlangsamt, um den Glücksfall ausnutzen zu können. Eine Suche muß abgebrochen werden, wenn ihr Ziel erreicht ist.

Für die Geißeln der inneren Oberfläche gilt in der gleichen Lage aber ein ganz anderes Gebot. Die Gunst des Augenblicks kann nur genutzt werden, wenn sie jetzt mit höchster Aktivität dafür sorgen, daß der Strom des so besonders nahrhaften Mediums in das Körperinnere so stark wie möglich fließt. Wenn die Kugel überleben will, ist sie daher auf ein inneres Signalsystem angewiesen, das eine gezielte, isolierte Ansprache bestimmter spezialisierter Zellgruppen erlaubt.

Die Entstehung von Nervenbahnen, die allein diese Aufgabe lösen können, ist auf dieser Entwicklungsstufe folglich eine elementare biologische Notwendigkeit gewesen. Der größte Vorteil des Prinzips der Vielzelligkeit, die Perfektionierung biologischer Leistungen durch die Entwicklung entsprechend spezialisierter Zellen, die schließlich zu bestimmten »Organen« zusammengefaßt wurden, kann ohne die gleichzeitige Entwicklung eines Nervennetzes nicht genutzt werden. Der – eine unerhörte Neuheit – aus Zellen schließlich ganz unterschiedlicher Art zusammengesetzte Mehrzeller könnte keinen Augenblick überleben, wenn die sehr unterschiedlichen Funktionen seiner zahlreichen Bausteine nicht laufend aufeinander abgestimmt würden.

Welche Formen biologischer Existenz auf dem damit erreichten Organisationsniveau immerhin schon möglich sind, zeigt *Hydra*, der Süßwasserpolyp. Hydra ist ein besonders ursprünglicher, primitiver Vertreter der Mehrzeller des Entwicklungsstadiums, das wir nunmehr erreicht haben. Sie ist kaum mehr als ein 1–2 Zentimeter langer Schlauch, dessen

Wandung aus einer doppelten Zellschicht besteht, und der auf der einen Seite in einer »Fußplatte« endet, auf der anderen dagegen mit einem »Mund« versehen ist, den 6–10 Tentakel umgeben (s. Abbildung 8). Aber welch erstaunliches Repertoire zweckmäßiger Verhaltensweisen läßt sich an dem winzigen Hohltier beobachten!

Der Polyp sitzt meist, mit der Fußplatte an eine Unterlage geheftet, fest an Ort und Stelle. Die Tentakel treiben scheinbar passiv im Wasser. Sobald aber nur einer von ihnen mit »etwas« in Kontakt kommt, krümmen sich alle mit erstaunlicher Geschwindigkeit in Richtung auf den gemeinsamen Mittelpunkt. Das Ganze ist ein gewöhnlicher Reflex. Jede Berührung an einer Stelle irgendeines der Tentakel löst den gleichen Bewegungsablauf aus. Der Zweck liegt auf der Hand: Ein Gegenstand, der in die Reichweite der Tentakel gelangt, soll zu der in ihrer Mitte gelegenen Mundöffnung befördert werden.

Die genauere biologische Untersuchung zeigt weiter, daß Hydra mit dieser Reaktion keineswegs etwa jeden beliebigen Gegenstand meint, sondern Nahrung, noch genauer: ausschließlich lebende Nahrung. Denn der Tentakelreflex läßt sich zwar durch jeden körperlichen Kontakt auslösen, also auch durch die Berührung mit einer feinen Sonde oder durch ein kleines Plastikstückchen. Die Tentakel sind jedoch außer mit den zu ihrer Bewegung erforderlichen Muskelzellen an ihrer Oberfläche noch mit giftigen Nesselkapseln ausgerüstet, die bei der leisesten Berührung platzen. Nun ist es offensichtlich sinnlos, ein Stück Plastik oder auch leblose Nahrung, also etwa Pflanzenreste, vergiften zu wollen. Die bis hierhin beschriebene Ausstattung von Hydra zielt erkennbar auf eine andere Beute. Ihre zelluläre Ausstattung allein befähigt Hydra folglich zur Auswahl einer ganz bestimmten Kost. Die Beobachtung ergibt, daß es sich dabei um lebende Wasserflöhe und andere kleine Krustentiere handelt.

Die Auswahl dieser für den Polypen einzig bekömmlichen Kost unter all dem, was sonst im Wasser treiben und an seine Tentakel anstoßen kann, ist auch im weiteren Ablauf mit einfachsten Mitteln minuziös gewährleistet. Auch ein Bröckchen Kunststoff wird von Hydra nach erfolgter Berührung zum Mund transportiert – dieser öffnet sich dann jedoch nicht. Nach langen und geduldigen Untersuchungen haben die Wissenschaftler herausgefunden, woran das liegt. Auch die Öffnung des Mundes von Hydra wird durch einen Reflex besorgt. Der einzig passende »Schlüssel«, der diesen Reflex auslösen kann, ist aber zweckmäßigerweise nun nicht etwa ein Berührungsreiz, sondern ein chemisches Signal.

Um welchen chemischen Schlüssel es sich handelt, fanden mehrere Gruppen amerikanischer und englischer Biologen in jahrelangen, mühsamen Untersuchungen heraus, indem sie dem Polypen alle überhaupt in Frage kommenden chemischen Verbindungen, die in Wasserflöhen enthalten sind, der Reihe nach als Lockmittel vorsetzten. Am Ende des Mammutunternehmens stand fest, daß *Glutathion* den Mundöffnungs-Reflex auslöst, und zwar nur in reduzierter, nicht dagegen in oxydierter Form. Glutathion ist ein ganz primitiver Eiweißbaustein, der nur aus drei Aminosäuren zusammengesetzt ist, ein sogenanntes Tripeptid.

Die verblüffende Zweckmäßigkeit dieses chemischen Schlüssels brauchte den Wissenschaftlern niemand zu erklären: Reduziertes Glutathion ist in der Haut aller Wasserflöhe enthalten – aber nur, so lange sie leben. Nach dem Tod der Tiere wird es in kürzester Zeit oxydiert, womit es seinen Schlüsselcharakter für Hydra verliert. Wenn die Süßwasserpolypen sich weiterentwickelt hätten, wenn es von ihnen Nachfahren gäbe, die es bis zu einem Großhirn und bewußtem Erleben gebracht hätten, dann würden diese, soviel ist sicher, den Geschmack von reduziertem Glutathion ganz gewiß als außerordentlich angenehm und appetitanregend empfinden, während oxydiertes Glutathion für sie einen widerwärtigen Geschmack haben würde.

Warum das so wäre, diese scheinbar triviale Frage würde sich diesen hypothetischen Nachkommen gar nicht stellen. Es sei denn, sie brächten es noch weiter, bis zur Entwicklung einer Wissenschaft, die nach den Ursachen der Welt forscht, und die begonnen hätte, ihre eigene Vergangenheit aufzudecken, so, wie es bei unserem eigenen Geschlecht gekommen ist.

Hydra kann noch viel mehr. Der kleine Polyp kann sich zu einer winzigen Kugel zusammenziehen oder zur Seite strecken (auch das alles in Form von Reflexen auf ganz bestimmte Reize hin). Vielleicht am überraschendsten wirkt die Fähigkeit des primitiven Organismus, seinen Standort zu verlassen und neue Regionen aufzusuchen, wenn das Nahrungsangebot an Ort und Stelle zu versiegen droht. Hier scheint ein längeres Ausbleiben der kompletten erfolgreichen Reflexfolge, die von der Tentakelberührung bis zum Schlucken der Beute führt, seinerseits als Signal zu wirken, das die Haftfähigkeit der Fußplatte aufhebt.

Trotz einfachsten Baus ist schon bei Hydra die Art und Weise, in der diese und noch einige andere Reflexketten durch chemische und elektrische Signale aufgebaut und aufeinander abgestimmt sind, so kompliziert, daß die Biologen sie bisher nicht vollständig haben aufklären und verstehen können. Ungeachtet ihrer scheinbaren Primitivität und der geringen Zahl festliegender Möglichkeiten, auf spezifische Reize mit bestimmten Reflexen zu antworten, ist Hydra auf ihre Weise unzweifelhaft ein vollendeter Organismus.

Wie harmonisch und verläßlich der kleine Polyp an seine Umwelt angepaßt ist, ergibt sich mittelbar aus dem Alter seiner Art. Mehrere 100 Millionen Jahre ist eine bescheidene Schätzung. So ist Hydra ein lebendes Dokument für die Tatsache, daß es sich auf dieser Erde auch ohne Zentralnervensystem, ohne Gehirn, ausgezeichnet leben läßt, von einem »Bewußtsein« ganz zu schweigen. Die Geborgenheit auf dieser, der vegetativen Organisationsstufe ist so groß, daß man dieser Polypengattung auch für die Zukunft noch eine ähnliche Lebenserwartung zutrauen möchte, wie es ihrem Alter in der Vergangenheit entspricht – eine Aussicht, die bei weitem alles übertrifft, was wir in dieser Hinsicht unserem eigenen, von so vielen Risiken bedrohten Geschlecht zu prophezeien uns getrauen würden.

Es ist eine bewußtlose Geborgenheit, in der Hydra und ebenso die Quallen, die Muscheln und viele andere Tierarten vergleichbarer Organisationsstufe aufgehoben sind. Wir neigen immer dazu, bei dem Begriff »Nerven« gleich an psychische Phänomene zu denken. Hydra und ihre vegetativen Genossen erinnern uns daran, daß diese Gedankenverbindung allzu menschlich ist. Nervenzellen haben mit psychischen Vorgängen ursprünglich nicht das Geringste zu tun.

Die Entstehung von Nerven ist die Antwort der Evolution auf die eingehend geschilderten Probleme gewesen, die sich aus dem Wachstum der Mehrzeller für die innere Abstimmung dieses zukunftsträchtigen neuen Organismentyps ergaben. Die Konstanterhaltung des inneren Milieus und die Abstimmung der Aktivitäten der einzelnen Teile der rasch komplizierter werdenden neuen »Individuen« (9) machte die Entwicklung neuer Signalverbindungen notwendig.

Nervenzell-Fortsätze lösten die Aufgabe. Die von ihnen gebildeten Verbindungswege waren eine biologische Antwort auf biologische Bedürfnisse. Von psychischen Erscheinungen ist weit und breit nichts zu sehen. Und doch steckt in Hydra schon der Keim für alles Kommende. Gänzlich unbeabsichtigt – wer sollte hier geplant haben? – und wie nebenbei, aber auch ganz unausweichlich ließ die zunehmende Perfektion der inneren, vegetativen Abstimmung der Mehrzeller eine Sprosse entstehen, die sich als tragfähig genug erwies, um der Evolution eine ganz neue Ebene zu erschließen.

5. Vorzeichen des Kommenden

Nervennetze speichern Programme

Vor einigen Jahren führten amerikanische Physiologen ein etwas makaber wirkendes Experiment mit einem Affen durch, dessen entscheidende Phasen auf einem Film festgehalten wurden. Das völlig zahme Tier saß zu Versuchsbeginn entspannt um sich blickend friedlich auf einem kleinen ledergepolsterten Stuhl. Dann zog ein Wissenschaftler einige Kubikzentimeter Wasser in einer kleinen Spritze auf und ließ den Inhalt in ein Plastikröhrchen tropfen, dessen Öffnung aus einer kleinen Operationswunde am Kopf des Affen herausragte.

Wenige Sekunden später begann der Affe sichtlich zu frieren. Er rutschte unbehaglich auf seinem Stuhl umher, zog Arme und Beine fröstelnd an sich und fing an zu zittern. Auf dem Höhepunkt »schnatterte« er vor Kälte, daß es im ganzen Zimmer zu hören war. Die Raumtemperatur betrug unverändert weiterhin 25° C.

Nach einigen Minuten war der Spuk vorüber. Der Affe hatte sich wieder entspannt und fühlte sich wohl. Wieder griff der Wissenschaftler zu der kleinen Spritze. Das Wasser, das er jetzt aufzog, entnahm er einem anderen Gefäß. Es folgte die Füllung des Plastikschlauchs im Kopf des Tieres. Sekunden später reagierte der Affe erneut. Diesmal aber streckte er alle viere weit von sich. Entspannt und schlaff legte er sich in seinem Stühlchen zurück. Und dann begann er, mit heraushängender Zunge, laut zu hecheln. Es war nicht zu übersehen: dem Tier war es in dem mäßig temperierten Raum plötzlich zu warm geworden.

Des Rätsels Lösung ergibt sich aus dem Sitz des Plastikröhrchens im Affenkopf. Die Wissenschaftler hatten es in einem kleinen Eingriff (den der Affe folgenlos überstand) ganz gezielt placiert. Sein Ende lag im Stammhirn des Tiers an einer Stelle, an der die Experimentatoren ein Regelungszentrum vermuteten, das sie anschaulich »Temperaturauge« getauft hatten. Bei diesem tief im Stammhirn vergrabenen »Auge« handelt es sich um eine nur stecknadelkopfgroße Anhäufung von Nervenzellen, die darauf spezialisiert sind, die Temperatur ihrer unmittelbaren Umgebung zu registrieren. Der unterschiedliche Ablauf des ersten im Vergleich zum zweiten Versuch kam einfach dadurch zustande, daß die Experimentatoren dieses Zentrum beim ersten Mal mit kaltem, beim zweiten Mal dagegen mit heißem Wasser gereizt hatten.

Um die Bedeutung dieses Experiments zu verstehen, müssen wir uns darauf besinnen, was sich in unserem Körper – oder dem eines anderen Warmblüters – abspielt, wenn wir frieren. Wir alle sehen bei Kälte blasser aus als bei sommerlicher Hitze. Das kommt daher, daß sich bei Kälte die Kapillaren, die feinen Äderchen in unserer Haut, eng zusammenziehen. Da ihre Zahl sehr groß ist, wird dadurch die Blutmenge, die aus dem Inneren unseres Körpers zur Haut und zurück strömt, beträchtlich verringert. Unser Blut aber ist, neben seinen vielen anderen Funktionen, auch noch der wichtigste Wärmetransporteur unseres Körpers, vereinfacht ausgedrückt: eine Art Klimaanlage.

Die Präzision, mit der ein Warmblüter seine Eigentemperatur auf $1/10°$ C genau halten kann, unabhängig von der Außentemperatur und seiner eigenen Aktivität, ist das Ergebnis einer ausgeklügelten Regelung, an der viele verschiedene Organsysteme beteiligt sind. Die Körperwärme wird in allen Geweben durch die biologischen Verbrennungsvorgänge erzeugt, aus denen die Zellen ihre Betriebsenergie beziehen, exakt ausgedrückt: durch oxidativen Abbau von Nahrungsstoffen. Besonders ins Gewicht fällt dabei die Rolle der Muskulatur. Muskelzellen haben sich eigens darauf spezialisiert, in möglichst kurzer Zeit große Energiebeträge freizusetzen. Entsprechend groß sind die von ihnen produzierten Wärmemengen.

Damit die Körpertemperatur trotz der damit unvermeidlich in weiten Grenzen schwankenden Wärmeproduktion konstant gehalten werden kann, muß es Einrichtungen geben, die in präziser Anpassung an das jeweilige Ausmaß der Wärmeerzeugung für eine mehr oder minder rasche Beseitigung dieser Wärme sorgen. Eine dieser Einrichtungen ist, wie schon erwähnt, das Kreislaufsystem. Es hat, zu allem anderen, die Aufgabe übernommen, die im Körperinneren entstandene Wärme in das ausgedehnte Kapillarnetz unserer Haut zu transportieren, von wo sie in die Umgebung abgestrahlt werden kann.

Wenn wir bei Kälte blaß werden, so also deshalb, weil in dieser Situation ein erhöhter Wärmebedarf besteht. Die Hautkapillaren kontrahieren sich, der Wärmetransport an die Oberfläche wird vermindert, die Wärmeabstrahlung geht auf einen Bruchteil zurück. Der größere Anteil des im System umlaufenden Bluts ist in dieser Situation im Körperinneren wie in einer Thermosflasche konzentriert. Umgekehrt bei großer Hitze. Das gerötete Gesicht eines Menschen, dem es »heiß geworden« ist, beruht auf dem gleichen Regelmechanismus, nur sind die Vorzeichen umgekehrt.

Dem Ausgleich der Wärmebilanz unseres Körpers dienen, wie jeder weiß, noch zahlreiche andere Organsysteme, welche, wie der Kreislauf, die sich aus ihren jeweiligen Hauptaufgaben ergebenden funktionellen Möglichkeiten in den Dienst der Wärmeregulation stellen. So machen wir die Erfahrung, daß wir bei beginnender Auskühlung zu »zittern« anfangen. Dieses Zittern ist schon äußerlich betrachtet insofern eine wesensfremde muskuläre Aktivität, als es intensive Muskelarbeit mit völliger Bewegungslosigkeit vereint. Aber in der geschilderten Situation wird eben die Nebenwirkung – Wärmeproduktion als Folge von Muskelarbeit – vorübergehend zur Hauptsache gemacht: beim Zittern arbeiten unsere Muskeln allein zu dem Zweck, Wärme zu erzeugen.

In beiden Fällen, der Änderung der Kapillarenweite und beim Muskelzittern, erfolgt die Regelung »automatisch«, ohne unser Zutun, ja sogar unserem Willen entzogen. Wir können nicht zittern, wann wir wollen. Und wir können das Zittern auch nicht völlig unterdrücken. Es handelt sich um automatische, reflexartig ablaufende Funktionen auf vegetativem Niveau, um Regelungen oder Abstimmungen unseres »inneren Milieus« auf Stammhirnebene.

Das gleiche gilt für die Funktionen der anderen Organe, soweit sie ebenfalls für die Wärmeregulation eingespannt werden. Es gilt für die Schilddrüse, deren wichtigste Hormone das Tempo der Stoffwechselvorgänge in allen Geweben steigern können. Deshalb haben Menschen, die an einer Überfunktion der Schilddrüse leiden, auch oft »erhöhte Temperatur«, ohne sonst an einer Krankheit zu leiden. Es gilt schließlich auch für das sprichwörtliche Phänomen der »Gänsehaut«, die wir beim Frieren bekommen können.

Diese Gänsehaut ist deshalb besonders interessant, weil sie mit unübersehbarer Deutlichkeit das ehrwürdige Alter vor Augen führt, das für alle derartigen autonomen oder vegetativen Funktionen charakteristisch ist. Wir reden ja nach wir vor von den ersten und damit ältesten Aufgaben überhaupt, welche die Nerven im Zuge der »inneren Abstimmung« der Vielzeller zu bewältigen hatten. Die archaische Natur der »Gänsehaut« ist nun unmittelbar daran erkennbar, daß die dabei an unserer Haut sich abspielende Veränderung auf das Wirksamwerden einer Hautbedeckung abzielt, die wir Menschen schon vor vielen Jahrhunderttausenden verloren haben: auf ein Fell.

Die kleinen pickelartigen Vorwölbungen, die dem Phänomen seinen Namen verschafft haben, sind die sonst unsichtbaren Haarbälge, die von kleinen, reflektorisch innervierten Muskeln so aufgerichtet werden, daß die zugehörenden Haare senkrecht stehen. So können zwar auch uns noch »die Haare zu Berge stehen«. Die von diesem Reflex ursprünglich bewirkte biologische Leistung verpufft bei uns jedoch mangels Masse: Sie bestand darin, daß durch das Aufrichten der Haare eines dichten Fells die wärmeisolierende Luftschicht über der Haut vergrößert und die Wärmeabstrahlung damit reduziert wurde.

Das alles war den Wissenschaftlern seit langer Zeit bekannt. Eines aber blieb rätselhaft, und das war die Methode, mit der ein Organismus es fertigbringt, so viele verschiedene Organsysteme und Funktionen einem gemeinsamen Ziel unterzuordnen. Bisher hatte man es nur mit gewöhnlichen Reflexen zu tun gehabt, die allenfalls wie die Glieder einer Kette hintereinandergeschaltet waren.

Wenn eine als Nahrung geeignete Substanz die Geschmackspapillen der Zunge berührt, so löst das reflektorisch die Tätigkeit der Speicheldrüsen aus. Gleichzeitig werden die Drüsen der Magenschleimhaut aktiviert. Dieser Effekt wiederum wirkt als spezifischer Reiz, der eine Aktivierung der sich anschließenden Darmabschnitte auslöst und so fort.

Das, was sich am Körper eines frierenden Menschen abspielt, ist offensichtlich ein Vorgang ganz anderer Art. Das Zittern der Muskeln ist nicht die auslösende Ursache der Kontraktion der Blutgefäße. Und die von der Schilddrüse bewirkte Erhöhung der Verbrennungsgeschwindigkeit in allen Geweben hat ebenso sicher mit dem Auftreten einer »Gänsehaut« nichts zu tun. Das heißt: »zu tun« haben alle diese einzelnen, auf den Kältereiz hin reflektorisch auftretenden Effekte eben doch miteinander. Ihre gegenseitige Beziehung ist jedoch nicht die von Ursache und Wirkung. Sie treten unabhängig voneinander auf, und doch stehen sie, unter einem übergeordneten Gesichtspunkt, in einem engen Zusammenhang: sie alle tragen, jeder auf seine Weise, dazu bei, die Wärmebilanz des Organismus im Gleichgewicht zu halten.

Aus dem Blickwinkel der Entwicklungsgeschichte betrachtet ist das eine revolutionierende Neuerung. Man stelle sich das vor: Zur Aufrechterhaltung der lebenswichtigen Wärmebilanz – in der absoluten Skala formuliert: bei + 310 Kelvin fühlen wir uns wohl, bei nur 4 Kelvin mehr oder weniger müssen wir sterben! – werden Organsysteme, die ursprünglich zu ganz anderen Funktionen entwickelt worden sind, gleichsam »zweck-entfremdet« eingesetzt. Nebenwirkungen, die rein zufällig mit ihrer eigentlichen Tätigkeit verbunden sind, werden in den Dienst eines zentralen Bedürfnisses gestellt. Das ist ein grundsätzlich neuer Weg, mit den sich aus der zunehmenden Kompliziertheit eines Mehrzellers ergebenden Möglichkeiten zu spielen. Je vielfältiger seine Einrichtungen und Organe wurden, um so größer wurden die Chancen, auf ihnen wie auf einer Klaviatur zu spielen, sie zu einer immer größeren Zahl der verschiedenartigsten »Programme« zusammenzufassen. Aber wer spielte hier eigentlich? Anders ausgedrückt: Wie war das Zusammenspiel der Einzeleffekte organisiert? Welche Instanz ordnete das Ganze so, daß schließlich alle Phänomene unter den gemeinsamen Hut eines ganz bestimmten Funktionsziels gerieten?

Hier traten offenbar die reflektorischen Einzeleffekte nicht hintereinan-der, sondern nebeneinander, »parallel-geschaltet« auf. Es mußte daher irgendeinen zentralen Auslöser geben, der sie in Gang setzte und der – wichtigstes Erfordernis – die beteiligten Einzelorgane, jedes für sich, so aktivierte, daß sich aus ihrem Zusammenspiel eine einheitliche Leistung ergab. Im Falle unseres Beispiels also eine Erhöhung der inneren Wärmeproduktion, die exakt so dosiert werden muß, daß sie die drohende Auskühlung genau kompensiert.

In der Sprache der Wissenschaft: Das »Syndrom des Frierens« – die Summe der Einzelsymptome einer Unterkühlung – erweist sich bei genauerer Betrachtung als das Resultat einer funktionellen Integration, als eine Ordnung, die viele verschiedene Leistungen zu einer einheitlichen Funktion zusammenfaßt. Die Frage war also, auf welche Weise diese Ordnung hier zustande kam. Wer oder was die »Integration« besorgte. Es konnte sich dabei nur um einen »Nervenknoten« handeln, eine Art von Zentrale, von der die aktivierenden Impulse gleichzeitig und parallel zu all den Organen liefen, die an dem jeweiligen »Syndrom« beteiligt waren.

Zwei weitere Voraussetzungen mußten zusätzlich erfüllt sein: Das vermutete Zentrum, das für die Auslösung des »Fröstel-Syndroms« verantwortlich ist, muß über einen Rezeptor verfügen, der kalt und warm zu erkennen und voneinander zu unterscheiden in der Lage ist. Nur dann ist es möglich, daß dieses Zentrum das genannte Syndrom nur auf den Reiz »kalt« in Gang setzt. Nun ist »kalt« selbstredend ein höchst relativer Begriff. Das System braucht deshalb einen Nullpunkt. Als dieser dient, wie bei jedem regelnden System, der »Sollwert«, in unserem Falle also die für den betreffenden Organismus »normale« Körpertemperatur.

Das Ganze ist grundsätzlich nicht anders aufgebaut als die Regelung einer modernen Öl-Zentralheizung mit automatischer Steuerung. Das Zentrum, die »Zentrale«, von der die Steuerimpulse ausgehen, ist bei ihr der Raumthermostat. Er muß zunächst auf den Null-Punkt eingestellt werden, also auf die gewünschte Raumtemperatur. Funktionieren kann die Sache auch hier nur, wenn der Thermostat »kalt« und »warm« erkennen und unterscheiden kann. Deshalb ist in ihm ein Thermometer eingebaut, das Abweichungen der Raumtemperatur vom eingestellten Sollwert registriert. Sinkt die Temperatur unter den eingestellten Betrag, so wird ein Kontakt ausgelöst, und auf »festliegenden Bahnen« – den in den Mauern verlegten elektrischen Leitungen – laufen Impulse zu den »Organen«, die dazu ausersehen sind, der drohenden Auskühlung vorzubeugen: ein Ölbrenner springt an, Pumpen fördern Brennstoff, und in den Heizungsrohren kreist kurz darauf Wasser höherer Temperatur.

Was das auslösende Zentrum bewirkt, hängt also von zwei Voraussetzungen ab. Zum ersten davon, auf welchen Reiz es »geeicht« ist. Es gibt bekanntlich Regelungssysteme, die nicht auf thermische, sondern auf optische oder akustische Signale ansprechen. Die zweite Voraussetzung ist die Verbindung zu den Effektoren, den ausführenden »Organen«. Man könnte einen Thermostaten ja auch an eine Kühlanlage anschließen, was unter bestimmten Bedingungen durchaus sinnvoll sein kann.

Über die Art der Wirkung entscheidet also neben der Spezifität des zentralen Meßfühlers die Art und Weise, in der Zentrum und ausführende Organe miteinander verknüpft sind. Das Wirkungsbild hängt naturgemäß einmal davon ab, welche Organe in die Schaltung überhaupt einbezogen sind. Dann aber auch von der Art, in der im Rahmen der jeweiligen Schaltung von den einzelnen Organen Gebrauch gemacht wird. Ein Muskel, der »zittert«, erfüllt eine andere Funktion als ein Muskel, der sich gleichmäßig zusammenzieht und dabei eine Extremität bewegt. Unter diesen Umständen rollt dann jedesmal das gleiche, mitunter recht komplizierte Programm ab, wenn ein bestimmter zentraler Rezeptor oder Meßfühler von seinem spezifischen Reiz getroffen wird.

An dieser Stelle können wir endlich das, was wir auf den letzten Seiten mit einiger Ausführlichkeit erörtert haben – weil es für das Verständnis der weiteren Entwicklung von fundamentaler Bedeutung ist –, auf eine sehr viel kürzere und handlichere Formel bringen: »Frieren« ist, biologisch gesprochen, ein Syndrom vegetativer Einzelfunktionen, die zu einer funktionellen Einheit integriert sind mit dem Ziel, einer drohenden Auskühlung des Organismus vorzubeugen. Das Syndrom ist als ein in der

Struktur des Nervensystems fertig bereitliegendes Programm anzusehen, das abläuft, wenn das auslösende Zentrum von einem spezifischen Reiz aktiviert wird.

Wir sollten besonders beachten, daß diese wissenschaftliche Definition mit keiner Silbe irgendwelche psychischen Phänomene erwähnt. Es ist wichtig, sich klarzumachen, daß die Empfindungen, an die wir aus eigener Erfahrung sofort und fast ausschließlich denken, wenn das Wort »frieren« fällt, nicht unmittelbar zu dem geschilderten Syndrom selbst gehören. Zwar erleben wir als die Besitzer eines Großhirns jedesmal und ganz unvermeidlich die bekannten unangenehmen Gefühle, wenn unser Körper auszukühlen droht. Die Feststellung »ich friere« besagt genaugenommen aber lediglich, daß ich *registriere*, wie mein Körper auf eine beginnende Auskühlung reagiert. Das aber tut er auch dann, und in der gleichen Weise, wenn ich bewußtlos bin.

Und er tut es auch noch – eben weil das Programm festliegt –, wenn der Reiz »kalt« oder »warm« künstlich, durch ein Plastikröhrchen, an die Stelle des Stammhirns gebracht wird, an der das auslösende Zentrum liegt. Das funktioniert ohne Rücksicht darauf, ob der Affe, der bei dem Experiment als Versuchstier dient, wach ist oder schläft, ob man ihn narkotisiert hat oder nicht. Das wache Tier erlebt im Unterschied zum bewußtlosen zwar, daß es friert. Das Frieren selbst erweist sich jedoch als eine biologische Funktion, deren Ablauf gänzlich unabhängig davon ist, ob psychische Phänomene, also das Erleben des Frierens, mit ihr einhergehen oder nicht.

Auch unsere Zentralheizung funktioniert ja ohne jede psychische Komponente. Und hier, bei den vegetativen Programmen, die in unserem Stammhirn bereitliegen, ist die technische Analogie nun wirklich zulässig. Hier dienen die Nervenzellen und ihre Fortsätze wie elektrische Leitungen zur Verbindung zwischen den beteiligten Organen und zu nichts anderem. Daß das Ganze ein biologisches Wunderwerk ist, in den Einzelheiten der Zellfunktionen gänzlich unerklärt und durch keinen noch so ausgeklügelten technischen Apparat nachahmbar, das steht auf einem anderen Blatt. Wir sind aber immer noch auf einer rein biologischen Ebene ohne jede Spur eines Bewußtseins.

Andererseits erweisen sich diese bloßen Verbindungen schon auf diesem Organisationsniveau als erstaunlich entwicklungsfähig. Sie stellen eben nicht einfach nur Verbindungen zwischen Auslösern und Empfängern her. Sie synchronisieren nicht nur voneinander getrennte Teile zu der Gleichzeitigkeit gemeinsamer Funktion. Ihre Netze oder Muster fassen darüber hinaus Teilaktivitäten zu bestimmten Aktionsprogrammen zusammen und unterwerfen die Organsysteme des Individuums einer zentralen Lenkung.

Die Entwicklung primitiver Nervensysteme läßt sich noch heute aus einem Vergleich niederer Tiere unterschiedlicher Organisationshöhe rekonstruieren. Die Grundtypen der Systeme, die es gibt, lassen meist schon auf den ersten Blick erkennen, welcher Leistungen ihr Besitzer fähig ist und welcher nicht.

Die erste Stufe ist ein einfaches »Nervennetz«. Die bloße Form seines Musters zeigt, daß es hier keine Hierarchie geben kann, sondern nur »Gleichschaltung«. Ein symmetrischer Schaltplan schließt die Möglichkeit von Aktionen aus, die einen unterschiedlichen Einsatz verschiedener Teile des Organismus erfordern. Das Netz harmonisiert den Körper seines Besitzers, es läßt ihn als geschlossene Einheit agieren, und es spiegelt die Symmetrie seines Baus wider, etwa den von Hydra oder den einer Meduse.

Schon bei den Würmern sieht die Sache anders aus. Das typische

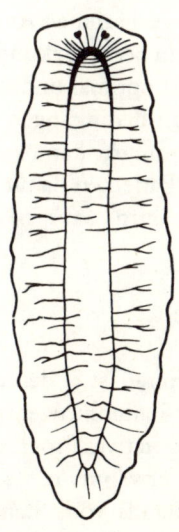

Auf das »Nervennetz« folgt in der Entwicklung das »Strickleitersystem«. Die Gleichberechtigung der Nervenzellen hat hier schon einer gewissen Hierarchie Platz gemacht.

»Strickleitersystem« ist in seiner bilateralen Symmetrie und der ständigen Wiederholung der gleichen Schaltelemente zwar auch nicht mehr als die Widerspiegelung des ebenso monotonen Baus seines Trägers, also etwa eines Regenwurms. Aber hier gibt es am vorderen Ende doch schon eine kleine Ansammlung von Ganglienzellen: Zellen, denen ohne weiteres anzusehen ist, daß sie sich in einer anderen Lage befinden als die Zellen des übrigen Systems. Eine Konzentration von Zellen, deren Impulsen die Schwesterzellen in der »Strickleiter« zu folgen haben. Die erste, noch knospenartige Andeutung einer übergeordneten Zentrale und damit die erste Chance zur Entwicklung eines, wenn auch noch primitiven Programms.

Das vorläufige Ende dieser Entwicklung auf der Ebene der vegetativen Ordnung ist das Stammhirn der heute lebenden höheren Tiere – und des Menschen. Der unvergleichlich höheren Kompliziertheit ihres Körpers entspricht die auch für unsere heutige Wissenschaft noch undurchschaubare Kompliziertheit der in diesem untersten, ältesten Hirnteil konzentrierten Zusammenballung nervöser Regelungszentren. So kunstvoll und bewundernswert der Bau unseres Körpers auch immer ist, er wäre nicht für einen Augenblick lebensfähig, wenn das Zusammenspiel seiner Organe unter fortwährend wechselnden Anforderungen und mit ständig wechselnden Zielen nicht in jeder Sekunde unseres Lebens von den Zentren unseres Stammhirns optimal und unter Berücksichtigung einer unübersehbaren Vielzahl von Bedingungen und Erfordernissen gewährleistet würde. Aus dem Großhirn kann man auch einen Tumor noch herausoperieren, ohne den Patienten damit umzubringen. Eine noch so kleine Verletzung des Stammhirns dagegen ist absolut tödlich.

Abbilder der Außenwelt

In den vergangenen Jahrzehnten ist es den Neurophysiologen gelungen, eine große Zahl vegetativer Stammhirnzentren zu entdecken, von denen jedes für ein bestimmtes »vegetatives Programm« verantwortlich ist. Zwei von ihnen habe ich schon erwähnt: das »Fröstel-Programm« und die »Notfallfunktion«, die ebenfalls vom Stammhirn aus in Gang gesetzt wird. Daneben gibt es u. a. noch ein Zentrum zur Regelung unseres Wasserhaushalts. Unter seiner Kontrolle werden in einem äußerst komplizierten Zusammenwirken vegetativer und hormonaler Verbindungen die Konzentrationsleistung der Nieren, Schweißproduktion,

Flüssigkeitsaufnahme und die Verteilung bestimmter Blutbestandteile (Ionen, Minerale und Eiweißkörper vor allem) so aufeinander abgestimmt, daß unser »inneres Meer«, die kostbaren 10 Liter extrazellulärer Flüssigkeit in unserem Körper, biologisch intakt bleibt. Andere Zentren und Programme regeln die Verteilung des Bluts in unserem Kreislaufsystem, die Energiebilanz, also den Ausgleich zwischen der Speicherung und dem Verbrauch der mit der Nahrung aufgenommenen Energievorräte, bestimmte Abwehrreaktionen auf das Eindringen körperfremder Eiweißverbindungen – im Regelfall in der Form von Bakterien oder anderen Krankheitserregern – und zahlreiche andere Funktionen, die für ein hochentwickeltes, aus einigen hundert Milliarden unterschiedlich spezialisierter Zellen aufgebautes Lebewesen existenznotwendig sind. Wir dürfen als sicher voraussetzen, daß die Wissenschaftler bis heute nur einen relativ kleinen Teil aller in unserem Hirnstamm steckenden vegetativen Programme entdeckt haben.

Interessant und für den weiteren Ablauf der Ereignisse wichtig ist schließlich noch eine gemeinsame Besonderheit aller, diese vegetativen Syndrome auslösenden Reize. Es scheint so zu sein – jedenfalls sprechen alle bisher geklärten Fälle dafür –, daß sie identisch sind mit der Umwelteigenschaft, auf die das jeweilige »Programm« gemünzt ist. Einfacher ausgedrückt: das Zentrum für die Wärmeregulation wird durch Temperaturänderungen aktiviert, das »Freßzentrum« durch den Zuckergehalt des Bluts usw. Das ist nicht so selbstverständlich, wie es im ersten Augenblick scheinen könnte.

Alle diese Zentren liegen ja tief unter der Körperoberfläche im Stammhirn versteckt. Unter diesen Umständen hatten die Wissenschaftler ursprünglich mit einer ganz anderen, sehr viel näherliegenden Möglichkeit gerechnet. Sie hatten bis vor kurzer Zeit geglaubt, daß die Aktivierung eines solchen Zentrums indirekt erfolge, durch einen Nervenreiz, der von einem in einer ganz andern Körperregion gelegenen Rezeptor ausginge. Im Fall des für die Energiebilanz zuständigen »Freßzentrums« hatte man an bestimmte Magen- oder Darmbewegungen gedacht, die, bewirkt durch ein »Leeregefühl« des Organs, an das Stammhirn gemeldet würden und entsprechende vegetative Reaktionen auslösen sollten. Seit einigen Jahren weiß man, daß das nicht stimmt. Im Stammhirn selbst steckt der entscheidende Meßfühler. Er registriert den Zuckergehalt des Bluts, aus dem er selbst sich ernährt, und steuert je nach dessen Konzentration die vom zugehörigen Zentrum abhängigen vegetativen Funktionen.

Das eingangs dieses Kapitels geschilderte Affen-Experiment hat vor einigen Jahren bewiesen, daß die Dinge im Fall des Wärmezentrums grundsätzlich gleich geregelt sind. Es hatte bis dahin viel nähergelegen, daran zu denken, daß das von der Außenwelt mit ihren Temperaturschwankungen so weitab im Stammhirn gelegene Wärmezentrum indirekte Nachrichten erhielte. Daß es über die Erfordernisse seines Aufgabenbereichs also durch Nervenimpulse informiert würde, die etwa von Rezeptoren in der Haut der Körperoberfläche ausgingen. Aber auch hier ist es, wie sich herausstellte, kein in einen Nervenimpuls übersetztes Signal, sondern die Kälte selbst, die die Reaktion auslöst: Der Meßfühler orientiert sich in diesem Falle direkt an der Temperatur des ihn umströmenden Bluts.

Das ist wichtig. Das ist ein Beweis mehr dafür, wie weit wir, aller bisher erreichten wunderbaren Kompliziertheit zum Trotz, noch immer von der psychischen Ebene entfernt sind. Der Reiz, der ein vegetatives Syndrom in Gang setzt, hat mit dem, was wir »Wahrnehmung« nennen, noch nichts gemein. Es ist die Außenwelt selbst, die hier am Organismus angreift. Nicht irgendein von ihr ausgehendes Signal, geschweige denn ein Abbild. Hier findet noch immer eine unmittelbare Konfrontation statt zwischen dem Individuum und den Eigenschaften der Umwelt, die biologisch bedeutsam sind.

Wie Nahrungsmittel oder Gifte, so gehören auch Kälte und Wärme zu den Eigenschaften der Außenwelt, die biologisch relevant sind und auf die der lebende Organismus daher reagieren muß. Sie gehören zu den »Ausnahmen«, vor denen sich ein Lebewesen nicht abschließen kann, da es nun einmal nicht autark ist. Das Feld aber, auf dem die Auseinandersetzung stattfindet, ist nach wie vor das Individuum selbst. Keine der Informationen, auf die es reagiert, reicht über die Grenze des eigenen Leibes hinaus. Jede seiner Aktionen ist eine Antwort auf Änderungen, die an ihm selbst bereits eingetreten sind. Das ist das eigentliche Charakteristikum allen Geschehens auf der vegetativen Ebene.

Und dennoch ist während all dieser rein biologischen Aktionen und Reaktionen unversehens und bisher ganz unbemerkt ein – wenn auch höchst rudimentäres – Abbild der Außenwelt in das Innere des Stammhirnwesens geraten. Wer durchdenkt, wie es dazu kam, dem bietet sich ein lehrreicher Einblick in die Werkstatt der Evolution. Ohne jeden Plan und ohne alle Absicht, die es hätten herbeiführen können, erweist sich das Auftauchen eines Widerscheins der Außenwelt im Inneren des immer selbständiger werdenden Individuums rückblickend als ganz unvermeidlich. Seine Entstehung ist nichts anderes als die Kehrseite der

Ausbildung der vegetativen Programme, von denen zuletzt so ausführlich die Rede war. Eine Folge der immer größeren Zweckmäßigkeit, mit der diese Programme an die biologischen Aufgaben angepaßt wurden, die sie zu bewältigen hatten. Denn es ist, ob man nun darauf achtet oder nicht, völlig unmöglich, angesichts irgendeiner Aufgabe zweckmäßige Lösungen zu entwickeln, ohne daß in diesen Lösungen dann ein Abbild der Gegebenheiten steckt, denen die Aufgabe entspringt.

Bedenken wir noch einmal die Situation eines frierenden Organismus. Ein Physiologe, der in dessen Stammhirn säße, würde aus der Beobachtung aller sich dort abspielenden vegetativen Abläufe und Regelungen nicht nur den Schluß ziehen können, daß der Besitzer dieses Stammhirns friert. Je präziser die vegetative Regelung den biologischen Bedürfnissen angepaßt ist, je vollkommener die Lösung der Aufgabe gelingt, mit um so größerer Zuverlässigkeit würde der stille Beobachter außerdem auch Rückschlüsse darauf ziehen können, um wie viele Grade es in der Umwelt des frierenden Lebewesens kälter geworden sein muß.

Das gleiche gilt sinngemäß für alle anderen vegetativen Syndrome auch. Die Anpassung an bestimmte Umweltbedingungen ist ohne eine »Abbildung« dieser Bedingungen schlechthin unmöglich. Dadurch allein, daß ein Lebewesen sich anpaßt, »erfährt« es schon etwas über seine Umwelt. Das gilt bereits für anatomische Anpassungen des Körperbaus. Mit vollem Recht sagt Konrad Lorenz, daß die Flosse eines Fischs in dem gleichen Sinne ein »Abbild« des Wassers sei, in dem der Flügel eines Vogels die Eigenschaften der Luft »abbilde«, an die er sich bei der Aufgabe angepaßt habe, seinem Besitzer das Fliegen zu ermöglichen (10).

Die in den vegetativen Programmen des Stammhirns steckenden »Bilder« sind zwar von extremer Detailarmut und Unschärfe. Denn jedes dieser Programme greift ja aus der Umwelt wie einen herausgestanzten Punkt nur eine einzige Qualität heraus. Und nach dem Prinzip »so wenig Außenwelt wie möglich« ist auch die Zahl dieser Punkte insgesamt auf das biologisch unbedingt notwendige Maß beschränkt. Angesichts dieser Ausgangsbedingungen ließen sich daher auch schon an dieser Stelle die ersten grundsätzlichen Zweifel formulieren hinsichtlich der Objektivität des »weltabbildenden« Wahrnehmungsapparats, den die weitere Entwicklung auf so schmaler Basis errichtet hat. Aber wir wollen diese Überlegung für den Augenblick noch zurückstellen.

Für unseren Gedankengang von entscheidender Bedeutung ist hier die trotz all der genannten Einschränkungen unbestreitbare Tatsache, daß die zwangsläufig auch abbildende Natur der vegetativen Programme im

Stammhirn gänzlich absichtslos eine Sprosse hervorgebracht hat, von der aus eine neue Ebene sichtbar wird. Unversehens gab es jetzt ein Abbild der Außenwelt. Das aber räumte, 2 Milliarden Jahre nach der Entstehung der ersten Zelle, erstmals die Möglichkeit ein, sich an diesem Abbild zu orientieren.

Die Möglichkeit war revolutionär. Erstmals bestand die Chance, die eigenen Aktionen nach außen zu verlegen. Auf Forderungen der Umwelt im Vorgriff, gleichsam prophylaktisch, zu reagieren, bevor noch sie als konkrete »Reize« einen selbst erreicht hatten und eine physische Auseinandersetzung erforderten. Bisher war alles Leben Reaktion auf solche Reize gewesen. Nach unvorstellbar langer Zeit gab es jetzt, wie von Zauberhand geschaffen, die Möglichkeit, in der Außenwelt selbst zu agieren.

Noch fehlten alle Voraussetzungen, die notwendig waren, um von dieser Möglichkeit auch Gebrauch machen zu können. Das aber war nur eine Frage der Zeit.

Zweite Stufe
Programme für die Außenwelt

6. Die Karriere eines Fehlers

Bussarde und Küken

Vor 25 Jahren machte der berühmte holländische Zoologe Nikolaus Tinbergen ein scheinbar sehr einfaches Experiment. Er schnitt aus dicker schwarzer Pappe ein Kreuz, dessen einen Balken er kürzte. Das Ganze befestigte er an einem langen Strick.

Tinbergen brachte diese Pappfigur mit Hilfe des Stricks und zweier Rollen über einem kleinen, umzäunten Rasenstück so an, daß er sie von einem Versteck aus in etwa 3 Meter Höhe vorwärts und rückwärts bewegen konnte. Nachdem diese Vorbereitungen abgeschlossen waren, ließ er Putenküken in den kleinen Auslauf.

Als die Tiere sich nach einigen Minuten an die Ortsveränderung gewöhnt hatten und eifrig nach Futter zu suchen begannen, ließ der Wissenschaftler von seinem Versteck aus das schwarze Balkenkreuz langsam über sie hinweggleiten. Sobald die Küken die schwarze Silhouette an ihrem Himmel vorüberziehen sahen, stellten sie laut und ängstlich piepend die Futtersuche ein, um dann nach allen Seiten auseinanderstiebend unter kleinen Sträuchern Deckung zu suchen. Befriedigt notierte Tinbergen eine typische »Fluchtreaktion auf einen Luftfeind«.

Eine halbe Stunde später hatten die Tiere den Schreck längst vergessen. Erneut betätigte der Beobachter die Kurbel, die den Strick bewegte, und wieder erschien das ominöse schwarze Kreuz am Putenhimmel, diesmal jedoch zwangsläufig in der entgegengesetzten »Flugrichtung«. Bemerkenswerterweise blieb die Panik bei dieser Wiederholung aus. Die Küken bemerkten das seltsame Objekt sofort. Sie legten den Kopf schief und verfolgten es einige Augenblicke aufmerksam. Dann aber wandten sie sich wieder der Futtersuche zu und beachteten es nicht länger. Wieder war der Forscher in seinem Versteck höchst befriedigt, denn auch dieses Resultat hatte er als erfahrener Tierbeobachter vorhergesagt.

Selbstverständlich war es nicht die geänderte Flugrichtung des Objekts,

Attrappe

Bussard

Ente

Falke

Reiher

Oben die von Tinbergen benutzte Attrappe, darunter die typischen Flugsilhouetten einheimischer Großvögel. Das von den untersuchten Küken registrierte unterscheidende Merkmal ist offensichtlich die »Kurzhälsigkeit« bzw. »Langhälsigkeit« der verschiedenen Vögel.

die den Unterschied ausmachte. Tinbergen konnte das leicht beweisen, indem er sein asymmetrisches Balkenkreuz umgekehrt montierte und den Versuch wiederholte. Ob das Kreuz von links oder von rechts her die Küken überflog, hatte keinen Einfluß auf ihr Verhalten. Entscheidend war ein anderes Detail: Panik erfolgte immer dann, wenn der kürzere Balken des Kreuzes in dessen scheinbarer Flugrichtung lag, also »vorn«. Zog das simple Gebilde dagegen mit dem längeren Arm vorweg über die Köpfe der Küken dahin, so irritierte es die Tiere überhaupt nicht. Kein Zweifel, Tinbergen war es gelungen, eine »Attrappe« zu entwerfen, die so stark vereinfacht war, daß sie Rückschlüsse auf den Reiz zuließ, der für die Auslösung der Fluchtreaktion in der durch den Versuch simulierten Situation normalerweise verantwortlich ist. Die Antwort auf die Frage nach der Natur dieses Reizes war jetzt einfach: Die Konstellation »kurzes Ende vorn« wirkte fluchtauslösend, die Konstellation »langes Ende in Flugrichtung« beunruhigte die Tiere dagegen in keiner Weise.

Die Bedeutung des Versuchsergebnisses lag für den erfahrenen Zoologen auf der Hand. Sie geht auch einem Laien sofort auf, wenn er die Gelegenheit bekommt, die Flugsilhouetten einiger einheimischer Groß-vögel nebeneinander zu betrachten.

Der Vergleich ergibt eine erstaunlich einfache Einteilungsmöglichkeit, die zwar den wenigsten Menschen von selbst aufgegangen sein dürfte, von der die Küken aber offensichtlich systematisch Gebrauch machen. Aus welchen Gründen auch immer, Tatsache ist, daß von den bei uns vor-kommenden Großvögeln – und nur sie bilden eine potentielle Gefahr –, alle, die einen langen Hals haben, harmlos sind, während unsere heimischen Raubvögel ausgesprochen kurzhälsig gebaut sind. Wenn man das erst einmal weiß, dann ist es nicht länger rätselhaft, warum die Küken vor einer Silhouette »mit kurzem Hals« fliehen, während die gleiche Kontur in umgekehrter Flugrichtung sie kalt läßt.

Daß die Reaktion zweckmäßig ist, bedarf damit keiner weiteren Diskussion. Aber wie kommt sie zustande? Woher »wissen« die Küken, daß ein kurzer Hals Gefahr bedeutet und umgekehrt? Tinbergen selbst war nach endlosen Wiederholungen des Experiments schließlich davon überzeugt, daß es sich um eine angeborene Reaktion handeln müsse. Zahlreiche Kollegen, die den rasch berühmt gewordenen Versuch nachahmten, pflichteten ihm bei.

Die Deutung lief folglich darauf hinaus, daß den Küken das Flugbild eines Raubvogels angeboren sein müsse, daß der Anblick der charakteristischen Silhouette die Fluchtreaktion also so selbsttätig auslöse, wie ein passender

Reiz das mit einem bestimmten Reflex tut. Ein »Bild«, ein bestimmter Umriß als eine Art angeborener Erinnerung im Gehirn, das war zwar auch für die Verhaltensforscher ein nicht ganz leicht zu schluckender Brocken. Eine andere Deutung schien aber den Beobachtungen nicht gerecht zu werden.

Man hatte sich große Mühe gegeben, die ungewöhnliche These zu kontrollieren. Man hatte die Küken künstlich ausgebrütet und sie von erwachsenen Tieren streng isoliert gehalten, um die Möglichkeit auszuschließen, daß sie von älteren Artgenossen auf irgendeine Weise lernen konnten. Man hatte sich durch ununterbrochene Beobachtung rund um die Uhr vergewissert, daß sie keine Gelegenheit gehabt hatten, sich von der Gefährlichkeit »kurzhalsiger Flugobjekte« durch eigene Erfahrung zu überzeugen. Trotzdem beherrschten die Küken das Pensum, selbst wenn sie erst 1–2 Tage zuvor geschlüpft waren.

Aber ungeachtet aller dieser Mühen stellte sich 10 Jahre später heraus, daß die bis dahin für unabweislich gehaltene Erklärung falsch war. Das so erstaunlich zweckmäßige Verhalten der Küken kam auf eine ganz andere Weise zustande, als man geglaubt hatte. Da wurde kein »Bild« vererbt – ein Vorgang, den sich konkret vorzustellen die Genetiker unter den beteiligten Wissenschaftlern ohnehin die größten Schwierigkeiten gehabt hatten. Die Natur war zum Schutz der jungen Küken einen ganz anderen Weg gegangen. Die Mechanismen, deren sie sich bediente, waren sehr viel einfacher, aber gerade in ihrer verblüffenden Einfachheit im Endeffekt nur um so staunenswerter.

Die Sache kam ans Licht, als ein anderer Verhaltensforscher, Wolfgang Schleidt, damals noch Mitarbeiter von Konrad Lorenz, seinen verblüfften Fachkollegen eines Tages Küken vorführte, die vor jeder »langhalsigen« Attrappe mit lautem Angstgeschrei die Flucht ergriffen. Aus dem Labor ins Freie versetzt, nahmen sie auch vor jeder vorüberfliegenden Ente in panischer Angst Reißaus, während sie einen über ihnen kreisenden Bussard nicht beachteten. Ließ man sie im Freien, dann hielt ihr abnormes Betragen allerdings nur einen oder zwei Tage an. Von da ab benahmen sie sich wieder so wie normale Küken.

Schon dieser Wandel im Verhalten der von Schleidt demonstrierten Küken widerlegte die bis dahin vorherrschende Meinung von der angeborenen Natur der Fluchtreaktion auf bestimmte Flugsilhouetten. Der junge Wissenschaftler hatte das Experiment Tinbergens ebenfalls wiederholt, im Unterschied zu seinen Vorgängern aber streng darauf geachtet, daß seine Versuchstiere nicht nur von älteren Artgenossen, sondern von *allen* natürlichen Reizen ausgeschlossen blieben, die geeignet sein könnten, ihr Verhalten zu beeinflussen. Da sich vor dem Beginn der Kontrollexperimente nicht mit Sicherheit angeben ließ, welche Reize dafür in Frage kamen, hatte Schleidt die Tiere von ihrer natürlichen Umgebung radikal isoliert. Er experimentierte in einem großen, fensterlosen Raum bei künstlicher Beleuchtung.

Dort schlüpften die Küken, ausgebrütet von einem Brutautomaten, und dort blieben sie bis zum Ende der Versuche. Unter diesen Bedingungen stellte Schleidt zunächst fest, daß wirklich erfahrungslose, frisch geschlüpfte Küken einfach vor allem fliehen, was sich über ihnen (»am Himmel«) bewegt: vor schwarzen runden Scheiben ebenso wie vor kreuzförmigen Attrappen, ganz unabhängig davon, ob diese ein kurzes und ein langes Ende haben und wohin dieses gerichtet ist. Zu Unterschieden im Verhalten kam es nur – dann aber sofort –, wenn man den Küken verschieden aussehende Attrappen *mit unterschiedlicher Häufigkeit* vorführte. Die Tiere hatten offenbar ein vorzügliches optisches Gedächtnis, und sie gewöhnten sich an ihnen häufiger gezeigte Attrappen bemerkenswert rasch.

Mit diesen Feststellungen aber war das Geheimnis des Tinbergenschen Experiments gelöst. Schleidt bewies das jetzt durch folgendes Vorgehen: Er führte seinen Küken die berühmte kreuzförmige Attrappe mehrere Tage lang nur noch in einer einzigen Richtung vor, nämlich mit dem kurzen Ende vorn. Das genügte, um die Tiere an dieses »Flugbild« vollkommen zu gewöhnen. Sie reagierten auf diese Demonstration schon nach kurzer Zeit überhaupt nicht mehr. Umgekehrt aber ergriffen die so dressierten Tiere jedes Mal mit Entsetzen die Flucht, wenn man ihnen dann einmal den ihnen ungewohnten Anblick der Attrappe in der Richtung »langes Ende vorn« verschaffte. Und was noch mehr war: Verpflanzte man diese Küken ins Freie, so versetzte sie der Anblick jeder fliegenden Ente in Panik, bis sie sich nach ein oder zwei Tagen an die Häufigkeit dieser Tiere in ihrer Umgebung gewöhnt hatten.

Auch ein Mangel hat zwei Seiten

In der Natur ist ausnahmslos alles genial. Dennoch ist dies einer der Fälle, in denen auch der an mancherlei Wunder Gewöhnte dazu neigt, einen Augenblick verblüfft innezuhalten, um sich zu fragen, ob noch alles mit rechten Dingen zugeht. Es geht. Die Art und Weise aber, in der die Natur es hier verstanden hat, die Not zur Tugend zu machen und mit einfachsten Mitteln ein äußerst verzwicktes biologisches Problem zu lösen, rechtfertigt jeden Grad des Erstaunens.

»Aus der Not eine Tugend«: Der Mechanismus, auf dem die erstaunliche Fähigkeit frisch geschlüpfter Küken beruht, gefährliche von harmlosen Flugobjekten zu unterscheiden, ist nichts anderes als der schlichte Vorgang der »Gewöhnung«. Als biologisches Phänomen scheint Gewöhnung im ersten Augenblick aber lediglich ein Mangel zu sein, ein dem Nervensystem immanentes Funktionsdefizit.

Es bereitet keine Schwierigkeiten, sich vorzustellen, wie es auf der Ebene der gewöhnlichen Reizregistrierung zur Gewöhnung kommt. Auch ein Rezeptor, ein Reize aufnehmender »Meßfühler« an irgendeiner Stelle des Organismus, besteht ja aus Zellen oder Zellteilen. Auch er hat also einen Stoffwechsel, synthetisiert Eiweiß und verbraucht Energie. Wenn er das Eintreffen seines spezifischen Schlüsselreizes registriert und an das mit ihm verbundene Zentrum weitermeldet, wobei er den Reiz in ein elektrisches Signal umwandelt, so kostet ihn das Arbeit. Er verbraucht zusätzlich Glukose, ATP (11) und andere Energielieferanten. Da sein Vorrat an ihnen nicht beliebig groß ist, kann der Rezeptor seine Arbeit nur noch unvollständig und schließlich überhaupt nicht mehr leisten, wenn er innerhalb einer kurzen Zeitspanne wieder und wieder von dem gleichen Reiz getroffen wird.

Das Resultat kennen wir alle aus alltäglicher eigener Erfahrung. Ein schlechter Geruch in einem Zimmer fällt uns nach kurzer Zeit nicht mehr auf. An die abnorme Gesichtsfarbe unserer Mitmenschen bei farbiger Beleuchtung – in einer Bar, bei einem Faschingsball – haben wir uns nach kurzer Zeit »gewöhnt«. Und wer sich sorgfältig selbst beobachtet, kennt auch die folgende Erfahrung: Mitunter kommt es vor, wenn wir längere Zeit unbeweglich still gesessen oder gelegen haben, daß wir uns über die augenblickliche Lage irgendeines unserer passiv ruhenden Körperteile nicht im klaren sind, etwa die Stellung eines Fingers oder die Lage eines Fußes. Ganz automatisch machen wir in einem solchen Augenblick dann eine kleine Bewegung mit dem betreffenden Glied, und sofort ist die Orientierung wieder da.

In diesem Falle hat die Information durch den Tast- und Bewegungssinn in Haut und Muskeln vorübergehend ausgesetzt. Unsere Unbeweglichkeit hatte zu der Monotonie einer über längere Zeit hinweg identischen Reizsituation geführt. Eine identische Reizsituation aber hat »Gewöhnung« zur Folge: Die Informationen der Tastrezeptoren in der Haut blieben aus. Eine winzige Bewegung aber genügte – wegen der Fülle der neuen Reize, die sie erzeugte –, um den Informationsfluß sofort wiederherzustellen.

Das alles sieht zunächst eindeutig nach einem Mangel aus. Nach einer negativen Eigenschaft speziell biologischer Informationssysteme. Technische Nachrichtensysteme z. B. ermüden ja nicht in dieser Weise. »Gewöhnung« ist auch, objektiv betrachtet, eine aus den geschilderten Gründen gänzlich unvermeidbare Eigenschaft biologischer Systeme. Um so erstaunlicher und lehrreicher ist die Einsicht, daß die Natur es fertiggebracht hat, diesen gänzlich unvermeidbaren »systemimmanenten« Fehler in einen Vorteil zu verwandeln.

Das ist wieder charakteristisch für die Evolution. Sie kann immer nur mit dem Material arbeiten, das gerade zur Verfügung steht. Sie muß es akzeptieren, wie es ist, mit allen seinen Fehlern, Grenzen und Mängeln. Alle ihre Erfindungen sind das Ergebnis der Kompromisse, die sie zwischen den durch diese Fehler charakterisierten Ausgangsbedingungen und den biologischen Bedürfnissen, die sie zu befriedigen sich bemüht, arrangiert. Wir sind, wie alle anderen Lebewesen, das, was wir sind, nicht als das Ergebnis eines vorgefaßten Plans, sondern einer kontinuierlichen und immer erst nachträglich erfolgten Fehlerkorrektur.

Fehler aber werden in der Evolution – ein weiterer grundlegender Unterschied zu allen technischen Entwicklungen – in keinem Falle dadurch korrigiert, daß der bisherige Weg verlassen und eine neue Methode entwickelt wird. Diese Möglichkeit scheidet schon aus logischen Gründen aus. Denn sie setzt ja ein von vornherein festliegendes Ziel voraus. Erst ein solches Ziel würde unter den vielen sich anbietenden anderen Möglichkeiten eine auszuwählen gestatten, die sich angesichts dieses Ziels als weniger fehlerhaft erweist. Ziele dieser Art aber gibt es in der biologischen Entwicklung nicht.

Strategie der Evolution

In der Evolution werden die Dinge – jedenfalls von dem uns gewohnten Standpunkt aus – auf den Kopf gestellt. In der biologischen Entwicklung werden Fehler oder Beschränkungen nicht dadurch behoben, daß sie ausgemerzt werden, sondern dadurch, daß der Versuch gemacht wird, »aus der Not eine Tugend zu machen«. Hier bestimmt nicht der Weg die Methode, sondern die sich aus den Eigentümlichkeiten der vorliegenden

Funktionen ergebende Methode den weiteren Weg. Wo das nicht gelingt, wird der Versuch abgebrochen. In der Praxis heißt das: die betreffende Art stirbt aus.

Es steht uns, die wir aus der mit diesen Regeln arbeitenden Entwicklung hervorgegangen sind, nicht zu, die Methode zu kritisieren. Wir verdanken ihr die Freiheit, unser bewußtes Handeln mit der Hilfe anderer Strategien planen zu können, die uns flexibler erscheinen und die weniger Zeit beanspruchen. Außerdem können wir nicht umhin, den geradezu phantastischen Einfallsreichtum, mit dem die Evolution ihre uns so blind und gewaltsam erscheinende Methode handhabt, mit ehrlichem Staunen zur Kenntnis zu nehmen.

Wie phantastisch diese eigentümliche Methode einer »Fehlerkorrektur« funktionieren kann, lehrt die Betrachtung der näheren Umstände, die mit der Gewöhnung an einen bestimmten Reiz verbunden sind. Sie zeigt, daß dieser sich aus den Eigenheiten biologischer Systeme ergebende, gewissermaßen auf physikalisch-chemischen Gründen beruhende Mangel von der Evolution längst zu einer fundamentalen Orientierungshilfe für alle Organismen »umfunktioniert« worden ist.

Wir brauchen dazu lediglich zu bedenken, was ein Reiz in der Realität der Welt eigentlich ist. Es verhält sich ja nicht so, wie selbst die Physiologen früher wirklichkeitsfremd annahmen, daß einfach *jede* von außen kommende Einwirkung auf den Organismus als Reiz registriert und in irgendeiner Weise beantwortet wird. Wäre es so, dann hätte Leben in der uns bekannten Form nicht entstehen können. Die Welt wäre dann nichts als ein chaotisches Trommelfeuer von Reizen.

Leben ist aber etwas anderes als nur das permanente Reagieren auf ein derartiges Chaos. Leben ist unter biologischem Aspekt unter anderem die Fähigkeit, in den statistisch regellosen Abläufen der anorganischen Welt eine sich selbst – wenigstens vorübergehend – erhaltende Ordnung aufzubauen. Ordnung als sichtbare in der Zeit andauernde Form und als Funktion, als in sich abgestimmte, geschlossene Einheit des Agierens und Reagierens.

Wenn man sich in dieser Weise behaupten will, braucht man ein Bezugssystem, so etwas wie einen Nullpunkt, an dem man sich im ständigen Wechsel des äußeren Geschehens orientieren kann. Wo dieser Wechsel regellos zu sein scheint, ist dieser Nullpunkt als fester, verläßlicher Halt nur auf eine einzige Weise zu gewinnen: als Mittelwert oder statistischer Durchschnitt. Ordnung läßt sich dem Chaos nur durch einen Kunstgriff abtrotzen. Man muß so tun, als ob alle statistisch regellose Veränderung gar nicht existierte, und nur das registrieren oder beachten, was von diesem künstlichen Nullpunkt des durchschnittlichen Geschehens abweicht.

Genau das leistet nun das Phänomen der Gewöhnung! Es sorgt auf ganz elementarer Ebene und als Folge ganz unvermeidlicher Stoffwechselprozesse dafür, daß die überwältigende Mehrzahl der durch eine gegebene Umweltsituation verursachten Einwirkungen auf den Organismus als Reiz »verschwindet«. Sie werden, eben weil und so lange sie unverändert anhalten, nicht mehr registriert. »Gewöhnung« eliminiert sie.

Wirksam als Reiz bleibt infolgedessen nur eine ganz bestimmte Auswahl aller von der Umgebung stammenden Faktoren, und zwar die, welche neu auftretend die bisherige Situation verändern. Jeder Augenblick, den ein Organismus erlebt, ist identisch mit der Tatsache, daß er es fertiggebracht hat, sich an die Bedingungen der Umwelt, wie sie im jeweiligen Augenblick sind, optimal anzupassen. Im Interesse der Erhaltung dieser lebensnotwendigen Anpassung genügt es daher, wenn nur die Veränderungen der funktionell bereits bewältigten Situation registriert werden, um sie in die Anpassung einbeziehen zu können. Die wirksam werdenden Reize rekrutieren sich, vereinfacht ausgedrückt, nicht aus dem jeweils gegebenen Zustand der Welt, sondern aus dessen Veränderungen.

Mit welchem Erfolg es der Evolution gelungen ist, den ursprünglich auf der Ebene der einfachen Reizregistrierung als systembedingten Nachteil auftretenden Faktor »Gewöhnung« zum orientierenden Auswahlkriterium zu machen, zeigt die Tatsache, daß sie sich später die denkbar größte Mühe gegeben hat, das Prinzip beizubehalten. Auch dann, als es in späteren Stadien der Entwicklung längst nicht mehr unvermeidbar war, hat sie an der Gewöhnung als Orientierungshilfe für das Individuum festgehalten. Sie hat dann sogar äußerst komplizierte Regelungsmechanismen eigens zu dem Zweck entwickelt, den Effekt, der sich auf höherer Ebene nicht mehr von selbst durch die Erschöpfung des Apparats einstellen wollte, künstlich hervorzurufen.

Eines der eindrucksvollsten Beispiele dafür bildet unsere Farbwahrnehmung. Daß »weiß« nicht identisch ist mit der Abwesenheit aller Farben, hat zuerst Newton mit seinem berühmten Prismenversuch gezeigt. Das Gegenteil ist der Fall. Die Qualität »weiß« nehmen wir immer dann wahr, wenn ein Gegenstand *alle* im Spektrum des sichtbaren Lichts enthaltenen Wellenlängen in gleichem Maße zurückstrahlt. Mit seinem Prisma konnte Newton dieses weiße Licht in die Farben des Regenbogens zerlegen und damit beweisen, daß es deren Mischung ist, die wir als weiß empfinden.

»Weiß« gibt es in der Natur selbst in Wirklichkeit also gar nicht. Da draußen in der Welt existieren nur wechselnde Verteilungen der Wellenlängen des sichtbaren Lichts, und eine gleichmäßige Verteilung dieser Frequenzen dann, wenn wir den Eindruck »weiß« haben. Am gleichmäßigsten sind diese Frequenzen im Sonnenlicht verteilt. Und da die Sonne die natürliche Beleuchtungsquelle ist, in deren Licht wir die Welt sehen, haben unsere Augen und die Sehzentren in unserem Gehirn die im Sonnenlicht vorliegende Mischung gleichsam zum Nullpunkt gemacht. Die häufigste vorkommende Beleuchtung – und das ist selbst heute noch die durch die Sonne – stellt statistisch betrachtet die Durchschnittsnorm dar. Es ist daher zweckmäßig, nur die von dieser Norm abweichenden Fälle als »farbig« zu interpretieren.

Auch hier also wird das alte Prinzip noch benutzt, den Durchschnittsfall als Nullpunkt zu setzen. Auch hier geschieht das in der Weise, daß die Qualität, um die es geht – in diesem Falle also die Farbigkeit des Gesehenen –, dann, wenn der Durchschnittsfall vorliegt, gleichsam annulliert wird. Wir empfinden dann die farblose Qualität »weiß«. Aber es bedarf wohl kaum der Begründung, daß das im Falle der Farbwahrnehmung nicht mehr die automatische Folge simpler Gewöhnung im ursprünglichen Sinne ist, etwa die Folge einer Erschöpfung der Farbrezeptoren in der Netzhaut unserer Augen. Die Sinnesphysiologen haben vielmehr allen Grund zu der Annahme, daß die Entstehung des farbneutralen Eindrucks »weiß« unter wechselnden Beleuchtungsverhältnissen das Ergebnis außerordentlich komplizierter Verrechnungsprozesse darstellt, die sich in verschiedenen Hirnzentren und in der Netzhaut abspielen.

Für das alles gibt es zahlreiche weitere Beispiele und Belege. Wie kunstvoll das Prinzip im Laufe der Jahrmillionen weiterentwickelt worden ist, zeigt ein anderer Versuch, der ebenfalls von Schleidt stammt. Wenn man Puten immer wieder durch den gleichen, physikalisch reinen Ton alarmiert oder erschreckt, kommt es in kurzer Zeit selbstverständlich auch zu einer Gewöhnung. Die Tiere reagieren immer weniger und schließlich gar nicht mehr auf den gleichbleibenden Reiz. Wenn man dann aber genau den gleichen Ton wesentlich leiser wiederholt, alarmiert er die Tiere unvermittelt wieder in voller Stärke.

Dieser Versuch ist deshalb so wichtig, weil er auf einfachste Weise zeigt, daß die Gewöhnung in solchen Fällen mit einer Erschöpfung oder Ermüdung nicht das Geringste zu tun haben kann. Der objektiv und physikalisch schwächere Reiz löst in der geschilderten Situation allein deshalb eine stärkere Reaktion aus, weil er neu ist, weil er eine Veränderung der bisherigen Situation signalisiert. Hier ist die Gewöhnung vom Odium des Negativen endgültig befreit und in einer phantastischen Kehrtwendung in den Dienst der Umweltorientierung gestellt worden.

Auch dafür gibt es in unserem eigenen Erleben Parallelen. Auch wir erschrecken nicht nur vor der Plötzlichkeit eines lauten Knalls. Als alarmierendes Signal kann auch eine Konstellation auf uns wirken, die, objektiv betrachtet, reizärmer ist als die vorangegangene Situation, an die wir gewöhnt waren. Das gilt etwa für eine unerwartet eintretende Stille. Daß der plötzliche Wegfall der bis dahin gar nicht beachteten Umgebungsgeräusche alarmierend wirken kann, daß er in der Lage ist, unsere innere Spannung zu erhöhen, ist eine Tatsache, von der die Regisseure guter Kriminalfilme gelegentlich einen wohlweislich sparsamen Gebrauch machen.

Das Ganze ist so etwas wie der erstaunliche Aufstieg eines speziellen biologischen Erschöpfungsphänomens, eines Fehlers, der im Verlauf seiner evolutionistischen Karriere schließlich in den Rang eines revolutionierend neuartigen Orientierungsmechanismus erhoben worden ist. Bisher hatten die Zellen des Organismus dank der besonderen Eigenschaften ihrer Membranen aus den Bestandteilen der Umwelt ausgewählt. Sie hatten die Moleküle und Energieformen in das Innere passieren lassen, die zur Aufrechterhaltung der Stoffwechselarbeit benötigt wurden.

Jetzt gab es eine neue, an Möglichkeiten darüber weit hinausreichende Form der Auswahl. Das biologische Grundphänomen der Gewöhnung greift aus den Eigenschaften der Umwelt jene heraus, die eine Veränderung anzeigen. Das ist kein kleiner Fortschritt. Erstmals wird nicht Materie oder Energie in das Zellinnere transportiert, sondern Information über Vorgänge, die sich außerhalb der den Organismus abgrenzenden Membran abspielen. Wie zweckmäßig und kunstvoll das Individuum durch einen Informationsmechanismus so simpler Abstammung in die von seiner belebten Umwelt gebildete Ordnung eingefügt wird, hat uns die nähere Betrachtung des Tinbergenschen Experiments gezeigt.

Zu diesem Versuch muß hier abschließend noch eine letzte Bemerkung nachgetragen werden. Wie kam es eigentlich, daß Tinbergens Küken auf die Attrappe mit dem langen Hals nicht mit Flucht reagiert hatten? Und dies schon so kurz nach dem Schlüpfen, daß der erfahrene Verhaltensforscher zu dem irrigen Schluß verleitet wurde, diese Silhouette müsse den Tieren angeborenermaßen bekannt sein?

Die Antwort ist, im nachhinein, sehr einfach. Tinbergen hatte seine Küken zwar vom Kontakt mit ihren Artgenossen isoliert. Auf dem Gelände, auf dem er seine Versuche durchführte, wimmelte es aber von Enten und Gänsen in solcher Fülle, daß die Versuchstiere leicht Gelegenheit hatten, sich an deren Aussehen, auch im Flug, raschestens zu gewöhnen. Das aber genügte. Denn die Küken reagierten eben nicht, wie die ersten Beobachter fälschlich vorausgesetzt hatten, nach dem Kriterium »harmlos« oder »gefährlich«. Die einzige Information, von der ihr Verhalten gesteuert wurde, war die durchschnittliche Häufigkeit des Reizes.

Daß diese rein quantitative Information ausreicht, um unter natürlichen Verhältnissen innerhalb von kaum mehr als 24 Stunden nach dem Schlüpfen eine zweckmäßige, biologisch sinnvolle Verhaltensweise entstehen zu lassen, ist nur auf Grund einer zweiten quantitativen Gegebenheit möglich, die ganz andere Ursachen hat. Die Fähigkeit zur Gewöhnung kann in diesem konkreten Fall nur dann zu einem biologisch zweckmäßigen Resultat führen, wenn Bussarde seltener sind als Enten.

Das aber ist nicht mit Naturnotwendigkeit so. Oder doch? Pflanzliche Kost steht weitaus reichlicher zur Verfügung als Fleisch. Pflanzenfresser können sich daher bis zu einer sehr großen Populationsdichte vermehren, bevor die Nahrung knapp wird. Umgekehrt brauchen Bussarde als Fleischfresser ein großes Revier, um satt werden zu können. Sie sind daher zwangsläufig seltener. Und selbstverständlich können jemandem, der selbst aus Fleisch besteht, nur Fleischfresser gefährlich werden.

Ist der Kreis damit wirklich lückenlos geschlossen? Es scheint so. Aber allzu sicher sollten wir nicht sein. Wenn wir darüber nachdenken, was wir bei solchen Zusammenhängen zwischen dem Individuum und seiner Umwelt für banal halten sollen und was für erstaunlich, dann urteilen wir immer als Befangene, ohne die geringste Chance zu haben, das Maß unseres Vorurteils abschätzen zu können. Denn die Grundlagen unserer Unterscheidungsfähigkeit wurden von der Evolution einst mit der Hilfe von Mechanismen der gleichen Art gelegt, wie der es ist, über dessen Zustandekommen wir uns hier den Kopf zerbrechen.

7. Wettlauf der Sinne

Pflanzen haben keine Augen

Dafür, daß Pflanzen nicht sehen können, gibt es eine ganze Reihe einleuchtender Gründe. Am simpelsten scheint der Hinweis zu sein, daß sie ihrer Bewegungslosigkeit wegen keine Augen brauchen. So banal das klingt, die Erklärung führt weiter, als man im ersten Augenblick glaubt. Die Unbeweglichkeit der Pflanzen hängt offensichtlich mit ihrer Ernährungsweise zusammen. Als einzige irdische Lebewesen ernähren sie sich, ohne dabei anderes Leben zu vernichten.

Das kann niemand sonst. Allein die Pflanzen sind in der Lage, mit anorganischen Substanzen auszukommen, die sie dem Boden und der Atmosphäre entnehmen. Die Energie, die sie für deren Weiterverarbeitung und ihre übrigen Stoffwechselfunktionen benötigen, entnehmen sie bekanntlich dem Sonnenlicht. Genaugenommen muß man eigentlich umgekehrt sagen: Alle irdischen Lebewesen, die das können, nennen wir »Pflanzen«. Es gehört zu ihrer Definition. Alle anderen sind »Tiere«: Sie ernähren sich tierisch, indem sie Pflanzen fressen oder andere Tiere, die Pflanzen gefressen haben. Es bleibt ihnen nichts anderes übrig, da ihnen die Sonnenstrahlung als Energiequelle verschlossen ist.

Die Pflanzen bilden daher, wie man sagt, den »Anfang der Nahrungskette«. Sie sind die unentbehrlichen Antennen, mit deren Hilfe allein die von der Sonne kommende Energie für alles auf der Erde existierende Leben nutzbar gemacht werden kann. Diese spezielle Rolle der Pflanzen sollte unsere Aufmerksamkeit nun auf die Möglichkeit lenken, daß Pflanzen vielleicht deshalb nicht sehen können, weil sie das Licht schon für einen anderen, für ihre und unser aller Existenz noch sehr viel notwendigeren Zweck verwenden.

Wer auf Licht als Energiequelle angewiesen ist, kann das gleiche Medium offenbar nicht auch noch als Vehikel zur Abbildung seiner Umwelt benutzen – so etwa ließe sich diese Vermutung formulieren. So gesehen ist der Zusammenhang zwischen der Unbeweglichkeit der Pflanzen und dem Fehlen pflanzlicher Sehorgane mit einem Mal gar nicht mehr trivial. Die Augenlosigkeit der Pflanzen könnte, wie es scheint, die Folge davon sein, daß die biologische Bedeutung, die eine Eigenschaft der Umwelt für ein bestimmtes Lebewesen hat, die Möglichkeit ausschließt, diese Eigenschaft als Quelle von Informationen über die Außenwelt zu benutzen.

Ich glaube, daß wir hier ein Prinzip vor uns haben, das in der langen Entwicklung, die von der Reaktion auf einen »Reiz« bis zur Entwicklung echter Wahrnehmung führte, eine außerordentlich wichtige Rolle gespielt hat. Die Konsequenzen werden anschaulich, sobald wir – dem Ablauf der Ereignisse wieder einmal vorgreifend – das Resultat am bisherigen Endergebnis, also bei uns selbst, etwas genauer betrachten.

Die Eigenschaften, die unsere verschiedenen Sinnesorgane an unserer Umwelt feststellen können, unterscheiden sich bemerkenswerterweise nicht nur in ihrer »Modalität«, wie die Wahrnehmungsphysiologen das nennen. Da gibt es also nicht nur den gänzlich unbeschreibbaren, nur unmittelbar erfahrbaren Unterschied, der zwischen einem Helligkeitseindruck und einem Ton besteht oder zwischen einem Geruch und dem Erleben von Schmerz. Alle diese verschiedenen Modalitäten unterscheiden sich grundsätzlich auch noch durch den Grad ihrer »Zuständlichkeit« voneinander. Was die Psychologen mit diesem Fachausdruck meinen, ist sofort klar, wenn wir uns die Extreme vor Augen führen: Schmerz und optisches Erleben.

Jeder kann sich daran erinnern, wie es ist, wenn man eine stark schmerzende Verletzung erleidet, etwa eine Schnittwunde oder eine kleine Verbrennung. Ganz ohne Zweifel ist es eine Sinnesempfindung, die wir in diesem Augenblick erleben. Aber dennoch wird jeder zugeben, daß die höchst unangenehme Empfindung mir weit mehr über meinen eigenen Zustand verrät als über irgendeine Eigenschaft der Außenwelt. Wie das Messer aussah, das die Verletzung hervorrief, diese Information ist im Schmerzerlebnis nicht enthalten.

Sozusagen genau umgekehrt verhält es sich beim Sehen. Hier fallen die vom eintreffenden Licht an meinem Körper bewirkten Zustandsänderungen für das Erleben völlig unter den Tisch. Da passiert in Wirklichkeit ja allerlei: Meine Pupille verengt und erweitert sich je nach der Intensität des Lichteinfalls. In den Netzhäuten beider Augen werden verwickelte chemische Prozesse ausgelöst, gefolgt von elektrischen Impulsen, die vom Sehnerv weitergeleitet werden. Nichts davon wird gespürt. Was im Erleben auftaucht, ist in diesem Falle nicht die durch die Umwelt bewirkte

Veränderung an meinen Augen, sondern etwas ganz anderes: der Eindruck eines außerhalb, jenseits der Grenzen meines Körpers existierenden Gegenstandes.

Wer diese beiden Extremfälle miteinander vergleicht, dem geht alsbald auf, daß sie die beiden Endpunkte eines Entwicklungsweges markieren, der zur Entstehung von »Wahrnehmungsorganen« geführt hat. Am Anfang steht der unmittelbare Eingriff der Umwelt in den Organismus: Der passiv erlittene Reiz, der für den Betroffenen identisch ist mit einer Veränderung des eigenen Zustands. Am – bisherigen – Ende steht das Eintreffen eines Umweltreizes, der als Vehikel dient zur Erlangung von Informationen über die Außenwelt.

Selbstverständlich besteht auch im zweiten Falle eine direkte, unmittelbare Verbindung zwischen Organismus und Außenwelt, in diesem Falle hergestellt durch einen Lichtstrahl. Wie anders sonst sollte die Informationsbrücke zustande kommen? Schließlich geht es in der Natur ganz gewiß nicht übernatürlich zu. Der entscheidende Unterschied ist ein anderer: Der List der Evolution ist es im Verlaufe riesiger Zeiträume gelungen, die vom eintreffenden Reiz bewirkte Zustandsänderung unter einem ganz neuen Gesichtspunkt zu verwenden. Die am Organismus erfolgende Änderung wird gleichsam »heruntergespielt«. Sie wird ihres biologischen Gewichts nach Möglichkeit entkleidet.

Für den Organismus kommt das einer Entlastung gleich. Er braucht auf die von der Außenwelt verursachte Veränderung nicht mehr unmittelbar zu reagieren. Sie hat ihre biologische Dringlichkeit verloren. Daher kann jetzt anders mit ihr umgegangen werden, freier über sie verfügt werden. Zum Beispiel in der Weise, daß aus der Besonderheit der Prozesse, aus denen sie jeweils besteht, rückgeschlossen wird auf den äußeren Vorgang, der sie hervorrief (12).

Es leuchtet ein, daß dieser Weg nicht bei jeder beliebigen Modalität beschritten werden konnte. Es gibt Umwelteigenschaften, deren biologische Bedeutung sich beim besten Willen nicht »herunterspielen« läßt. Die auf diese Eigenschaften spezialisierten Sinne werden daher auch während noch so langer Entwicklungszeiten nicht aufhören, die am eigenen Organismus selbst hervorgerufene Zustandsänderung als vordringlich zu behandeln (13). Das ist der Grund, warum wir bis auf den heutigen Tag sowohl mit überwiegend »zuständlichen« (oder »leiblichen«) als auch mit »gegenständlichen« Sinnen ausgestattet sind.

Wer nicht hören kann, muß fühlen

Der Startpunkt muß, vor etlichen Jahrmilliarden, für alle Sinne der gleiche gewesen sein. Ihr Urspung war, wie wir uns hier erinnern wollen, die Notwendigkeit, zu der vom eigenen »Inneren« ausgeschlossenen Umwelt einen auf das biologisch unvermeidbare Minimum beschränkten Kontakt herzustellen. Die geringe Zahl unserer Sinne – gemessen an der ungeheuer großen Zahl von Eigenschaften, die wir der Welt außerhalb unserer Wahrnehmungsfähigkeit zubilligen müssen – ist die unaufhebbare Folge dieser Beschränkung.

Wenn man die Weiterentwicklung zum Wahrnehmungsorgan als Beurteilungsmaßstab nimmt, dann hielte unser Gesichtssinn nach vier Milliarden Jahren zweifellos den absoluten Rekord. Er allein hat sich zu einem (fast) ausschließlich »gegenständlichen« Sinn entwickeln können (14). Das war nur deshalb möglich, weil Licht eine für uns in unserer heutigen Verfassung biologisch relativ unwichtige Eigenschaft der Welt ist. Das gilt jedenfalls dann, wenn man unsere Situation mit der der Pflanzen vergleicht.

Wir brauchen uns um Licht als biologische Größe gewissermaßen nicht zu kümmern. Diese Sorge haben uns die Pflanzen mit ihrer Position am Anfang der Nahrungskette abgenommen. So betrachtet, verdanken wir es den Pflanzen, daß wir Augen haben entwickeln können. Wie sich im folgenden Kapitel noch herausstellen wird, gilt diese hier vielleicht noch etwas gewaltsam scheinende Feststellung aus einem zweiten Grunde ganz konkret und wortwörtlich.

Gegenüber der optischen Wahrnehmung fallen unsere anderen Sinne ab. Sie alle sind im Evolutions-Rennen mehr oder weniger zurückgeblieben. Das gilt auch für das Gehör, dem bei unserem Vergleich der zweite Platz zukommt. Es wird von den Wahrnehmungsforschern zwar auch noch und mit Recht zu den »höheren« Sinnen gerechnet, da es überwiegend gegenständliche Informationen vermittelt. Zum typischen Hörerlebnis gehört aber bereits eine ganz wesentliche »zuständliche« Komponente.

Unsere Ohren übertragen uns nicht nur die akustischen Symbole, die wir »Sprache« nennen, und daneben zahlreiche andere »gegenständliche« Informationen aus unserer Umwelt. Das Sprechen ist ja kein abstrakter Vorgang, sondern immer das Sprechen eines bestimmten Menschen. Zum Erleben des Hörens von Sprache gehört daher nicht nur die Wahrnehmung der akustischen Symbole sprachlicher Begriffe, sondern auch der Klang einer individuellen Stimme. Klänge aber sind Empfindungen, die überwiegend als Beeinflussung des eigenen Zustands – in der Form der Auslösung bestimmter Gefühle – erlebt werden. Das Erleben von Musik ist ein besonders deutliches Beispiel für das, was hier gemeint ist.

Ich muß an dieser Stelle noch einmal darauf hinweisen, daß wir im Augenblick dem Ablauf der Dinge weit vorauseilen. So war im letzten Absatz plötzlich vom Auslösen von Gefühlen die Rede, obwohl wir an dieser Stelle eigentlich noch gar nicht »wissen dürfen«, was Gefühle sind. Ebenso betrachten wir das Spektrum unserer Sinne hier von der Plattform bewußten Erlebens aus, ohne Rücksicht darauf, daß wir diese Ebene erst am Ende dieses Buchs erreichen werden.

Alle diese Lücken werden in den kommenden Kapiteln nach und nach ausgefüllt werden, soweit das heute schon möglich ist. Ein starres Festhalten an der chronologischen Reihenfolge würde aber das Verständnis der ohnehin schwierigen Materie nur zusätzlich und unnötig erschweren. So ist ein wirkliches Verständnis des hochinteressanten Weges, der in der Evolution von der biologischen Wirkung des Lichts zur optischen Wahrnehmung führte, ohne einen Vorgriff auf das Resultat dieser Entwicklung einfach nicht möglich. Man versteht nicht, was da geschehen ist, wenn man nicht weiß, wohin es schließlich führte. Ich werde deshalb auch im weiteren Ablauf die strikt chronologische Darstellung immer wieder verlassen, wenn das Verständnis des Ganzen es erfordert.

Damit zurück zu unserem Gehör und zu seiner eigentümlichen Zwitter- stellung zwischen gegenständlichem und zuständlichem Erleben. Wie es dazu kommen konnte, warum sich dieser Zwittercharakter im Verlaufe der Entwicklung geradezu unausbleiblich einstellen mußte, wird klar, wenn wir uns die »Geschichte« dieses Sinnes einmal vor Augen halten.

Das Hörorgan ist ohne Zweifel ein arrivierter Abkömmling der Haut. Das Trommelfell am Ende unserer Gehörgänge ist nichts anderes als ein Stückchen Haut, allerdings ein sehr besonderes Stückchen. Zu Beginn der Entwicklung aber waren Haut und Hörvermögen noch nicht voneinander geschieden.

Als Träger von Sinnesempfindungen kommt unserer Haut allein auf Grund ihrer körperlichen Lokalisation eine Übergangsrolle zu. Sie ist identisch mit der Grenze zwischen dem eigenen Organismus und der Außenwelt. Dazu ist sie auf mechanische körperliche Berührung als auslösenden Reiz spezialisiert, im Unterschied zum Gesichtssinn, der bekanntlich auf elektromagnetische Wellen einer bestimmten Frequenz anspricht. Damit aber ist jeder Reiz, den unsere Haut signalisiert, identisch mit einer Situation, in der die Außenwelt ganz konkret »schon da ist«, in der irgendein »Ding« aus der Außenwelt schon an der Grenze meines Körpers angekommen ist.

Das aber ist eine Situation, an deren biologischer Dringlichkeit sich verständlicherweise bis auf den heutigen Tag nichts hat ändern können. Deshalb »ertasten« wir bei einer solchen Berührung nicht nur die Form, die Konsistenz, die Oberflächenbeschaffenheit und andere Eigenschaften des an unserer Körperoberfläche angekommenen Gegenstands. In jedem Falle erleben wir dabei auch zuständliche Empfindungen.

Ein ganzes Spektrum spezialisierter Hautsinne registriert den Druck der Berührung, der bis zum Schmerz gehen kann, und läßt uns den Kontakt in jedem Fall als unangenehm oder angenehm temperiert erleben. Unter bestimmten Umständen kommt dazu das Gefühl unangenehmen Kitzels oder auch Juckens. All das sind zuständliche Empfindungsqualitäten. Sie verraten uns nichts über den auslösenden Reiz. Ohne hinzusehen, können wir nicht einmal entscheiden, ob ein plötzlich auftretendes Jucken vom Stich einer Mücke hervorgerufen wird oder von einer Hautreizung aus innerer Ursache.

Sehr bezeichnend für die biologischen Ursachen dieser Differenzierung unseres Hautsinns sind die unterschiedlichen Spezialisierungen unserer Haut in verschiedenen Körperregionen. So überwiegt die gegenständliche Komponente des Tastsinns bekanntlich im Bereich der Hände bzw. Finger. Diese aber liegen eben an der Spitze beweglicher Extremitäten. Diese Teile unseres Körpers können wir daher aktiv in die Umgebung vorstrecken – oder auch vor dieser Umgebung zurückziehen.

Diese Freiheit mildert – in unserem Zusammenhang gesehen – den Dringlichkeitsgrad der hier registrierten Reize immerhin so sehr, daß das gegenständliche Tasterlebnis sich an diesen Körperstellen besonders entfalten konnte. Man vergleiche das mit der Art und Weise, in der Berührungen am Rumpf erlebt werden, die in der Regel eben passiven Charakter haben. Bei ihnen überwiegt die zuständliche Komponente bei weitem. Mütter kitzeln ihre Kinder beim Spiel bekanntlich auf dem nackten Bauch, während die Finger, bevor sie zum Rechnen benutzt werden, eine darstellende Funktion beim Aufsagen von Abzählreimen zu übernehmen haben (». . . der schüttelt die Pflaumen!«).

Die sprichwörtliche Kitzligkeit der Fußsohle ist natürlich eine biologische Erinnerung an die ungezählten Jahrmillionen, während derer das Ertasten einer kleinen – und womöglich noch aktiv beweglichen! – Unebenheit unter dem nackten, eben niedergesetzten Fuß eine Situation von äußerster Dringlichkeit signalisierte. Analog verhält es sich mit dem aufdringlichen Überwiegen der gleichen zuständlichen Empfindung in der unmittelbaren Umgebung unserer Körperöffnungen, etwa der Lippen oder der Nasenlöcher, aber auch an anderer Stelle.

Nun war gerade eben davon die Rede, daß die Möglichkeit einer aktiven Bewegung auf die Außenwelt zu – und damit von der eigenen Oberfläche weg –, wie sie unseren Händen gegeben ist, die Entwicklungschancen gegenständlicher Empfindungen, also einer echten Tastwahrnehmung, offensichtlich fördern kann. Der Zusammenhang läßt sich auf vielerlei Weise verständlich machen. Dahinter stehen sicher auch mehrere zusammenwirkende Ursachen. Im Rahmen unseres Gedankengangs möchte ich hier den Aspekt hervorkehren, daß eine zunehmende Distanz des Reizes von der Oberfläche eines Organismus gleichbedeutend ist mit einer Abnahme des wiederholt betonten Dringlichkeitsgrades der auslösenden Ursache. Was mir noch fern ist, braucht mich als Lebewesen vorerst noch weniger akut zu beschäftigen als das, was mir schon »auf die Pelle gerückt« ist – so könnte man die Situation salopp, aber anschaulich beschreiben.

Dieser banale Sachverhalt ist die Ursache dafür, daß Psychologen und Physiologen die höheren, gegenständlichen Sinne seit jeher auch als die »Fernsinne« bezeichnen konnten, denen sie die niederen, zuständlichen »Nah-Sinne« gegenüberstellten. Dieser Gesichtspunkt der Einteilung ist neuerdings wieder etwas aus der Mode gekommen. Mit Recht, muß man hinzufügen. Es dürfte deutlich geworden sein, daß den bisher besprochenen Sinnen in wesentlichen Punkten eine Zwitterstellung zukommt. Diese wichtige Erkenntnis wird aber bei der scheinbar so glatten Einteilung in Nah- und Fernsinne einfach unterschlagen.

Trotzdem trifft der Begriff Fernsinn etwas Wesentliches. Und dies nicht allein deshalb, weil »Wahrnehmung« ihrem Wesen nach gleichbedeutend ist mit der Herstellung einer Beziehung zu von mir noch entfernten Dingen der Außenwelt, sondern ursprünglich vor allem deshalb, weil die Distanz des einen Reiz aussendenden Dings aus den geschilderten Gründen die Voraussetzung ist, den Reiz nicht als Eingriff in den eigenen Organismus, sondern als Information über die Umwelt behandeln zu können.

Wenn das aber so ist, wie konnte dann ausgerechnet der Tastsinn zum Vorfahr des Gehörs werden? Ungeachtet aller zuständlichen Komponenten ist dieses doch der Prototyp eines überwiegend gegenständlich informierenden Fernsinns. Die Antwort ist leicht. Es konnte so kommen, weil auf der von einer Lufthülle bedeckten Oberfläche der Erde Formen einer indirekten körperlichen Berührung über große Entfernungen hinweg möglich sind.

Sie werden durch atmosphärische Druckwellen vermittelt. Auf diese, die einzige über größere Distanz hinweg indirekt übertragene Form der »Berührung« hat sich ein Teil des Tastsinns – innerhalb sehr langer Zeiträume und auf mancherlei Wegen – spezialisiert. Der Aufwand hat sich, wie wir nachträglich bestätigen können, gelohnt. Es ergaben sich Möglichkeiten und Informationsquellen, die gänzlich unvorhersehbar gewesen waren.

Der auf zunehmend schnellere atmosphärische Longitudinalwellen, auf elastische Schwingungen der umgebenden Luft spezialisierte Teilsinn unserer Haut entwickelte sich schließlich zu einem so differenzierten Empfangsorgan, daß er seinerseits wiederum die Entstehung entsprechender Sendeorgane auslöste. Das Ohr ist die Ursache der Entstehung der Stimmlippen und des Kehlkopfs, der Syrinx, mit welcher die Vögel ihren »Gesang« produzieren, des Schrillapparats der Grillen und all der vielen anderen lauterzeugenden Organe, welche die belebte Natur hervorgebracht hat.

Es gibt mehrere Indizien, an denen man ablesen kann, daß der hier skizzierte Weg der historischen Realität entspricht. Die Entwicklungsforscher haben z. B. herausgefunden, daß das Cortische Organ unserer Innenohren sich in der Entstehungszeit vor der Geburt aus einem Hautstück des Embryos bildet. Das Cortische Organ ist das eigentliche nervöse Empfangsorgan am Ende der Kette von Hörknöchelchen, die das Trommelfell mit dem Innenohr verbinden. Es spielt für die Ohren die gleiche Rolle wie die lichtempfindliche Netzhaut für die Augen.

Ferner grenzt in der Großhirnrinde das kleine Areal, in dem die vom Cortischen Organ zum Gehirn führenden Nervenbahnen enden, das »Hörzentrum«, unmittelbar an die sensible Zentralwindung. Diese aber bildet die Endstation für die vom Tastsinn stammenden Impulse.

Ein letzter Hinweis ist allen bekannt, die ein Radio benutzen. Allerdings dürften sich die wenigsten über den Zusammenhang klar sein. Wie jeder weiß, stellt man den Lautsprecherklang bei Musiksendungen anders ein als bei Nachrichten oder bei einem Vortrag. Im ersten Fall bevorzugt jeder instinktiv eine tiefere Tonlage, umgekehrt ist es bei Sprachsendungen. Die meisten Geräte haben sogar eine besondere Taste, die mit »Musik« oder »Sprache« bezeichnet ist und mit der man die Änderung vornehmen kann. Jugendliche, die ihre Platten mit einer modernen Stereoanlage abspielen können, neigen unfehlbar dazu, die Bässe »voll aufzudrehen«. Sie können die Musik dann, wie sie sagen, intensiver genießen. Umgekehrt gibt es keine Meinungsverschiedenheit darüber, daß eine Nachrichtensendung in der gleichen Tonlage fast unverständlich wäre. Wie läßt sich diese Alltagserfahrung erklären? Auch sie ist, wie ich glaube, eine Folge der Abstammung unseres Gehörs.

Tiefe Töne entsprechen niedrigen Frequenzen. Das sind elastische Schwingungen der Luft, die so langsam erfolgen, daß wir sie im Extremfall schon nicht mehr nur hören. Einen sehr lauten, sehr tiefen Baß nehmen wir nicht mehr nur mit den Ohren wahr, sondern auch als Vibration mit der übrigen Haut, vor allem der Bauchhaut. Sehr langsame Schallwellen erleben wir also auch heute noch nicht nur als Ton, sondern auch noch als »Berührung«.

Im Bereich niedriger Frequenzen scheint unser Gehör seiner Herkunft vom Hautsinn folglich noch näher zu sein. Entsprechend größer ist hier daher auch das Gewicht der zuständlichen, gefühlsmäßigen Komponente im Hörerlebnis. Kein Zweifel, daß das den Genuß steigern kann, wenn man es darauf anlegt, sich von Musik emotional »anrühren« zu lassen.

Ebenso einleuchtend ist es unter diesen Umständen, daß im Falle der Sprache das Umgekehrte gilt. Dann, wenn es nicht auf Emotion, sondern auf Information ankommt – nicht im Sinne der Nachrichtentheorie, sondern in dem der Alltagssprache –, fällt der gegenständlichen, der echten Wahrnehmungskomponente die größere Bedeutung zu. Unser Hörorgan scheint sich tatsächlich nach dieser Faustregel entwickelt zu haben und ebenso unsere Sprachwerkzeuge. Beim Sprechen sowohl als auch beim Hören von Sprache spielen die höheren Frequenzen die entscheidende Rolle. Bei dieser Art der Kommunikation mit der Umwelt arbeitet unser Gehör also in einem Bereich, der von den niederen, der Berührungsempfindung noch verwandten Frequenzen möglichst weit entfernt ist (15).

Aus dem Objekt wird ein Subjekt

Am Anfang aller Sinne steht also der Reiz. Ein Reiz, der gebildet wird von einer Eigenschaft der Umwelt, die unbeachtet zu lassen die Ur-Zelle sich nicht hatte leisten können. Sei es, daß seine Qualität eine potentielle Gefahr darstellte, sei es aber auch, daß er eine Umwelteigenschaft repräsentierte, die für das Überleben unentbehrlich war. Nur in diesen beiden Fällen und in keinem anderen sonst wurde die Außenwelt zugelassen, konnte auf einen wirksamen Kontakt nicht verzichtet werden. Deshalb spüren wir nichts von den Scharen von Neutrinos, die uns, von der Sonne kommend, in jeder Sekunde durchfliegen. Wir haben auch keinen Sinn, keinen physiologischen Detektor, für die Kraftlinien des irdischen Magnetfeldes entwickelt. Es fehlt uns ein Organ zur Wahrnehmung der radioaktiven Strahlung der Erdkruste, denn auch diese ist – in ihrer natürlich vorkommenden Dosis – für unser tägliches Überleben als Organismen ohne aktuelle Bedeutung. In all diesen Fällen wissen wir heute immerhin von diesen Lücken in unserer Wahrnehmungswelt, da die wissenschaftliche Forschung an einigen Stellen den Horizont unserer Sinne überschreiten konnte. Wie viele Eigenschaften der Welt wir darüber hinaus noch übersehen, das können wir nur ahnen.

Allein an diesem höchst begrenzten Repertoire zugelassener, von der Ur-Zelle ausnahmsweise registrierter Reize konnte die Evolution aber ansetzen, als sie begann, ihre Geschöpfe mit Wahrnehmungsorganen auszustatten. Sie hatte, ganz wörtlich, keine andere Wahl. Und dann zeigte sich noch, daß keineswegs jeder Reiz aus der beschränkten Zahl des Angebots für das Projekt in Frage kam. In den meisten Fällen blieb der Versuch, sie dem Organismus als Informationsquelle nutzbar zu machen, im Ansatz stecken.

Wie schon erörtert, war das immer dann ganz unvermeidlich, wenn der Reiz, der den Ausgangspunkt der Entwicklung hätte bilden können, mit einer biologischen Qualität von besonders akuter und vitaler Bedeutung identisch war. Bei einem kleinen Teil des von vornherein so beschränkten Angebots verlief der Versuch jedoch erfolgreich. Hier gelang es der Entwicklung, die biologische Relevanz des Reizes in winzigen Schrittchen immer mehr in den Hintergrund zu drängen. An seine Stelle trat ein Abbild der Welt.

Das ist eine als wunderbar zu bezeichnende Entwicklung. Bisher war nur passive Ergebung denkbar gewesen, bedingungslose Anpassung an das, was von der äußeren Welt auf den Organismus zukam. Jetzt aber erwarb dieser die Fähigkeit, sich der auf ihn zukommenden Eigenschaften der Welt zu bemächtigen und die Welt zu zwingen, sich ihm zu zeigen. Eine phantastische Umkehrung der Rollen. Aus dem Objekt wird ein Subjekt. So gesehen setzen die Wahrnehmungsorgane auf einer höheren Ebene fort, was mit der Entstehung der ersten Zellmembran seinen Anfang genommen hatte: Die Verselbständigung des Organismus gegenüber seiner Umwelt.

Aber so großartig diese Entwicklung auch ist, an deren bisherigem Endpunkt wir als die Nutznießer stehen, wir sollten hier doch auch den anderen Aspekt nicht übersehen: Die Welt, die wir um uns wahrnehmen, erschließt sich uns als das Ergebnis der Verarbeitung eines kleinen Teils eines von vornherein äußerst beschränkten Angebots an äußeren Reizen. Es ist nicht die Welt selbst, die wir wahrnehmen. Es ist ihr Abbild. Und wer sich die Geschichte der Entstehung dieses Abbilds vor Augen hält, der kann nicht umhin, Zweifel zu verspüren hinsichtlich der Vollkommenheit seiner Übereinstimmung mit dem Original.

Damit haben wir den Rahmen abgesteckt, in dem sich die Karriere eines Reizes abspielt, der die Laufbahn bis zur Wahrnehmung erfolgreich absolviert. Wir wissen jetzt, daß dieser Weg vom Reiz über zuständliche Gefühle bis zu den gegenständlichen Empfindungen verläuft, mit deren Hilfe sich die Außenwelt abbildet. Damit können wir unseren vorwegnehmenden Exkurs abbrechen. Wir haben mit ihm die Voraussetzungen gewonnen, die unerläßlich sind, um verstehen zu können, welcher konkrete Entwicklungsweg zu diesem oder jenem Wahrnehmungsorgan geführt hat. Um vor allem verstehen zu können, wie dieser Ablauf aus biologischer Ursache, unter dem Einfluß der Evolutionsgesetze zustande kam.

Das wollen wir jetzt in den Details, die heute bekannt sind, am Beispiel eines Sinnes, und zwar des Gesichtssinns, näher untersuchen. Unser Sehvermögen ist als Beispiel besonders geeignet, weil der Weg, den es in der Evolution zurückgelegt hat, weiter gewesen ist als der aller anderen Sinne. Seine Geschichte ist daher auch besonders aufschlußreich bei unserem Versuch, den Übergang von der biologischen zu einer psychologischen Ebene zu rekonstruieren.

8. Vom Lichtempfänger zum Sehorgan

Euglena macht den Anfang

Auch wenn es nach all dem, was bisher zur Sprache kam, im ersten Augenblick noch so paradox klingt, so steht dennoch fest, daß die Augen von den Pflanzen erfunden wurden. Nicht Augen, wie wir sie heute im Kopf tragen, versteht sich. Wohl aber die entwicklungsgeschichtlichen Vorfahren dieser Augen. Die erste Sprosse, ohne welche die Leiter nicht hätte gebaut werden können, auf welcher die Evolution bis zur Fähigkeit des Sehens emporstieg.

Bei näherer Betrachtung ist dieser Umstand natürlich alles andere als paradox. Der Grund ist genau der gleiche wie der, der die Pflanzen anschließend daran hinderte, den gelungenen Ansatz bis zur Herausbildung von Sehorganen weiterzuentwickeln. Er besteht in der außerordentlich großen, buchstäblich existentiellen Bedeutung, die das Licht für die Pflanzen hat.

Ihr sehr besonderer, auf der Erde einzigartiger Stoffwechsel macht es den Pflanzen ein für alle Male unmöglich, mit Licht anders umzugehen, dem Licht eine andere Rolle zuzuweisen als die einer unentbehrlichen, vitalen Energiequelle. Das hat seine Vorteile. Schließlich brauchen die Pflanzen ihrer Nahrung nicht hinterherzulaufen. Wo immer die Sonne scheint – Luft, ein Minimum an Feuchtigkeit und Mineralien vorausgesetzt –, werden Pflanzen satt. Diese besondere Beziehung zum Licht hat es den Pflanzen aber auch unmöglich gemacht, über die von der Sonne kommende Strahlung für andere Zwecke verfügen zu können.

Wegen des gleichen Sachverhalts konnte jedoch der *Startpunkt* für die Evolution von Augen nur im Pflanzenreich liegen. Nur dort, wo dem Licht eine wichtige biologische Rolle zufiel, konnten Lichtrezeptoren, konnten die ersten primitiven Lichtempfangsorgane entstehen. Nur dort wurde das Licht ja in den eng begrenzten Satz von Umweltreizen einbezogen, von denen die Zellen sich eben aus biologischen Gründen nicht verschließen konnten. Dies ist der zweite Grund, aus dem wir es den Pflanzen verdanken, daß wir Augen haben.

Der Anfang nimmt sich bescheiden aus. Wir kennen ihn, weil es ihn heute noch gibt. Zum Glück für die Entwicklungsforscher haben nicht alle Arten von den Möglichkeiten Gebrauch gemacht, die die Evolution ihnen bot. Auch die Entwicklung des Sehvermögens ist durch heute noch lebende Tiere der unterschiedlichsten Entwicklungshöhe in allen Phasen dokumentiert.

Am Anfang aber steht ein Einzeller, der zu den Pflanzen zu rechnen ist. Ich habe eben begründet, warum es nicht anders sein konnte. *Euglena*, wie die Biologen das mikroskopische Gebilde nennen, trägt im Deutschen zwar den Namen »Augentierchen«. Das ist verständlich, aber falsch. Verständlich deshalb, weil Euglena zu den Flagellaten zählt und im Wasser frei und aktiv hin und her schwimmt. Diese lebhafte Beweglichkeit verführte die frühen Beobachter zu der falschen Annahme, sie hätten ein Tier vor sich.

Euglena besitzt jedoch Chloroplasten, jene Organelle, mit deren Hilfe die Pflanzen das Sonnenlicht anzapfen können. Euglena vermag sich deshalb durch Photosynthese zu ernähren, durch die für Pflanzen charakteristische Zusammenfügung anorganischer Moleküle zu organischen Bausteinen mit Hilfe von Lichtenergie. Euglena ist also eine einzellige Pflanze. Wie viele andere pflanzliche Einzeller verfügt auch sie jedoch über Geißeln und eine entsprechende aktive Beweglichkeit.

Den Namen Augentierchen trägt der mikroskopische Organismus wegen eines winzigen roten Punktes, der dicht am Vorderende des länglichen Gebildes liegt und auf Anhieb den Eindruck eines Auges hervorruft. Seltsamerweise handelt es sich tatsächlich um den Bestandteil eines rudimentären Lichtsinnesorgans. Seltsam deswegen, weil der unbefangene Eindruck, der diese Annahme nahelegt, ebenfalls falsch ist. Es sieht immer so aus, als ob man Euglena von der einen Seite betrachtet und dabei ein seitliches Auge sieht. Die Zelle hat aber nur diesen einen roten Punkt. Er ist unpaarig angelegt. Man sieht ihn nur deshalb aus jeder Richtung, weil das »Augentierchen« so durchsichtig ist wie Glas (s. dazu Abbildung 10). Falsch ist der Eindruck schließlich auch deshalb, weil der rote Fleck selbst gar nicht der lichtempfindliche Teil des optischen Rezeptors ist, um den es sich hier handelt. Er ist einfach eine Pigmentansammlung, eine Anhäufung gefärbter und daher undurchsichtiger Körnchen in dem sonst glasklaren Leib der kleinen Zelle. Er wirft einen Schatten. Das ist alles. Erstaunlich aber ist, was die Zelle mit diesem Schatten anfängt.

Euglena bewegt sich mit der Hilfe einer kleinen, in ihrem Vorderende – in der Schwimmrichtung gesehen – steckenden Geißel durchs Wasser. Mal schlägt die Geißel schneller und energisch, dann wieder mit verringerter Kraft. Mal schlägt sie so, daß die Zelle auf geradem Kurs vorwärtsgetrieben wird, dann wieder so, daß Euglena eine Kurve nach rechts oder links beschreibt. Daß alles sieht, wenn man es im Mikroskop betrachtet, ganz regellos und zufällig aus.

Auch dieser Eindruck ist falsch. Zwar ist der Kurs der Zelle wirr und ohne System. Ganz vom Zufall allein wird sie jedoch nicht gesteuert. Wer geduldig beobachtet, kann sich davon überzeugen, daß Euglena die Tendenz hat, ihre Körperachse möglichst parallel zum einfallenden Licht auszurichten, so daß das begeißelte Vorderende zum Licht strebt. Das gelingt zwar nur sehr unvollkommen. Immerhin genügt die bloße Tendenz, um die Zelle auf ihrem scheinbar regellosen Kurs der Lichtquelle langsam, aber sicher näherkommen zu lassen. Euglena verhält sich »positiv phototaktisch«, wie der Biologe das nennt. Sie wird »vom Licht angezogen«.

Es liegt auf der Hand, daß diese Eigenschaft oder Fähigkeit für ein Lebewesen, das seine Stoffwechselenergie aus dem Sonnenlicht bezieht, von großem Vorteil ist. Aber wie bringt die hirnlose und primitive Zelle das Kunststück eigentlich fertig? Genau hat das bisher noch niemand herausgefunden. Ein wesentlicher Teil des Rätsels ist nach langen und komplizierten Untersuchungen inzwischen aber gelöst. Hier zeigt der »Augenfleck«, der nichts tut, als einen Schatten zu werfen, mit einem Male seine Bedeutung.

Dieser Schatten nämlich fällt, während die Zelle auf gut Glück umherschwimmt und sich dabei noch um ihre Längsachse dreht, bei jeder Umdrehung einmal auf die Wurzel der Geißel – so lange jedenfalls, wie die Zelle nicht schnurstracks auf die Lichtquelle zuschwimmt. Bei jeder Beschattung aber ändert sich deren Aktivität. Noch hat niemand genau klären können, welcher Art die Änderung ist und ob es verschiedene Variationen davon gibt. Fest steht jedoch, daß bei Euglena auf diese äußerst simple Art die Richtung des Lichteinfalls und die Aktivität des Geißelschlags miteinander in Verbindung gebracht werden. Und fest steht weiter, daß die Lage des roten »Augenflecks« zur Geißelwurzel in Verbindung mit der Form der ganzen Zelle, der Länge und Schlagrichtung der Geißel insgesamt das Resultat haben, die Zelle, wenn auch langsam und auf gewaltigen Umwegen, der Lichtquelle langsam zustreben zu lassen.

Niemand wird hier schon von einem »Auge« sprechen wollen. So verblüffend zweckmäßig das Phänomen des Schattenwurfs hier auch genutzt sein mag, mit der Fähigkeit zum Sehen hat das Ganze gewiß noch nichts zu tun. Für viele mag der Abstand sogar groß genug sein, um sie daran zweifeln zu lassen, ob die phototaktische Lichtreaktion von Euglena und die kleine, diese Reaktion bewirkende Apparatur von mir überhaupt mit Recht als evolutionäre Vorstufe sehender Augen angeführt werden.

Für die Berechtigung dieser Auffassung sprechen aber zwei äußerst interessante Entdeckungen. Mit der Hilfe verfeinerter spektralanalytischer Verfahren ist es in den vergangenen Jahren an einigen europäischen

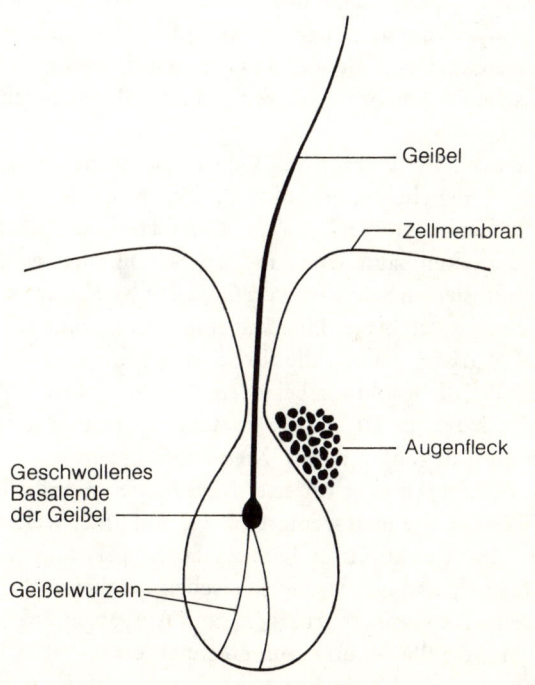

Geißel

Zellmembran

Augenfleck

Geschwollenes
Basalende
der Geißel

Geißelwurzeln

Schematische Darstellung des Vorderendes von Euglena mit Geißelwurzel und Augenfleck. Die Geißel steckt in einem kleinen Trichter im Leib des Einzellers. Eine Verschattung des knotenförmig verdickten unteren Endes der Geißel durch die Pigmentkörner des Augenflecks bewirkt eine Änderung des Geißelschlags und damit der Schwimmrichtung des winzigen Organismus.

und amerikanischen Laboratorien gelungen, der Aufklärung der chemischen Natur des Augenflecks von Euglena schrittweise näherzukommen. Bei der Winzigkeit des Objekts steht die endgültige chemische Diagnose zwar noch aus. Die bisher vorliegenden Befunde (Absorptionsspektren) machen es jedoch wahrscheinlich, daß die rote Farbe des Flecks durch ein Pigment aus der Gruppe der sogenannten Carotinoide hervorgerufen wird.

Das aber ist eine wahrhaft aufregende Entdeckung. Von all den unzähligen Verbindungen, die in Frage gekommen wären, einen Schatten zu werfen – und mehr wird bei Euglena nicht verlangt –, ausgerechnet diese eine komplizierte Kohlenwasserstoffkette. Aufregend ist das deshalb, weil alle Sehpigmente der höheren Tiere zu dieser chemischen Gruppe gehören, auch der Sehpurpur in der Netzhaut unserer Augen. Seine rote Farbe und die des Augenflecks von Euglena haben die gleiche chemische Ursache! Verblüffender könnte sich der historische Zusammenhang zwischen diesen beiden extremen Enden der Entwicklung kaum dokumentieren.

Es gibt noch einen zweiten Hinweis. Genaue elektronenmikroskopische Untersuchungen der lichtempfindlichen Zellen in der menschlichen Netzhaut – der »Stäbchen« und »Zapfen« – haben einen Aufbau ergeben, dessen Besonderheiten kaum einen anderen Schluß zulassen als den, daß diese hochspezialisierten Sehzellen von Geißelzellen abstammen müssen. Darauf aber konnte sich bisher niemand einen Vers machen. Zwar hatten die Biologen Anlässe genug, die Erfindungsgabe und Phantasie zu bestaunen, mit der die Evolution bei jedem ihrer Schritte das Material, das sie vorfand, umbaute und für neue Zwecke einsetzte. Da wurden aus Schwimmblasen Lungen und aus Kiemenöffnungen Gehörgänge gemacht, wenn der Zweck es erforderte. Aber in diesen und allen anderen bekannten Fällen wußte man wenigstens wie und unter welchen äußeren Bedingungen der Funktionswechsel zustande gekommen war. Was jedoch eine Geißel, also ein der mechanischen Fortbewegung dienendes Zellorganell, eine Extremität sozusagen, zum Ausgangspunkt der Entstehung einer Sinneszelle – und ausgerechnet einer Sehzelle! – hätte prädestinieren können, das erschien schlechterdings unerfindlich.

Euglena scheint eine Antwort auch auf dieses Rätsel zu geben. Bei ihr ist eben nicht der Augenfleck die lichtempfindliche Stelle, sondern das Wurzelende der Geißel. Dieses ist auf dieser primitiven Stufe gewiß noch kein eigentlicher Lichtrezeptor, sondern eben nur der motorische Antriebsteil für die aus der Zelloberfläche herausragende Geißel. Aber offensichtlich wird der Chemismus dieses Antriebsteils durch den Wechsel von Hell zu Dunkel und umgekehrt in seiner Aktivität beeinflußt.

Euglena »benutzt« diesen Einfluß nun zur automatischen, am Licht orientierten Steuerung ihres Antriebs. Wer hätte bei dem von diesem kleinen Organismus verkörperten Stand der Entwicklung wohl daran gedacht, wie viele Möglichkeiten in diesem simplen Arrangement von schattengebendem Pigment und durch Licht beeinflußbarem Chemismus steckten? Die Evolution aber hat an der einmal gemachten Erfindung unbeirrbar festgehalten. Der Augenfleck bei Euglena und der menschliche Sehpurpur bestehen aus dem gleichen Stoff. Und die Stäbchen und Zapfen der menschlichen Netzhaut erinnern in ihrem Aufbau auch heute noch an die Geißel von Euglena. Deren Wurzel nämlich ist das erste lichtempfindliche Zellorganell gewesen, dessen die Evolution sich zum Aufbau eines lichtorientierenden Apparats bediente.

Ein lichtempfindlicher Teil und ein schattengebendes Pigment, das sind, wie sich im weiteren Verlauf zeigen sollte, die Elemente, mit denen sich ein Sehorgan aufbauen läßt. Licht allein genügt dazu keineswegs. Daß ein glühendes Stück Eisen in der hellen Glut eines Kohlefeuers unsichtbar werden kann, weiß jeder, der einmal einem Schmied bei der Arbeit zugesehen hat. Sichtbar werden die Dinge erst durch den Kontrast. Nicht ohne Grund ist das Innere unserer Augen durch dichte Lagen von Pigmenten abgedunkelt. Wäre es in unseren Augen nicht finster, dann könnten wir nichts sehen.

Ganz haben übrigens auch die höheren Pflanzen nicht auf die Anwendung des Prinzips verzichtet. Bekanntlich haben die meisten Pflanzen die Fähigkeit, ihre Blätter oder Stiele dem Licht zuzuwenden. Sie bleiben also zwar an Ort und Stelle, aber ihre Körperteile verhalten sich »positiv phototrop«. Auch negative Phototropie kommt bei bestimmten Pflanzenteilen vor. Zum Beispiel bei den Wurzeln. Auf diese Weise gelangen sie auch bei ungünstiger Lagerung eines keimenden Saatkorns in die Erde. Besonders raffiniert muten bestimmte Pflanzen mit wechselndem Phototropismus an. So gibt es zum Beispiel efeuartige Klettergewächse, die während der Blütezeit positiv auf Licht reagieren, nach dem Ausreifen des Samens aber negativ. Das hat dann die überaus zweckmäßige Folge, daß die samentragenden Stiele sich jetzt der Mauer zuwenden und die Samen in Ritzen oder Nischen regelrecht ablegen, an Stellen also, wo sie eine Chance haben, ihrerseits Fuß zu fassen.

Der in Pasadena arbeitende Nobelpreisträger Max Delbrück untersucht diese und andere Fähigkeiten der Pflanzen, auf äußere Reize zu reagieren, seit über 10 Jahren an einem primitiven, einzelligen Pilz mit dem Namen *Phocomyces*. Er hat dabei herausgefunden, daß sein Versuchsobjekt bei der Lichtreaktion sogar schon von einer Art Linseneffekt Gebrauch macht. Er hat noch etwas anderes herausgefunden, was in unserem Zusammenhang noch interessanter ist.

Phocomyces benutzt für seine am Licht orientierten Bewegungsreaktionen nur einen scharf begrenzten Ausschnitt des Spektrums. Nur blaues Licht veranlaßt den kleinen Pilz zu Wachstumsänderungen. Rotem Licht gegenüber ist Phocomyces, wie Delbrück wörtlich schreibt, »total blind«. Das Versuchsobjekt des Nobelpreisträgers erweist damit seine Verwandtschaft zu den Pflanzen. Auch diese bedienen sich unterschiedlicher Wellenlängen bei ihren unterschiedlichen Beziehungen zum Licht. Die langwelligeren Frequenzen, für die Phocomyces blind ist, sind es vor allem, die von den Pflanzen als Energiequelle benutzt werden. In diesem Bereich des Spektrums, das gilt also vor allem für rotes Licht, aber auch für einen kleinen Ausschnitt im Bereich des gelben, ist das Licht für die Pflanzen in erster Linie die ihnen gemäße Energieform, »Betriebsstoff«. Licht dieser Wellenbereiche hält die Photosynthese in Gang. Phototropische, also am Licht orientierte Bewegungsreaktionen, werden dagegen durch andere, kurzwelligere Teile des Spektrums bewirkt.

Mir scheint dies eine sehr überzeugende Bestätigung des biologischen Prinzips zu sein, von dem im letzten Kapitel so ausführlich die Rede war und das besagte, daß die biologische Bedeutung eines Reizes für den eigenen körperlichen Zustand und seine Rolle als mögliche Quelle von Informationen über die Außenwelt sich gegenseitig ausschließen. Wie unausweichlich die Alternative in der Tat ist, zeigt diese unterschiedliche Bevorzugung verschiedener Wellenlängen des Lichts je nach der Funktion, auf die es ankommt. Nur dadurch, daß sie sich zur Energiegewinnung auf einen Teil des Spektrums beschränken, haben die Pflanzen, so könnte man sagen, sich noch einen anderen Wellenbereich des Lichts ausgespart, den sie für orientierende Reaktionen benutzen können.

Die Entstehungsgeschichte des Auges

Weiter als bis zu derartigen Bewegungsreaktionen haben die Pflanzen es allerdings nicht gebracht. Was in der Kombination von lichtempfindlichem Element und schattengebender Struktur für Möglichkeiten steckten, das zeigte sich erst, als die Evolution der Tiere mit diesen Bausteinen zu spielen begann. Wie die Grundausrüstung aus dem Reich der Pflanzen, in dem sie erfunden worden war, in das der Tiere gelangte, darüber brauchen wir uns nicht groß den Kopf zu zerbrechen. In diesen frühen Tagen der Weltherrschaft der Einzeller war die Zugehörigkeit zu dem einen oder anderen Reich noch unbestimmt und sogar schwankend. Nicht nur einzelne Arten, sogar einzelne Individuen pendelten noch als »Grenzgänger« zwischen beiden Reichen hin und her (16). Deshalb war die Verschleppung der Erfindung nur eine Frage der Zeit.

Als das aber geschehen war, da ging es gewissermaßen Schlag auf Schlag. Der erste Schritt dürfte in einer mehr oder weniger wahllosen Streuung lichtempfindlicher Zellen über die ganze Körperoberfläche primitiver Mehrzeller bestanden haben. Der Regenwurm liefert dafür heute noch ein anschauliches Beispiel. Außerdem gibt es bei ihm noch zwei Besonderheiten, eine negative und eine positive, die nicht ohne Interesse sind.

Die negative Besonderheit besteht darin, daß bei diesem primitiven Wurm die eine Hälfte der von den Pflanzen so mühelos ererbten Errungenschaft verlorengegangen ist: die Anhäufung schattenwerfender Pigmentkörnchen. In der Haut des Regenwurms sind die Lichtsinneszellen gleichsam „nackt" verstreut. Als Mehrzeller und immerhin schon Besitzer eines Nervensystems vom Strickleitertyp kann der Wurm sich die Vereinfachung leisten. Sie wird mehr als wettgemacht durch die zweite Besonderheit. Untersucht man die Verteilung der Lichtsinneszellen in der Haut eines Regenwurms genauer, dann stellt man fest, daß sie nicht ganz so regellos ist, wie es im ersten Augenblick scheint. Die Zellen sind am dichtesten am Vorderende des Wurms konzentriert, deutlich geringer ist ihre Zahl am Hinterende, und die wenigsten Zellen finden sich in den mittleren Körperregionen.

Die Verteilung hat sich hier also schon der Bewegungsweise des primitiven Organismus angepaßt. Dem Wurm genügt diese Einrichtung zum Überleben. Ihm dienen die Zellen einzig und allein dazu, dem Licht auszuweichen. Ihm, der kaum mehr ist als ein zu kriechender Fortbewegung befähigtes Stück Darm, drohen an der freien Oberfläche nicht nur Freßfeinde, sondern der Tod durch Austrocknung.

Die Konzentration der Sinneszellen am Vorderende bereitete den nächsten großen Entwicklungsschritt vor. Es bedarf wohl kaum der Begründung, daß Rezeptoren für Reize, die von der Außenwelt eintreffen, hier am dringendsten benötigt werden. Daß sie dort zusammenrückten, begünstigte aber ihren zukünftigen Zusammenschluß.

Bevor es dazu kam, wurde auf irgendeiner Entwicklungslinie, die den Regenwurm umgangen haben muß, das Pigment wieder eingeführt. Jetzt sah das Arrangement im ganzen etwa so aus, wie es sich uns heute noch bei bestimmten Plattwürmern darbietet (siehe Abbildung). »Augenflecken« gibt es da nur noch im Kopfbereich. Und diese sind im Prinzip ebenso aufgebaut wie bei Euglena. Die Konstruktion ist jetzt aber wesentlich verfeinert, den erweiterten Möglichkeiten des Bauens entsprechend, die einem Vielzeller zu Gebote stehen.

Der wichtigste Vorteil, der eine solche, auf einer Seite in einer Pigmentschale steckende Lichtsinneszelle auszeichnet, ergibt sich aus der Tatsache, daß sie nur noch auf einer, und zwar der nicht vom Pigment zugedeckten Seite von Licht getroffen werden kann. Wenn nun mehrere derartige Zellen symmetrisch rechts und links am Vorderende angebracht und zusammengeschaltet sind, so erspart das aus unmittelbar einsichtigen Gründen die noch bei Euglena ganz unvermeidlichen Umwege, wenn es gilt, sich auf eine Lichtquelle auszurichten.

Auch dieses schon deutlich verbesserte Stadium trägt in sich wiederum die Ursachen für den nächsten Schritt. Es leuchtet ein, daß so hoch spezialisierte Zellen wie Lichtrezeptoren verletzlicher sind und auch weniger einfach zu ersetzen als beispielsweise Hautzellen. Außerdem können sich diese Sinneszellen zu ihrem Schutz nicht ohne Beeinträchtigung ihrer Leistungsfähigkeit einfach mit einer derberen Oberfläche überziehen. Gleichzeitig ist unbestreitbar, daß diese Zellen gerade am

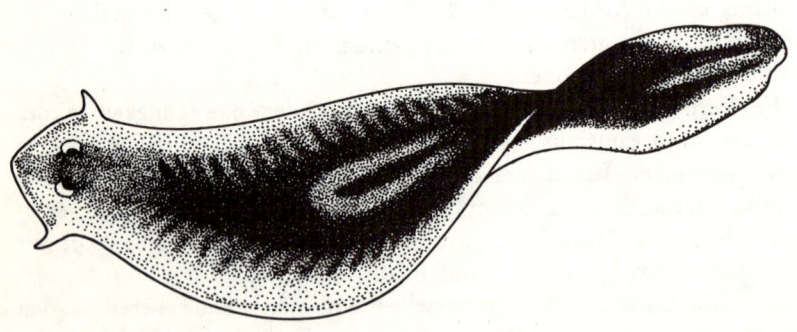

Strudelwurm (Planarie) mit zwei im Vorderende gelegenen Pigmentbecheraugen, deren jedes bis zu 1000 Lichtsinneszellen enthalten kann.

Vorderende zwar am dringendsten gebraucht, aber auch am ehesten durch Verletzungen gefährdet sind. Gerade hier kommt es bei der Fortbewegung unvermeidlich immer wieder zu Zusammenstößen mit der Außenwelt.

Wo ist ein Ausweg? Wieder braucht man nur einen Blick auf eine ein wenig weiter entwickelte Tierart zu werfen, um zu sehen, wie es weitergegangen ist. Die Lösung des Problems bestand darin, daß die lichtempfindlichen Zellen zusammenrückten und daß die Stelle der Oberfläche, an der sie nunmehr konzentriert waren, sich einsenkte (hierzu und zum folgenden siehe Abb. auf S. 120). Die Funktion wurde davon in keiner Weise beeinträchtigt. Aber mechanische Verletzungen wurden immer unwahrscheinlicher, je tiefer der Boden des entstehenden Augenbechers einsank.

Es stellte sich überdies heraus, daß die Funktion dadurch nicht nur keinen Schaden litt, sondern sogar noch gewann. Niemand hatte es vorhersehen können, und niemanden auch gab es, der das Ergebnis etwa gezielt hätte ansteuern können. Es ist charakteristisch für die Evolution, daß sie ohne einen solchen Plan auskommen muß. Und gerade die Geschichte der Entwicklung des Lichtsinns liefert besonders lehrreiche und eindrucksvolle Beispiele dafür, wie großartig sie ohne ihn auskommen kann.

Der unvorhersehbare, zugleich aber auch unausbleibliche Vorteil ergab sich in diesem Falle einfach aus den geometrischen Eigenschaften des Bechers, der entstanden war. Je tiefer er wurde, um so präziser mußte ein Lichtstrahl in der Richtung seiner Mittelachse einfallen, wenn nicht an einer der Seitenwände ein Schatten entstehen sollte. Geringe Abweichungen von dieser Einfallslinie führen gesetzmäßig zu einer Verdunklung der Wandabschnitte, die der Lichtquelle näher liegen.

Damit aber war erstmals ein Lichtrezeptor entstanden, der mehr konnte als nur zu melden, ob es hell oder dunkel war. Das »Becherauge« etwa einer Schnecke meldet auch Bewegungen, und zwar nicht nur deren Richtung, sondern auch deren Geschwindigkeit. Eine bewegliche Lichtquelle erzeugt einen im Becher wandernden Schatten. Dabei werden die hier sitzenden Sinneszellen eine nach der anderen gereizt. Die zeitliche Abfolge dieser Reizung und ihre Richtung im Auge bilden die Meßwerte, die an das Schlundganglion des Strickleiternervensystems gemeldet werden und das Verhalten der Schnecke steuern.

Der Rest der Geschichte ist rasch erzählt. Auch hier war es bei jedem Schritt bemerkenswerterweise so, daß die bloße Fortführung der einmal eingeschlagenen Entwicklungstendenz immer wieder gänzlich neue

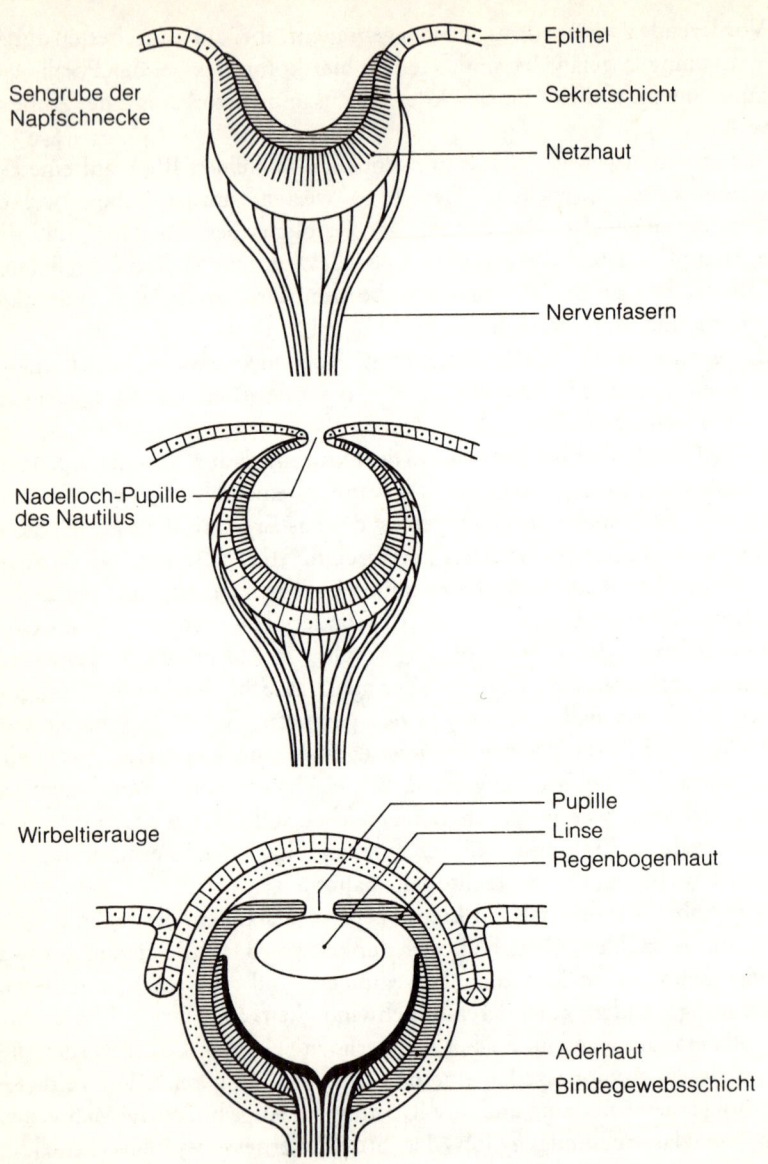

Sehgrube der Napfschnecke

- Epithel
- Sekretschicht
- Netzhaut
- Nervenfasern

Nadelloch-Pupille des Nautilus

Wirbeltierauge

- Pupille
- Linse
- Regenbogenhaut
- Aderhaut
- Bindegewebsschicht

Schematische Darstellung der Augenentwicklung. Die Aufdeckung der Entstehungsgeschichte des komplizierten Wirbeltierauges stellt einen der überzeugendsten Belege für die Fruchtbarkeit der Darwinschen Entwicklungslehre dar. Einzelheiten im Text.

physikalisch-optische Möglichkeiten eintreten ließ. Unvorhersehbar kam es so als Folge allmählicher Veränderungen zu sprunghaft auftretenden Fortschritten.

Wir haben keine Möglichkeit, zu entscheiden, woran das lag. Ob es bloßer Zufall war, was heißen würde, daß die Zahl der ungenutzten – und uns unvorstellbaren – möglichen Fortsetzungen in jedem Augenblick groß genug war, um die Entwicklung nicht abreißen zu lassen. Oder ob es – ketzerischer Gedanke! – vielleicht doch eine uns heute noch unbekannte Gesetzlichkeit gibt, die dazu beitrug, daß die Entwicklung nicht vom schmalen Pfad der existierenden Möglichkeiten abirrte.

Wie dem auch sei, jedenfalls begann die Öffnung des Augenbechers sich im Verlaufe der folgenden Jahrmillionen langsam zu verengen. Der Grund war klar: Je kleiner die Öffnung wurde und um so tiefer der Becher, um so präziser ließ sich die Richtung bestimmen, aus der das Licht einfiel. Kein anderer Faktor war, wie es scheint, am Werke.

Konsequente Selektion durch die Umwelt las aus den Besitzern von Augenbechern Generation für Generation die Individuen aus, bei denen die Einfallsöffnung besonders eng geworden war. Eine überdurchschnittlich zuverlässige Orientierung am Licht erleichterte ihnen das Überleben. Sie vor allem waren es daher auch, von denen die Individuen der folgenden Generation jeweils abstammten. So ging es weiter, über uns endlos erscheinende Zeiträume hinweg. Die Öffnung wurde immer enger. Der Becher formte sich zur Hohlkugel. So entstand der nächste Augentyp, das »Lochauge« des *Nautilus* (siehe Abb. auf S. 120).

Von einem neuen Typ zu sprechen, ist man vor allem deshalb berechtigt, weil dieses »Lochauge«, das Ergebnis einer stufenlosen Weiterentwicklung bestehender Tendenzen, in seiner Funktion eine übergangslos auftretende Neuerung darstellt. Die allmähliche quantitative Abwandlung der Form hat hier zu dem qualitativen Sprung einer total neuartigen Verarbeitung von Licht geführt: Erstmals bildet die Außenwelt sich im buchstäblichen Sinne ab.

Die Gesetze der Physik – von denen die Evolution doch nichts wissen konnte – brachten es mit sich, daß in der durch eine Pigmentschicht verdunkelten Hohlkugel die Bedingungen einer *Camera obscura* entstanden waren. Die kleine Öffnung an der Vorderseite sonderte aus dem eintreffenden Licht Strahlenbündel aus, die das, was es vor dem Auge in der Welt an hellen und dunklen Stellen gab, unter Beibehaltung seiner Anordnung auf die Rückwand projizierten.

So verblüffend der Sprung zu einer abbildenden Funktion des Lichtempfindungsapparats aber auch war – wer hätte ihn schon vorhersagen können? –, die nächste, scheinbar endgültige Sackgasse schien wieder einmal bevorzustehen. Die Eigenschaften einer Camera obscura nämlich und damit auch die des Lochauges schließen ein unaufhebbares Dilemma ein. Die Abbilder, die ein so gebautes Auge entwirft, sind entweder nur unscharfe Schemen oder so dunkel, daß sie kaum zu erkennen sind.

Jeder kann den Grund dafür selbst nachprüfen. Das Prinzip des Lochauges ist so einfach, daß dazu ein möglichst würfelförmiger Karton genügt. Wenn man die Rückwand durch ein Blatt Pauspapier als »Mattscheibe« ersetzt und in die Vorderwand ein kleines Loch schneidet, beginnt die Camera obscura bereits zu funktionieren. Und jetzt hat man die Wahl: Wenn man ein ausreichend helles Bild haben will, muß man das Loch, durch das das Licht eintritt, vergrößern. Dann aber verschwimmt das Bild auf der Mattscheibe sofort zu unerkennbarer Unschärfe. Das läßt sich leicht beheben. Je mehr man das Loch wieder verkleinert, um so schärfer wird das projizierte Bild. Längst bevor die Schärfe befriedigend ist, hat man dann aber einen Punkt erreicht, an dem durch das jetzt schon sehr kleine Loch nur noch so wenig Licht einfallen kann, daß das Bild fast nicht mehr zu erkennen ist.

Vor dem gleichen Dilemma stand die Natur, als sie das Lochauge erfunden hatte. Die geniale und überraschende Erfindung eines abbildenden Auges, die sich aus der ganz anderen Ursachen folgenden Weiterentwicklung einer Zusammenballung lichtempfindlicher Zellen am vorderen Körperende ergeben hatte, schien im Ansatz steckenbleiben zu müssen. Denn wie sollte das Auge der Paradoxie der einander widersprechenden Forderungen nach Helligkeit und ausreichender Bildschärfe jemals entrinnen können? Wir wissen, wenn wir die Gesetze der Optik noch in Erinnerung haben, daß die Lösung in der Einführung einer Linse besteht. Dann kann das Loch groß genug sein für ein lichtstarkes Bild, und dieses ist dennoch scharf. Aber die Evolution ist ja kein Physiker.

Wieder kam die einzig mögliche Lösung auf einem Weg zustande, der ganz andere Ursachen hatte. Das durch die Vorteile einer Verbesserung des Richtungssehens herausgezüchtete Lochauge hatte nämlich den ursprünglichen Zweck der Einstülpung des Augenbechers, die Verringerung der Verletzungsgefahr, wieder zunichtegemacht. Die für die Verbesserung der Funktion so vorteilhafte Verengung der Einfallsöffnung führte immer häufiger zu deren Verstopfung durch Fremdkörper. Nautilus könnte ein Lied davon singen.

Aus diesem ganz äußerlichen, eigentlich nur mechanischen Grund wurden von der Selektion jetzt Mutanten begünstigt, bei denen das Loch des Lochauges vom Rand her durch eine Fortsetzung der Körperhaut verschlossen wurde. Natürlich nur dann, wenn das Häutchen sehr dünn und pigmentarm war, so daß es immer noch Licht hindurchließ.

Trotzdem muß an diesem Punkt die Funktion des Lochauges vorübergehend beeinträchtigt gewesen sein. Daß ein solcher häutiger Verschluß in seinen Anfangsstadien den Camera obscura-Effekt nicht herabgemindert haben sollte, ist nicht vorstellbar. Die Verschlechterung der Funktion wurde offensichtlich aber wettgemacht durch den Schutz des bis dahin so anfälligen Auges. Die Vorteile für die Besitzer »geschlossener Lochaugen« müssen sogar von Anfang an überwogen haben, sonst wäre die Entwicklung an dieser Stelle unweigerlich abgebrochen.

Damit aber trieb die Evolution ein weiteres Mal aus einer im Grunde gänzlich sachfremden Ursache auf einen Sprung nach vorn zu. Als der häutige Verschlußdeckel erst einmal existierte, bekamen individuelle Varianten und Mutationen einerseits und die richtende Kraft der Selektion andererseits die Gelegenheit, ihn – nun wieder ausschließlich im Dienst einer Verbesserung der Funktion – zu einer Linse weiterzuentwickeln, die das Auge aus seiner paradoxen Situation befreite.

Damit wären wir bei dem Augentyp angekommen, mit dem wir selbst ausgestattet sind. Es scheint folglich, als könnten wir dieses Thema abschließen. Nichts jedoch wäre voreiliger. Denn die Evolution der Anatomie, die Geschichte der Entstehung des Organs, ist es ja gar nicht, was uns in erster Linie interessiert. Dieser rote Faden wurde hier aus zwei ganz anderen Gründen gespannt: Auch im Falle der Augen ist das konkret vorliegende Produkt der Entwicklung in jeder Hinsicht leichter zu fassen. Es vermittelt wegen des unbestreitbaren Zusammenhangs zwischen Form und Funktion immerhin auch schon einen ersten Eindruck von der Leistung, die das Werkzeug erfüllt.

Die Erleichterung der Übersicht in einem schwierigen Gebiet, das also war der eine Grund dafür, daß hier die Entstehung des Organs vorangestellt wurde, obwohl die Entwicklung der Funktion für unseren Gedankengang eigentlich wichtiger ist. Notwendig aber war diese Betrachtung der Geschichte des Auges deshalb, weil nur sie uns die Einsicht verschaffen konnte, wie überraschend klein der Anteil ist, den in dieser Geschichte das einnimmt, was wir »Sehen« nennen.

Zwischen dem Augenfleck von Euglena und unserem optischen Welterleben liegen – mindestens – 3 Milliarden Jahre. Von diesem gewaltigen Zeitraum vergingen mehr als 2½ Milliarden Jahre bis zur Entstehung des ersten, dem unseren verwandten Linsenauges. Die noch rudimentäre Ausbildung des Großhirns seiner ersten Besitzer machte aber ein »Sehen« in dem von uns heute gemeinten Sinn ganz sicher noch nicht möglich. Ich behaupte, daß die Art des Welterlebens, die wir mit diesem Wort meinen, auf dieser Erde erst seit etwa 30 Millionen Jahren verwirklicht ist.

Allerhöchstens ein Zehntel also und aller Wahrscheinlichkeit nach sogar nur ein Hundertstel der Zeit, die während der ereignisreichen und immer wieder revolutionierenden Entwicklung vom Augenfleck der Einzeller bis zu unserem Sehorgan verfloß, hat mit dem etwas zu tun gehabt, was wir »Sehen« nennen (17). Damit aber erhebt sich die Frage, wozu Augen denn geschaffen wurden, wenn »Sehen« gar nicht das ursprüngliche Funktionsziel gewesen ist.

9. Augen, die nicht sehen

Astronauten sehen mehr

Die Vorstellungen, die wir mit den Begriffen Auge und Sehen verbinden, sind aus lebenslanger und unentrinnbarer Gewohnheit so sehr von dem uns allein bekannten optischen Erleben der Welt geprägt, daß man es einmal deutlich und provozierend aussprechen muß: Allerhöchstens 10, bei genauer Betrachtung jedoch wahrscheinlich nur ganze 1 Prozent der gesamten Zeit, in der die Evolution sich um die Entwicklung und die Verbesserung der Aufnahme und Verarbeitung optischer Reize bemüht hat, entfallen auf das, was wir Sehen nennen. Mehr als 90 Prozent dieser Entwicklung waren bereits verstrichen, bevor die Evolution den Sprung von der biologischen auf die psychische Ebene tat.

Bis dahin ist die Geschichte des Auges biologischer Natur. Das Sehen als bewußtes optisches Erleben ist aus dieser Entwicklung ganz zuletzt genau so unvorhersehbar und unbeabsichtigt hervorgegangen wie das Lochauge mit seinem Camera obscura-Effekt aus dem Becherauge. Wie in allen vorangegangenen Fällen auch waren es aus biologischer Notwendigkeit erzwungene Verbesserungen, die Konstellationen mit qualitativ neuartigen Möglichkeiten entstehen ließen.

Der Sprung von der Hell-dunkel-Unterscheidung zur optischen Richtungsorientierung oder der von der Funktion des Becherauges zu der des Lochauges ist um nichts weniger übergangslos erfolgt und in seiner Natur als qualitativer Sprung um nichts weniger rätselhaft als der nach fast 3 Jahrmilliarden langem Anlauf erfolgte Sprung des optischen Sinns auf eine psychische Ebene. Soweit das überhaupt möglich ist, müssen wir daher versuchen, zu verstehen, welche Konstellation diesen Sprung auslöste. Zur Vorbereitung dieses Verständnisses wollen wir in diesem Kapitel zunächst näher betrachten, wie weit die Evolution die Entwicklung unterhalb der Bewußtseinsebene getrieben hat.

Wir bekommen das Ende dieses Fadens am leichtesten in die Hand, wenn wir versuchen uns klarzumachen, welchem Zweck ein Linsenauge eigentlich dienen kann, wenn auch dieser Augentyp – und das war die Behauptung – ursprünglich nicht der Abbildung der Welt in der uns selbstverständlich erscheinenden Weise gedient hat. Es ist schwer, aus der eigenen Haut zu schlüpfen. Es bedarf einer gewissen geistigen Anstrengung und Phantasie, um einsehen zu können, daß nicht jeder Besitzer eines Linsenauges die Welt so sieht wie wir. Da sich Gewohnheiten des Denkens leichter überwinden lassen, wenn man sie nicht frontal auf die Hörner nimmt, sondern listig umgeht, will ich an dieser Stelle wieder einen Umweg einschlagen.

Daß der Gedankensprung, der hier erfolgt, an einer Erfahrung der ersten Astronauten anknüpft, hat keine modischen Gründe. Aber es ist wohl kein Zufall, daß wir auf bestimmte Eigentümlichkeiten unseres Erlebens erst in einer vom Gewohnten möglichst weit abweichenden Situation aufmerksam werden.

Vor etwa 10 Jahren sahen sich die Piloten der ersten Gemini-Raumkapseln nach ihren erfolgreichen Erdumkreisungen dem Verdacht ausgesetzt, über ihre Beobachtungen unkritisch zu berichten. Vorübergehend wurde sogar die Frage diskutiert, ob bei ihnen unter der Belastung der Flüge und durch die unnatürliche Situation der Schwerelosigkeit womöglich Halluzinationen ausgelöst worden sein könnten. Der Grund dieser Zweifel bestand darin, daß die Männer mehr gesehen zu haben behaupteten, als zu sehen ihnen theoretisch möglich gewesen sein konnte. So erzählten sie nach ihren Flügen von bestimmten Objekten, Schiffen oder großen Lastwagen, die sie während des Fluges noch als kleine Punkte auf der Erdoberfläche hätten erkennen können.

Das aber wollte ihnen niemand glauben. Das Auflösungsvermögen des menschlichen Auges beträgt unter günstigen Umständen nämlich nur etwa 1 Bogenminute. Das heißt, daß wir bei optimaler Beleuchtung und dem Ausschluß – oder Ausgleich – jeden Brechungsfehlers aus 5 Meter Entfernung 2 Punkte dann noch als voneinander getrennt erkennen können, wenn zwischen ihnen ein Abstand von mindestens 1,5 Millimetern besteht. Das ist dann aber schon eine hervorragende Leistung. Alle Gegenstände oder Distanzen, die kleiner sind, verschwinden für uns im »Korn« unserer Netzhaut, im dann für eine Abbildung zu grob werdenden Raster der Zapfen, die an der Stelle des schärfsten Sehens die lichtempfindlichen Elemente der Netzhaut bilden.

Als man die Behauptungen Glenns und seiner Nachfolger unter diesem Gesichtspunkt überprüfte, ergab sich, daß die scheinbare Größe der von ihnen angeblich gesehenen Objekte mit Sicherheit unterhalb des genannten Wertes lag. Man wußte, wie groß Schiffe oder Lastzüge waren, und man kannte die Entfernung, aus der die Astronauten sie gesehen zu haben behaupteten: aus einer Umlaufbahn in mehr als 150 Kilometer Höhe. Das aber war unmöglich, wie die zugezogenen Experten bestätigten.

Trotzdem wiederholte sich das Unmögliche bei den anschließenden Flügen. Und als man daraufhin den Piloten Beobachtungsaufgaben stellte, die eine Kontrolle ihrer Angaben ermöglichten – sie mußten unter anderem bestimmte künstliche Bodenmarkierungen entdecken –, da zeigte sich, daß die Männer die Wahrheit sagten. Das Auflösungsvermögen ihrer Augen schien deutlich größer zu sein als das ihrer Mitmenschen. Das galt allerdings nur für die Zeit, in der sie schwerelos über der Erdoberfläche schwebten. Wenn man sie auf dem festen Boden untersuchte, waren die Werte normal. Es mußte also irgendeinen Faktor geben, der nur während des Fluges wirksam wurde und der in der Lage war, die Sehschärfe eines Menschen zu erhöhen. Es war schwer, sich einen solchen Faktor vorzustellen. Denn das Auflösungsvermögen der Netzhaut hängt von deren »Raster« ab, der Größe und dem gegenseitigen Abstand der Zäpfchen also. Diese aber bilden ein anatomisch festliegendes Muster. Welcher Einfluß hätte es verändern können?

So rätselhaft das Phänomen im ersten Augenblick auch zu sein schien, die wahrscheinliche Erklärung war bald gefunden. Man brauchte sich nur an bestimmte Entdeckungen der Wahrnehmungsphysiologen zu erinnern, Entdeckungen, die längst bewiesen hatten, daß das Auge keineswegs wie ein Photoapparat funktioniert. Zum Teil stimmte der Vergleich zwar: Verschlußöffnung, Linse und Bildprojektion funktionierten wie bei einer Kamera. Die Netzhaut aber hatte mit einem Film nicht mehr die geringste Ähnlichkeit. Das zeigte sich am deutlichsten, als sich beweisen ließ, daß die Netzhaut nur funktioniert, solange sie ständig in Bewegung ist.

Während bei einem Film völlige Bewegungslosigkeit eine unbedingte Voraussetzung zur Entstehung scharfer Bilder ist, stellt die Netzhaut unter den gleichen Bedingungen innerhalb von Sekunden ihre Funktion ein. Dieses gänzlich unerwartete Resultat wurde durch einen in der Sache harmlosen, im Ergebnis allerdings dramatisch verlaufenden Versuch bewiesen. Augenärzte hatten ihn angestellt, nachdem sie entdeckt hatten, daß unsere Augen ständig sehr feine und schnelle Zitterbewegungen – etwa 50 pro Sekunde – ausführen (18).

Wir merken davon überhaupt nichts. Die Bewegungen erfolgen auch so schnell, daß man sie ohne spezielle Untersuchungstechniken nicht sehen kann. Natürlich hatte man sich sofort gefragt, worin wohl der Zweck dieses Augenzitterns bestehen könne. Um das herauszufinden, bedienten sich die Wissenschaftler eines für derartige Fragestellungen charakteristischen »Ausschaltversuchs«. Bei dieser Methode wird die Funktion, deren Zweck aufgeklärt werden soll, auf irgendeine Weise außer Kraft gesetzt. An den Folgen des Ausfalls kann man dann, wenn man Glück hat, erkennen, welche Aufgabe sie normalerweise erfüllt.

Zur Ausschaltung des ultrafeinen Augenzitterns bediente man sich einer ebenso einfachen wie ingeniösen Technik. Auf die anästhesierte Hornhaut einer Versuchsperson wurde eine Kontaktlinse gesetzt, die an einem seitlich abstehenden Halter einen kleinen, sehr exakt geschliffenen Spiegel trug. Das andere Auge wurde zugebunden. Nachdem der Versuchsraum abgedunkelt war, projizierte man ein Farbdia auf den kleinen Spiegel. Der warf das Bild auf eine vor der Versuchsperson stehende Leinwand, so daß diese das Dia jetzt betrachten konnte.

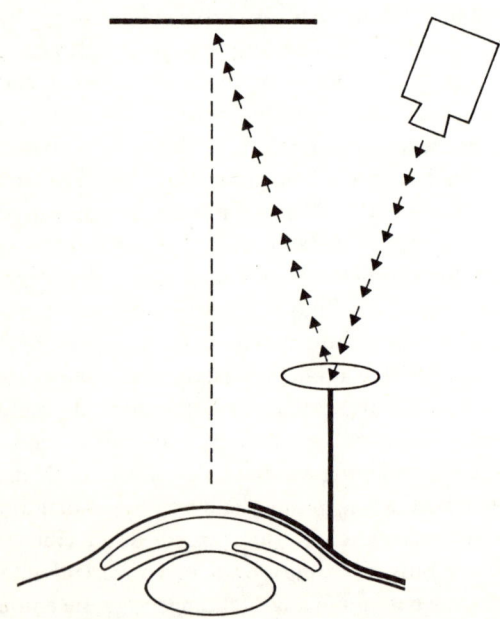

Schematische Darstellung der im Text beschriebenen Versuchsanordnung. Die Kontaktschale auf der anästhetisierten Hornhaut trägt einen winzigen Spiegel, der das Bild eines Projektionsapparats auf eine Wand vor dem Auge wirft, das so alle Augenbewegungen mitmacht.

Dazu hatte sie bemerkenswerterweise allerdings nur wenige Sekunden Gelegenheit. Dann meldete die Versuchsperson verblüfft, daß das Bild immer blasser zu werden beginne. Nach etwa einer halben Minute sah sie überhaupt nichts mehr. Ihr Auge war praktisch erblindet. Sobald man das Licht wieder anknipste oder das Dia direkt vorführte, ohne den Umweg über den kleinen, am Auge befestigten Spiegel, war der Effekt wieder verschwunden, und das Auge funktionierte so normal wie zuvor.

Was war geschehen? Die Analyse zeigte, daß es sich um einen Gewöhnungseffekt handelte. So wie eine Tast- oder Riechsinneszelle, so ermüden selbstverständlich auch die Zapfen und Stäbchen der Netzhaut. Und da diese Lichtsinneszellen besonders hoch spezialisiert sind, erschöpft sich ihre Leistungsfähigkeit bei gleichbleibender Reizsituation außerordentlich rasch (19).

Der durch die Kontaktlinse fest mit der Hornhaut verbundene Spiegel aber führt das projizierte Bild bei dem geschilderten Versuch natürlich in jedem Augenblick immer exakt synchron mit allen Bewegungen des Augapfels hin und her. Damit hebt der Spiegel aber auch den Effekt des Augenzitterns auf. Während des ganzen Versuchs fällt jeder Punkt des Bildes exakt immer auf die gleiche Zelle der Netzhaut. Das unvermeidliche Resultat: Alle vom Abbild getroffenen Netzhautzellen stellen ihre elektrische Aktivität als Folge von »Gewöhnung« ein. Die zum Sehnerv führenden Zellfortsätze erhalten keine Impulse mehr. Das Auge ist so lange blind, bis eine Änderung der Reizkonstellation eintritt.

Jetzt wußte man, welchem Zweck das zunächst so unerklärliche Augenzittern dient. Es stellt einen kunstvollen Regelungstrick dar, mit dem die nervöse Zentrale unseres Gehirns, die für die entsprechenden Steuerkommandos an die Augenmuskeln verantwortlich ist, die Möglichkeit einer unverändert bleibenden Reizkonstellation auf der Netzhaut verhindert. Das Zittern genügt, um das Abbild auf der Netzhaut so schnell von einer zur benachbarten Sinneszelle hin und her springen zu lassen, daß keine Gewöhnung eintreten kann.

Die merkwürdige Verbesserung der Sehschärfe bei den Astronauten kommt unter diesen Umständen wahrscheinlich dadurch zustande, daß dieses Augenzittern im Zustand der Schwerelosigkeit in seinem Ausmaß und seiner Schnelligkeit zunimmt. Denn während die Stärke der Augenmuskeln in der Umlaufbahn gleich bleibt und ebenso unverändert die vom Gehirn kommenden Steuerkommandos, ist der Augapfel dort schwerelos geworden. Das aber heißt, daß seine »Reibung« in der Augenhöhle um den entsprechenden Teilbetrag geringer ist. Weitere

Ausschläge – das ist gleichbedeutend mit der Einbeziehung von mehr Netzhautzellen bei der Registrierung des auf den Augenhintergrund fallenden Bildes. Offenbar wirkt sich das förderlich auf die Sehschärfe aus.

Man kann die so überraschend große Ermüdbarkeit der Netzhaut bei identischer Reizsituation noch durch ein anderes Experiment eindrucksvoll nachweisen. Seine Durchführung ist zwar für die Versuchspersonen sehr viel unangenehmer. Dafür ist das Resultat aber noch aufschlußreicher, weil der Versuch bei normalem Tageslicht angesichts der natürlichen Umgebung durchgeführt werden kann. Die Wissenschaftler spritzen sich dabei gegenseitig Novocain in die Augenmuskeln – eine zwar ungefährliche, aber doch recht unangenehme Prozedur.

Danach sind die Augenmuskeln für einige Stunden gelähmt. Der Augapfel ist folglich total unbeweglich. Auch das feine Augenzittern mit der Frequenz von 50 Hertz hat aufgehört. Wenn man nun noch den Kopf der Versuchsperson durch ein Gestell fixiert, kommt es in kürzester Zeit ebenfalls zur vorübergehenden »Erblindung« des stillgelegten Auges. Jetzt aber, vor der natürlichen Kulisse, mit einer dramatischen Änderung des Resultats.

Was bei dem Versuch provoziert wird, ist ja nicht eine wirkliche Erblindung. In der experimentell herbeigeführten Situation stellen lediglich die Netzhautteile ihre Funktion ein, die über längere Zeit hinweg von ein und demselben identischen Reiz getroffen werden. Das gilt aber natürlich nicht für die Abbilder all dessen, was sich vor dem Auge bewegt. Auch wenn der Augapfel fixiert ist, führt eine Eigenbewegung des Abgebildeten selbstverständlich zu einem Wandern des zugehörigen Netzhautbildes und damit zu einem raschen Wechsel der jeweils gereizten Lichtsinneszellen.

Aus dem hellen Nebel, den die Versuchsperson bei dem Experiment nur noch sieht, tauchen daher jetzt abrupt immer wieder bewegte Dinge und Gestalten auf: ein Vogel, der plötzlich durch das Gesichtsfeld fliegt, ein Blatt, das sich im Winde bewegt, eine Hand, die vor dem Auge gestikuliert. Sehr schwer zu erkennen, all dies, losgelöst aus dem Zusammenhang und in der Plötzlichkeit seines Auftretens und Verschwindens eher erschreckend als informierend.

Wenn man sich in die Situation der Versuchsperson hineindenkt, dann geht einem blitzartig eine Ahnung auf von der Art und Weise, in der die meisten Besitzer von Linsenaugen ihre Umwelt sehen dürften. Auch noch die meisten höheren Wirbeltiere. Sie sehen »die Welt« überhaupt nicht. Was sie sehen, das ist eine Auswahl von all dem, was vor ihren Augen liegt.

Eine Auswahl, die wiederum von dem uns jetzt schon geläufigen Prinzip diktiert wurde, dem Organismus nur die Daten aus der Außenwelt zu vermitteln, die für seine biologische Weiterexistenz möglicherweise bedeutsam sind.

Es bedarf kaum einer Erläuterung, worin sich bewegte von unbewegten Dingen unter diesem Aspekt unterscheiden. Die Selektion hatte Jahrmilliarden lang Zeit, allen lebenden Organismen beizubringen, daß es ratsam ist, alles, was sich in der eigenen Umgebung bewegt, als potentiellen Feind oder potentielle Beute zu betrachten. Daß es daher ungemein zweckmäßig ist, wenn das Linsenauge bewegte Dinge vor dem relativ unwichtigeren Hintergrund einer unbewegten Kulisse isoliert, ist offensichtlich.

Der Kreis schließt sich in dem Augenblick, in dem einem aufzugehen beginnt, daß diese Art des »Bewegungssehens« die ursprüngliche, primäre Aufgabe des Linsenauges gewesen sein muß und nicht die bei uns Menschen realisierte Abbildungsfunktion. Wie bei allen anderen vergleichbaren Gelegenheiten, so schließen wir auch hier allzu rasch und kritiklos von der eigenen Situation auf die anderer Lebewesen. Und außerdem entfaltet hier die aufdringliche Analogie zum Photoapparat eine verheerende Wirkung.

Diesen Mißverständnissen und diesen durch gedankenlose Übertragung des eigenen Standpunkts bewirkten Vorurteilen ist selbstredend auch ein Wissenschaftler ausgesetzt. Deshalb ist die Entdeckung einer nicht-abbildenden Funktion des Linsenauges, eben weil sie uns so ungewohnt und befremdlich erscheint, auch erst neueren Datums. Naturwissenschaft kann man wesentlich definieren, indem man sie als eine Tätigkeit beschreibt, bei der sich der Mensch durch die Anwendung objektivierender, experimenteller Methoden Schritt für Schritt von der ihm von der Evolution angezüchteten anthropozentrischen Weltsicht zu befreien versucht.

Das erste war die Feststellung, daß das physiologische Augenzittern von etwa 50 Hz nur bei den Augen der Säugetiere zu beobachten ist. Weder bei den Fischen noch bei den Amphibien, Reptilien oder Vögeln tritt es auf. Offenbar handelt es sich bei dem Phänomen also um einen ausgesprochenen Spätererwerb, den Ausdruck einer besonders weit fortgeschrittenen Spezialisierung.

Aber dürfen wir aus dieser Tatsache wirklich folgern, daß demnach also die überwiegende Mehrzahl aller Wirbeltiere ihre mit einer Linse ausgerüsteten Augen noch gar nicht zur Abbildung ihrer Umwelt, also nicht zum Sehen in dem uns geläufigen Sinne benutzen? Beweisen läßt sich das zwar bis heute noch nicht. Auch auf diesem Gebiet übersteigen die Lücken unseres Wissens noch bei weitem den Bereich, den wir schon übersehen. Das aber, was bisher bekannt und erforscht ist, spricht überzeugend für diese Vermutung.

Was denn, wenn kein »Bild«?

Es begann mit Untersuchungen, die der amerikanische Physiologe Lettvin mit seinen Mitarbeitern Ende der 6oer Jahre am Froschauge durchführte. Die Forscher verfügten über eine Technik, die es ihnen erlaubte, die von der Netzhaut des Tiers ausgehenden elektrischen Impulse, das sogenannte Elektroretinogramm, aufzuzeichnen. Sie zeigten ihren Fröschen unterschiedliche optische Muster in wechselnden Anordnungen und Bewegungszuständen und beobachteten, welche elektrischen Signale deren Abbilder auf der Netzhaut auslösten.

Das Ergebnis war gänzlich unerwartet und höchst bemerkenswert. Zunächst einmal stellte sich heraus, daß das Prinzip einer Punkt-für Punkt-Wiedergabe des auf die Netzhaut projizierten Bildes, wie sie als Voraussetzung von dessen »Weiterleitung« an das Gehirn erwartet worden war, überhaupt nicht existierte. »Was das Froschauge dem Gehirn des Froschs erzählt« (so formuliert es wörtlich der humorvolle Titel der berühmt gewordenen Originalarbeit), ist etwas ganz anderes.

Lettvin und seine Kollegen konnten 5 verschiedene »Klassen« von Meldungen unterscheiden. Was auch immer sich auf der Netzhaut des Froschauges abbildete, registriert wurde davon nur, was in das enge Korsett dieser 5 Meldungstypen hineinpaßte. Eine lebhafte elektrische Signaltätigkeit registrierten die Forscher etwa dann, wenn im Gesichtsfeld des Tieres eine ausgeprägte Kontrastgrenze hell-dunkel vorhanden war, ob bewegt oder nicht.

Vielleicht darf man vermuten, daß dem unter natürlichen Verhältnissen die Fähigkeit zum Erkennen des Horizonts, der Trennungslinie zwischen Erde und Himmel, entspricht. Deren Lage und Verlagerung fällt bei eigenen Bewegungen zweifellos eine eminente Orientierungsrolle zu. Mehr als eine Vermutung kann das aber natürlich nicht sein. Bei den übrigen Meldungsklassen tappt man in dieser Hinsicht noch mehr im ungewissen, obwohl sich in jedem Einzelfall naheliegende Deutungen anbieten.

Da gibt es Zellverbände in der Netzhaut des Tiers, die sehr lebhafte elektrische Impulse auszusenden beginnen, sobald sich ein Schatten von einer bestimmten Größe in irgendeiner Richtung durch das Gesichtsfeld bewegt – aber auch nur dann. Andere registrieren Bewegungen in noch abstrakterer Form: da spielt die Art des Bewegten – also seine Größe oder Kontur – überhaupt keine Rolle, da werden nur die Richtung des Bewegungsablaufs und ihre Geschwindigkeit gemeldet. Und der in unserem Zusammenhang wichtigste Befund: Wenn sich gar nichts bewegt – und wenn auch der Frosch stillsitzt –, dann herrscht totale elektrische Ruhe in der Netzhaut des Tiers. Dann sieht der Frosch nichts.

Daß das nicht als Unvermögen, als Mangel anzusehen ist, wie es uns aus unserer anthropozentrischen Perspektive sofort wieder erscheinen will, wird durch weitere Untersuchungen auf sehr verblüffende Weise belegt. Sie zeigen, daß die Evolution auf dieser Stufe der Entwicklung sogar sehr aufwendige Regelungssysteme hervorgebracht hat, nur um sicher zu stellen, daß die Netzhaut des Froschs beim Fehlen von Bewegung im Gesichtsfeld keine Meldungen durchgibt.

Der holländische Wissenschaftler Schipperheyn fand heraus, daß dann, wenn man den Kopf des Froschs bei den Untersuchungen nicht fixiert, schon die Atembewegungen des Tiers genügen, um die Netzhaut wieder aktiv werden zu lassen. Dann verschiebt sich das Bild auf der Netzhaut im Rhythmus der Atmung, und diese Bewegung genügt bereits, um sofort wieder Signale der lichtempfindlichen Zellen auszulösen. Schipperheyn entdeckte aber noch mehr: Schon 15 Sekunden später ist der alte Zustand wiederhergestellt. Die Signale auf der Netzhaut erlöschen erneut, auch wenn der Frosch weiteratmet.

Die genaue Untersuchung zeigte, daß es in der Netzhaut eine Regelungseinrichtung geben muß, die auch periodisch sich wiederholende Bewegungen, wie die der Atmung, als »Nichtbewegung« interpretiert und die Sinneszellen daran hindert, sie an das Gehirn weiterzumelden. Dieser Aufwand ist nur verständlich, wenn man davon ausgeht, daß hier in der Tat nicht die Abbildung einer objektiv gegebenen Umwelt, sondern die isolierte Erfassung bewegter Dinge innerhalb der Umwelt das Funktionsziel darstellt.

Das Beispiel der Vögel zeigt, wie lange es in der Evolution dabei blieb. Auch bei ihnen gibt es das feine Augenzittern noch nicht, das erst bei den Säugetieren dafür sorgt, daß die ganze Netzhaut in jeder Situation ununterbrochen aktiv bleibt. Zwar liegen ähnlich detaillierte Untersuchungen, wie die eben geschilderten, bei Vögeln bislang nicht vor. Allgemein bekannte Besonderheiten des Verhaltens dieser Tiere lassen aber annehmen, daß auch bei ihnen die Abbildungsfunktion noch immer nicht die eigentliche Aufgabe des Auges bildet.

Wer Vögel im Freien beobachtet oder gezähmte Vögel hält, weiß, daß viele von ihnen beim »Sichern« zu einer Bewegungslosigkeit erstarren, die durch sehr charakteristische ruckartige Kopfbewegungen unterbrochen wird. Manche Arten – besonders auffällig bei Rotschwänzchen, aber auch bei Amseln und Bachstelzen – führen in dieser Situation in Abständen von einigen Sekunden knicksartige Verbeugungen aus. Wieder andere – zum Beispiel Hühner – reagieren mit Pendelbewegungen des Kopfes. In allen diesen Fällen dürfte es sich um Reaktionen handeln, die eine bei diesen Arten anders nicht zu bewirkende Aktivierung der *ganzen* Netzhaut in Alarmsituationen zum Ziel haben.

Aber auch bei uns selbst können wir noch Spuren der Tatsache entdecken, daß unsere Augen ursprünglich nicht Abbildungsapparate gewesen sind, sondern Alarmeinrichtungen. Nicht Organe zur unvoreingenommenen, gleichsam wertneutralen Wiedergabe dessen, was vor ihnen lag, sondern optische Filter, die mit Hilfe ausgeklügelter, noch innerhalb der Netzhaut gelegener Verrechnungsschaltungen unter dem optischen Reizangebot eine Vorauswahl zu treffen hatten.

Nur das sollte diese optische Zensurstelle passieren, was auf Grund seiner Beweglichkeit eine Reaktion notwendig machen konnte. Wir erkennen auch hier wieder die Spur der uns schon bekannten Maxime: »So wenig Außenwelt wie irgend möglich«. Die zusätzliche Übermittlung auch noch all der übrigen im Netzhautbild enthaltenen Informationen hätte lediglich zu einer Überflutung des Gehirns mit – von einem biologischen Standpunkt aus – überflüssigen Daten geführt. Zum Funktionsziel hätten diese nicht mehr das geringste beitragen können. Die wirklichkeitsgetreue Wahrnehmung einer »objektiven Welt« ist auf dieser Stufe der Entwicklung für die Verbesserung der Überlebenschance noch ohne Bedeutung.

Es gilt noch für uns selbst

Wenn wir einmal darauf achten – im allgemeinen wird es wieder von der Gewohnheit zugedeckt –, dann können wir uns davon überzeugen, daß auch unsere Netzhäute es eigentlich nur mit einem sehr kleinen Ausschnitt bis zu einer echten Abbildungsleistung gebracht haben. Wer die Buchstaben dieses Textes daraufhin betrachtet, wird feststellen, daß wir eigentlich immer nur einen einzigen von ihnen zur gleichen Zeit scharf abbilden können. Schon die unmittelbaren Nachbarn rechts und links beginnen zu verschwimmen, von noch mehr in der Richtung auf die Peripherie des Gesichtsfeldes gelegenen Objekten ganz zu schweigen. Wir überspielen das im alltäglichen Leben unbewußt dadurch, daß wir durch ständige Augenbewegungen den Fixationspunkt die Umwelt ununterbrochen regelrecht abtasten lassen.

Die der Pupille direkt gegenüberliegende *fovea centralis*, der Bereich der Netzhaut, mit der allein unser Auge scharf abbilden kann, hat einen Durchmesser von nicht mehr als 2/10 Millimetern (0,2 mm). Nur in diesem winzigen Ausschnitt sind zwar auch keineswegs alle, aber doch die meisten Lichtsinneszellen mit einer einzelnen, nur ihr zugeordneten weiterleitenden Nervenzelle verbunden. Nur hier also findet sich das Punkt-für-Punkt-System der Übertragung, das wir ohne großes Nachdenken meist in der ganzen Netzhaut als verwirklicht voraussetzen. Je weiter man sich von dieser Stelle entfernt, um so größer wird die Zahl der lichtempfindlichen Zellen, die sich gemeinsam in eine einzige weiterleitende Nervenfaser teilen müssen. Am Netzhautrand sind es schon mehr als 100 Zellen, deren Signale auf diese Weise jeweils »in einen Topf« geworfen werden, bevor sie die Netzhaut in Richtung Gehirn verlassen. Daß ein Verbund dieser Art höchst unzweckmäßig wäre, wenn es auf Abbildung ankäme, bedarf keiner Erklärung. Diese – an Ausdehnung so enorm überwiegenden! – Teile der Netzhaut sind aber auch auf eine ganz andere Funktion spezialisiert. Sie leisten etwas, was die Physiologen als »räumliche Summation« von Reizen bezeichnen. Die zusammenfassende »Verdrahtung« dieser Zellen hat die einleuchtende Folge, daß die weiterleitende Faser die Summe ihrer Reizantworten insgesamt zusammenfaßt und weitermeldet.

Das aber ist typisch für ein System, bei dem es vor allem auf hohe Empfindlichkeit ankommt. Und das wieder entspricht der ursprünglichen Funktion des Linsenauges in der geschichtlichen Entwicklung. Das, was die Evolution da herauszuzüchten sich abmühte, war keine Kamera, sondern eine optische Alarm- und Orientierungsapparatur. Mit welch unüberbietbarem Erfolg ihr das gelungen ist, beweist die Lichtempfindlichkeit eben jener peripheren Netzhautabschnitte. Sie bringen das Kunststück fertig, uns noch das Eintreffen von nur 20–70 Lichtquanten als eben noch wahrnehmbare Lichtempfindung erleben zu lassen. Diese Leistung übertrifft die Empfindlichkeit der fovea centralis um mehr als das 10 000fache.

Am äußersten Rand der Netzhaut begegnet man dann der ältesten Funktion dieses Lichtsinnesorgans auch noch bei unseren eigenen Augen. Wer sich selbst gut beobachtet, dem ist vielleicht bei irgendeiner Gelegenheit schon einmal aufgefallen, daß rasche Bewegungen am äußersten Rand unseres Gesichtsfeldes – z. B. das Wippen eines Fußes – auf eine eigenartig unangenehme Weise irritieren können. Man verspürt dann den deutlichen Antrieb, sich so weit herumzudrehen, daß man den bewegten Gegenstand »besser im Blick« hat.

Dieser Erfahrung entspricht eine in unserem Zusammenhang sehr interessante Entdeckung der Wissenschaftler. Am äußersten Rand der Netzhaut nämlich sitzen Sinneszellen, die gar keine optischen Empfindungen mehr auslösen, sondern reflektorisch, also »unbewußt« erfolgende Blickwendungen in Richtung auf die bewegten Gegenstände. Dieser Teil der Netzhaut ist also bis auf den heutigen Tag ein reines Alarmorgan geblieben, das spezifisch und ausschließlich auf Bewegungen anspricht. Daß der Rand unseres Gesichtsfelds, die Grenze also, jenseits derer wir auf Grund der Stellung unserer Augen im Schädel nichts mehr sehen können, ringsum von einem solchen System besetzt ist, leuchtet in seiner biologischen Zweckmäßigkeit wieder unmittelbar ein.

All diesen aus der Funktion sich ergebenden Überlegungen entspricht schließlich auch der anatomische Sachverhalt. Die nervösen Anteile unserer Augen – also Netzhaut und Sehnerv – sind zur Körperoberfläche ausgestreckte Teile des Gehirns, und zwar des Zwischenhirns. Das »primäre Sehzentrum«, in dem die von den beiden Netzhäuten kommenden Nervenleitungen enden und an der die von diesen Leitungen übertragenen Meldungen zentral verarbeitet werden, liegt im Thalamus, einer mächtigen Anhäufung von Nervenzellen im obersten Stock des Zwischenhirns (siehe Abbildung 1) (20).

Mit anderen Worten: Die »Sehbahn« endet – zunächst jedenfalls – in einem archaischen Hirnteil, der ein bewußtes Erleben und so etwa auch die optische Wahrnehmung einer gegenständlichen Umwelt noch gar nicht ermöglicht. Nach all dem, was wir so eingehend erörtert haben, dürfte das jetzt nicht mehr überraschen. Auf welche Weise dieses System dann Äonen später durch die nachträgliche Hinzufügung einer Großhirnrinde mit ihrem übergeordneten – »sekundären« – Sehzentrum zu einem echten Wahrnehmungsorgan regelrecht »umfunktioniert« worden ist, das wird im dritten Abschnitt dieses Buchs noch zur Sprache kommen.

Wir sollten uns abschließend hier aber noch einmal an den indirekten und gänzlich ungeplanten Weg erinnern, auf dem bereits auf der vegetativen

Stufe Informationen über die Außenwelt in den Organismus hineingelangten. Bei der Analyse des Frierens hatte sich gezeigt, daß eine solche vegetative Anpassung nicht möglich ist, ohne daß gleichzeitig Informationen über den Temperaturzustand der Außenwelt und seine Veränderungen in den Organismus geraten. Der vegetativen *actio* der Anpassung an die Außenwelt entspricht hier gleichsam eine *reactio* in Gestalt der Entstehung bestimmter Informationen im Inneren.

Für das Verständnis der Stufen, deren die Evolution sich bei ihrem Fortschreiten bedient, ist es von fundamentaler Wichtigkeit, sich immer wieder klarzumachen, daß diese *reactio* in keinem einzigen Fall ein von der Evolution angezielter Zweck gewesen ist. Die Zweckmäßigkeit derartiger Konsequenzen ist immer erst nachträglich auf genau die umgekehrte Weise zustande gekommen: Nicht dadurch, daß sie als von vornherein zweckmäßig von der Entwicklung angestrebt worden wäre. Sondern dadurch, daß ihr Vorhandensein die Evolution veranlaßte, sich ihrer als Sprosse für die nächsten Entwicklungsschritte zu bedienen. Das erst läßt sie dann nachträglich zweckmäßig werden.

So ließ die Vervollkommnung des Auges als eines Organs zur automatischen Erfassung von Bewegungen in der Umwelt aus physikalischen Gründen ein Bild auf der Augenrückwand entstehen. Das war nicht nur nicht beabsichtigt. Es war nicht einmal zweckmäßig. Die Evolution war auf dieser Entwicklungsstufe sogar gezwungen, die Netzhaut mit höchst komplizierten zusätzlichen Einrichtungen auszustatten, die für nichts anderes zu sorgen hatten als dafür, daß alles an diesem Bild, was unbeweglich war, unterdrückt wurde. Daß dieses gänzlich unbeabsichtigt entstandene Bild, um es noch deutlicher zu sagen, daran gehindert wurde, die eigentliche Funktion, auf die es ankam, zu beeinträchtigen.

Aber das Bild war da. Und es blieb, über Hunderte von Jahrmillionen hinweg. Bis sich schließlich eine Großhirnrinde zu entwickeln begann, die mit ihm etwas anfangen konnte.

Ich möchte darauf aufmerksam machen, daß dieses so vollkommen unbeabsichtigte Netzhautbild unter diesen Umständen als eine der Ursachen anzusehen ist, welche die Entstehung des Großhirns ausgelöst haben. Es ist nicht so, daß das Großhirn das Sehen erfunden hätte. Die konkrete Existenz eines Abbildes der Umwelt auf der Rückwand von Augen, die damals noch eine ganz andere Funktion zu erfüllen hatten, hat der Evolution vielmehr die Möglichkeit eröffnet, ein Organ zu entwickeln, nämlich die Großhirnrinde, die imstande war, sich dieses Bildes zu bedienen.

10. Ererbte Erfahrungen

Erlebnisse auf Knopfdruck

Die besondere Funktion des Zwischenhirns (s. dazu Abbildung 11) innerhalb der Hierarchie unseres Zentralnervensystems ist im Experiment heutzutage sehr einfach zu demonstrieren. Elektrische Reizversuche in diesem Hirngebiet lösen nicht, wie bei den übrigen Teilen des Nervensystems – also bei den Nervenbahnen, aber auch in der Großhirnrinde –, »reizanaloge« Reaktionen aus, sondern etwas ganz anderes: zusammengesetzte, zum Teil äußerst komplizierte *Handlungen*. Der Unterschied ist so wichtig, daß ich hier auf diese Versuche näher eingehen muß.

Eine Hirnsonde ist nichts anderes als ein haarfeiner Draht. Dieser ist in seiner ganzen Länge mit einer möglichst glatten Isolierschicht versehen, etwa mit einem Lacküberzug. Ausgenommen davon ist nur die Spitze. Sie bleibt blank. Sie ist die Stelle, an der der Reiz, ein schwacher elektrischer Strom, aus der Sonde in das Hirngewebe übertritt.

Schiebt man einen so präparierten Draht durch ein feines Bohrloch im Schädeldach eines Versuchstiers vorsichtig in das Hirngewebe vor – eine völlig schmerzlose Prozedur, da das Gehirn ein schmerzunempfindliches Organ ist –, so kann man das Nervengewebe Punkt für Punkt elektrisch abtasten. Immer dann, wenn man den elektrischen Kontakt schließt, wird die Stelle des Gehirns, an der die blanke Sondenspitze gerade liegt, von einem elektrischen Impuls getroffen.

Da dieser so gewählt ist, daß er sich in nichts von einem elektrischen Nervenimpuls unterscheidet, reagiert die gereizte Hirnstelle »normal«. Das heißt, sie leitet den Impuls auf den anatomisch vorgegebenen Bahnen weiter und löst dadurch die Funktionen aus, für die sie von der Natur geschaffen worden ist.

Selbstverständlich gibt es viele Reizpunkte im Gehirn, die »stumm« sind, jedenfalls im Experiment. Das sind die Stellen, an denen vielleicht ein Gefühl ausgelöst wird oder nur die Bereitschaft zu einer bestimmten

Aktivität oder ein anderer »innerer« Vorgang, der sich an einem Versuchstier nicht feststellen läßt (21). Wenn man jedoch einen motorischen, einen für die Auslösung von Bewegungen verantwortlichen Punkt trifft, also einen »motorischen« Nerv oder ein »motorisches« Zentrum im Gehirn, sieht man sofort einen entsprechenden Bewegungseffekt.

Bei diesen Untersuchungen machten die Hirnforscher nun vor etwa 50 Jahren – der Schweizer Physiologe W. R. Hess bekam dafür später, 1949, den Nobelpreis – eine sehr seltsame Entdeckung. Sie hatten sich bis dahin vorwiegend mit der elektrischen Bestandsaufnahme der Großhirnrinde beschäftigt. Dabei hatten sie sich daran gewöhnt, daß sie immer dann, wenn sie auf ein motorisches Areal stießen, einen reizanalogen Bewegungseffekt in einer ganz umschriebenen, meist sehr kleinen Muskelgruppe beobachten konnten.

»Reizanalog«, das heißt, daß der Ablauf der Bewegung genau dem Ablauf des Reizes entsprach: War der Reiz schwach, so kam es zu einem kaum merklichen Muskelzucken. Verstärkte man ihn langsam, so nahm auch die ausgelöste Bewegung an Intensität zu. Schaltete man den Reiz ab, so entspannte sich der betreffende Muskel sofort wieder. Die Physiologen konnten mit Hilfe ihrer Reizpunkte bald eine genaue Karte der Großhirnrinde aufstellen. Von ihr wird im dritten Teil dieses Buchs noch näher die Rede sein. Mit der Hilfe dieser Karte konnten sie ein Versuchstier, etwa einen Affen, nach Belieben dazu bringen, etwa das rechte oder linke Auge zuzukneifen, eine Hand zur Faust zu ballen oder die linke große Zehe zu heben.

Jede Stelle im motorischen Teil der Großhirnrinde war also offensichtlich mit einem ganz bestimmten Muskel eindeutig verbunden und für seine Innervation verantwortlich. Das System erschien höchst durchsichtig und erlaubte auf einfachste Weise voraussagbare Reizeffekte. Um so verblüffter waren die Fachkollegen daher mit einigem Recht, als sich herausstellte, daß die Reizeffekte immer komplizierter und anhaltender wurden, sobald sie mit ihren Sonden die Großhirnrinde durchstießen und in die tieferen Teile des Gehirns bis ins Zwischenhirn vordrangen.

Da gab es keine reizanalogen Effekte mehr. Da bestand das Resultat des Knopfdrucks, der den Strom fließen ließ, auch nicht mehr in der Innervation eng umschriebener Muskelpartien. Wenn die blanke Sondenspitze das sogenannte »Zwischenhirn« erreicht hatte, erfaßte jeder Reiz *das Versuchstier insgesamt*. Was die Experimentatoren jetzt sahen, waren zusammengesetzte Handlungsabläufe, oft von großer Kompliziertheit. Bei gleichbleibendem Reiz an der gleichen Stelle kamen erst diese, dann andere Muskelgruppen in Gang, und das jedes Mal so genau dosiert und aufeinander abgestimmt, daß daraus ein vollkommen natürlich wirkendes »Verhalten« des Versuchstiers resultierte.

Am bedeutsamsten und erstaunlichsten erwies sich gerade die Tatsache, daß diese künstlich ausgelösten Verhaltensweisen nicht nur natürlich wirkten, sondern offensichtlich in gewissem Sinne sogar natürlich waren. Sie alle erschienen sinnvoll und waren den Wissenschaftlern aus dem natürlichen Leben ihrer Versuchstiere ausnahmslos bekannt. In keinem Fall trat ein Reizeffekt auf, der sich mit der grotesken Unnatürlichkeit vergleichen ließ, wie sie für die Großhirnversuche charakteristisch gewesen war. Wenn ein Affe, der gerade beim Fressen ist, ohne sich dabei stören zu lassen, plötzlich ein Auge zukneift oder den linken Daumen in dem Rhythmus hebt und wieder senkt, in dem der Versuchsleiter auf einen Knopf drückt, dann sieht man diesem »Verhalten« seine Künstlichkeit auch als Laie unmittelbar an.

Gänzlich anders ist das auf der nächsttieferen Ebene. Wenn eine Reizung im Zwischenhirn überhaupt zu einer sichtbaren Reaktion führt – wenn der Reizpunkt also nicht »stumm« ist –, dann entspricht die Reizantwort stets einem Element aus dem natürlichen Verhaltensrepertoire des jeweiligen Versuchstiers. Ein Wissenschaftler, der die Art, mit der er experimentiert, genau genug kennt, kann in jedem Fall angeben, welchem Zweck die ausgelöste Reaktion in der natürlichen Umwelt des Tiers dient. Am besten untersucht ist das bei Hühnern. Dieses Tier hatte sich der deutsche Zoologe und Verhaltensforscher Erich v. Holst in den fünfziger Jahren ganz bewußt ausgesucht, als er selbst mit Hirnreizversuchen zu arbeiten begann. Im Gegensatz zur Katze, an der W. R. Hess seine ersten Entdeckungen gemacht hatte, ist das Huhn ein ausgesprochen soziales, mit seinesgleichen eng zusammenlebendes Tier. Primitiver als die Katze verfügt es dabei nur über einen recht beschränkten, leicht erkennbaren Satz von Verhaltensweisen. Die Auswertung der Versuche wird dadurch erheblich erleichtert.

Holsts Hühner begannen nun auf Knopfdruck Körperpflege zu treiben oder zu fressen. Sie balzten oder kämpften miteinander oder gegen imaginäre Feinde. Sie setzten sich hin und begannen einzuschlafen, oder sie flohen plötzlich mit ängstlichem Gegacker, bis der Experimentator den bewußten Knopf wieder losließ. Welches Programm ablief, das hing allein davon ab, wo die blanke Spitze der Sonde in ihrem Zwischenhirn eingeheilt war. Manche von ihnen liefen jahrelang mit mehreren Drähten in ihrem Hirn herum, ohne daß es ihnen geschadet hätte. Sobald der

Stromkreis geschlossen wurde, wiederholte sich die immergleiche Szene von neuem.

Beobachtung und Filmaufnahmen zeigten dabei jedoch deutlich, daß die Tiere sich unter dem Einfluß dieser elektrischen Manipulationen ihrer Gehirne zwar wie Roboter benahmen, aber nicht wie gewöhnliche Automaten. Ich will damit sagen, daß das künstlich ausgelöste Verhalten von Wiederholung zu Wiederholung keineswegs absolut identisch war. Es lief nicht immer von neuem »der gleiche Film« ab. Die künstlich in Gang gesetzten Handlungsabläufe erwiesen sich vielmehr als ausgesprochen umweltorientiert und insofern durchaus als »plastisch«.

Ein Hahn, den der Sitz der Elektrode mit unfehlbarer Regelmäßigkeit in Kampfstimmung bringt, attackiert nicht blindwütig jeden toten Gegenstand. Auf den Filmaufnahmen sieht man sehr deutlich, daß erst einige Sekunden vergehen, während derer sich – am Sträuben des Gefieders und einem zunehmend aufgeregten Hin- und Hertrippeln erkennbar – so etwas wie eine »aggressive Stimmung« in dem Tier aufzubauen scheint. Am Ende dieser Anlaufzeit blickt der Hahn immer hastiger um sich. Man kann nicht umhin, anzunehmen, daß er jetzt ein Objekt für den Zorn sucht, der ihn erfüllt.

Was er dann tut, hängt davon ab, was sich ihm bietet. Ein ausgestopftes Wiesel wird besonders rasch und bereitwillig angenommen. Der »Erbfeind« paßt zu der das Tier erfüllenden Stimmung offenbar besonders gut. Notfalls, aber wirklich nur dann, wird jedoch auch der Kopf der Pflegerin mit Krallen und Sporen angeflogen, der gegenüber das Tier sonst völlig zahm ist.

Eine Henne, die, obwohl längst gesättigt, durch Knopfdruck immer von neuem in »Freßstimmung« versetzt werden kann, richtet ihr Verhalten nach der Art des Futterangebots. Sie fällt begierig über ein Schälchen mit Maiskörnern her, sucht aber auch geduldig Körner zusammen, die man über den Versuchstisch verstreut hat. Und sie frißt auch dann, wenn gar kein Futter da ist: In diesem Falle beginnt sie nach den kleinen dunklen Flecken zu picken, die auf der Oberfläche des Holztischs zu sehen sind, auf dem das Experiment stattfindet.

Das alles steht in einem totalen Gegensatz zu der Art des Reizerfolgs, den man zu sehen bekommt, wenn die Reizpunkte in der Großhirnrinde liegen. Zunächst scheint es ja ganz paradox zu sein, daß die ausgelösten Effekte dort vergleichsweise so primitiv sind, so durchsichtig, isoliert und unnatürlich. Daß sie so viel komplizierter, zusammengesetzter, »szenischer« und natürlicher sind, wenn die Reizorte in dem sehr viel älteren, archaischen und, im Vergleich zum Großhirn, primitiven Zwischenhirn liegen.

Warum das alles andere als paradox ist, aus welchem Grunde genau diese Besonderheiten einer Großhirnreizung Ausdruck der Fortschrittlichkeit dieses jüngsten, modernsten Hirnteils sind, kann erst in einem späteren Kapitel erläutert werden. Wir müssen das Funktionsprinzip des Zwischenhirns genauer kennenlernen, bevor wir verstehen können, warum gerade die Zerlegung, die »Atomisierung« ursprünglich geschlossener Handlungsabläufe in der Hirnentwicklung den – bisher – letzten entscheidenden Fortschritt dargestellt hat.

Geborgen, aber unfrei

Charakteristisch für die Funktion des Zwischenhirns ist offensichtlich die Bereitstellung einer Reihe ganz natürlich wirkender Verhaltensweisen. Das schreibt sich so leicht hin. Hinter dieser Feststellung steckt aber ein atemberaubendes philosophisches, genauer: erkenntnistheoretisches Problem. Die Entdeckung dieser im Gehirn fix und fertig bereitliegenden Verhaltensprogramme, die an natürlich vorkommende Umweltbedingungen optimal angepaßt sind, hängt auf eine sehr hintergründige Weise mit unserem Weltverständnis zusammen. Sie relativiert auf eine ganz unerwartete Weise unsere naive Vorstellung von dem, was wir die »Wirklichkeit« nennen. Dazu gleich noch mehr.

Gehen wir der Reihe nach vor. Die beschriebenen Resultate der Versuche von Hess und von Holst, denen zahlreiche gleichartige Versuche vieler anderer Wissenschaftler aus aller Welt an die Seite gestellt werden könnten, lassen nur eine Deutung zu: Im Zwischenhirn existieren offensichtlich nicht, wie in der Hirnrinde, die Ausgangspunkte zur Erregung bestimmter einzelner Muskeln, sondern komplexe, fest in sich geschlossene »Schaltkreise« von Nervenbahnen, die immer nur zur Gänze erregt werden können, wobei die Erregung eines bestimmten Schaltprogramms das Auftreten eines ebenso bestimmten Verhaltensmusters zur Folge hat.

Zur Veranschaulichung der gleiche Tatbestand noch einmal in einem sehr vereinfachenden Vergleich: Die Großhirnrinde entspricht, jedenfalls in ihrem motorischen Anteil, gleichsam der Tastatur eines Klaviers. Jede Taste läßt sich einzeln drücken. Das Ergebnis ist dann ein einzelner – und in seiner Isoliertheit »sinnloser« – Ton (= die Auslösung der Bewegung eines einzelnen Muskels). Sinn, eine erkennbare »Melodie« (= eine sinnvoll auf die Umwelt bezogene Handlung) entsteht erst durch die Betätigung vieler verschiedener Tasten zugleich oder nacheinander, wobei der Vielfalt der Kombinationen und Variationen keine Grenzen gesetzt sind.

Im Zwischenhirn gibt es eine solche Klaviatur aus einzelnen Tasten dagegen nicht. An ihrer Stelle existiert hier – um bei unserem Vergleich zu bleiben – gleichsam eine bestimmte Anzahl von Tonbandkassetten. Die auf ihnen gespeicherten Programme sind von Tierart zu Tierart verschieden. Ihre Zahl ist relativ beschränkt. Einzelne Töne sind nicht spielbar. Jeder Knopfdruck läßt eines der fertig vorliegenden Programme von A–Z ablaufen.

So beschränkt die Zahl der Programme auch ist, ihre Zusammenstellung ist bei jeder Tierart so beschaffen, daß sie dem Individuum die Bewältigung der in seiner natürlichen Umwelt artspezifisch vorkommenden Aufgaben ermöglicht. Auf dem Niveau eines »Zwischenhirnwesens« geht der Kreis dieser Aufgaben über Schlafen, Futter- oder Beutesuche, Körperpflege und Verteidigungsreaktionen, den sexuellen Verhaltensbereich und die Brutpflege kaum hinaus, wobei bei einzelnen Arten noch spezielle Leistungen – Beispiel: Zugvogelorientierung – hinzukommen mögen.

Der Begrenztheit der Wahlmöglichkeiten zwischen den verschiedenen Programmen entspricht also die Begrenztheit des Aufgabenkreises. Bei dieser in einem so wörtlichen Sinne noch übersichtlichen Lage ist die Aufgabenlösung durch die Bereitstellung präfabrizierter Programme unbestreitbar optimal. Der größte Vorteil besteht darin, daß ein auf ein Zwischenhirndasein beschränktes Lebewesen grundsätzlich außerstande ist, sich zu irren oder einen sein Leben gefährdenden Fehler zu machen. Jede für die Umwelt eines solchen Lebewesens typische Aufgabe wird mit einem Programm beantwortet, das in Hunderten von Generationen von unzähligen Individuen der gleichen Art schon auf seine Wirksamkeit getestet und in dem gleichen riesigen Zeitraum durch Selektion laufend verbessert worden ist.

Wir nennen derartige angeborene, artspezifische Programme im allgemeinen »Instinkte«. Instinkte sind angeborene Erfahrungen. Erfahrungen, die nicht das Individuum gemacht hat, dem sie zugute kommen, sondern die Art, der es angehört. Daran ist nichts Übernatürliches oder Metaphysisches. Wir sind nur von dem durch die Besonderheiten unserer geistesgeschichtlichen Tradition hervorgebrachten Vorurteil, daß die körperliche und die psychische Entwicklung zwei total voneinander geschiedenen Dimensionen zuzurechnen seien, so beeinflußt, daß es vielen schwerfällt, das einzusehen.

Die Evolution hat die Gestalt, die Körperlichkeit der Lebewesen, von den Ausgangsformen der Urzeit her immer weiter entwickelt und immer spezialisierteren Lebensräumen angepaßt. Das ist unzweifelhaft wunderbar. Nicht weniger gilt das für die Tatsache, daß das uns heute immer durchschaubarer werdende Zusammenspiel von Mutation und Selektion zu genügen scheint, um auf diese Weise die Fülle der existierenden Lebensformen hervorzubringen. Aber das alles geht, wortwörtlich, mit »natürlichen Dingen« zu.

Es sollte uns möglich sein, einzusehen, daß das auch für die Entwicklung des Verhaltens gilt, angefangen von den einfachsten Reaktionsweisen der Urzelle bis hin zu den Programmen der Holstschen Hühner. Selbstverständlich hat die Evolution zugleich mit der Anpassung der äußeren Form auch die anpassende Weiterentwicklung der Reaktionsmöglichkeiten vorantreiben müssen. Eins funktioniert nicht ohne das andere. Gestalt und Funktion sind zwei Seiten der gleichen Medaille. Was nützten dem Vogel seine Flügel ohne die Beherrschung fliegerischen Verhaltens? Wozu könnten einem Krebs seine Scheren dienen, wenn nicht auch seine Reaktionsmöglichkeiten an die gleiche Umwelt angepaßt wären, auf die diese charakteristische Spezialisierung seines Körperbaus zielt?

Beides ist, wie alles in der Natur, fraglos über alle Maßen wunderbar. Auch eine Diskussion darüber, ob die Produktion von Zufallsvarianten durch mutative Erbsprünge und die systematische, ordnungstiftende Selektion unter diesen Varianten durch die tote und belebte Umwelt wirklich die einzigen Faktoren sind, die das Faktum der Evolution erklären können, würde ich noch für legitim halten. Der verbreiteten Neigung jedoch, die beiden Seiten der Medaille voneinander zu trennen, muß energisch widersprochen werden. Wer die Anpassung und Weiterentwicklung des Körperbaus durch Evolution akzeptiert, der muß hinsichtlich der Entwicklung des Verhaltens die gleichen Regeln gelten lassen.

Vielleicht sind die psychologischen Schwierigkeiten, die dieser Einsicht erfahrungsgemäß so oft im Wege stehen, leichter zu überwinden, wenn man die Vorstellung von einer »Vererbung von Erfahrungen« durch die von der Vererbung bestimmter Hirnstrukturen ersetzt. Schon zu Anfang dieses Buchs, als von den ersten urtümlichen Nervensystemen in der Geschichte des Lebens die Rede war, habe ich begründet, warum sich bestimmte Reaktionsmöglichkeiten eines primitiven Organismus und ebenso auch deren Grenzen aus der Form etwa eines »Strickleitersystems« unmittelbar ablesen lassen. Diese Möglichkeit dürfte niemandem problematisch erschienen sein.

Um grundsätzlich nichts anderes aber handelt es sich auch noch auf der Ebene des Zwischenhirns. Der Ausfall der Holstschen Hühnerversuche ist gar nicht anders zu erklären als durch die Annahme, daß die blanke Sondenspitze bei den positiven Versuchen jeweils einen Ast einer Nervenverknüpfung getroffen haben muß, deren Muster oder »Verdrahtung« identisch ist mit dem Programm für ein ganz bestimmtes Verhalten. Anders ausgedrückt: Hier sind bestimmte Nervenbahnen im Zwischenhirn der Tiere ganz offensichtlich so miteinander verbunden, daß ihre Reizung automatisch ein ganz bestimmtes Verhalten in Gang setzt. Die bei aller auf die Umwelt bezogenen Plastizität unübersehbare Identität der Reaktion bei beliebig zahlreichen Wiederholungen läßt nur diesen Schluß zu. Das anatomische Muster einer bestimmten Anordnung von Nervenbahnen aber ist letzten Endes auch nur ein Sonderfall der Spezialisierung des Körperbaus.

Zwei Methoden, etwas »zu lernen«

Diese im Zwischenhirn anatomisch gespeicherten Programme sind, wie schon erwähnt, als Erfahrungen anzusehen, die die Art gemacht hat. Es ist für das Verständnis der weiteren Entwicklung von entscheidender Bedeutung, sich ganz klar darüber zu werden, was damit gemeint ist. Eine Art ist kein Individuum. Deshalb hat der Vorgang, den wir mit der Redewendung »Erfahrungen machen« meinen, hier noch keinen subjektiven Aspekt. Auf dem Entwicklungsniveau des Zwischenhirns gibt es noch immer kein handelndes Subjekt.

Das aber ist der einzige Unterschied zwischen dem uns geläufigen Sinn der Vokabel und dem Prozeß, der in der Evolution dazu geführt hat, daß Lebewesen über »Instinkte« verfügen. Daß sie in der Lage sind, sich mit der Hilfe angeborener Erfahrungen zu behaupten, die von Geburt an maßgeschneidert auf eine Umwelt passen, in der sie eigene individuelle Erfahrungen noch gar nicht haben machen können.

Eine Jungschwalbe, der die Verhaltensforscher nach dem Wachsen der ersten Federn die Flügel fixieren, fliegt sofort mit aller Eleganz, die diesen Vögeln eigen ist, wenn die Fesseln Wochen später nach Abschluß der

Wachstumsphase gelöst werden. Sie kann es, von einem Augenblick auf den anderen. Es ist ihr angeboren (22). Der mühsame und langwierige, unglaublich verlustreiche Lernprozeß selbst liegt schon Jahrmillionen zurück. Gelernt wurde die Lektion seinerzeit von den ersten hunderttausend Generationen baumlebender Reptilien. Von keinem einzelnen von ihnen, wohlgemerkt. Jedes von ihnen starb mit den gleichen Fähigkeiten, mit denen es aus dem Ei geschlüpft war, mit keinem Deut mehr.

Aber im Ablauf der Generationenfolge bevorzugte die Selektion aus einsichtigen Gründen die Individuen, deren Luftsprünge besonders gut gesteuert und weit waren. Ihre Fähigkeit wurde »ausgelesen« mit der Folge, daß Äonen später der erste *Archäopteryx*, der reptilienähnliche Urvogel, entstanden war (mit dessen Erscheinen die Entwicklung selbstredend aber keineswegs zum Stillstand kam).

Auch dieser Ablauf ist nichts anderes als das Erwerben einer Erfahrung, in unserem Beispiel der Erfahrung, »wie man fliegt«. Man versuche nur einmal, auf andere Weise zu beschreiben oder zu definieren, was da vor sich gegangen ist. Die Unterschiede zu dem, was wir heute mit dem Begriff meinen, betreffen nur zwei Punkte, von denen der eine belanglos, der andere jedoch interessant und wichtig ist.

Der erste besteht in dem viele Größenordnungen betragenden Unterschied des zeitlichen Maßstabs. Ein Lebewesen, das über das Niveau des reinen Zwischenhirndaseins hinausgelangt und damit des individuellen Sammelns von Erfahrungen fähig geworden ist – wir nennen das gewöhnlich »lernen« –, kann unter Umständen innerhalb von Sekunden aus einer einzigen Erfahrung anpassende Konsequenzen für sein künftiges Verhalten ziehen. Die Art dagegen lernt innerhalb von Zeiträumen, die sich nach Jahrzehntausenden bemessen.

Der zweite Unterschied betrifft die Tatsache, daß das Lernen der Art ein bewußtloses Lernen ist. Es gibt noch kein Subjekt, das den Prozeß miterleben könnte, der sich hier überindividuell im Verlaufe des Generationenwechsels abspielt. Aber dieses Fehlen des subjektiven Aspekts berührt die Tatsache nicht, daß die Prozesse, die auf den beiden verschiedenen Ebenen der Entwicklung ablaufen, und ebenso ihre Konsequenzen formal identisch sind. Es wäre daher auch hier nur ein Vorurteil auf Grund der Perspektive unseres eigenen Standpunkts, wenn wir daraus allein, ob der Vorgang, den wir mit »Sammeln von Erfahrungen« meinen, bewußt erlebt wird oder ohne Bewußtsein verläuft, den Schluß ziehen sollten, daß in der Sache selbst ein Unterschied bestehe.

Mancher wird hier vielleicht noch einen dritten Unterschied zu sehen glauben. Im ersten Augenblick scheint doch auch der dem Sammelprozeß zugrunde liegende Mechanismus in beiden Fällen verschieden zu sein. Die genauere Betrachtung ergibt jedoch, daß das nicht der Fall ist. Die Bereitwilligkeit oder gar Selbstverständlichkeit, mit der wir davon auszugehen pflegen, daß es sich auf der einen Ebene um einen biologischen, durch Mutation und Selektion an der DNS angreifenden Prozeß, auf der anderen, individuellen Ebene dagegen um einen psychologischen Vorgang und damit um etwas grundsätzlich anderes handeln müsse, zeugt auch nur wieder von unserer Voreingenommenheit zugunsten einer grundsätzlichen Trennung von »Physischem« und »Psychischem«.

Die Realität sieht anders aus. In Wirklichkeit haben biochemische Untersuchungen der dem individuellen Lernen zugrunde liegenden hirnphysiologischen Prozesse in den letzten Jahren erstmals greifbare Befunde ergeben. Diese aber stützen die hier vertretene Behauptung von der prinzipiellen Identität der beiden Vorgänge zusätzlich.

Wir wissen seit der Aufdeckung des genetischen Codes, daß die Evolution durch Veränderungen an der DNS genannten »Erbsubstanz« in den Kernen lebender Zellen zustande kommt. Deren Resultate werden mit Hilfe einer von den Wissenschaftlern RNS genannten Trägersubstanz an bestimmte Stellen des Zell-Leibes (Plasmas) transportiert. Dort werden dann die die Zelle aufbauenden und erhaltenden Eiweißstrukturen den Anordnungen des eingetroffenen Codes entsprechend gebildet. Die Bezeichnungen DNS und RNS sind einfach Abkürzungen der exakten chemischen Namen der beiden Substanzen, auf deren zungenbrecherische Vollständigkeit wir in unserem Zusammenhang ohne Nachteil verzichten können.

Grundsätzlich nicht anders scheint das aber auch im Falle des individu-ellen Lernens, des »Gedächtniserwerbs«, zu sein. Aufsehenerregende Experimente im Laboratorium von Georges Ungar in Houston, USA, sprechen neuerdings dafür, daß bestimmte Gedächtnisinhalte in der Form komplizierter Eiweißkörper im Gehirn gespeichert werden. Auch diese Eiweißmoleküle werden durch das Zusammenspiel von DNS und RNS aufgebaut. Wie komplizierte Schlüssel schließen sie bestimmte, mehr oder weniger flüchtige oder auch dauerhafte Kontakte zwischen verschiedenen Nervenbahnen und lösen dadurch das aus, was man eine »Erinnerung« nennt.

Es würde zu weit führen, hier die Einzelheiten dieser Forschungsrichtung zu schildern (23). Worauf es ankommt, ist die Tatsache, daß die wissenschaftliche Erforschung der zugrunde liegenden Mechanismen die Auffassung von der prinzipiellen Identität der beiden hier diskutierten Leistungen sogar noch zusätzlich unterstützt.

11. Hierarchie von unten nach oben

Auslösungsschwellen stiften Ordnung

Wenn wir die Rolle des Zwischenhirns vereinfacht als die eines Programmspeichers für Verhaltensmuster betrachten und jetzt rückblickend mit der des darunterliegenden unteren Hirnstamms vergleichen, dann zeigt sich, daß sich grundsätzlich nichts Neues ereignet hat. Auf höherer Ebene wurde von der Evolution wiederholt, was ihr zuvor auf der unteren schon gelungen war.

Erinnern wir uns nochmals daran, was geschieht, wenn wir »frieren«. Auf den Seiten 70 bis 76 wurden die zahlreichen unterschiedlichen, an ganz verschiedenen Organsystemen ablaufenden vegetativen Funktionen ausführlich erörtert, die dann einsetzen, wenn »uns kalt wird«. Wir hatten gesehen, auf welche Weise alle diese Funktionen, von der Verengung der kleinen Hautgefäße, dem Zittern der Muskulatur über das Entstehen einer Gänsehaut bis zu einer Verstärkung der Schilddrüsentätigkeit, jede auf ihre eigene Art – durch Vermehrung der Wärmeproduktion oder Verringerung der Wärmeabstrahlung – zur Aufrechterhaltung der normalen Körpertemperatur beitragen.

Dabei hatte sich gezeigt, daß ein Zusammenwirken so vieler verschiedener Teilfunktionen eine koordinierende Instanz voraussetzt. Die »Integration« aller Einzelfunktionen im Hinblick auf das gemeinsame Ziel erfordert eine übergeordnete Steuerung. Als die Instanzen dieser Steuerung oder Regelung hatten wir die im unteren Hirnstamm von Reichardt bei seinen Paralyse-Patienten nachgewiesenen vegetativen Zentren identifiziert.

Diese Zentren sprechen auf spezifische Reize an. Im Falle des Temperaturzentrums, das die Wissenschaftler auch »Temperaturauge« nennen, ist das die Temperatur des vorbeiströmenden Bluts. Sobald diese vom Sollwert abzuweichen beginnt, setzt das Zentrum die mit ihm verbundenen Organsysteme, in diesem Falle also die kleinen Muskeln in der Haut,

Blutgefäße, Skelettmuskulatur und Schilddrüse, zur Gegensteuerung in Gang. Dieses harmonisch abgestimmte Zusammenspiel hatten wir, wie das auch in der Wissenschaft üblich ist, als »Syndrom« bezeichnet.

»Vegetative Syndrome« also sind es, die sich in unserem Körper abspielen, wenn wir hungern, frieren, müde oder durch einen Schreck »alarmiert« werden. Auch das sind Programme, die in der Gestalt bestimmter Nervenverbindungen fertig vorliegen und durch spezifische Reize aktiviert werden, wenn die Situation eintritt, zu deren Bewältigung sie entwickelt wurden. Insofern also sind die Verhaltensprogramme, die Hess und von Holst bei ihren Versuchstieren eine Etage höher, im Zwischenhirn, entdeckten, keine grundsätzlich neue Erfindung der Evolution.

Dem Fortschritt der Entwicklung entsprechend, den das Zwischenhirn dem unter ihm liegenden älteren Stammhirn voraus hat, gibt es aber doch einen wichtigen und für unsere Betrachtung aufschlußreichen Unterschied. Er bezieht sich auf den spezifischen Reiz, den »Schlüssel«, der das jeweilige Programm in Gang setzt. Auf der vegetativen Ebene kommt die Auslösung, wie schon besprochen, einfach dadurch zustande, daß die jeweilige Bedarfssituation selbst direkt auf den auslösenden Mechanismus des Programms, also auf das betreffende vegetative Zentrum, einwirkt.

Im Falle des Frierens ist das ein Absinken der Bluttemperatur um einen winzigen Betrag. Im Falle der Regelung des Wasserhaushalts ist es ein Abweichen der physikalischen und chemischen Zusammensetzung der Blutflüssigkeit vom biologisch festgelegten Sollwert. Bei der Überwachung des Kalorienbedarfs des Organismus, der Nahrungsbilanz, besteht der Schlüsselreiz im Absinken des Hauptenergielieferanten im Blut, also des Blutzuckers, usw.

Das ist auf der Ebene des Zwischenhirns anders. Hier ist es nicht mehr die Bedarfssituation selbst, die als Auslöser wirkt, sondern ein »Signal«. Nicht mehr ein »Reiz« – im Sinne eines direkten Eingriffs der Umwelt in den Organismus –, sondern ein biologisch in sich selbst indifferenter Informationsträger mit einer mehr oder weniger willkürlich, gleichsam durch Konvention festgelegten Bedeutung.

Hier, auf der Ebene des Zwischenhirns, ist die Beziehung zwischen Organismus und Umwelt erstmals nicht mehr rein physikalisch-chemischer Natur. Hier erhebt sich diese Beziehung erstmals über die Kategorien von Ursache und Wirkung empor zu einer Kommunikation, die durch »Zeichen« vermittelt wird. Durch Reizkonstellationen, deren Bedeutung nicht durch eine kausale Wirkung eindeutig und von vornherein festgelegt ist, sondern die ihre Bedeutung »historisch«, im Ablauf der Evolution erhalten haben.

Die ungeheuren Konsequenzen dieser Ablösung von der ursprünglich rein kausalen Beziehung zur Umwelt zeigen sich in ihrem ganzen Umfang erst bei dem letzten Schritt der Hirnentwicklung, der Ausbildung des Großhirns. Um so wichtiger ist die Einsicht, daß sie schon hier, beim Übergang von der vegetativen zur nächsthöheren Ebene der Verhaltensprogramme, erfolgt ist. Wie die Reizkonstellationen, die auslösenden Faktoren, auf dieser Ebene aussehen, das wird uns im übernächsten Kapitel anhand einiger konkreter Beispiele eingehend beschäftigen. Vorher sind aber noch einige Bemerkungen über die Art der Beziehung zwischen oberer und unterer Funktionsebene notwendig.

Die im Zwischenhirn gespeicherten Verhaltensprogramme sind in einer zum Teil recht komplizierten Weise von der Funktion der darunterliegenden vegetativen Programme abhängig. Wir stoßen hier erstmals auf die ganz zu Anfang schon erwähnte Tatsache, daß die Hierarchie der verschiedenen Hirnabschnitte nicht eindeutig festgelegt ist. Es ist eben nicht so, wie man zunächst glauben könnte, daß ein jüngerer, in seiner Funktion weiter entwickelter Teil des Gehirns immer und in unbeschränktem Maße das Übergewicht über ältere, archaische Hirnabschnitte hat. Die Welt sähe anders aus, wäre das tatsächlich der Fall.

Im Grunde weiß das jeder. Es ist aber für das Verständnis des Ganzen so wichtig, daß hier anhand einiger Beispiele noch einmal daran erinnert werden soll. Auf der Hand liegt als erstes, daß jedes Zwischenhirnzentrum von jedem vegetativen Zentrum insofern abhängt, als dieses seine Aufgabe erfolgreich gelöst haben muß, damit jenes überhaupt in Funktion treten kann.

Einfacher und konkreter: Wenn die Aufrechterhaltung der kalorischen Bilanz – aus welchen Gründen auch immer – nicht gelingt, wird die Auslösbarkeit der hierarchisch übergeordneten Verhaltensprogramme zunehmend gefährdet und schließlich unmöglich. Noch einfacher: Bei Hunger und im Verlaufe zunehmender Unterernährung fallen Balz- oder Verteidigungsreaktionen schließlich unter den Tisch.

Man darf sich diese Abhängigkeit der oberen von der unteren Etage aber nicht nur so banal vorstellen, wie es nach diesem bewußt gewählten simplen Beispiel im ersten Augenblick aussehen könnte. Selbstverständlich ist die Aktion auf der oberen Ebene abhängig davon, daß die Zentren auf der unteren Ebene die elementaren Voraussetzungen für jegliche Aktion überhaupt schaffen, indem sie in unserem Beispiel also die unentbehrlichen Energievorräte zur Verfügung stellen. Es bedarf keiner Begründung, daß die vegetativen Elementarfunktionen die unentbehrliche Grundlage für alle übergeordneten Lebensvorgänge sind.

Aus ebendiesem trivialen Grunde ging ja auch in der Evolution die Entstehung des vegetativen Hirnstamms der Entwicklung des Zwischenhirns voraus. Das eine ist die Voraussetzung des anderen. Bis an das Ende der Tage wird das Zwischenhirn seine Aufgaben nur erfüllen können, solange das Stammhirn seine Pflicht tut. Dieser höchst simple Sachverhalt ist der Grund für den folgenschweren Umstand, daß in der langen Geschichte der Hirnentwicklung die »Fossilien« am Leben bleiben mußten. Der Grund dafür, daß unser Gehirn ein aus anachronistischen Elementen zusammengesetztes Organ ist, dessen voneinander abhängige Teile aus ganz verschiedenen Erdzeitaltern stammen. Die Konsequenzen dieses eigentümlichen Sachverhalts werden uns noch eingehend beschäftigen.

Aber die Abhängigkeit der oberen von den unteren Instanzen des Gehirns gilt nicht nur in dieser groben Form. Es gibt weitaus subtilere Varianten von größter Bedeutung. Am wichtigsten ist der Fall der »inneren Bereitschaft«, wissenschaftlich gesprochen: die Steuerung der Schwellen für die Auslösung bestimmter Verhaltensweisen. Wir wollen das am Beispiel des sexuellen Verhaltensbereichs genauer betrachten.

Holst konnte bei seinen Hähnen von einer bestimmten Stelle des Zwischenhirns aus mit großer Regelmäßigkeit Bewegungsabläufe auslösen, die eindeutig Bestandteile des für diese Tierart charakteristischen Balzverhaltens waren. Die Hähne begannen bei jedem Knopfdruck sich aufzuplustern, sie gaben die typischen quarrenden und glucksenden Laute von sich, mit denen sie einer Henne auch auf dem Hühnerhof signalisieren, daß sie in Hochzeitsstimmung geraten. Dann trippelten sie im Kreise und spreizten dabei den innen gelegenen Flügel so stark, daß seine Spitze schließlich auf der Tischplatte schleifte. Mit einer solchen »Balzspirale« umkreisen sie normalerweise die umworbene Henne. Eine Henne war bei den Experimenten jedoch weit und breit nicht zu sehen. Wodurch wird das gleiche Programm, das Holst bei seinen Experimenten durch einen elektrischen Stromstoß mobilisierte, nun eigentlich unter normalen Umständen ausgelöst? Die scheinbar nächstliegende Antwort: »durch den Anblick einer Henne«, ist aus mindestens zwei Gründen mit Sicherheit total falsch. Beide Gründe sind äußerst lehrreich.

Die Formulierung »durch den Anblick der Henne« legt zunächst einmal erneut Zeugnis ab für die fast unausrottbare Naivität, mit der wir alle immer und immer wieder arglos dazu neigen, alles, was sich in der belebten Natur abspielt, durch unsere eigene Brille zu sehen. In anderem Zusammenhang war im vorhergehenden Kapitel schon eingehend von der nur für unseren anthropozentrischen Mittelpunktswahn befremdlichen Erkenntnis die Rede, daß »Sehen« für die allermeisten Augenbesitzer auch unter den höheren Tieren etwas ganz anderes bedeutet als für uns. Wir sollten das hier nicht gleich wieder vergessen.

Mit dem, was wir den »Anblick einer Henne« nennen, hat das, was der Hahn erlebt, mit Sicherheit kaum noch irgendeine Ähnlichkeit. Was der Hahn wahrscheinlich »sieht«, wenn eine Henne in seinem Gesichtsfeld auftaucht, das wird uns, zusammen mit vergleichbaren Fragen, im übernächsten Kapitel beschäftigen, in dem wir uns mit der Frage auseinandersetzen müssen, was »Welt« und »Welterleben« von der Ebene des Zwischenhirns aus, also für ein »Zwischenhirnwesen«, eigentlich bedeuten (24).

Aber auch das wie hahnenhaft auch immer beschaffene Abbild einer Henne kann, zweitens, unter keinen Umständen der allein wirksame Auslöser des Balzverhaltens sein. Jeder, der in seinem Leben auch nur ein einziges Mal einen Hühnerhof gesehen hat, müßte das wissen. Es ist nämlich ganz im Gegenteil die Regel, daß Hähne und Hühner in größter Gelassenheit nebeneinander scharren und nach Futter picken, ohne aneinander das geringste sexuelle Interesse zu zeigen.

Was also ist der Auslöser? Machen wir es kurz: Es ist schon die Henne – oder das, was der Hahn von der Henne wahrnimmt –, aber nur unter bestimmten Voraussetzungen. Die wichtigste dieser Voraussetzungen ist eine »innere Bereitschaft« des Hahns, sich von sexuellen Signalen ansprechen zu lassen. Es gibt so etwas wie eine innere »Schwelle«, die überwunden werden muß, wenn das sexuelle Verhaltensprogramm des Zwischenhirns anspringen soll.

Dieses Phänomen der »Schwelle« gilt für alle anderen Verhaltenspro-gramme auch und weit darüber hinaus für sehr viele andere biologische Vorgänge. Die Schwelle kann hoch sein. Dann bedarf es eines besonders starken auslösenden Reizes, das betreffende Programm in Gang zu setzen. Im Extremfall wird die Auslösung sogar unmöglich. Die Schwelle kann auch stark erniedrigt sein. Dann genügen winzige äußere Anlässe zur Auslösung. Im Falle dieses Extrems kann das Programm sogar, als sogenannte »Leerlaufhandlung«, ohne entsprechenden Reiz und unter Umständen in einer ganz und gar nicht passenden Umweltsituation »spontan« in Gang kommen.

Um die außerordentliche Zweckmäßigkeit dieses biologischen Prinzips einzusehen, braucht man nur einmal zu überlegen, was die Folge wäre, wenn es derartige regelbare Schwellen nicht gäbe. Das Resultat wäre ein funktionelles Chaos. Denn dann würden alle Verhaltensprogramme, die in einem Individuum überhaupt bereitliegen, grundsätzlich jederzeit und gleichzeitig in Gang kommen können. Die Schwellen, die die Evolution vor die Auslösung der verschiedenen Verhaltensmuster gesetzt hat, verhindern, daß es dazu kommt. Ihre Regelbarkeit ermöglicht eine Abstimmung unter den verschiedenen Programmen im Sinne wechselnder »Prioritäten«, eine Anpassung an die wechselnden Anforderungen durch die Umwelt und damit Ordnung.

Sicherheit »von unten«

Wer aber stiftet diese Ordnung? Wer regelt die Schwellen? Mit dieser Frage sind wir wieder bei der besonderen Form der Abhängigkeit der oberen, durch das Zwischenhirn repräsentierten, von der unteren Instanz angelangt. Die Antwort: Die Regelung der Schwellen und damit die Entscheidung über die relative Auslösbarkeit der verschiedenen Verhaltensrepertoires erfolgt ebenfalls durch die vegetativen Zentren des Hirnstamms.

Verhältnismäßig übersichtlich sind die Beziehungen im Falle des Freßverhaltens. Es leuchtet unmittelbar ein, daß eine Verschlechterung der Energiebilanz – des Ernährungszustands – das entsprechende vegetative Zentrum nicht nur veranlaßt, die in den Körpergeweben (Fettgewebe, Muskulatur und Leber) noch gespeicherten Energiereserven zu mobilisieren. Gleichzeitig wird auch die Schwelle der im Zwischenhirn parat liegenden Verhaltensprogramme erniedrigt, die der Futtersuche, dem Beutefang oder anderen arteigenen Methoden der Beschaffung neuer Energievorräte – »Nahrung« – dienen.

Gerade weil die Verhältnisse hier so relativ einfach sind, kann man sich am Beispiel des Freßverhaltens leicht klarmachen, in welcher Weise durch die Regelung der Auslöseschwellen auch Prioritäten für die Aktionen auf der Ebene des Zwischenhirns geschaffen werden. Ein Verhaltensprogramm, dessen Schwelle in einem gegebenen Augenblick besonders niedrig ist, wird sich in der Regel gegen alle anderen Programme durchsetzen. In der Praxis heißt das, daß bei akutem Kalorienmangel alle Verhaltensmuster, die zur Behebung dieses Zustands beitragen können, schon bei dem geringsten Anstoß in Aktion treten, während gleichzeitig alle anderen Möglichkeiten ruhen.

Wenn dann als unausbleibliche, aber auch erstrebte Folge der Konzentration auf diesen einen Bereich die Energiereserven des Organismus wieder aufgefüllt sind, tritt »Sättigung« ein. Das aber heißt nichts anderes, als daß die Schwellen des Freßverhaltens jetzt maximal heraufgesetzt sind, womit zugleich die Möglichkeit der Auslösung anderer Programme wieder freigegeben wird. Es ist ohne weiteres zu verstehen, daß diese Art der Regelung die Aktionen des Zwischenhirns gleichsam präjudiziert.

Der biologische Sinn dieses regulatorischen Zusammenhangs oder »Regelkreises« ist offensichtlich. Er stellt auf die denkbar einfachste und zuverlässigste Art und Weise sicher, daß die höheren Zentren, die die Aktivität eines Organismus steuern, in keinem Augenblick eines der elementaren biologischen Bedürfnisse »übersehen« können, von denen die Existenz des Individuums abhängt. Die »von unten«, von der vegetativen Ebene aus erfolgende Regelung der Schwellen, deren Höhe über die Auslösbarkeit der Aktionen des Zwischenhirns entscheidet, hindert diesen oberen Hirnteil daran, den biologischen Ast zu gefährden, von dem es selbst getragen wird.

Eine auch im Zustand bereits eingetretenen Kalorienmangels ungebremst fortlaufende motorische Aktivität sexuellen oder aggressiven Charakters würde unvermeidlich zur totalen Erschöpfung und im Extremfall sogar bis zum Tode führen können. Die Tatsache, daß die vegetativen Zentren die Zügel in der Hand haben, mit denen sie die Auslösbarkeit der verschiedenen Verhaltensprogramme in der oberen Etage steuern können, verhindert, daß der Rahmen des für die biologische Existenz Zumutbaren überschritten wird. Solange der Hunger herrscht, »beherrscht« er das betreffende Lebewesen. In diesem Zustand sind die Schwellen für die übrigen Verhaltensmöglichkeiten so erhöht, daß alle Aktivität sich auf das eine Ziel der Nahrungsbeschaffung konzentriert.

Man trifft diesen Sachverhalt in einem sehr wichtigen Punkt auch dadurch, daß man sagt, die Steuerung und Abstimmung der Schwellen lege den »Spielraum« für alle Aktionen des übergeordneten Zentrums fest. Die Freiheit des Zwischenhirns ist nicht absolut. Vor seine Aktionen hat die Evolution buchstäblich Schwellen gesetzt, deren ständig wechselnde Höhe vorgegebene, sich ständig ändernde Prioritäten auf der übergeordneten Aktionsebene schafft.

Dieser Sachverhalt ist außerordentlich wichtig. Die eigentümliche Art der Abhängigkeit des jeweils oberen vom unteren Hirnteil ist für das

Verständnis aller Hirnfunktionen grundlegend. Wir werden diese Abhängigkeit auch beim nächsten Schritt, im Verhältnis zwischen dem Zwischenhirn und der Großhirnrinde, wieder vorfinden. Auch das Großhirn ist nicht souverän. Die hier beschriebene Gesetzlichkeit setzt sich – in abgewandelter Form – bis zur obersten Instanz durch. Ihre Kenntnis wird sich daher als Voraussetzung zum Verständnis charakteristischer Besonderheiten der menschlichen Psyche erweisen, die sonst unerklärlich wären (25).

Licht bindet an die Umwelt

Zum Abschluß dieses Kapitels muß jetzt aber noch die Frage beantwortet werden, welcher Mechanismus es ist, der »von unten her« die Höhe der Schwelle für die Auslösung sexuellen Verhaltens bestimmt. Die Bereitschaft zum Fressen wurde bei unserem Hahn durch die Schwankungen des Blutzuckers reguliert. Welcher Faktor steuert nun seine Bereitschaft, sich für die neben ihm pickende Henne sexuell zu interessieren?

Die Antwort kennt jeder, der im Biologieunterricht aufgepaßt hat: bestimmte Hormone, die eben deshalb, weil sie – und das nicht nur bei den Hühnern – spezifisch zu einer Schwellenerniedrigung für sexuelles Verhalten führen, Sexualhormone genannt werden. Die Tatsache ist also bekannt. Hinter ihr verbirgt sich jedoch ein weit weniger bekannter Zusammenhang, den wir abschließend noch erörtern müssen.

Daß die Bereitschaft zum Fressen beim Hahn über den Blutzuckergehalt direkt mit den aktuellen Energiereserven des Tiers gekoppelt ist, stellt ganz offensichtlich die zweckmäßigste denkbare Lösung dar. Wie steht es damit aber nun im Falle des Sexualhormons? Welche objektiven Bedürfnisse oder biologischen Notwendigkeiten werden von seinen Schwankungen widergespiegelt? Oder erfolgen diese etwa ohne jede Zweckmäßigkeit rein zufällig?

Beim Nachdenken über diese Frage muß man das sexuelle Verhalten des Menschen völlig ausklammern. Dieser Bereich ist bei uns selbst in solchem Maße von nichtbiologischen, insbesondere zivilisatorischen und kulturellen Einflüssen, aber auch von rationalen Faktoren – Beispiel: »Familienplanung« – überformt und geprägt, daß seine biologischen Eigentümlichkeiten dahinter fast verschwinden.

Betrachtet man dagegen die Verhältnisse im Tierreich, so läßt sich nicht übersehen, daß die Schwankungen der die Balzzeit oder Brunst auslösenden Hormone ganz wie die des Blutzuckers an die Schwankungen einer biologisch für den betreffenden Bereich höchst wichtigen Größe gekoppelt sind. Diese liegt hier allerdings nicht im Organismus selbst, sondern in der Außenwelt. Es sind die jahreszeitlichen Schwankungen der klimatischen Verhältnisse.

Als Folge der hormonalen Schwankungen ist die Zeit, in der eine Empfängnis allein möglich ist, bei allen wildlebenden Tieren auf eine ganz bestimmte jahreszeitliche Frist beschränkt. Betrachtet man die Verhältnisse bei den einzelnen Arten näher, so ergibt sich, daß die Geburt der Jungen in eine Jahreszeit fällt, die ihnen möglichst lange möglichst günstige Umweltbedingungen bietet.

Besonders interessant sind die Fälle, in denen dabei der ganze Winter »in die Rechnung einbezogen« wird, in denen also, wie bei fast allen wildlebenden Großsäugern, die Brunst in den Spätsommer fällt. Niemand, der die Ordnung des Kalenders kennt und mit ihr rechnen kann, hätte den Termin günstiger legen können. Denn die Tragzeiten sind bei diesen Arten so lang, daß die Jungen dann im darauffolgenden Frühjahr zur Welt kommen. Wie ist solche »Vorausschau« möglich?

Weder Reh noch Hirsch haben eine Ahnung von der strengen Periodik, in der die Jahreszeiten infolge der astronomischen Situation unseres Planeten einander abwechseln. Auch hier wieder kommt dem Individuum eine Erfahrung zugute, die es selbst nicht gemacht hat und die es selbst auch gar nicht hätte machen können. Auch hier handelt es sich wieder um eine nicht bewußt werdende Erfahrung, die angeboren ist.

Woher aber »weiß« das zuständige vegetative Zentrum, wann es Zeit ist, die Ausschüttung von Sexualhormonen in den Blutkreislauf zu veranlassen? Welcher Zeitgeber informiert es über den richtigen Termin? Auch die Antwort darauf ist heute bekannt: Nach allem, was wir wissen, ist es die Dauer des Tageslichts.

Wieder fällt die enorme Zweckmäßigkeit der Koppelung an gerade diese Umweltgröße auf. Eine Bindung an bestimmte Temperaturgrenzen wäre, wenn man die unberechenbaren Schwankungen des Klimas bedenkt, sehr viel riskanter gewesen. Ein langer warmer Herbst oder, umgekehrt, ein vorzeitig kühler Spätsommer würden dann den ganzen Terminplan gefährden können. Die einzige Größe, die sich im Zusammenhang mit dem Wechsel der Jahreszeiten wirklich streng periodisch ändert, das ist in der Tat die Dauer der Tageshelligkeit.

Nun mag mancher bezweifeln wollen, daß die für unser bewußtes Erleben so unmerklich langsam und auch absolut nur Minutenbeträge pro Woche ausmachende Verkürzung der Tageslänge im Herbst einen brauchbaren biologischen Zeitgeber abgeben kann. Es ist jedoch experimentell erwiesen, daß schon niedere Tiere und sogar Pflanzen die Dauer der Tageslänge – oder in anderen Fällen die Dauer der nächtlichen Dunkelheit – auf Minuten genau »messen« können. Zwar kennt man das Uhrwerk, das hier als Zeitnehmer fungiert, bisher noch nicht. Vermutet werden molekulare Prozesse im Zellkern. An der Tatsache selbst besteht jedoch nicht mehr der geringste Zweifel.

Die vielleicht wichtigste Einsicht, die sich für uns aus dem damit vorliegenden Zusammenhang ergibt, besteht darin, daß die Funktion der vegetativen Zentren sich offensichtlich nicht auf die Herstellung und Bewahrung der biologischen Ordnung im Inneren des Organismus beschränkt. Im Falle unseres Beispiels – und es gibt noch eine ganze Reihe anderer ähnlicher Fälle – führt die Tätigkeit des vegetativen Zentrums darüber hinaus auch zur Einordnung des Organismus in die Außenwelt.

Das ist eine sehr wichtige, für unsere naive Vorstellung eigentlich ganz unerwartete Entdeckung. Man muß sich klarmachen, was das heißt: Das Gehirn ordnet ein Lebewesen also nicht allein dadurch in die Außenwelt ein, daß es ihm die Möglichkeit zur Aktion in dieser – und gegenüber dieser – Außenwelt eröffnet. Es ist erst recht nicht so, daß das Gehirn diese Möglichkeit etwa einem Lebewesen einräumte, das seiner Umwelt gegenüber absolut frei und selbständig wäre.

Viel früher schon, Hunderte von Jahrmillionen bevor diese Möglichkeit überhaupt denkbar wurde, hat das gleiche Gehirn im ersten Anfang seiner Entwicklung etwas ganz anderes, für alle Zukunft Unaufhebbares getan. Es hat auf seiner untersten, der vegetativen Stufe ein für alle Male dafür gesorgt, daß das Individuum sich bei seiner Verselbständigung nicht total von der Umwelt abtrennte. Wie eine Pflanze mit ihren Wurzeln, so unauflöslich ist seitdem auch jeder höhere Organismus durch die vegetativen Zentren seines Hirnstamms konkret und körperlich – eben: »vegetativ« – an seine Umwelt gebunden.

Bindemittel ist in unserem Beispiel – und in noch vielen anderen Fällen (26) – das Licht. Es überträgt den jahreszeitlichen Rhythmus der Außenwelt auf den Organismus und unterwirft ihn seiner Frequenz. Das Empfangsorgan ist dabei, wie anders, das Auge. Ist das nicht ein abermaliger Beleg für die Behauptung, daß Augen mit dem, was wir mit »Sehen« meinen, ursprünglich gar nichts zu tun hatten?

Beispiele für diese den Organismus mit seiner Umwelt weit unterhalb der Bewußtseinsebene verknüpfende Funktion des Lichts gibt es auch noch in anderen biologischen Bereichen. Und da die Abhängigkeit von den fundamentalen Rahmenbedingungen, die die unteren Zentren festlegen, bis zur obersten Instanz gilt, da sie also auch das Großhirn noch einbezieht, gilt diese vegetative, »pflanzliche« Verknüpfung mit der Umwelt auch noch für uns selbst.

Im letzten Krieg stellten Ärzte bei deutschen Soldaten, die auf Stützpunkten in der Nähe des Nordkaps stationiert waren, Anomalien des Wasserhaushalts und des Zuckerstoffwechsels fest. Die Abweichungen waren harmlos und verschwanden bald nach der Rückkehr in die Heimat. Immerhin klagten einige der Betroffenen für die Dauer der Störung auch über Abgeschlagenheit, verdrossene Stimmung und Appetitlosigkeit.

Damals wurde der Verdacht laut, daß es sich um Auswirkungen des ungewohnten Hell-Dunkel-Rhythmus handeln könnte, wie er für diese hohen nördlichen Breiten charakteristisch ist. Für diese damals noch höchst spekulative Vermutung sprach unter anderem auch der Umstand, daß die Befunde vor allem im Verlauf der langen Polarnacht immer häufiger auftraten. Einen Beweis gab es aber nicht.

Erst später kamen Augenärzte, die von diesen Beobachtungen erfahren hatten, auf die naheliegende Idee, bei Blinden nach ähnlichen Stoffwechselanomalien zu fahnden. Tatsächlich war die Suche erfolgreich, wenn auch keineswegs bei der Mehrzahl der Fälle. Anscheinend entwickeln Blinde im Laufe der Zeit andere Möglichkeiten der Anpassung an den normalen Hell-Dunkel-Rhythmus. Immerhin sprachen auch diese Untersuchungen dafür, daß unsere Augen neben ihrer Funktion als Seh-Organ noch immer vegetative Aufgaben als »Lichtempfänger« erfüllen.

Die genauere anatomisch-mikroskopische Untersuchung des menschlichen Gehirns lieferte schließlich den endgültigen und handgreiflichen Beweis. Es zeigte sich nämlich, daß keineswegs alle von der Netzhaut unserer Augen ausgehenden Nervenfasern zu jenem »Feld« der Großhirnrinde ziehen, das als »Seh-Rinde« bezeichnet wird, weil dort die Verarbeitung der Netzhautsignale zu unseren optischen Wahrnehmungen erfolgt. Ein kleiner Teil endet bereits im Zwischenhirn.

An der Endstelle dieser Fasern liegt eine kleine Zusammenballung von Nervenzellen – ein »Kern«, wie die Hirnforscher das nennen –, welche die von der Netzhaut hier eintreffenden Meldungen sammeln, in irgendeiner noch unbekannten Weise verarbeiten und anschließend bezeichnenderweise an die Hirnanhangsdrüse, die alle Hormondrüsen unseres Körpers steuert, sowie an bestimmte vegetative Zentren und andere Stellen des

Zwischenhirns und Hirnstamms leiten, über deren Funktion wir heute noch nichts wissen. Um was für Meldungen von der Netzhaut es sich handelt, ist vorläufig auch noch weitgehend unbekannt. Daß diese Meldungen und Signale mit dem »Sehen« nichts zu tun haben, ergibt sich jedoch mit Sicherheit schon aus der Endstation, an der sie hier im Zwischenhirn eintreffen.

Auch unsere Augen sind also nicht nur zum Sehen da. Auch sie erfüllen daneben eine noch sehr viel elementarere, archaische Aufgabe. Auf irgendeine bisher noch weitgehend unverstandene Weise verknüpfen sie mit Hilfe des Lichts unseren Körper mit seiner Umwelt. Wir wissen nicht, zu welchem Zweck, und wir haben kaum herausgefunden, auf welche Weise. Aber wir spüren die Verbindung mitunter deutlich und ganz körperlich. Etwa dann, wenn uns an einem unvermutet sonnigen Tag plötzlich ein Glücksgefühl erfüllt, für das es psychologisch keine Erklärung gibt.

12. Die Welt steckt im Gehirn

Das Abbild geht dem Original voraus

So, wie die Stammhirnzentren vegetative Funktionen zu einheitlichen Syndromen zusammengefaßt hatten, die der Befriedigung elementarer biologischer Bedürfnisse dienen, so organisieren die Zentren des Zwischenhirns bestimmte Bewegungskoordinationen des Organismus. Von sicher äußerst einfachen Ansätzen ausgehend gelang es der Evolution auf diesem Wege schließlich, eine Reihe stereotyper Verhaltensprogramme zu entwickeln und in diesem neuen Hirnteil zu speichern, mit denen das Individuum die ihm von seiner Umwelt routinemäßig immer wieder gestellten Aufgaben bewältigen kann.

Der Fortschritt, den diese neue Möglichkeit darstellt, läßt sich unter verschiedenen Gesichtspunkten beschreiben. Auf der vegetativen Ebene war jeder Reiz noch gleichbedeutend mit einem Eingriff der Umwelt in den Organismus. Die Auseinandersetzung zwischen dem auf seine Selbständigkeit bedachten Organismus und der Umwelt, von der er hinsichtlich bestimmter vitaler Bedürfnisse dennoch abhängig blieb, fand an der Körperoberfläche statt. Sie spielte sich immer noch in der Form einer direkten, unmittelbar körperlichen Konfrontation ab.

Das hat sich auf der Ebene des Zwischenhirns grundlegend geändert. Ausschlaggebend dürfte der Umstand gewesen sein, daß das Licht für die Tiere seine ursprüngliche Rolle als Energiequelle fast völlig verloren hatte. Daraus ergab sich, wie bereits erörtert, die Möglichkeit, die vom Licht am Organismus selbst bewirkten biologischen Prozesse außer acht zu lassen und sich einer Analyse der das Licht aussendenden bzw. reflektierenden Quellen zuzuwenden. Die Folge war, Schritt für Schritt, die Entstehung eines optischen Fernsinns.

Diesem gesellte sich später ein akustischer Fernsinn hinzu. Dessen Entstehung wurde ermöglicht durch die Tatsache, daß der Tastsinn der Haut nicht nur die unmittelbare Berührung eines bereits an der

Körperoberfläche eingetroffenen Objekts registriert. Elastische Druck-wellen, die sich in der Atmosphäre – oder unter Wasser – fortpflanzen, übertragen die Spuren auch räumlich entfernter Ereignisse. Das Cortische Organ im Innenohr ist ein später Abkömmling der Haut, der sich auf diese Signale spezialisiert hat.

Räumliche Entfernung aber ist für den Organismus gleichbedeutend mit zeitlichem Aufschub. Mit dem ursprünglichen Reiz war die Außenwelt immer schon da. Er war in jedem Falle ein Eingriff. Entweder ein schädliches Agens, auf das mit Abwehr zu reagieren war, oder benötigtes Material, etwa Nahrung. Seine Bedeutung stand immer von vornherein fest.

Das alles gilt nicht mehr für die Beziehung zur Umwelt, die ein Fernsinn herstellt. Ein »Reiz«, der von einem biologisch selbst neutralen Medium übertragen wird – von Licht- oder Luftwellen – und der Informationen enthält über »etwas« in der Außenwelt, das räumlich von mir noch getrennt, »noch nicht da« ist, das ist etwas ganz Neues. Hier kündigt sich die mögliche biologische Auseinandersetzung im voraus an. Und die Information, die ihr vorausgeht, ist nicht identisch mit dem, was sie ankündigt. Deshalb steht auch ihre Bedeutung keineswegs von vornher-ein fest, sondern bedarf der Auslegung durch Erfahrung, die auf dieser Stufe noch immer eine überindividuelle, angeborene Erfahrung ist.

Damit aber fehlen dieser Information die eben noch für den »Reiz« in seiner ursprünglichen Form angeführten Charakteristika: Die Identität mit einer aktuellen biologischen Auseinandersetzung und, damit einher-gehend, die *a priori* festliegende Natur seiner Bedeutung. Deshalb soll, um Verwechslungen und Mißverständnisse auszuschließen, diese indirekte, von einem Fernsinn übertragene Information – die noch immer weit unterhalb der Ebene echter Wahrnehmung liegt – von jetzt ab als »Signal« bezeichnet werden.

Diese von den Fernsinnen geschaffene Möglichkeit, mit der Umwelt nicht nur in der Form direkter Reize – diese ursprünglichere Beziehung existiert selbstverständlich auch weiterhin –, sondern daneben auch durch die Vermittlung von »Signalen« zu kommunizieren, läßt eine ganz neue Situation entstehen: Die Aktion verlagert sich von der Oberfläche des Organismus hinaus in die Umwelt.

Das alles sind bemerkenswerte Fortschritte. Trotzdem gilt, daß die Entstehungsprinzipien, die sie hervorbrachten, nicht grundsätzlich neu waren. Verhaltensprogramme sind nichts anderes als »Syndrome von Bewegungskoordinationen«. Was das Stammhirn mit den ihm erreichbaren vegetativen organischen Prozessen tat, wiederholte das Zwischenhirn mit den Bewegungsmöglichkeiten des Organismus. Der Schritt erfolgte, sobald Fernsinne dem Zwischenhirn die Chance gaben, auf Reize, die noch nicht eingetroffen waren, vorwegnehmend zu reagieren.

Die Parallele zwischen beiden Funktionsebenen schließt aber noch einen anderen Aspekt ein, dessen Behandlung dieses Kapitel gewidmet sein soll, weil er ebenso interessant wie wichtig ist. Es ist der Aspekt, daß alle an die Umwelt angepaßten biologischen Gestalten und Funktionen auch Abbildungscharakter haben. Hier, auf der Ebene des Zwischenhirns, hat dieser uns schon bekannte Umstand mit einem Male revolutionierende Konsequenzen für unser Weltverständnis.

Bei der Erörterung des vegetativen Syndroms »Frieren« habe ich ausführlich beschrieben, auf welche Weise als Folge der Anpassung dieser Leistung an wechselnde Umweltbedingungen ganz unvermeidlich, gewissermaßen ohne jede Absicht, auch Information über die Umwelt in den Organismus hineingerät. Wenn im Stammhirn eines Frierenden und sich eben durch sein Frieren gegen die drohende Auskühlung vegetativ wehrenden Lebewesens ein Physiologe säße, so hatten wir an der betreffenden Stelle festgestellt, so wäre dieser imstande, an den dort ablaufenden Regelungsvorgängen zu erkennen, daß es in der Welt außerhalb des Organismus kälter geworden sein muß.

Anpassung ist nicht möglich, ohne daß sich die Umwelteigenschaft, der die Anpassung gilt, in der angepaßten Gestalt oder Funktion abbildet. In diesem Sinne ist, mit den Worten von Konrad Lorenz, die Flosse ein Abbild des Wassers und der Flügel eines Vogels ein Abbild der charakteristischen Eigenschaften der Luft. In dem gleichen Sinne aber bilden sich auch im Stammhirn eines Lebewesens, das weit genug entwickelt ist, um seine vegetativen Reaktionen zweckmäßig auf biologisch relevante Umweltbedingungen einstellen zu können, ebendiese Umwelteigenschaften ab.

Das gleiche gilt nun genauso auf der Ebene des Zwischenhirns. Auch hier besteht die gleiche komplementäre Beziehung zwischen Anpassung und Abbildung. Da hier aber, der höheren Stufe der Entwicklung entsprechend, die Anpassung an die Umwelt bereits ungleich detaillierter und differenzierter erfolgt, ist auch die Abbildung in dem gleichen Maße vollständiger.

Das hat hier, im Zwischenhirn, eine höchst eigentümliche, unser übliches Verständnis über die Beziehungen zwischen Hirn und Welt revolutionierende Konsequenz. Denn da die auf die Umwelt zielenden und an ihre

Besonderheiten angepaßten Aktionen des Organismus auf dieser Stufe als fertige Programme angeboren sind, heißt das nichts anderes, als daß das Abbild der Umwelt im Zwischenhirn bereits vorhanden ist, bevor der Organismus dieser Umwelt überhaupt begegnet. Er hat auch das »Abbild« als die Kehrseite der Erfahrungen seiner Art von Geburt an mitbekommen.

Diese Erkenntnis stellt die Vorstellung, die wir uns gewöhnlich von dem Verhältnis zwischen unserem Gehirn und der uns umgebenden Welt machen, buchstäblich auf den Kopf. Diese übliche Vorstellung geht doch davon aus, daß das Gehirn gleichsam »leer« ist, eine lediglich zur Abbildung im alltäglichen, konkreten Sinn dieses Wortes befähigte biologische Struktur. Eine Art Aufnahmeeinrichtung, in der die Welt sich spiegeln, eben: »abbilden« kann. Auf der einen Seite die »Wirklichkeit«, objektiv gegeben, auf der anderen das Gehirn, das diese Wirklichkeit um so wahrheitsgetreuer, um so »richtiger« zu erfassen in der Lage ist, je höher sein Entwicklungsstand ist.

Hier stoßen wir zum ersten Male darauf, daß diese von uns meist für selbstverständlich gehaltene Vorstellung der Realität nicht entspricht. So ungewohnt oder gar paradox es uns auch erscheinen mag, die Analyse der Funktion des Zwischenhirns mit seinen Verhaltensprogrammen zwingt uns zur Anerkennung der Tatsache, daß auf dieser Ebene der Hirnentwicklung das Abbild früher existiert als das Original.

Ein Wiesel im Gehirn des Hahns

In welcher Weise sich das in unserem Erleben niederschlägt, also in der Psyche von Lebewesen, die neben dem Zwischenhirn noch über ein Großhirn verfügen, das können wir sinnvollerweise erst im letzten Teil dieses Buchs untersuchen. Daß diese Erkenntnis unsere Vorstellung von dem, was wir »die Wirklichkeit« zu nennen pflegen, in jedem Fall betrifft und in Mitleidenschaft ziehen muß, liegt auf der Hand. Ich will daher versuchen, die so revolutionär und widersprüchlich erscheinende Tatsache an einigen konkreten Beispielen möglichst anschaulich zu machen.

Am einfachsten gehen wir auch dabei wieder von den Experimenten aus, die der deutsche Verhaltensforscher Erich von Holst mit seinen Hühnern durchgeführt hat. Eines der dabei beobachteten Resultate, die Auslösung von Balzverhalten bei einem Hahn, ist schon ausführlich beschrieben worden. Daß sich daneben auch Aggressions-»Programme«, Freßverhalten und Verhaltensweisen auslösen ließen, die der Körperpflege dienen, wurde ebenfalls erwähnt. Für das Verständnis des Problems, auf das wir hier eingehen wollen, erscheint es nützlich, hier die etwas ausführlichere Schilderung noch eines anderen »Programms« folgen zu lassen, das bisher nicht genannt worden ist.

Bei einigen seiner Versuche stieß Holst auf eine Stelle im Zwischenhirn, an der das Muster der Nervenbahnen offensichtlich ein aggressives Verhalten besonders spezifischer Art gespeichert hat. Reizung an diesem Punkt löste nicht einfach Aggression allgemeiner Natur aus, die sich je nach dem Angebot der Umwelt dann irgendein Objekt suchte. Das Programm, das sich in diesem Fall bei jedem Knopfdruck wiederholte, bestand vielmehr im Ablauf einer ganzen Szene, die die Zoologen als Reaktion auf den Angriff eines »Bodenfeindes« wiedererkannten.

Beim Einsetzen des elektrischen Reizes begann der Hahn auf dem Versuchstisch plötzlich zu sichern. Er blieb stehen, machte einen »langen Hals« und sah sich ängstlich um. Dann senkte er langsam den Kopf, als ob er irgend etwas mit seinen Blicken verfolgte, das sich langsam näherte, bis er schließlich wie gebannt auf einen Punkt der Tischplatte neben sich starrte. Das Gefieder sträubte sich, der Hahn fing an, laute Alarmschreie von sich zu geben, wobei er langsam um den Punkt herumstelzte, der seine Aufmerksamkeit so sehr fesselte, obwohl es dort für die um den Tisch versammelten Wissenschaftler gar nichts zu sehen gab.

Von einem Augenblick zum anderen ging das Tier dann zum Angriff über. Mit Sporen und Schnabelhieben attackierte es die leere Stelle der Tischplatte, die es in kurzen Sprüngen immer wieder anflog. Wenn der Versuchsleiter in diesem Stadium den bewußten Knopf nicht losließ, geriet der Hahn wenige Sekunden später in blinde Panik. Mit lautem Angstgeschrei erhob er sich in die Luft und flatterte ziellos vom Tisch, womit er den Versuch dann jedesmal selbst dadurch beendete, daß er die Drähte aus seinem Kopf herausriß.

Gab der Experimentator, um das zu verhindern, den Knopf rechtzeitig frei, dann beruhigte sich der Hahn sehr schnell. Er blickte verblüfft auf und sah sich um, als sei plötzlich etwas verschwunden, was ihn eben noch in Angst versetzt hatte. Er schüttelte sich erleichtert, glättete sein Gefieder und gab dann, gewissermaßen als Abschluß der ganzen Sequenz, mit gerecktem Hals einen lauten Siegesruf von sich.

Kein Zweifel, der Hahn spielte bei diesem Versuch eine Szene durch, die der Verteidigung gegen einen Bodenfeind unter natürlichen Umständen entsprach. Auch die Wissenschaftler waren verblüfft, daß selbst eine so komplizierte Abfolge noch als festes Programm im Gehirn des Tiers gespeichert war. Daran aber gab es keinen Zweifel. Jeder erneute Knopfdruck produzierte eine Wiederholung des gleichen Ablaufs: Sichern, Beobachtung, Warnung der Artgenossen, schließlich Attacke und, wenn der »Feind« auch dann nicht weichen wollte, blinde Flucht.

Wie groß muß die Bedrohung der Art über Hunderttausende von Jahren hinweg gewesen sein, wie tief muß die Angst sitzen, bis sich das Verhalten und die typische Angriffsweise des »Erbfeindes« in allen seinen Einzelheiten in die ererbten Strukturen individueller Hirne eingraben konnte! Denn um nichts anderes handelt es sich hier. Das vom Hahn bei diesem Versuch vorgeführte »Programm« ist nichts anderes als das Spiegelbild dessen, was er bei einem Angriff durch einen Bodenfeind erlebt.

Dieser beginnt für den Hahn offensichtlich mit einem noch entfernten Geräusch oder einem Schatten, der sich nicht eindeutig identifizieren läßt. Seine Bedrohlichkeit verrät er dadurch, daß er sich stetig nähert, daß der Hahn sich selbst also als das Ziel der von außen kommenden Aktion erleben muß. Wird bei der Annäherung eine bestimmte Grenzentfernung unterschritten, dann ist der Augenblick gekommen, in dem es geboten ist, die eigenen Artgenossen durch Warnrufe aufmerksam zu machen.

In der letzten, dem eigentlichen Angriff unmittelbar vorangehenden Phase umkreist der Feind den Hahn offensichtlich auf der Suche nach einer schwachen Stelle seiner Verteidigung. Um ebendiese nicht zu bieten, macht der Hahn seinerseits die Kreisbewegung mit – das ist das einzige, was die Experimentatoren in diesem Augenblick sehen –, wobei er den Gegner sorgfältig im Auge behält. Dann kommt es zum Angriff, der entweder mit dem Tod oder der Flucht eines der beiden Kontrahenten endet.

Man muß sich einmal klarmachen, was es heißt, daß das alles angeboren ist. Es bedeutet unter anderem, daß auch ein Hahn, der von seiner natürlichen Umgebung und allen Artgenossen getrennt von einem Brutautomaten ausgebrütet und aufgezogen worden ist, das Repertoire in allen Einzelheiten beherrscht.

Es bedeutet, daß ein Hahn, der in seinem Leben erstmals einer Ratte, einem Iltis oder einem Wiesel begegnet, nicht vor einer unbekannten Situation steht. Er erkennt den Feind, den er nie gesehen hat, sofort wieder. Nicht nur das: Er weiß, was der Feind tun wird, und er beginnt sofort und im voraus darauf zu reagieren, was dieser erst im nächsten Augenblick unternehmen wird.

Zu dieser totalen und scheinbar paradoxen Umkehrung der zeitlichen

Relation zwischen Ursache und Wirkung – oder Reiz und Reaktion – kommt es deshalb, weil der Feind im Gehirn des Hahns schon vorhanden ist, bevor noch der eine dem anderen zum erstenmal in seinem Leben begegnet. Das reale Wiesel ist deshalb schon bei dieser ersten Begegnung keine neue Erfahrung, sondern sozusagen nur die Bestätigung einer Erwartung, die der Hahn seit dem Schlüpfen aus dem Ei mit sich herumgetragen hat.

Das reale Wiesel hat in der Zwischenhirn-Welt des Hahns nur die Funktion eines spezifischen Auslösers. Sein konkretes Erscheinen ruft in der Umwelt des Hahns die Signale hervor, welche die Auslösungsschwelle für das Programm »Abwehr eines Bodenfeindes« herabsetzen. Mit der Spezifität eines Schlüssels, der unter vielen verschiedenen Fächern nur ein ganz bestimmtes aufschließt, löst die vom Wiesel in der Welt des Hahns hervorgerufene Signal-Konstellation das zur Abwehr eines sich am Boden anschleichenden Feindes bereitliegende Verhaltensprogramm aus.

Für alle anderen Zwischenhirnprogramme gilt das in genau der gleichen Weise. Und da das Verhalten eines Organismus sich auf diesem Entwicklungsniveau so gut wie ausschließlich aus derartigen Programmen zusammensetzt, ist die gewiß ungewohnte Feststellung zulässig, daß ein »Zwischenhirnwesen« die Welt, in der es lebt, nicht etwa mit seinen Sinnesorganen erst entdeckt. Jedes von ihnen trägt ein Abbild dieser Welt von Anfang an in seinem Gehirn mit sich herum.

Da auch ein Hahn auf eine Zwischenhirn-Existenz beschränkt ist – mit den unwesentlichen Ausnahmen, wie sie in der Realität immer einzuräumen sind –, gilt diese Feststellung auch für ihn. Nun ist die Welt, die ein solcher Hühnervogel in seinem Kopf mit sich herumträgt, gewiß sehr viel ärmer als die von uns Menschen erlebte Welt. Dennoch sind beide Sphären nicht absolut unvergleichbar.

Archaische Erinnerungen

Aus den uns schon bekannten Gründen – Unentbehrlichkeit der Weiterexistenz von untergeordneten Hirnteilen auch nach der Entstehung fortschrittlicherer Hirnabschnitte, Abhängigkeit der oberen Instanzen von der unteren Ebene – gibt es gewisse Überschneidungen zwischen unserer Welt und der des Hahns. Auch unter unserem Großhirn liegt ein noch immer funktionierendes Zwischenhirn. Deshalb ist uns nicht alles fremd, was dem Hahn widerfährt.

Erinnern wir uns doch einmal daran, wie uns zumute ist, wenn wir gezwungen sind, einen unbekannten Weg nachts zu Fuß allein zurückzulegen. Unser führender Sinn ist der Gesichtssinn. Dieser fällt in der Dunkelheit weitgehend aus. Deshalb ist unsere Angstbereitschaft in dieser Situation erhöht. Das gilt ausnahmslos für jeden geistesgesunden Menschen, ob Kind oder Erwachsener. Wer bestreitet, daß er im dunklen Wald angstbereiter ist als am hellichten Tage, der ist nicht mutiger, sondern nur unehrlicher als seine Mitmenschen.

Im Zustand dieser erhöhten Angstbereitschaft machen wir nun eine sehr interessante Erfahrung: Wir beginnen, »Gespenster« zu sehen. Mal ist es ein Busch, dessen schwach erkennbarer Umriß uns wie der Schatten eines lauernden Menschen erscheinen will. Dann glauben wir, ein Knacken von Zweigen zu hören, das eine sich uns nähernde Gefahr ankündigt. Aber auch dann, wenn weder Schatten noch Geräusch uns einen Anlaß liefern, wittern wir in unserer Lage hinter jedem Baum und in jedem möglichen Versteck eine Bedrohung.

Da helfen kritische Einsicht und Besonnenheit nur in Grenzen. In dieser Lage erfahren wir am eigenen Leibe, was es bedeutet, wenn ein untergeordnetes Zentrum sich durchzusetzen versucht. Denn was mit uns da geschieht, ist einfach folgendes: Unsere Abhängigkeit vom Gesichtssinn ist so groß, daß die Dunkelheit unsere Auslöseschwellen für ängstliche Reaktionen herabsetzt. Unsere Angstbereitschaft ist im Dunklen erhöht. Interessanterweise aber enthält die geschilderte Situation – unbekannte Umgebung nachts unter freiem Himmel – darüber hinaus auch für uns ganz offensichtlich noch wirksame spezifische »Auslöser« für ein auf diese besondere Lage gemünztes uraltes Programm.

Dieses mag ein wenig abgeblaßt sein und im Kopfe eines Großhirnbesitzers zu wirklich freier Entfaltung auch nicht mehr imstande. Aber wie anders als durch die Auslösung eines solchen spezifischen Programms soll man unsere »Gespensterseherei« in der geschilderten Situation eigentlich erklären? Wie anders als durch die Annahme, daß im Verlaufe unzähliger Generationen auch bei unserer Art die urzeitliche Erfahrung ihren erblichen Niederschlag gefunden hat, daß es Feinde gibt, die uns vor allem nachts gefährlich werden können, weil sie, anders als wir selbst, im Dunklen ausgezeichnet sehen? »Das Gespenst ist die Projektion des nächtlich jagenden Raubtiers«, hat Konrad Lorenz gesagt.

So ist es. Ich zweifle nicht daran, daß die Phantome, die wir in unserer Dunkelangst in den Schatten nächtlicher Büsche projizieren, aus unserem Zwischenhirn stammen. Daß auch sie die Signale, die eine real aus dem

Dunkel auf uns zukommende Bedrohung anzeigen würden, vorwegnehmen und insofern dem Wiesel-Phantom analog sind, mit dem der Hahn in dem Labor von Erich von Holst auf der leeren Tischplatte kämpft. Und ist es nicht auch so, daß wir dann, wenn plötzlich ein wirklicher Räuber aus einem Schatten auftauchte und uns bedrohte, zwar ganz sicher erschrecken würden, dennoch aber zugeben müßten, daß sein reales Auftreten uns keineswegs überrascht, sondern ganz im Gegenteil nur bestätigt habe, womit wir im voraus schon gerechnet hätten?

Ich will diesen Gedanken hier abbrechen und mich an dieser Stelle vorläufig auch auf dieses eine Beispiel beschränken, mit dem wir dem Gang der Ereignisse erneut weit vorausgeeilt sind. Der Vorgriff sollte lediglich zeigen, daß hier nicht nur von Hühnern die Rede ist, sondern immer auch schon von uns selbst. Alles, was wir bisher besprochen haben, dient allein der Vorbereitung des Verständnisses unseres eigenen Gehirns.

Ein Gedankenexperiment

Zurück also zum Hahn und unserer unerwarteten Entdeckung, daß er seine Welt – oder doch ein »Bild« von ihr – in seinem Kopf mit sich herumträgt. Prüfen wir einmal an einem gedanklichen Modell, wie wörtlich diese außerordentlich wichtige, uns aber immer noch befremdlich klingende Behauptung zu verstehen sein könnte. Nehmen wir dazu einmal den utopischen Fall an, daß es einer hochintelligenten außerirdischen Zivilisation gelänge, eine unbemannte Robotersonde zur Lebenssuche auf unserer Erde zu landen. Nehmen wir weiter an, daß diese Sonde einen Hahn finge und mit ihm an Bord wieder zu ihrer Heimat zurückkehrte. Wieviel könnten die Wissenschaftler des fremden Planeten durch die Untersuchung des Hahns über dessen irdische Umwelt erfahren?

Sie würden, das ist sicher, mit einer Analyse der Besonderheiten des Körperbaus bei ihrem Fundobjekt beginnen. Die Auskünfte, die sie dabei gewinnen würden, liegen auf der Hand: Volumen und Masse des Hahnenkörpers erlauben in ihrer Relation zur mechanischen Stabilität des Skelettsystems präzise Rückschlüsse auf die Anziehungskraft und damit die Masse seines Heimatplaneten.

Das Gewicht, das der Hahn folglich in seiner natürlichen Umwelt haben muß, läßt sich nunmehr in Beziehung setzen zum Bau seiner Flügel und der Kraft und Ausdauer der sie bewegenden Muskeln. Daraus lassen sich

Informationen über die Dichte der Atmosphäre ziehen, in der das Tier herumflattern konnte. Aber auch über die chemische Zusammensetzung der fremden Lufthülle würden die außerirdischen Untersucher Einzelheiten erfahren. Sie brauchten dazu nur die Lungen des Tiers mikroskopisch und biochemisch zu untersuchen und den Zusammenhang ihrer Tätigkeit mit dem Blutkreislauf und dem Stoffwechsel der Gewebe aufzuklären.

Bau und Funktion der Augen des Hahns geben Auskunft über wesentliche Eigenschaften des Zentralgestirns, dessen Strahlung die Umwelt des Tiers erfüllt. Denn Augen sind zum Sehen in ebendieser Strahlung entwickelt und daher »sonnenhaft« gebaut. Magen, Leber und andere Verdauungsorgane, die Krallen der Füße, Bau und Stärke des Schnabels, aus all diesen und vielen anderen körperlichen Merkmalen lassen sich weitere Folgerungen ziehen (27).

Alle diese Untersuchungen machen sich lediglich immer neue Variationen des Prinzips zunutze, nach dem die Flosse ebenso ein Abbild des Wassers ist wie der Huf eines Pferdes das des Steppenbodens. Sehr viel interessanter wird die Angelegenheit, wenn unsere utopischen Wissenschaftler sich, nachdem sie alle sich aus dem Bau des übrigen Körpers ergebenden Möglichkeiten ausgeschöpft haben, schließlich dem Gehirn des Hahns zuwenden.

Es ist sehr wichtig, sich darüber völlig klar zu sein, daß sich der Charakter der Untersuchung dabei in keiner Weise ändert. Es wird kein neues Prinzip eingeführt. Argumentation und logisches Fundament aller Schlußfolgerungen bleiben die gleichen. Denn auch das Gehirn verdankt die Einzelheiten seines Baus und seiner Funktion einzig und allein dem Zwang zur Anpassung an die Umwelt. Es bildet die Welt nicht ab, wie wir es, ohne viel nachzudenken, immer als selbstverständlich voraussetzen. Es ist, ganz im Gegenteil, selbst ein »Abbild« der Welt.

Nur deshalb ist es den Forschern in unserem Beispiel – und ebenso den sehr viel realeren Verhaltensforschern in unseren irdischen Laboratorien – überhaupt möglich, bei der elektrischen Durchmusterung des Zwischenhirns etwas über die Umwelt des untersuchten Tiers zu erfahren. Wäre das Gehirn in allen seinen Teilen wirklich ein »Spiegel der Welt«, dann gäbe es diese Möglichkeit nicht. Dann wäre das Gehirn »in Abwesenheit von Umwelt« leer. Kein Spiegel bewahrt das Bild eines Gegenstands auch in dessen Abwesenheit. Genau das aber tut das Zwischenhirn mit der Welt. Deswegen träumen wir. Deshalb fand Erich von Holst bei seinen elektrischen Reizversuchen das Bild des Wiesels – oder doch das eines wieselartigen Bodenfeindes – im Zwischenhirn seiner Hühner. Und deshalb würde auch der außerirdische Untersucher im Hirn eines erbeuteten irdischen Lebewesens Auskunft finden über den Todfeind, mit dem die betreffende Art es auf ihrem Heimatplaneten zu tun hat. Er würde selbst dann noch Erfolg haben, wenn es ihm nur gelungen wäre, ein befruchtetes Ei zu erbeuten, das er in seinem Laboratorium erst noch künstlich ausbrüten müßte. Denn die Welt steckt nicht nur im Zwischenhirn eines jeden von uns, sondern sogar schon im erblichen Bauplan der befruchteten Eizelle, die dieses Gehirn aus unbelebter Materie aufbaut.

13. Die Welt vom Zwischenhirn aus betrachtet

Welt und Wirklichkeit

Das Gehirn ist bis zu diesem Augenblick alles andere als ein Spiegel. Viel eher könnte man es auf dieser Stufe der Entwicklung mit einer Hypothese über die Welt vergleichen (28), mit einem fleischgewordenen Entwurf der ein Lebewesen umgebenden Wirklichkeit. Es ist ein Muster von Nervenverknüpfungen, das in der Gestalt möglicher Verhaltensweisen vorwegnimmt, was in der Konfrontation mit der Außenwelt verlangt werden wird.

Das hat allerlei Konsequenzen. Die erste besteht darin, daß ein solches Repertoire notgedrungen nur von sehr beschränktem Umfang sein kann. Die Zahl der Verhaltensprogramme, die sich in einem Zwischenhirn speichern lassen, ist nicht nur endlich, sondern sogar relativ klein. Da die Programme in der Form materieller Zellverbindungen vorliegen, ist das allein schon eine bloße Frage des Volumens. Eine bestimmte Menge von Nervengewebe enthält nur eine beschränkte Anzahl von Nervenzellen als »Schaltelemente«.

Das ist leicht einzusehen, hat aber eine höchst bedeutsame Konsequenz. Denn da die Beziehung zwischen einem Individuum und der Außenwelt auf der Ebene des Zwischenhirns noch ausschließlich durch derartige festgelegte Programme hergestellt wird, folgt daraus, daß die Wirklichkeit eines »Zwischenhirnwesens« nur einen vergleichsweise winzigen Ausschnitt aus der objektiv vorhandenen Realität darstellt.

Ich habe hier absichtlich den Begriff »Wirklichkeit« benutzt, anstelle des in diesem Zusammenhang seit Jakob von Uexküll meist verwendeten Worts »Umwelt« (29). Das Wort »Wirklichkeit« enthält etymologisch, aufgrund der Verwandtschaft des Wortstamms, einen unübersehbaren Hinweis auf das, worauf es mir hier ankommt: die »Wirklichkeit« eines Individuums ist die Gesamtheit aller Reize, Einflüsse und Faktoren, die aus der Außenwelt auf dieses Individuum dadurch *wirken,* daß es sie mit der Hilfe spezifischer Rezeptoren (Sinnesorgane) registriert.

Die Einsicht, daß diese Wirklichkeit in jedem Falle enger oder ärmer sein muß als die Welt, in der sich das jeweilige Lebewesen objektiv befindet, ist für uns nicht neu. Einer unserer Ausgangspunkte war die Erkenntnis, daß schon die erste lebende Zelle ihren Kontakt mit der Außenwelt, von der sie sich buchstäblich abgekapselt hatte, aus Gründen der Selbsterhaltung auf das unbedingt notwendige Minimum reduziert hatte.

»So wenig Außenwelt wie möglich«, diese Maxime hatte, aus Gründen der biologischen Selbsterhaltung – dies im vollen Sinn des Wortes –, die Weiterentwicklung über Jahrmilliarden hinweg geprägt. Ihre Folgen mögen uns jetzt, da wir auf der Ebene des Zwischenhirns angelangt sind, als Ausdruck einer Verarmung an Möglichkeiten erscheinen. Aufzuheben sind sie dennoch nicht. Jetzt, wo es dem Individuum schließlich nach uns endlos erscheinenden Zeiträumen gelungen ist, die Auseinandersetzung von der eigenen Oberfläche fort hinaus in die Außenwelt zu verlegen, erschiene das mit einem Male wünschenswert.

Fernsinne sind entstanden und erlauben einen distanzierteren Umgang mit den von außen kommenden Einflüssen. Es gibt nicht mehr nur Reize, die identisch sind mit konkreten Eingriffen, auf die aus biologischer Notwendigkeit sofort zu reagieren ist. Die Wirklichkeit enthält jetzt auch schon Signale, die noch bevorstehende physische Kontakte vorweg ankündigen. So ist Zeit gewonnen. Die Möglichkeit der Wahl, der abwägenden Entscheidung darüber, ob der bevorstehenden Begegnung standgehalten oder ob ihr ausgewichen werden soll, tut sich auf.

Das alles aber bleibt ungenutzt. Die Möglichkeiten, die sich hier unvorhergesehen und ganz sicher unbeabsichtigt – von wem schon? – ergeben, lassen uns einen freieren, die engen Grenzen des biologisch absolut Notwendigen überschreitenden Umgang mit der Außenwelt nunmehr als erlaubt, sogar als vorteilhaft erscheinen.

Aber nichts dergleichen geschieht. Noch wird keine dieser Möglichkeiten genutzt. Das Zwischenhirn steht noch unter dem Gesetz der Vergangenheit. Es hat, durch die Entwicklung von Fernsinnen und fest programmierten Verhaltensweisen, die ungeheure Leistung vollbracht, das Individuum vom Druck der unmittelbaren biologischen Konfrontation mit seiner Umwelt zu befreien. Um die sich daraus ergebenden Möglichkeiten auszuschöpfen, bedarf es jedoch, wie schon auf allen früheren Stufen der Entwicklung, eines erneuten Schritts, einer abermaligen Antwort der Evolution. Von dieser aber sind wir an dieser Stelle noch immer 500 Millionen Jahre entfernt.

Immerhin sollten wir nicht übersehen, daß der Horizont der subjektiven Wirklichkeit auf dem langen Weg vom Einzeller bis zum Zwischenhirnbesitzer an Umfang bereits gewaltig zugenommen hat. Es ist bewundernswert, mit welcher Erfindungsgabe die Evolution es fertigbrachte, aus dem von der Urzelle so unerbittlich reduzierten Satz »zugelassener« Umwelteigenschaften ein Maximum an Informationen zu gewinnen. Eines der erstaunlichsten Beispiele war die verblüffende Wendung gewesen, mit Hilfe derer das von bestimmten Zelltypen ursprünglich aus energetischen Gründen in ihre »Wirklichkeit« einbezogene Sonnenlicht als Medium der Richtungsorientierung und, in einem weiteren Schritt, zur Abbildung der Umwelt genutzt worden war.

Aber auch sonst wurde die Wirklichkeit parallel zur Höherentwicklung des Bauplans und der Verhaltensmöglichkeiten allmählich reichhaltiger. Wir wollen uns die Variationsbreite, die in dieser Hinsicht zwischen niederen und höheren Tieren besteht, einmal an einem Beispiel vor Augen führen. Den Fall einer nahezu unglaublich armen Wirklichkeit hat der Klassiker Jakob von Uexküll seinerzeit selbst beschrieben. Sein Beispiel war die Zecke. Das ist jene blutsaugende Milbe (»Holzbock«), die vor allem Hundehaltern, aber auch den Besitzern von Hühnern unliebsam bekannt ist.

Die Zecke hat einen recht komplizierten und auch risikoreichen Lebenslauf, vor dessen Gefahren sie allerdings durch ein entsprechendes Verhaltensrepertoire optimal geschützt wird. Das begattete Weibchen muß sich mit dem Blut eines Warmblüters vollsaugen können, weil nur dann ihre Eier ausreifen. Die Art und Weise, in der dieses für die Art zum Überleben notwendige Ziel erreicht wird, ist ebenso erstaunlich wie lehrreich.

Als erstes erklettert das winzige Tier einen Busch, um auf der Spitze eines kleinen Astes haltzumachen. Seinen Weg dorthin findet es mit Hilfe des Lichts. Es hat zwar keine Augen, sondern nur einen diffusen Lichtsinn der Haut – aber das genügt. An Ort und Stelle angelangt, tritt das Programm »Abwarten« in Aktion. Es kann nur durch ein einziges Signal abgebrochen werden: durch den Geruch von Buttersäure, wie ihn die Schweißdrüsen eines Warmblüters produzieren.

Die Zecke muß jetzt ausharren können, bis der Zufall ein warmblütiges Tier so exakt unter ihrem Warteplatz vorbeiziehen läßt, daß sie sich in dessen Fell herabfallen lassen kann. Zecken können in dieser Situation mindestens 18 Jahre lang warten. Vielleicht noch viel länger – bis zu 18 Jahren haben die Wissenschaftler es bisher kontrolliert. In dieser ganzen

Zeit verharrt das Tier in absoluter Regungslosigkeit. Es nimmt keine Nahrung zu sich. Von all den unzähligen äußeren Geschehnissen und Reizen kommt kein einziger bei dem Tier an, »wirkt« kein einziger auf die Milbe ein.

Erst dann, wenn womöglich nach mehr als einem Jahrzehnt der Geruch von Buttersäure die Milbe erreicht (»wie ein Lichtsignal aus dem Dunkel«, schreibt Uexküll), erwacht sie aus ihrer Starre, um sich blitzschnell fallen zu lassen. Spürt sie im nächsten Augenblick Wärme, dann tastet sie, bis sie eine haarfreie Hautstelle findet, in die sie sich einbohrt. Damit hat ihr Lebenszweck sich erfüllt. Einige Zeit später fällt sie ab, legt ihre Eier und stirbt.

»Die ganze reiche, die Zecke umgebende Welt schnurrt zusammen und verwandelt sich in ein ärmliches Gebilde« (von Uexküll), eben die »Wirklichkeit« des Tiers, die in diesem ganzen langen Zeitraum allenfalls den Eindruck »hell«, den Geruchsreiz der Buttersäure, die Empfindung »warm« und den Tasteindruck einer haarfreien Hautstelle enthält, eine Wirklichkeit, die mit anderen Worten also fast während der ganzen langen Zeit »leer« ist.

Ich brauche sicher nicht in gleicher Ausführlichkeit zu begründen, daß die Wirklichkeit höherer Tiere, daß also die Erlebniswelt etwa eines Vogels oder eines Hundes außerordentlich viel reicher und bunter zusammengesetzt ist. Sehr wohl der Begründung bedarf allerdings die Feststellung, daß auch die Wirklichkeit dieser Tiere immer noch sehr viel ärmer ist als die von uns selbst erlebte Welt. In dieser Hinsicht gehen wir alle in unserer naiven Vorstellung von gänzlich falschen Voraussetzungen aus.

Zwar nähert sich die Wirklichkeit eines Tiers der von uns selbst erlebten Welt um so mehr an, je näher es mit uns verwandt ist. Dies ist ein Grund dafür, warum es leichter ist, sich mit einem Hund anzufreunden als mit einem Vogel, und mit einem Hamster leichter als mit einer Eidechse. Zur Deckung kommen die Wirklichkeiten der verschiedenen Arten aber in keinem Fall. Auch für einen Hund oder einen Menschenaffen liegt die Mehrzahl der von uns wahrgenommenen Eigenschaften der Welt außerhalb des Horizonts der eigenen Wirklichkeit.

Und auch das, was von der Welt »wahrgenommen« wird, erscheint im Erleben eines Huhns oder eines niederen Säugers in einer uns letztlich nicht mehr zutreffend vorstellbaren Weise anders, als wir es kennen. Wie wenig die tierische Wirklichkeit mit dem Ähnlichkeit hat, was wir uns meist unter ihr vorstellen, das haben die sogenannten Attrappenversuche der Verhaltensforscher gelehrt (siehe Abbildung 12).

Ein Rotkehlchen-Hahn in Hochzeitsstimmung balzt ohne zu zögern ein an einem Blumendraht flüchtig befestigtes Büschel roter Federn an – und läßt den daneben sitzenden weiblichen Jungvogel – der noch kein rotes Brustgefieder hat! – unbeachtet. Ein Stichlingsmännchen versucht in der gleichen Situation eine monströse Weibchen-Attrappe zum Ablaichplatz zu locken und ignoriert das für diesen Zweck einzig taugliche Original. Ein männlicher Kaisermantel-Schmetterling flattert bis zur Erschöpfung hinter einer rotierenden Walze her, bloß weil deren Streifenmuster das abwechselnde Hell–Dunkel des Auf- und Abschlags eines fliegenden Weibchens kopiert. Für unsere Augen, »in unserer Welt«, ist diese Kopie von wahrhaft erbärmlicher Qualität. Dem Kaisermantel jedoch erscheint sie in seiner Wirklichkeit attraktiver als das Vorbild selbst – offenbar deshalb, weil sie ein entscheidendes »Schlüsselsignal« noch reiner und prägnanter aussendet als das Weibchen. Die walzenförmige Vorrichtung stellt eine »Über-Attrappe« dar (30).

Provozierende Experimente

Der von uns meist übersehene Abgrund, der zwischen den Erlebniswelten, den »Wirklichkeiten« unterschiedlicher Arten klafft, kann auch auf umgekehrtem Wege sichtbar gemacht werden: dadurch, daß man dem »Original« auf irgendeine Weise das entscheidende Schlüsselsignal – den »Auslöser«, wie die Verhaltensforscher sagen – nimmt und abwartet, was dann passiert. Wenn man dabei tatsächlich einen Auslöser erwischt, ist das Resultat in der Regel eine Katastrophe. Wer bedenkt, was hier vor sich geht, den wird das nicht überraschen. Als Folge des experimentellen Eingriffs »stimmt« die Wirklichkeit des Versuchstiers nicht mehr.

Auch hierfür ein Beispiel: Eine auf ihren frisch ausgebrüteten Küken sitzende Truthenne ist aus biologisch einsichtigen Gründen besonders angriffslustig. In der Sprache der Verhaltensforscher: Bei der Henne sind in der geschilderten Situation die Schwellen für aggressives Verhalten stark erniedrigt. Alles, was sich dem Nest nähert, wird mit wütenden Schnabelhieben angegriffen. Nicht so ein Küken, das, aus welchen Gründen auch immer – etwa deshalb, weil der Experimentator es herausgenommen hat –, aus dem Nest geraten ist und nun mit lautem Piepsen zurück ins warme Versteck unter dem mütterlichen Federkleid strebt. Mit beruhigenden Lockrufen dirigiert die Henne es in ihre Nähe, um es dann mit Kopf und Schnabel behutsam unter ihr Gefieder zu schieben.

Nichts scheint natürlicher zu sein. Keine Situation scheint weniger einer Erklärung zu bedürfen, als das, was sich da abspielt. Ist es nicht selbstverständlich, daß die Henne »ihr« Küken anlockt, anstatt es zu attackieren, wenn sie es vor sich sieht? Aber indem wir so argumentieren, haben wir schon wieder die – zugegeben mühsame – Abstraktionsleistung vergessen, der wir uns im Zusammenhang mit dem »Sehen« bei den Tieren unterziehen mußten. Auch hier hätten wir an die Möglichkeit denken müssen, daß das, was die Henne sieht, mit dem, was wir in der gleichen Situation wahrnehmen, keine Ähnlichkeit hat.

Wie angebracht unser Mißtrauen hier gewesen wäre, das können uns Experimente lehren, erdacht und durchgeführt von Wissenschaftlern, deren Beruf es ist, mit Abstraktionen dieser Art zu leben. Nachdem seit längerem bekannt war, daß das Piepsen des Kükens in der Brutsituation das entscheidende Schlüsselsignal darstellt, dachte sich der Lorenz-Schüler Wolfgang Schleidt zwei ganz einfache Experimente aus. In beiden Fällen war das Resultat dramatisch.

Im ersten Falle hinderte er die Henne daran, das Piepsen »ihres« Kükens zu hören, und zwar einfach dadurch, daß er ihr die Ohren sorgfältig verklebte. Als er daraufhin und nachdem die Henne Zeit genug gehabt hatte, sich wieder zu beruhigen, den Versuch wiederholte, als er also wiederum ein Küken laut piepsend dem Nest zustreben ließ, kam es prompt zur Katastrophe: mit ein paar kräftigen Schnabelhieben wurde das unglückliche Tier innerhalb von Sekunden von der eigenen Mutter totgehackt.

Fast noch grotesker nimmt sich – jedenfalls im Licht unserer Vorurteile – das Resultat des zweiten Experiments von Schleidt aus. Bei ihm näherte er dem Nest mit Hilfe einer verborgenen Vorrichtung ein ausgestopftes Wiesel – in dessen Bauch er einen winzigen Lautsprecher hineinpraktiziert hatte. Aus diesem ertönte, gespeist von einem Tonband, laut vernehmbar das jämmerliche Piepsen eines sich verlassen fühlenden Putenkükens.

Zwar schien es der Henne bei dieser Variante nicht ganz geheuer zu sein. Man konnte buchstäblich sehen, wie hier zwei verschiedene Verhaltensprogramme in Widerstreit miteinander gerieten: »Brutpflege« und »Nestverteidigung«. Es kam auch zu einigen Schnabelhieben, die aber, nur gehemmt, gleichsam unentschlossen ausgeführt, als Lufthiebe im Leeren endeten. Schließlich ließ die Pute sich, wenn auch mit deutlichen

Anzeichen von Unsicherheit und »Nervosität« den – zu ihrem Glück ausgestopften! – Todfeind widerstandslos ins Nest schieben. Das akustische Schlüsselsignal, das für das Tier das eigene Küken »bedeutete«, hatte sich durchgesetzt.

Wer diese Versuche miterlebt – die Wiesel-Variante des Experiments hat mir Schleidt einmal vorgeführt – oder die Phantasie besitzt, sie sich realistisch genug vorzustellen, auf den wirken sie wie ein Schock. Es ist, bei näherer Betrachtung, ein heilsamer Schock. Zwar geht dabei eine ganze Anzahl romantischer Illusionen über das Innenleben von Tieren zu Bruch. Idyllische Vorstellungen über eine unseren eigenen Gefühlen ähnliche Beziehung zwischen Tiermutter und Küken. Heroische Vorstellungen von der »Heldenhaftigkeit«, mit der eine Pute »ihre« Küken gegen Feinde verteidigt.

Wie total diese und andere verbreitete Vorstellungen über tierisches Umwelterleben die Wirklichkeit des Tiers verfehlen, das zeigen zahllose derartige Experimente. Aber es sind eben Illusionen, die dabei von den Wissenschaftlern zerstört werden. Wer sich von ihnen freimacht, soweit das überhaupt gelingt, der entdeckt andere, legitimere Anlässe zum Staunen und zur Bewunderung.

Erst dann, wenn man sich von den verbreiteten und wahrscheinlich unausrottbaren anthropomorph-vermenschlichenden Illusionen über das »Innenleben« von Tieren freigemacht hat, kann man die Möglichkeit, mit ihnen eine Beziehung anzuknüpfen, mit manchen von ihnen – Hunden, Menschenaffen – sogar eine partnerartige Bindung eingehen zu können, ganz unmittelbar als Ausdruck einer Verwandtschaft erleben, die eben auch den Abgrund zwischen verschiedenen Wirklichkeiten – wenigstens partiell – zu überbrücken vermag.

Aber wie sieht denn nun die Wirklichkeit des Tiers aus, wenn sie so total verschieden ist von der unseren? Oder, bescheidener und an den Ablauf unseres Gedankengangs angepaßt: Wie ist die Wirklichkeit eines »Zwischenhirnwesens« beschaffen, wie sieht die Welt, »vom Zwischenhirn aus betrachtet«, aus? (24)

Da wir uns nicht in den Kopf eines Vogels oder eines Fisches versetzen können, da wir, was für das Verständnis noch hinderlicher ist, nicht einmal aus unserem eigenen Kopf herauszuschlüpfen vermögen, ist diese Frage nicht so konkret zu beantworten, wie unsere Neugier es gern hätte. Aber unsere Wissenschaft hat es auch an anderen Stellen fertiggebracht, den Horizont der von uns erlebten Wirklichkeit um ein geringes Maß zu erweitern.

So untersuchen wir mit der Hilfe gewaltiger Beschleuniger subatomare Materieteilchen. Wir bedienen uns elektromagnetischer Wellen und anderer Eigenschaften der objektiven Realität, die ursprünglich nicht zur Wirklichkeit unserer Welt gehörten. So hat auch die biologische Wissenschaft, so haben die Verhaltensforscher einige Antworten zutage gefördert auf die Frage nach der Beschaffenheit der Wirklichkeit des Zwischenhirns. Nach jener Wirklichkeit, die sich den irdischen Lebewesen erschloß, die etwa 2 ½ Milliarden Jahre nach dem Beginn der biologischen Evolution die Stufe des Zwischenhirns erklommen hatten. Was das für eine Wirklichkeit gewesen sein muß und heute noch für alle die Organismen ist, die über diese Stufe nicht wesentlich hinausgelangt sind, läßt sich ebenfalls aus den Attrappen-Versuchen erschließen. Man muß dazu allerdings wissen, wonach man in den Resultaten zu suchen hat. Auch die Verhaltensforscher haben jahrelang Resultat auf Resultat häufen müssen, bis sich aus der Fülle der Einzelheiten das Grundsätzliche herausschälte.

Rekonstruktion einer archaischen »Welt«

Vom Zwischenhirn aus gesehen hat die Welt mit dem, was wir als unsere gewohnte Umwelt erleben, keine Ähnlichkeit mehr. Es ist eine Welt mit Eigenschaften und Gesetzen, die uns fremd geworden sind, eine Welt, der wir seit einigen hundert Jahrmillionen so weit entwachsen sind, daß sie uns gespenstisch erscheinen würde. Ein Zwischenhirn-Organismus ist dort optimal geborgen. Es ist seine Welt. Der Besitzer eines Großhirns aber würde sich in dieser Wirklichkeit in einen Alptraum versetzt glauben.

Das ist mehr als eine bloße Metapher. Aus den wiederholt erläuterten Gründen ist auch unser Zwischenhirn noch immer voll in Funktion. Die Welt unserer biologischen Urahnen steckt daher als lebendes Fossil auch noch in unseren Köpfen. Normalerweise wird sie von der übergeordneten Instanz des Großhirns beherrscht, wenn auch niemals gänzlich unterdrückt. Es gibt jedoch Fälle, in denen eine biologische Katastrophe auch einen heutigen Menschen noch in diese archaische Wirklichkeit zurückstürzen läßt. Wir werden sehen, daß sich bestimmte Formen geistiger Erkrankungen, zum Beispiel das, was die Psychiater einen schizophrenen Beziehungswahn nennen, am plausibelsten auf diese Weise erklären lassen.

Aber so weit sind wir noch nicht. An dieser Stelle müssen wir uns sogar davor hüten, das Entwicklungsniveau des Zwischenhirns vom Großhirn aus zu betrachten. Im Augenblick ist der entgegengesetzte Standpunkt der einzig richtige. Wir müssen die nunmehr erreichte Stufe von der Vergangenheit aus anvisieren, vom Anfang der Entwicklung aus. Nur aus dieser Perspektive können wir den ungeheuren Fortschritt erkennen, den sie in der Evolution dargestellt hat.

Die Welt des Zwischenhirns ist nicht mehr die primitive Wirklichkeit physikalischer und chemischer Reize. Buchstäblich auf Gedeih und Verderb sieht sich das noch rein vegetativ organisierte Lebewesen unausweichlich den Gefährdungen durch eben die Umweltfaktoren ausgeliefert, vor denen es sich aus biologischen Gründen nicht hat verschließen können.

Das Zwischenhirn hat den Druck spürbar gemindert. Die Wirklichkeit besteht jetzt nicht mehr nur aus konkreten Reizen. Fernsinne erschließen in der Außenwelt Signale. Diese haben für den Organismus den Charakter spezifischer Auslöser, die im Organismus bereitliegende Verhaltensprogramme in Gang setzen. Der der Außenwelt zugehörende Auslöser und das im Organismus gespeicherte Programm sind aufeinander gemünzt. Die Evolution hat sie so aufeinander abgestimmt, daß sie zueinander passen wie Schlüssel und Schloß.

Einer, und nur dieser eine Auslöser – der mitunter aus der Kombination von zwei oder drei Signalen bestehen kann – setzt eine ganz bestimmte und nur diese Verhaltensweise in Gang. Und umgekehrt wird jedes Einzelprogramm aus dem Gesamtrepertoire nur dann in Aktion treten, wenn »sein« spezifischer Auslöser auf den Organismus »wirkt« (31).

Wenn damit aber die ganze Situation schon beschrieben wäre, dann wäre für den betroffenen Organismus fortwährend die Hölle los. Bei grundsätzlich permanenter Anwesenheit aller wirksamen Auslöser in der Umwelt würden alle in ihm bereitliegenden Verhaltensweisen in jedem Augenblick aktiviert und ununterbrochen um die Vorherrschaft streiten. Wir müssen uns deshalb daran erinnern, was auf Seite 153 bereits über die »innere Bereitschaft« zur Auslösung bestimmter Reaktionen gesagt wurde. Darüber, daß für verschiedene Reaktionsprogramme verschiedene und in unterschiedlichem Sinn schwankende Auslösungsschwellen existieren, von denen Prioritäten hinsichtlich des Verhaltens festgelegt werden.

Für das Verständnis der Beziehung zwischen Organismus und Außenwelt auf dieser Stufe ist ferner die Erinnerung daran wichtig, daß diese

Schwellen nicht nur durch innere Prozesse im Organismus selbst reguliert werden. Also nicht nur, um wieder den einfachsten Fall als Beispiel heranzuziehen, dadurch, daß etwa die Auslösbarkeit von Freßverhalten erleichtert wird, wenn die kalorische Stoffwechselbilanz, sprich: die Menge der in den Geweben gespeicherten Nahrungsreserven, sich verringert. Die Schwellen, die über das Wirksamwerden potentieller Auslöser in der Umwelt entscheiden, sind vielmehr ihrerseits wieder von bestimmten Umweltfaktoren abhängig.

Auf Seite 157 wurde das am Beispiel des Zusammenhangs zwischen Licht und Sexualität ausführlicher begründet. Das Licht erwies sich dabei als eines von sicher mehreren – darunter wahrscheinlich auch heute noch unbekannten – Medien, die den Organismus in einer ganz elementaren, noch weit unterhalb der Ebene von Reiz und Reaktion sich abspielenden Beziehung mit seiner Umwelt verknüpfen. Ein anderes Beispiel für diesen Zusammenhang wäre der sogenannte circadiane Rhythmus, die 24stündige Periodik, der, wie es scheint, alle körperlichen Funktionen bei allen bisher daraufhin untersuchten Organismen unterliegen.

Dieser 24-Stunden-Rhythmus ist uns wie allen anderen irdischen Lebewesen bis hinunter zu den Einzellern angeboren. Er spiegelt natürlich die 24stündige Periodik wider, in der infolge der Erdumdrehung Tag und Nacht auf unserem Planeten einander abwechseln. Dieser Wechsel von Hell und Dunkel stellt auch den Gleichtakt zwischen der inneren biologischen Periodik des Organismus und dem äußeren Ablauf von Tag und Nacht her. Er verhindert, daß beide »asynchron« werden, daß die »innere Uhr« vom Tag-Nacht-Rhythmus abweicht. Diese »Zeitgeber-Funktion« des Tag-Nacht-Rhythmus wirkt auf den Organismus, wie sich experimentell nachweisen läßt, über die Augen. Diese erweisen sich dabei einmal mehr als Organe, die ursprünglich nicht zum Sehen erfunden wurden.

Als Folge dieser Beziehungen sind unsere physiologischen Körperprozesse auf den periodischen Wechsel der Umweltbedingungen funktionell abgestimmt. Konkret und vereinfacht ausgedrückt heißt das zum Beispiel, daß wir morgens nicht passiv von der Sonne aus dem Schlaf gerissen werden, sondern daß unsere Bereitschaft zum Wachwerden und der Aufgang der Sonne harmonisch aufeinander abgestimmt sind. Das jedenfalls ist der ursprüngliche Sinn dieser evolutiven Errungenschaft. Wobei einzuräumen ist, daß wir mit den Bedingungen unserer Zivilisation seit einiger Zeit drastisch in diese harmonische Umweltbeziehung eingegriffen haben.

Was das eben zitierte Beispiel betrifft, ist das vor allem durch die Erfindung der künstlichen Beleuchtung geschehen. Nicht die unwichtigste Ursache der heute so verbreiteten Schlafstörungen dürfte in der Tatsache zu sehen sein, daß ein Jahrmillionen alter endogener Rhythmus, der zu seinem Funktionieren auf das Umweltsignal eines strikt 24stündigen Wechsels von Helligkeit und Dunkel angewiesen ist, angesichts der Elektrifizierung unserer Behausungen keine Entsprechung mehr in unserer Umwelt findet. So gesehen ist es vielleicht kein Zufall, daß die Glühbirne und die Schlaftablette von ein und derselben Generation erfunden worden sind.

Alle die Eigentümlichkeiten, die ich genannt habe, sind in den Attrappenversuchen der Verhaltenswissenschaftler wiederzufinden. Das Rotkehlchen-Männchen kümmert sich um den Jungvogel nicht. Signal für die Auslösung von Balzverhalten ist für das Tier die Kombination von »Federhaftigkeit« und roter Farbe. Die plumpe Drahtattrappe, die beide Merkmale vereinigt, kann als Auslöser wirken. Der Artgenosse tut es in diesem Falle nicht.

Aber noch etwas gehört dazu: das Rotkehlchen muß in »Balzstimmung« sein. Seine innere Bereitschaft ist eine unentbehrliche Voraussetzung. Die Schwelle, die vor die Auslösbarkeit von Balzverhalten gesetzt ist, muß erniedrigt sein, damit die von der Attrappe gebildete Merkmalskombination Signalcharakter annehmen kann. Es hängt von der inneren Bereitschaft, von der »Stimmung« des Tiers ab, ob bestimmte Umwelteigenschaften wirksam werden.

Diese innere Bereitschaft ist nun ihrerseits wiederum, wie ausführlich erläutert, abhängig von der Jahreszeit. Das Signal der jahreszeitlich wechselnden Tageslänge steuert die Schwelle des sexuellen Verhaltensprogramms. So daß letztlich also die Umwelt darüber entscheidet, ob bestimmte Merkmale der Außenwelt für das Tier zu Signalen (Auslösern) werden können, ob sie auf sein Verhalten »wirken«! Das aber heißt nichts anderes, als daß die Umwelt vermittels der Stimmung des Tiers darüber entscheidet, welche ihrer Merkmale jeweils zu dessen Wirklichkeit gehören und welche nicht.

Die Besonderheit, der wir hier begegnen, ist es vor allem, welche die Wirklichkeit des Zwischenhirns entscheidend von der Art und Weise trennt, in der wir die Welt erleben. Sie ist, wie mir scheint, charakteristisch für die Erlebniswelt der Tiere. Das gilt auch noch für alle höheren Tiere. Auch bei ihnen hat die Entwicklung und Ausreifung des Gehirns noch immer nicht den Grad erreicht, der diesem jüngsten Hirnteil eine eindeutige funktionelle Dominanz über das Zwischenhirn einräumen würde.

Die Besonderheit, auf die wir hier gestoßen sind, läßt sich aus unserer Perspektive am besten durch die Formulierung treffen, daß die Wirklichkeit auf der Entwicklungsstufe des Zwischenhirns noch keine *konstante* Wirklichkeit ist. Das ist der entscheidende Unterschied. Unsere Umwelt »besteht«, und zwar aus objektiv vorliegenden »Gegen-ständen«. Wir können die Objekte unserer Umwelt beachten oder übersehen, sie sind in jedem Falle ganz unstreitig da und in ihrer Gegenwart unabhängig vom Grade unseres Interesses an ihnen.

Das ist radikal anders auf der Stufe der Hirnentwicklung, die uns an dieser Stelle beschäftigt. Der Unterschied ist so fundamental, daß wir im ersten Augenblick Mühe haben, ihn für möglich zu halten. Eine Welt unabhängig von uns selbst existierender Objekte ist für uns in solchem Maße selbstverständlich, daß wir allzu leicht übersehen, daß dieser Sachverhalt nur durch unsere Gewohnheit legitimiert ist. Im verhaltensphysiologischen Experiment können wir uns mit eigenen Augen davon überzeugen, daß das Stichlingsweibchen ungeachtet seiner objektiven Gegenwart in der Wirklichkeit des Stichlingsmännchens nur und erst dann auftaucht, wenn zwei zusätzliche Bedingungen erfüllt sind. Von diesen aber hat mindestens die eine – die »innere Bereitschaft« des Männchens, sexuelle Auslöser überhaupt zu registrieren – einen durchaus subjektiven Charakter.

So taucht der potentielle Sexualpartner in der Wirklichkeit eines solchen Tiers in Abhängigkeit von subjektiven Faktoren auf – oder auch nicht. Er »verschwindet« also buchstäblich auch wieder, sobald die sexuelle Begegnung vorüber ist. Denn diese verzehrt als »Endhandlung«, wie die Verhaltensforscher sagen, die Triebspannung. Damit aber ist die Stimmung verschwunden, die die spezifischen Schwellen herabsetzte. Es fehlt jetzt folglich eine der entscheidenden Voraussetzungen dafür, daß sexuelle Signale wirksam werden, zu einem Bestandteil der »Wirklichkeit« des Tiers werden können.

Mag sein, daß der objektiv weiterhin anwesende Artgenosse im nächsten Augenblick in anderer Form wieder auftaucht, als Futterrivale, als Revierkonkurrent, in welchem Zusammenhang auch immer. Aus der Perspektive des Tiers, um dessen Wirklichkeit es sich handelt, wird man hier von einer Identität dieses – objektiv und für uns gleichen – Partners nicht gut sprechen können.

Dieses Verschwinden und Auftauchen, diese fortlaufende Verwandlung des für uns jedenfalls objektiv gleichen Artgenossen oder Umweltdinges je nach der eigenen Verfassung und dem Kontext, dem Verhaltensbereich, innerhalb dessen die Begegnung erfolgt, das ist andererseits nur möglich, weil in dieser Welt noch alles, was begegnet, nur indirekt, durch austauschbare Merkmale repräsentiert ist.

Wie groß auch in dieser Hinsicht der Unterschied ist, das zeigen die Experimente Schleidts. Deren für uns schockierendes Resultat kommt eben dadurch zustande, daß es auf Zwischenhirnebene so etwas wie »Gegenstände« oder »Wahrnehmungsdinge«, die objektiv vorliegen und die ihre Identität behalten, einfach noch nicht gibt. An ihrer Stelle existieren Merkmalskombinationen.

Diese stehen zwar, gleichsam nach dem Prinzip *pars pro toto,* für die Objekte der uns gewohnten Umwelt. Sie repräsentieren diese Objekte auch ganz konkret insofern, als sie ihnen »angeheftet« sind, als sie Teile oder Teileigenschaften der Gegenstände unserer Welt sind.

Aber keines dieser Merkmale und keine der von ihnen gebildeten Merkmalskombinationen ist konstant. Sie tauchen auf in der Wirklichkeit des Tiers, und sie verschwinden, und dies nicht nur als Folge des Kommens und Gehens der Merkmalsträger in der objektiven Umwelt, sondern auch als Folge sich ständig ändernder »innerer Bereitschaften« oder Stimmungen des Subjekts. Und für dieses ändert sich mit dem Merkmal auch die Bedeutung des Signals. Auf der Ebene des Zwischenhirns werden Änderungen von Merkmalskombinationen nicht als Veränderungen grundsätzlich identischer Dinge interpretiert, sondern als übergangsloser Wechsel zwischen verschiedenen Bedeutungen.

Deshalb helfen dem Küken seine »Federhaftigkeit«, seine Kontur, Größe und all die anderen Eigenschaften, die für uns sein Aussehen ausmachen, überhaupt nichts, sobald es durch den Experimentator des einzigen Merkmals beraubt ist, durch das es in der Wirklichkeit der Hühnerwelt als Objekt des Verhaltensprogramms »Brutpflege« identifiziert werden kann. Fehlt dieses eine Schlüsselsignal, dann verkehrt sich seine Bedeutung in verhängnisvoller Weise zu dem von »fremd«, was in der beschriebenen Situation gleichbedeutend ist mit feindlich oder gefahrvoll. Aus dem gleichen Grunde verfolgt der Kaisermantel bis zur Erschöpfung eine quergestreifte rotierende Walze. Allein deshalb, weil sie für ihn keine rotierende Walze ist, sondern Träger eines Schlüsselsignals, das von der Attrappe in einer Reinheit und mit einer Penetranz ausgeht, welche die Möglichkeiten der Evolution – die im Interesse der Unauffälligkeit ihrer Kreaturen zu Kompromissen gezwungen ist – weit übertreffen.

Gesetze der Urzeit

Bei allen Versuchen, die fremdartige Wirklichkeit dieser archaischen Stufe der Umweltbeziehung zu rekonstruieren, sie sich wenigstens indirekt in ihrer Eigentümlichkeit vor Augen zu führen, lauert für unser Verständnis wieder die alte Gefahr: daß wir die Dinge aus der Perspektive unseres eigenen Standpunkts beurteilen. Es ist nicht möglich, das, was wir da entdecken, richtig zu würdigen, wenn wir es allein unter dem Gesichtspunkt des *Mangels* betrachten. So anschaulich die Uexküllsche Metapher vom »Zusammenschnurren zu einem ärmlichen Gebilde« sein mag, so einseitig ist sie auch.

Denn die Weltbeziehung, die sich auf der Stufe des Zwischenhirns eröffnet, könnte als »ärmlich« nur gelten, wenn sie als das Resultat einer Reduktion der von uns selbst verkörperten Beziehung zur Welt anzusehen wäre. Das aber würde die Dinge auf den Kopf stellen. Die Wirklichkeit des Zwischenhirns ist nicht das Produkt einer Verarmung unserer menschlichen Bewußtseinsebene, sondern deren Vorläufer. Es ist der naturgeschichtliche Grund, auf dem unser Welterleben ruht. Sie ist nicht die Folge einer Verkümmerung dessen, was wir Wahrnehmung nennen, sondern dessen historischer Anfang.

Wenn man die Dinge so sieht, geht einem auf, was für eine revolutionierende Leistung hier von der Evolution vollbracht worden ist: Der fortgeschrittene Nachfahre jener Urzelle, die sich biologisch ihrer unbelebten Umwelt gegenüber hatte »verselbständigen« können, beginnt, sich von dieser Umwelt auch auf einer höheren Ebene zu distanzieren. An die Stelle biologisch relevanter Reize sind Signale getreten und an die Stelle stoffwechselphysiologischer Reaktionen zunehmend kompliziertere, auf die Außenwelt zielende Verhaltensprogramme.

Es ist zuzugeben, daß die Distanzierung, die Verselbständigung auf dieser höheren Ebene noch keineswegs vollständig gelungen ist. Die Trennung zwischen Subjekt und Objekt ist noch immer nicht wirklich erfolgt. Die An- oder Abwesenheit eines bestimmten Signals oder einer anderen wirksamen Umwelteigenschaft hängt immer noch auch vom Zustand des Subjekts selbst ab, von seiner »Stimmung«, und diese wiederum von bestimmten Bedingungen der Umwelt, etwa der jahreszeitlichen Tageslänge, *in einem geschlossenen Kreis.* Noch immer ist der Organismus ein Teil der Umwelt, aus der er durch den Äonen umfassenden Prozeß der Evolution hervorgegangen ist. Noch immer bilden beide eine Einheit. Aber die Bruchlinie der noch in der Zukunft liegenden Trennung ist schon zu erkennen. Jedenfalls für uns, im Nachhinein, wenn man weiß, wozu alles letztlich geführt hat. Schon existiert im Auge des Organismus das Abbild einer objektiven Welt. Entstanden ist es im Verlaufe der Weiterentwicklung eines Licht-Sinnesorgans letztlich aus physikalischer Zufälligkeit oder Unvermeidlichkeit. Jedenfalls nicht, das steht fest, aus biologischer Zweckmäßigkeit. Diese hat im Nervensystem des Organismus ganz im Gegenteil sogar eine komplizierte Verrechnungseinrichtung entstehen lassen, die allein dem Zweck dient, dieses »Bild« zu unterdrücken. Denn biologisch zweckmäßig ist es allein, das Auge für das Erkennen von Hell-Dunkel-Wechseln, von Bewegung in der Umwelt und anderen vergleichbaren elementaren Signalen freizuhalten. Deren Erfassung ist nach wie vor ihre eigentliche, biologisch einzig wichtige Funktion.

Noch auf eine dritte, nicht weniger wichtige Besonderheit der Umweltbeziehung auf dieser Stufe ist aufmerksam zu machen. Auch sie bezeichnet einen fundamentalen und folgenschweren Unterschied im Vergleich zu unserer Weise des Welterlebens. Sie besteht – wie sich indirekt übrigens ebenfalls aus den hier beschriebenen Versuchen ableiten läßt – in dem absoluten Fehlen von belanglosen Inhalten in der vom Zwischenhirn vermittelten Wirklichkeit.

Eigentlich ergibt sich das schon aus der Definition, die wir dem Wort »Wirklichkeit« gegeben haben. Oder, in den logisch richtigen Zusammenhang gebracht: Wir hätten diesen Begriff in dem hier ausführlich erläuterten Sinn gar nicht einführen und verwenden können, wenn es anders wäre. Denn ein Signal, Merkmal oder »Auslöser« gehört ja eben nur dann zur »Wirklichkeit« eines Tiers, wenn es auf das Tier – auf seine innere Verfassung oder sein Verhalten – auf irgendeine Weise »wirkt«. Tut es das nicht, so taucht es, wie ausdrücklich gesagt wurde, in dieser Wirklichkeit definitionsgemäß eben nicht auf.

Die Welt des Zwischenhirns ist folglich auch dadurch charakterisiert, daß es sich um eine Welt handelt, in der nichts existiert, was ohne Bedeutung für das Subjekt wäre. Alles, was in dieser Wirklichkeit auftaucht, tut das ja dadurch, daß es auf den Organismus einwirkt. Deshalb ist jeder Teil, jeder Inhalt dieser Wirklichkeit, ohne jeden Rest, auf das Subjekt hin zentriert. Die Welt des Zwischenhirns ist, so kann man den gleichen Sachverhalt beschreiben, auf das erlebende Subjekt hin perspektivisch geordnet.

Das ist deshalb besonders interessant, weil uns dieses Charakteristikum einer archaischen Weltstruktur nun wieder aus eigener Erfahrung geläufig ist. Der deutsche Psychiater Rudolf Bilz, der für das Phänomen den Fachausdruck »Subjektzentrismus« prägte, weist in diesem Zusammenhang mit Recht auf den Hund hin, der sich bei einem lauten Gewitter winselnd unter dem Sofa verkriecht, weil er sich »gemeint« fühlt. Aber auch für das Kleinkind gilt das noch, das bei einem lauten Streit im Nebenzimmer aus dem gleichen Grunde zu weinen anfängt. Erwachsen zu werden, das heißt eben auch, zu lernen, daß das meiste von dem, was um uns herum vorgeht, uns nicht angeht, belanglos für uns ist.

Die Fähigkeit, im Gedränge einer Straße durch ein Meer von Gesichtern zu gehen, die einem gleichgültig bleiben und die man nicht beachtet, weil sie »unbekannt« sind – das ist eine weitere Besonderheit, durch die sich unser Welterleben grundlegend von dem auf der Zwischenhirnstufe unterscheidet. Wir können an dieser Stelle noch nicht wirklich verstehen, welche revolutionierende Änderung, welche außerordentliche Leistung sich hinter dieser Fähigkeit verbirgt. Aber wir können konstatieren, daß der Unterschied zwischen der Art der Beziehung zur Umwelt auf beiden Stufen der Entwicklung auch in dieser Hinsicht radikal ist.

Damit wäre die Beschreibung der Wirklichkeit des Zwischenhirns im wesentlichen abgeschlossen. Bevor wir uns jetzt aber der Frage zuwenden, welche Anlässe und welche Möglichkeiten es für einen an sie anschließenden und über sie hinausführenden weiteren Schritt der Evolution gegeben haben könnte, muß noch kurz eine uns allen geläufige psychische Erfahrung erwähnt werden, die in diesen Zusammenhang gehört. Sie ist vor allem deshalb wichtig, weil sie einen ersten Beleg dafür bildet, daß wir von der archaischen Wirklichkeit, die hier so ausführlich geschildert wurde, auch heute noch keineswegs vollständig getrennt sind.

Ich meine die Erfahrungen, die wir machen, wenn wir träumen. Wem fielen die Parallelen nicht auf, wenn wir die Art der Erlebnisse, die wir in unseren Träumen haben, mit den Eigentümlichkeiten vergleichen, welche die archaische Welt des Zwischenhirns auszeichnen? Auch den Personen und Dingen, die in der Wirklichkeit unserer Träume auftauchen, fehlt jene objektive Beständigkeit, die wir im wachen Zustand als selbstverständlich empfinden.

Da wechseln Personen von einem Augenblick zum anderen – und ohne daß uns das, so lange wir träumen, im mindesten verwunderte – ihre Identität, da verschmelzen die Persönlichkeiten uns vertrauter Menschen miteinander oder verwandeln sich unvermittelt in einen Fremden. Auch die Dinge und die Örtlichkeiten der Traumszenerie sind alles andere als beständig.

Und ist es nicht auch ein typisches Merkmal dieser Traumwelt, daß alles, was geschieht, mit uns zu tun hat, auf uns zielt? Daß wir in jedem

Augenblick mit absoluter Gewißheit spüren, daß noch ein Fahrzeug am fernen Horizont oder ein unbekannter Mensch im Fenster eines fremden Hauses einbezogen ist in das, was uns im nächsten Augenblick begegnen wird? In einer positiven oder, meist, einer bedrohlichen, ausnahmslos und in jedem Fall aber in *irgendeiner* Bedeutung, niemals gänzlich neutral oder belanglos?

Ich habe keinen Zweifel daran, daß die Ähnlichkeiten in diesem Falle alles andere als zufällig sind. Wie sie zustande kommen, auch das ist leicht zu erklären. »Wenn die Katze aus dem Haus ist, tanzen die Mäuse auf dem Tisch«, sagt das Sprichwort. Was in unseren Träumen tanzt, ist das Zwischenhirn. Wenn unser Bewußtsein im Schlaf erlischt, ist es von der Dominanz des Großhirns vorübergehend befreit.

Dann demonstriert es uns, wie groß unser Irrtum war, als wir es für einen »Spiegel« hielten. Dann zeigt es uns die Welt, deren Abbild es ist. An die es vor unermeßlichen Zeiträumen von der Evolution angepaßt wurde. Dann zeigt es sich, daß diese Welt nicht unsere heutige Welt ist, sondern deren archaische Vorstufe.

Die Dinge und Personen, die sichtbar in unseren Träumen auftreten, die freilich entstammen den optischen Erinnerungen unseres Wachbewußtseins, gleichsam der Requisiten-Kammer des Großhirns. Die Regeln des Spiels jedoch, die Gesetze, die den Handlungsablauf bestimmen, die stammen aus einer anderen Welt. Aus einer Welt, die für uns in einer unvorstellbar fernen Vergangenheit liegt. Bedarf es einer Erklärung, daß wir uns in unseren Träumen so oft fürchten? Wie sollten wir uns heimisch fühlen in einer Wirklichkeit, die seit Jahrmillionen nicht mehr die unsere ist?

Ein Traum hat etwas von einem Zeitsprung an sich. Er versetzt unsere Psyche, wenn das Großhirn schläft, real und ohne Übergang in jene Epoche zurück, in der unsere biologischen Vorfahren überleben mußten, die in der endlos langen Kette unserer Ahnenreihe eben die Stufe des Zwischenhirns erklommen hatten. Das ganze Geheimnis dieser ohne allen Zweifel höchst staunenswerten Möglichkeit beruht in der bereits wiederholt erwähnten Tatsache, daß dieser Teil unseres Gehirns in jedem Sinne des Wortes ein lebendes Fossil darstellt (32).

Aber auch davon, daß diese Traumwirklichkeit uns so fremdartig und oft genug unheimlich erscheint, dürfen wir uns nicht in die Irre führen lassen. Wir sind dieser archaischen Welt entwachsen. Daran besteht kein Zweifel. Wenn wir sie erleben, erleben wir sie als Fremde. Unvoreingenommen betrachtet jedoch, ohne das Vorurteil, zu dem unser Standort uns verleitet, sind die positiven Seiten einer solchen Einordnung in die Umwelt nicht zu übersehen.

Denn auch der auf dieser archaischen Stufe angelangte Organismus ist in sich vollendet. Es gehört zu den Wundern der Evolution, daß das für alle ihre Hervorbringungen gilt, gleich auf welcher Stufe, gleich in welcher Zeit. Keine einzige ihrer Kreaturen ist unvollständig oder mangelhaft, nicht einmal im Vergleich zu ihren weiterentwickelten stammesgeschichtlichen Nachfahren. Daß trotzdem Weiterentwicklung erfolgt und Höherentwicklung möglich ist, gehört – jedenfalls für unseren Verstand – zu den Paradoxien dieser Geschichte.

So ist das »Zwischenhirnwesen« in einer Weise in seiner Welt geborgen, die uns nicht mehr erreichbar ist. Mit einer unbefragbaren Selbstverständlichkeit, in einer Harmonie, die uns zu ständiger Entscheidung gezwungenen und in jedem Augenblick vor der Möglichkeit eines Irrtums stehenden Großhirnbesitzern paradiesisch erscheinen muß.

Den Zwang zu individueller Entscheidung, die Möglichkeit des Irrtums, das alles gibt es in der Wirklichkeit des Zwischenhirns noch nicht. Der Zugvogel, der bei einer bestimmten Tageslänge vom Wandertrieb erfaßt und vom bloßen Anblick des Sternhimmels geleitet (33) seinem südlichen Winterquartier zustrebt, weiß nichts von Zweifeln und kann sich nicht irren.

Die vom Individuum und seiner Umwelt gebildete Einheit ist auf dieser Stufe so vollkommen, daß sich – wieder einmal – die Frage erhebt, warum es bei ihr nicht geblieben ist. Warum die Evolution nach all dem Ungeheuren, was sich seit dem Anfang des »Big Bang« ereignete, auch jetzt nicht zur Ruhe kam. Wie es zu verstehen sein könnte, daß sich ein weiterer Schritt anschloß, obwohl das Erreichte in sich vollendet erschien. Unsere Mythen geben darauf die Antwort, daß es die Fähigkeit zur Erkenntnis gewesen sei, zur individuellen Freiheit im Umgang mit der Umwelt und der damit verbundenen Möglichkeit von Irrtum und Schuld, die uns aus dem Paradies einer solchen Übereinstimmung mit der übrigen Natur vertrieben hätte. Diese Auskunft gehört für mich zu den eindrucksvollsten Beispielen für die Bedeutung mythologischer Aussagen als außerwissenschaftlicher Erkenntnisquelle. Denn heute, Jahrtausende nach der Zeit, in der diese Antwort formuliert wurde, beginnen wir zu entdecken, daß es genau so gewesen ist.

14. Aufbruch

Die Grenzen der Geborgenheit

Vor etwa 6–800 Millionen Jahren – eine scharfe Grenze gibt es bis auf den heutigen Tag nicht – begannen die ersten Organismen, die paradiesische Geborgenheit der bis dahin erreichten Entwicklungsstufe aufzugeben, um in neue, bislang unbekannte Dimensionen aufzubrechen. Die Frage, wie es dazu kam, hat ganz offensichtlich zwei Seiten. Die erste ist die nach dem Anlaß oder Grund, der sich dafür anführen ließe, daß die Evolution zu einer erneuten Anstrengung ansetzte. Die Frage, welcher Mangel, welche Lücke im Arsenal überlebenswichtiger Eigenschaften eines durch seine »Instinkte« mit der Umwelt verbundenen Lebewesens bestehen mochte. Denn die Evolution greift nur dort an, wo Verbesserung möglich ist.

Die zweite Frage wäre die nach dem konkreten Weg, den die Evolution einschlug, als sie über die Stufe des Zwischenhirns hinaus fortschritt. Denn auch in der Natur ist das Vorliegen einer Verbesserungsmöglichkeit allein noch nicht gleichbedeutend mit der Existenz einer Lösung. Außer nach dem Grund müssen wir daher auch nach den Möglichkeiten fragen, die sich der Entwicklung anboten, als sie zum nächsten Sprung ansetzte. Auch auf diese zweite Frage gibt es heute schon eine Antwort. Sie ist um so interessanter, als ihre Bedeutung über das hier diskutierte Problem weit hinausreicht.

Aber beginnen wir mit dem ersten Punkt: Wo liegt der Mangel, wo ist in der eben noch als »paradiesisch« bezeichneten Situation des »Zwischenhirnwesens« die schwache Stelle zu entdecken, die eine Weiterentwicklung provozierte? Worin besteht die Gefahr, die groß genug ist, um das Risiko eines neuen Anfangs zu rechtfertigen?

Die Antwort darauf ist nicht schwer zu finden. Die Gefährdung eines durch angeborene Verhaltensprogramme (»Instinkte«) mit seiner Umwelt verbundenen Organismus hat, so paradox das im ersten Augenblick klingen mag, die gleiche Ursache wie seine uns so beeindruckende Geborgenheit. Sie ist eine unausweichliche Konsequenz der Tatsache, daß das Verhalten auf dieser Stufe noch nicht auf eigener individueller Erfahrung beruht.

Der Vorteil dieser Situation besteht darin, daß allen Anforderungen und Aufgaben mit Verhaltensrezepten begegnet werden kann, die nicht bloß von einem einzelnen, sondern von den unzähligen Mitgliedern Hunderter und Tausender von Generationen der eigenen Art auf ihre Brauchbarkeit durchprobiert worden sind. Und die tödliche Gefahr dieser gleichen Situation ergibt sich daraus, daß diese so überaus sorgfältig getesteten Rezepte in dem gleichen Augenblick wertlos werden, in dem sich die Umweltbedingungen ändern, auf die sie mit solcher Sorgfalt – und dem entsprechenden Zeitaufwand – zugeschnitten worden sind.

Für dieses doppelte Gesicht der vom Instinkt bewirkten Einordnung in die Umwelt gibt es eine ganze Reihe zum Teil dramatischer Beispiele. Einige seien hier zur Veranschaulichung des grundsätzlichen Problems geschildert.

Das erste betrifft eine bestimmte Art von Meeresschildkröten in der Südsee. Diese Tiere legen ihre Eier am Strand ab, 20, 30, höchstens vielleicht 50 Meter von der Wassergrenze entfernt. Die Weibchen schaufeln mit ihren ungelenken Pfoten flache Gruben, legen ihre Eier hinein, schütten wieder Sand darüber und kehren ins Wasser zurück.

Auch das ist eine, sogar recht kompliziert zusammengesetzte Instinkthandlung. Kein Schildkrötenweibchen kümmert sich nach der Ablage jemals wieder um seinen Nachwuchs. Keines von ihnen hat jemals aus einem seiner Eier eine junge Schildkröte schlüpfen gesehen. Aber so, als ob sie wüßten, was sich einige Wochen später im Gelege abspielen wird, und als ob sie vorhersehen könnten, was in diesem Falle nottut, legen sie die Eier dort ab, wo der Sand nicht mehr feucht, sondern trocken und von der Sonne erwärmt ist. Aber doch auch wieder nicht so weit von der Brandung entfernt, daß ein Schildkrötenbaby unmittelbar nach dem Schlüpfen zu große Mühe hätte, das Wasser zu erreichen.

Selbstverständlich wissen die Weibchen von all dem nichts. Sie werden vom Instinkt gesteuert, einem angeborenen Verhaltensprogramm, das, wie ausführlich begründet, als der Niederschlag von Erfahrungen anzusehen ist, welche nicht das einzelne Individuum, sondern seine Art gemacht hat. Aber das ist noch nicht das ganze Beispiel, das uns hier weiterhelfen kann. Interessant werden die Dinge, wenn wir uns ansehen, wie es den jungen Schildkröten ergeht, wenn sie, vom warmen Sand ausgebrütet und ganz auf sich allein gestellt, aus dem Ei schlüpfen.

Die Szene ist dramatisch. Ohne Zögern und Zaudern strampeln sich die winzigen Tiere vom Sand frei, um anschließend mit unfehlbarer Zielstrebigkeit auf die Brandungszone loszumarschieren, in Richtung auf das Wasser, das sie noch nie gesehen haben. Das geschieht in sichtlicher Hast. Die Eile hat einen guten Grund. Einen Grund übrigens, den die jungen Schildkröten, erst einige Minuten auf der Welt, mangels eigener Erfahrung auch nicht kennen dürften. In der Luft über ihnen beginnen sich in diesem Stadium, angelockt von dem von Minute zu Minute zunehmenden Gewimmel im Sand, Möwenschwärme zu sammeln.

Nach einigem Kreisen und Beobachten schießt endlich die erste Möwe im Sturzflug herunter und erlegt mit ihrem mächtigen Schnabel das erste Opfer auf seinem Eilmarsch zwischen Gelege und rettendem Wasser. Augenblicke später ist der ganze Strand bedeckt von Möwen, die sich flatternd und kreischend um die wehrlosen Schildkrötenjungen streiten. Ihre Streitlust allein führt dazu, daß wenigstens ein kleiner Teil der Beute in dem allgemeinen Durcheinander schließlich doch noch das rettende Wasser erreicht und entkommen kann.

Wer den Ablauf dieses sich jährlich wiederholenden Dramas einmal durchdenkt, der wird die Kehrseite »instinktiver Geborgenheit« nie wieder vergessen. Daß die jungen Schildkröten sofort nach dem Schlüpfen zielbewußt dem Wasser zustreben, daß sie also gleichsam wissen, wohin sie gehören, obwohl niemand es ihnen gesagt hat, das ist die eine Seite. Das ist die Seite der Medaille, angesichts derer wir mit heimwehartigen Gefühlen an eine Harmonie, eine Übereinstimmung mit der Natur zurückzudenken versucht sind, die uns paradiesisch erscheint und die uns für alle Zeiten verloren gegangen ist.

Aber die Möwenschlacht, die sich im nächsten Augenblick entwickelt, sollte genügen, uns von nostalgischen Anwandlungen dieser Art zu kurieren. Denn diese Katastrophe ist ebenfalls eine direkte Folge davon, daß sich die ganze Szene ausschließlich auf dem Boden angeborener Erfahrung abspielt.

Man wird die Vermutung wagen dürfen, daß die Schildkröten sich die Eiablage auf dem trockenen Land in einer Epoche der Vergangenheit »angewöhnt« haben, als es dort noch keine ernstzunehmenden Feinde ihrer Art gab. Vögel gibt es erst seit höchstens 150 Millionen Jahren, Schildkröten sind fast doppelt so alt. Die Selektion begünstigte diese Tendenz durch den Überlebenserfolg der Nachkommen jener Weibchen, die so verfuhren.

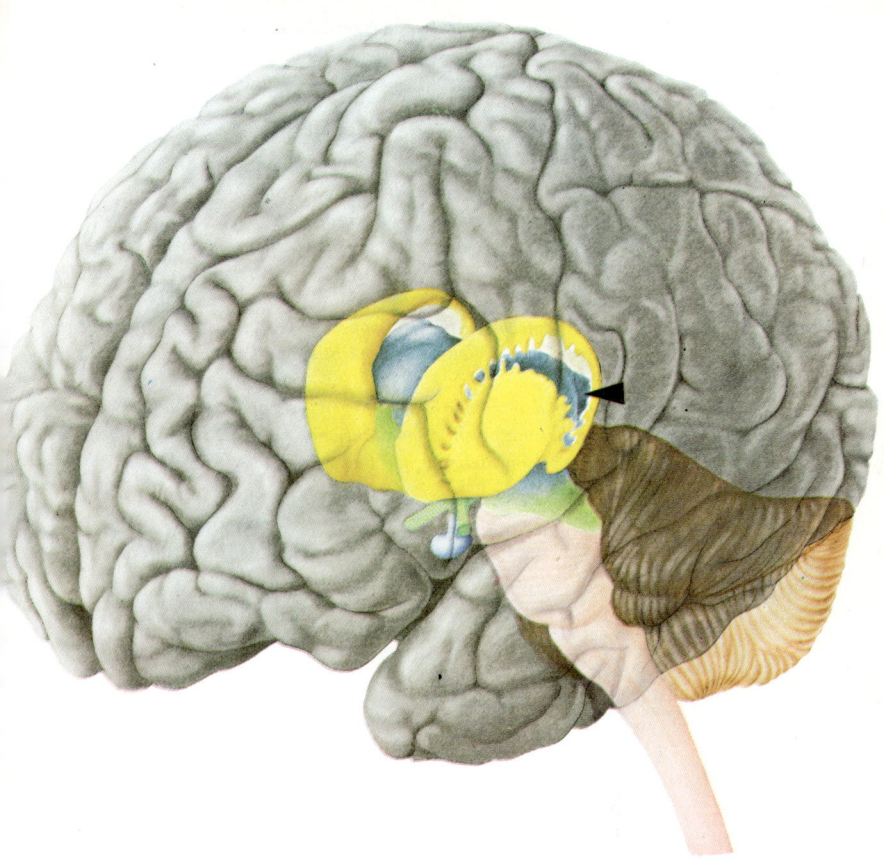

Abbildung 1

Das menschliche Gehirn, durchsichtig gezeichnet, um eine Anschauung des inneren Aufbaus dieses kompliziertesten unserer Organe zu vermitteln.

Der bei weitem größte Anteil entfällt auf das Großhirn, das nicht weniger als ⁷/₈ der Gesamtmasse unseres Zentralnervensystems ausmacht und dessen stark gefaltete Rinde etwa 10–15 Milliarden Nervenzellen auf einer Fläche von 250 000 Quadratmillimetern konzentriert. Dieser jüngste und fortgeschrittenste Hirnteil bildet die körperliche, materielle Grundlage unseres bewußten Erlebens. Darunter liegt, vom Großhirn heute völlig überwachsen, das Zwischenhirn, dessen verschiedene Teile hier gelb (Steuerungszentren für angeborene Bewegungsabläufe) und hellblau (Zentren zur Verarbeitung von Informationen aus der Umwelt) gezeichnet sind. Zum Zwischenhirn gehört auch noch die Hirnanhangsdrüse (blau) – zwischen den beiden Sehnervenstümpfen (grün) gelegen – als das oberste

Steuerungsorgan für den Hormonhaushalt unseres Körpers. Dieser sehr viel ältere Hirnteil stellt die körperliche Grundlage aller angeborenen (»instinktiven«) Verhaltensweisen dar, darunter auch die unserer Gefühle und Triebe. Der schwarze Pfeil weist auf das archaische »primäre Sehzentrum« (siehe S. 136).

Noch urtümlicher ist der die Verbindung zum Rückenmark herstellende untere Hirnstamm (grün und hellrot), der nicht für psychische Phänomene, sondern für die Steuerung lebensnotwendiger Stoffwechselfunktionen zuständig ist.

Die Entstehungsgeschichte und der sich aus ihr ergebende vielschichtige Aufbau des Gehirns bringen es mit sich, daß unser Erleben und Handeln nicht allein von dem rationalen Leistungen dienenden Großhirn, sondern gleichzeitig stets auch noch von der Aktivität der darunter gelegenen archaischen Hirnabschnitte gesteuert und beeinflußt wird. Die Untersuchung der Folgen dieser »anachronistischen Kooperation« zwischen Hirnabschnitten ganz unterschiedlichen Alters für unser Welterleben macht einen der Schwerpunkte dieses Buchs aus.

Das »Kleinhirn« (braun), unter dem Hinterhaupt gelegen, erkennbar an den auffallend schmalen Falten seiner Rinde, hat mit psychischen Funktionen nichts zu tun. Es bildet eine zentrale Steuerungs- und Verrechnungsstelle für alle Bewegungsabläufe.

Abbildung 2

Volvox, das erste vielzellige »Individuum« in der Geschichte des irdischen Lebens. Die kleine, mit bloßem Auge eben sichtbare Kugel besteht aus einigen tausend Algenzellen, deren Geißeln aus der gemeinsamen Gallertumhüllung nach außen ragen. Ein echtes Individuum ist Volvox insofern, als der Zusammenschluß der Zellen bei ihm im Unterschied zu den noch primitiveren Zellkolonien schon so eng ist, daß keine einzige der Zellen außerhalb des kugelförmigen Verbands mehr existieren kann. Hand in Hand damit ist es hier auch schon zum Beginn einer arbeitsteiligen Zelldifferenzierung gekommen. Bei Volvox kann nicht mehr jede Zelle alles gleich gut. Die am Vorderende gelegenen Zellen – Volvox schwimmt immer in der gleichen Richtung! – haben z. B. besonders gut ausgebildete Augenflecken, und zur Fortpflanzung durch Teilung sind nur noch ganz bestimmte andere Zellen befähigt, die im Inneren die auf dem Mikrophoto deutlich sichtbaren Tochterkugeln bilden. (Foto: Ludwig Kies, Hamburg)

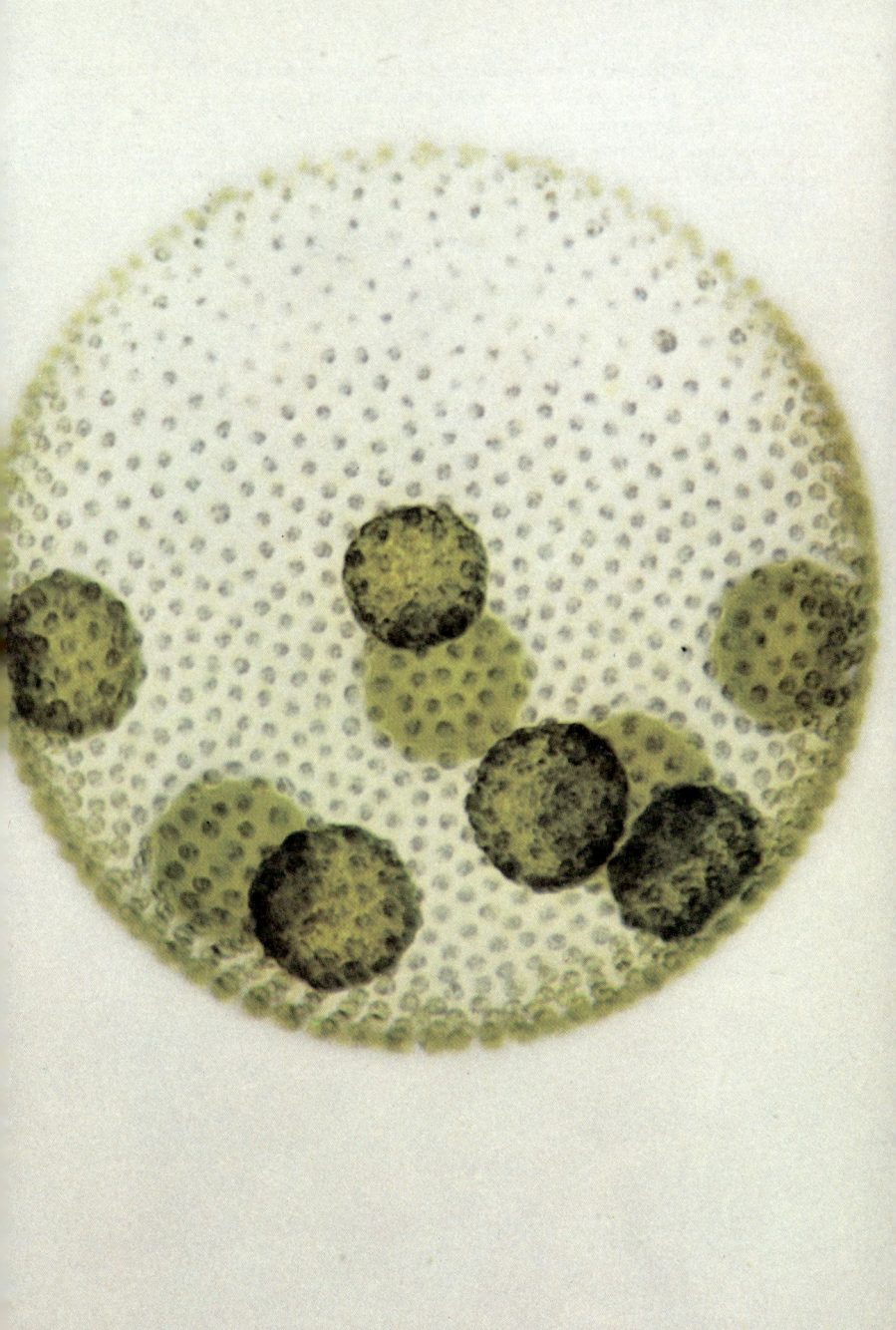

Abbildung 3
Mikrophoto einer Gewebskultur sogenannter Astrozyten aus einem menschlichen Gehirn. Es handelt sich hier um die Zellen eines Hirntumors. Nur mit diesen ist es bisher gelungen, Hirnzellen im Laboratorium am Leben zu erhalten und weiterwachsen zu lassen, wobei dann dreidimensionale Nervengeflechte entstehen, die einen anschaulichen Eindruck von der Kompliziertheit des in unserem Kopf auf engstem Raum untergebrachten Nervennetzes vermitteln können. (Foto: G. Kersting, Bonn)

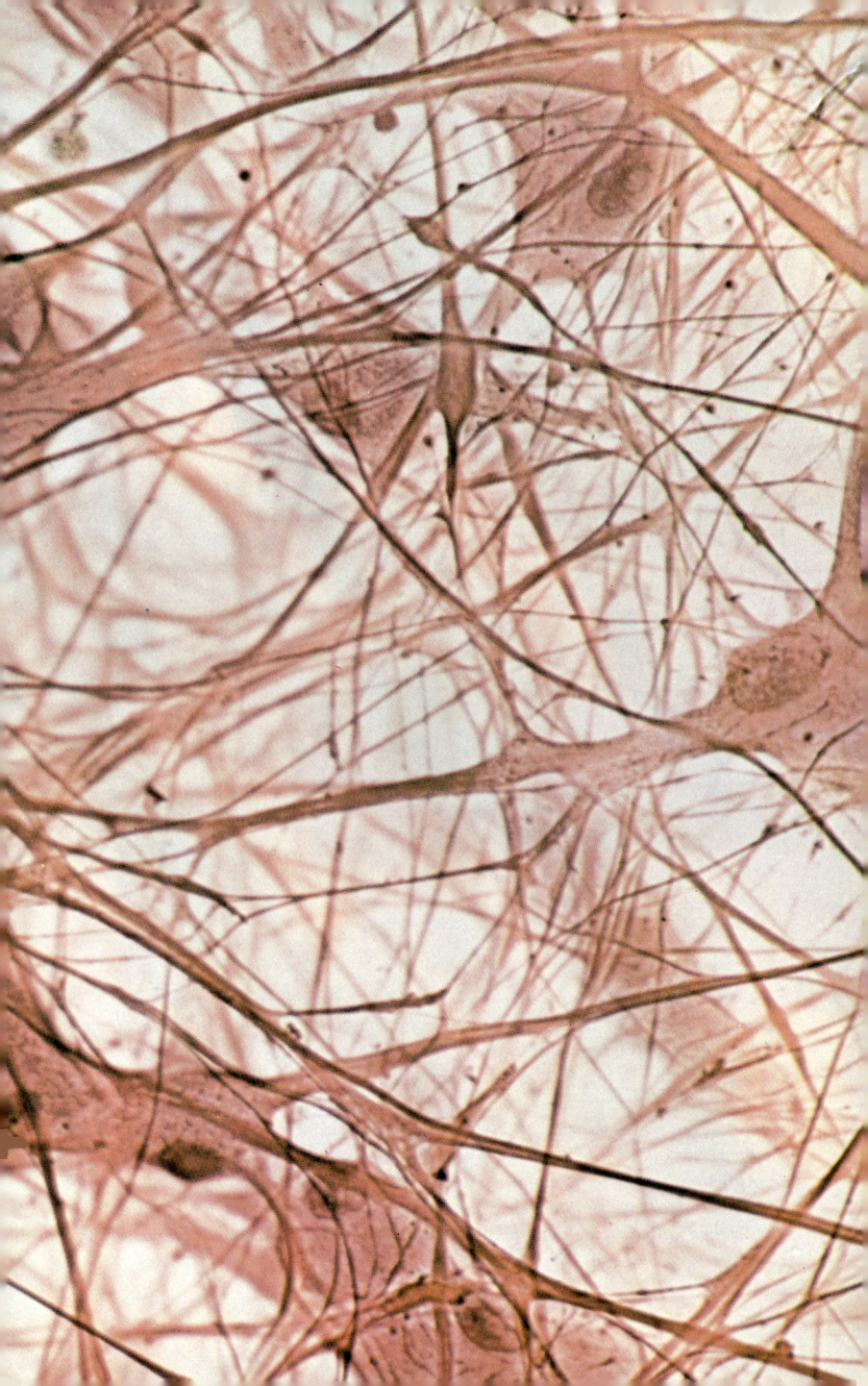

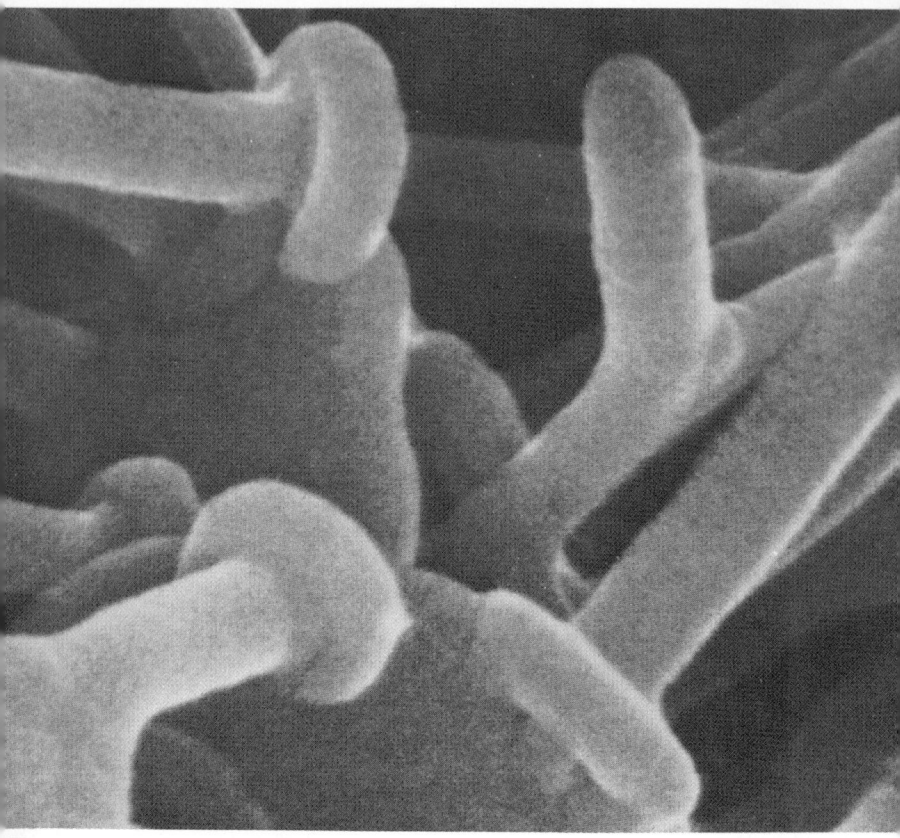

Abbildung 4

Die scheibchenförmigen Auftreibungen an den Enden einzelner Nervenzellfortsätze sind sogenannte »Synapsen« (siehe S. 62). Sie bilden hochspezialisierte Kontaktflächen, die an den Leibern anderer Nervenzellen haften und die Verbindung zwischen verschiedenen Hirnzellen herstellen. Versuche aus den letzten Jahren sprechen dafür, daß die Neubildung solcher Synapsen spezifische »Schaltmuster« im Gehirn entstehen läßt und daß es Veränderungen dieser Art sind, mit deren Hilfe wir bestimmte Fähigkeiten »lernen« und »behalten« können.

Die Aufnahme wurde mit einem speziellen Elektronenmikroskop hergestellt, das eine plastische Darstellung gestattet. Der Durchmesser der Synapsen-»Scheiben« beträgt etwas mehr als die Hälfte eines tausendstel Millimeters. (Foto: Edwin R. Rewis; Thomas E. Everhart; Yehoshua Y. Zeevi)

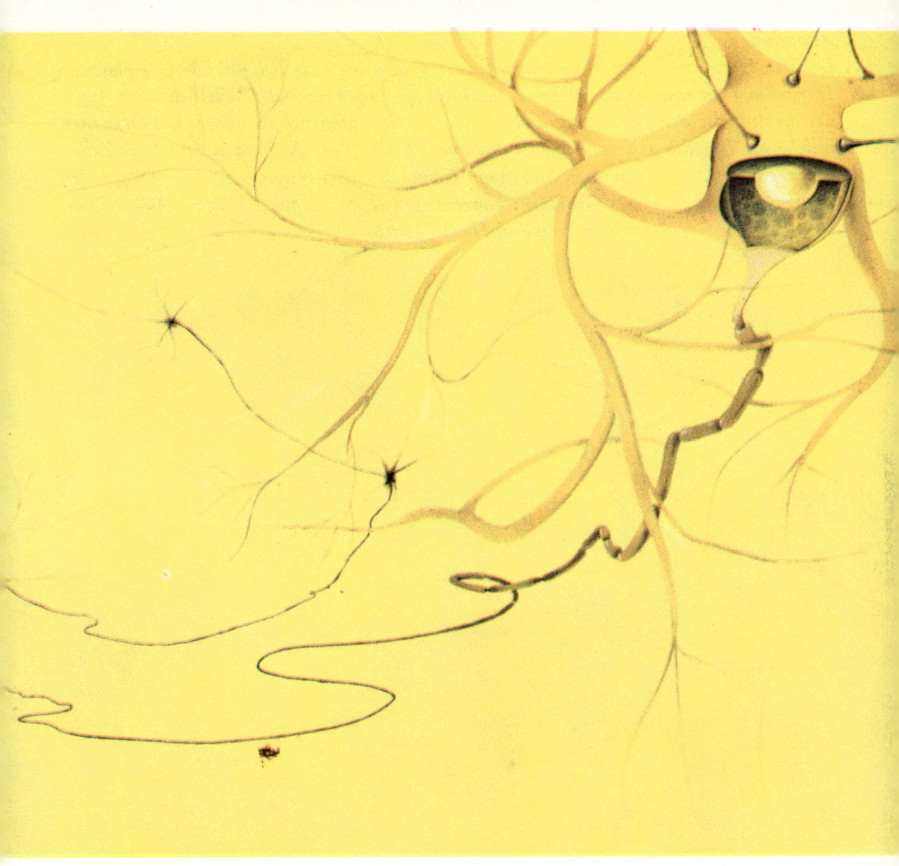

Abbildung 5
Schematische Darstellung einer typischen Nervenzelle. Rechts oben der Zelleib mit Zellkern und Organellen. Auf der Zelloberfläche liegen drei Synapsen, auf einem ableitenden »Dendriten«-Fortsatz eine vierte, die Kontakte zu Nachbarzellen herstellen. Ein einziger Hauptfortsatz, der »Neurit«, leitet von der Zelle ausgehende Impulse an eine entfernte Nervenzelle, alle anderen Fortsätze, die »Dendriten«, dienen zum Empfang der von anderen Zellen ausgehenden Impulse.

Abbildung 6
Isolierte Nervenzelle in vieltausendfacher Vergrößerung (wie bei Abbildung 4 plastische Darstellung mit einem Rasterelektronenmikroskop). Oben rechts der Zelleib mit dem Ansatz des die Impulse der Zelle weiterleitenden Neuriten, unten sich verzweigende Dendriten, welche die Impulse anderer Zellen aufnehmen. Etwa 10–15 Milliarden derartiger Zellen, deren jede ein kleiner Kosmos für sich ist mit Zehntausenden der verschiedensten Organellen, sind in der Rinde unseres Großhirns konzentriert. (Foto: Lennart Nilsson. Aus: Nilsson, Unser Körper – Neu gesehen. Freiburg: Herder [3] 1976)

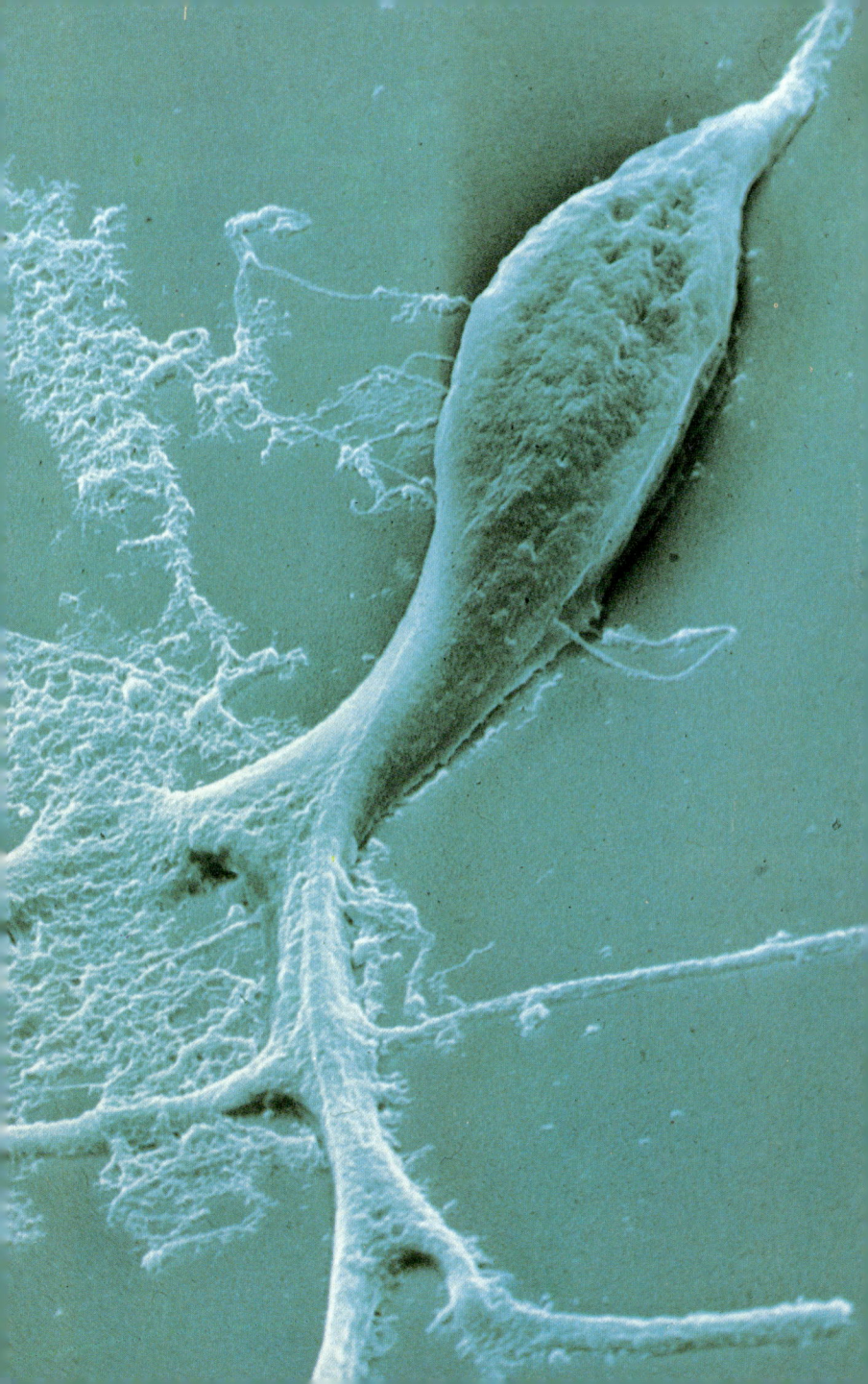

Abbildung 7

Nervenzellen sind nicht nur »zum Denken« da. Daß die Funktion einzelner Zellen noch nichts mit psychischen Vorgängen zu tun hat, wird am anschaulichsten durch das Klein-hirn belegt (siehe auch Abbildung 1). Auch in ihm sind Hunderte von Millionen Nervenzellen auf engstem Raum zusammengefaßt, die insgesamt aber keine psychischen Phänomene bewirken, sondern so etwas wie einen gewaltigen Verrechnungsapparat bilden, der alle Bewegungsabläufe, deren Abstimmung mit den Meldungen der Gleichgewichtsorga-ne und die ständig wechselnde Haltung aller Körperteile zueinander in Beziehung setzt und koordiniert. Erst der »Schaltplan«, die Art des Zusammenwirkens der einzelnen Zellen, entscheidet über die Funktion des Organs. Auf der Abbildung 7 ist eine typische Kleinhirnzelle dargestellt, die vom Experten zwar als solche zu erkennen ist, sich aber in ihrem Aufbau von anderen Nervenzellen nicht grundsätzlich unterscheidet. (Foto: Lennart Nilsson. Aus: Nilsson: Unser Körper – neu gesehen. Freiburg: Herder³ 1976)

Abbildung 8

Der Süßwasserpolyp Hydra ist der Prototyp eines urtümlichen Vielzellers mit bereits deutlich ausgeprägter Arbeitsteilung zwischen je nach ihrer speziellen Funktion ganz unterschiedlich gestalteten Zellbausteinen. Entsprechend vielseitig sind auch die durch Reflexketten bewirkten Aktions- und Verhaltensmöglichkeiten des nur wenige Millimeter langen Organismus. Die Analyse der Leistungen von Hydra hat in den letzten Jahren erste Einblicke in die Entstehung elementarer Verhaltensweisen ermöglicht. (Foto: Heinz Schneider, Landau)

Abbildung 9

Wenn man das kleine weiße Kreuz im mittleren der drei farbigen Kreise bei guter Beleuchtung etwa eine Minute lang genau fixiert und anschließend sofort auf eine weiße Fläche blickt, sieht man ein sogenanntes »Nachbild«: drei Kreise, die jetzt in den im Vergleich zur Vorlage »komplementären« Farben getönt sind.

Das Phänomen ist auf einen Ermüdungseffekt spezifischer Farbrezeptoren in unserer Netzhaut zurückzuführen. Die Empfindung »weiß« entsteht durch eine gleichmäßige Erregung aller Farbrezeptoren. Wird ein Teil von ihnen durch längeres Fixieren der Vorlage erschöpft, so überwiegt anschließend die Aktivität der nicht beanspruchten Rezeptoren, wodurch in unserem Erleben der durch sie normalerweise übermittelte Farbwert vorübergehend in den Vordergrund tritt.

Das Auftreten derartiger Nachbilder ist ein erster Beweis dafür, daß bestimmte von uns wahrgenommene Eigenschaften der Welt nicht objektiv existieren, sondern – wie in diesem Fall bestimmte Farbtönungen – Zutaten unseres Wahrnehmungsapparats sind.

Abbildung 11

Ein senkrechter Schnitt, genau von vorn nach hinten geführt, trennt die rechte von der linken Hirnhälfte und legt das Zwischenhirn frei, das hier hellblau gezeichnet ist. In ihm sind auch beim Menschen noch Jahrmillionen alte Erfahrungen erblich gespeichert, die ohne unser Zutun und in der Regel unbemerkt unser Denken und Verhalten beeinflussen. Da man mit Menschen nicht experimentieren kann, ist über die Lokalisation bestimmter Verhaltensweisen in unserem Zwischenhirn naturgemäß noch immer wenig bekannt. Beobachtungen bei Operationen und Störungen bei manchen Hirnerkrankungen geben aber gewisse Hinweise. So weiß man heute, daß bei einer Reizung des roten Punktes heftige Angstzustände auftreten. Die blau markierte Stelle löst Bewegungsdrang aus, während im Gegensatz dazu der braune Punkt eine Antriebsdämpfung bewirkt. An der schwarzen Stelle ist ein Zentrum zur Auslösung von Hunger anzunehmen, während das im Bereich des grün markierten Gebiets gelegene Zellareal wahrscheinlich unseren Schlaf-Wach-Rhythmus steuert. Es ist mit Sicherheit anzunehmen, daß auch die angeborenen Komponenten unseres sexuellen Verhaltens ebenso wie die unserer anderen Triebe in der Gestalt ererbter und festliegender »Schaltmuster« an bestimmten Stellen unseres Zwischenhirns repräsentiert sind. Aus den oben genannten Gründen ist ihre genaue Lokalisation aber bisher noch nicht endgültig gesichert.

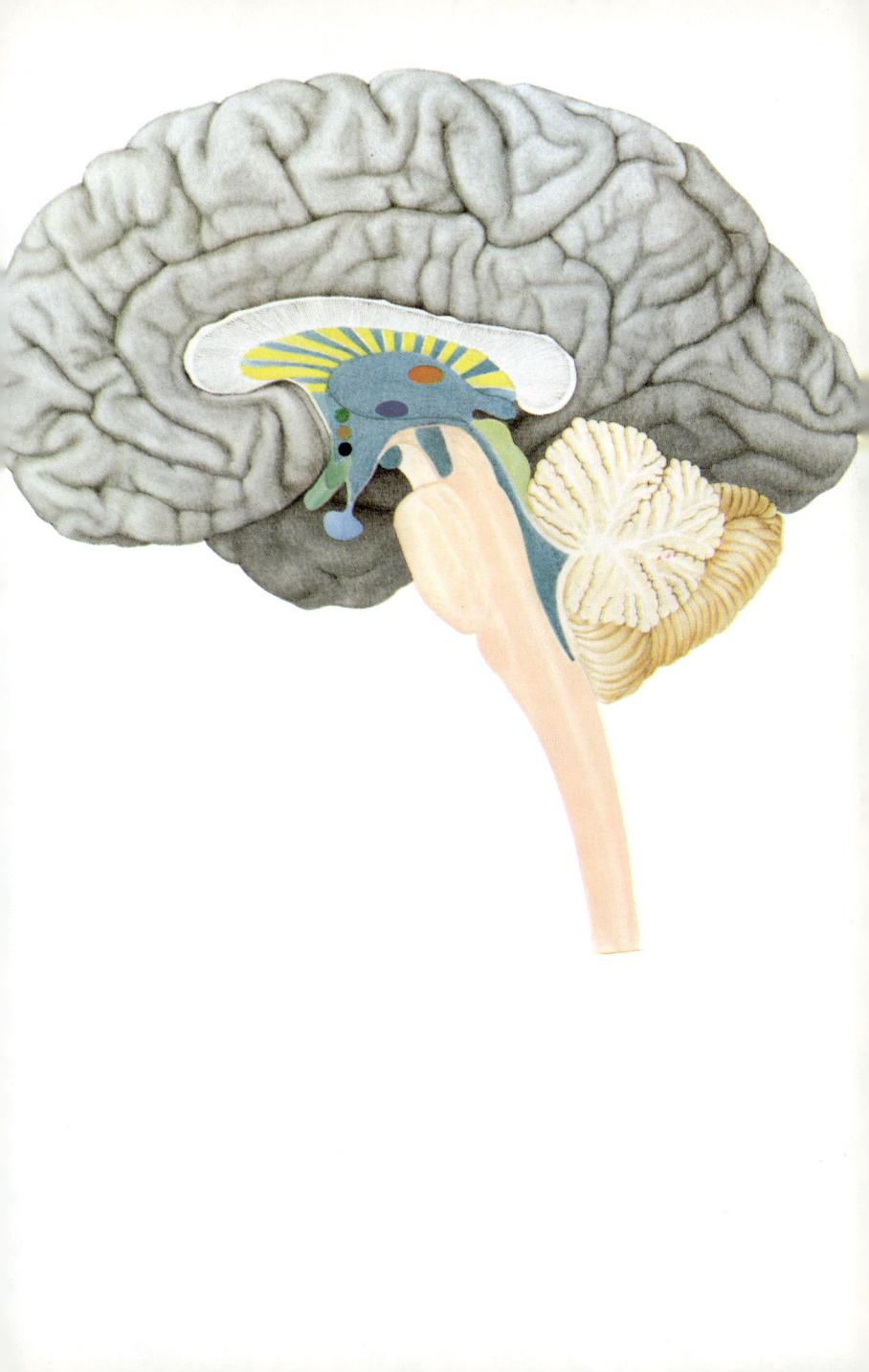

Abbildung 12

Die sogenannten Attrappenversuche, mit denen die Biologen angeborene Verhaltensweisen bei Tieren untersuchen, demonstrieren gleichzeitig, daß die meisten Tiere die Welt völlig anders sehen und erleben, als wir selbst. Die Farbtafel liefert dafür drei Beispiele.

Ganz oben die naturgetreue Nachbildung eines Stichlingsweibchens, darunter eine primitive Nachahmung, bei der jedoch der laichtragende Bauch übertrieben betont ist. Bietet man einem Stichlingsmännchen beide Attrappen an, so wählt es für seine Werbungsversuche in jedem Fall die untere Nachbildung aus, die für unser Erleben mit dem Original kaum noch Ähnlichkeit hat.

Auch in den beiden anderen Fällen wird die für uns jämmerliche Nachbildung der originalgetreuen vorgezogen: In der Mitte links ein ausgestopftes Rotkehlchen, dem jedoch als Jungvogel noch der rote Farbfleck auf der Brust fehlt, rechts einfach ein Knäuel roter Federn. Unten links ein Kaisermantel-Weibchen, dem vom arteigenen Männchen die rotierende Walze rechts vorgezogen wird, bei der der Wechsel von hellen und dunklen Feldern optisch in besonders prägnanter Form den Helligkeitswechsel hervorruft, der unter normalen Umständen vom Auf und Ab des Flügelschlags des Weibchens erzeugt wird.

Abbildung 13

Der amerikanische Kinderpsychologe Lee Salk stellte vor einigen Jahren fest, daß Mütter ihre neugeborenen Kinder in vier von fünf Fällen auf dem linken Arm tragen, und zwar unabhängig davon, ob es sich um Rechts- oder Linkshänder handelt. Eine Auswertung von mehr als 600 Mutter-Kind-Darstellungen aus allen Epochen der Kunstgeschichte ergab die gleiche Seitenbevorzugung. Die hier gezeigten Beispiele sind in dieser Hinsicht also repräsentativ. Die Ursache ist eine unbewußt bleibende instinktive Neigung, dem Kind einen Platz in der Nähe des mütterlichen Herzens zu sichern, dessen Schlagen auf den Säugling einen beruhigenden Einfluß hat.

Oben links: Van Dyck-Schüler, Die Jungfrau mit der Rose, 1496 (Bildarchiv Preußischer Kulturbesitz, Berlin); oben rechts: Fresken der Westempore im Dom zu Gurk, um 1230 (Hirmer, München); unten: Fresken in der Kirche San Silvestro in Tivoli, 12./13. Jahrhundert (Hirmer, München).

Abbildung 14
Ausschnitt der menschlichen Großhirnrinde. Die Aufnahme läßt die starke Windungs- und Furchenbildung dieses jüngsten Hirnteils gut erkennen, die eine Folge seiner gewaltigen Vergrößerung im Verlaufe der letzten Jahrmillionen ist. Der abgebildete Ausschnitt dürfte etwa eine Milliarde Nervenzellen enthalten, von denen jede mit mehreren tausend Nachbarzellen verbunden ist. Die in diesem unvorstellbar komplizierten Netzwerk ständig ablaufenden elektrischen, biochemischen und molekularen Vorgänge stellen die körperliche Grundlage alles dessen dar, was wir denken, fühlen und erleben. (Foto: Lennart Nilsson. Aus: Nilsson: Unser Körper – neu gesehen. Freiburg: Herder ³1976)

Abbildung 15

Auf dieser Darstellung der linken Großhirnhälfte sind die sogenannten »Zentren« farbig gekennzeichnet, jene Teile der Hirnrinde, die für bestimmte Funktionen verantwortlich sind. Keines dieser Zentren ist auf der natürlichen Hirnoberfläche zu sehen (vgl. dazu Abbildung 14), sie alle haben sich erst in jahrzehntelangen Untersuchungen und Vergleichen angesichts der Folgen umschriebener Verletzungen feststellen lassen.

Etwa in der Mitte verläuft senkrecht von unten nach oben die orangefarben markierte »motorische Region«, von der aus alle willkürlichen Muskelbewegungen gesteuert werden. Vorn unten schließt sich ihr das nur einseitig (bei Rechtshändern in der linken Hirnhälfte gelegene) motorische Sprachzentrum an (rot).

Parallel dazu verläuft etwas weiter hinten die »Körperfühlsphäre« (lila), von der alle Körperempfindungen registriert werden. Am Hinterkopf liegt das Sehzentrum (hellblau), das für unser Sehvermögen verantwortlich ist. Das zwischen Körperfühlsphäre und Sehzentrum gelegene Rindenareal (braun) ist für die Raumorientierung, Rechts-Links-Unterscheidung sowie für das Rechenvermögen zuständig. Diese Funktionen haben eine besonders interessante Entstehungsgeschichte, die im Text im einzelnen dargestellt wird.

Im Schläfenlappen liegt das Hörzentrum (Mitte unten, violett), dessen Funktion die Voraussetzung nicht nur für das Erleben aller Geräusche und Klänge, sondern auch für das Sprachverständnis ist.

Das in unserem Schema grün getönte Stirnhirn ist der jüngste, nur beim Menschen in dieser Ausdehnung entwickelte Teil des Großhirns (vgl. Abbildung 16). Jahrzehntelang galt es in der Hirnforschung unter diesen Umständen als großes Rätsel, daß gerade dieser Teil des Großhirns weitgehend »stumm« ist, daß seine Verletzung oder Reizung also in den meisten Fällen ohne nachweisbare Symptome bleibt. Die wahrscheinliche Auflösung dieses Rätsels ergibt sich erst aus einer entwicklungsgeschichtlichen Betrachtung des Gehirns und seiner Funktionen.

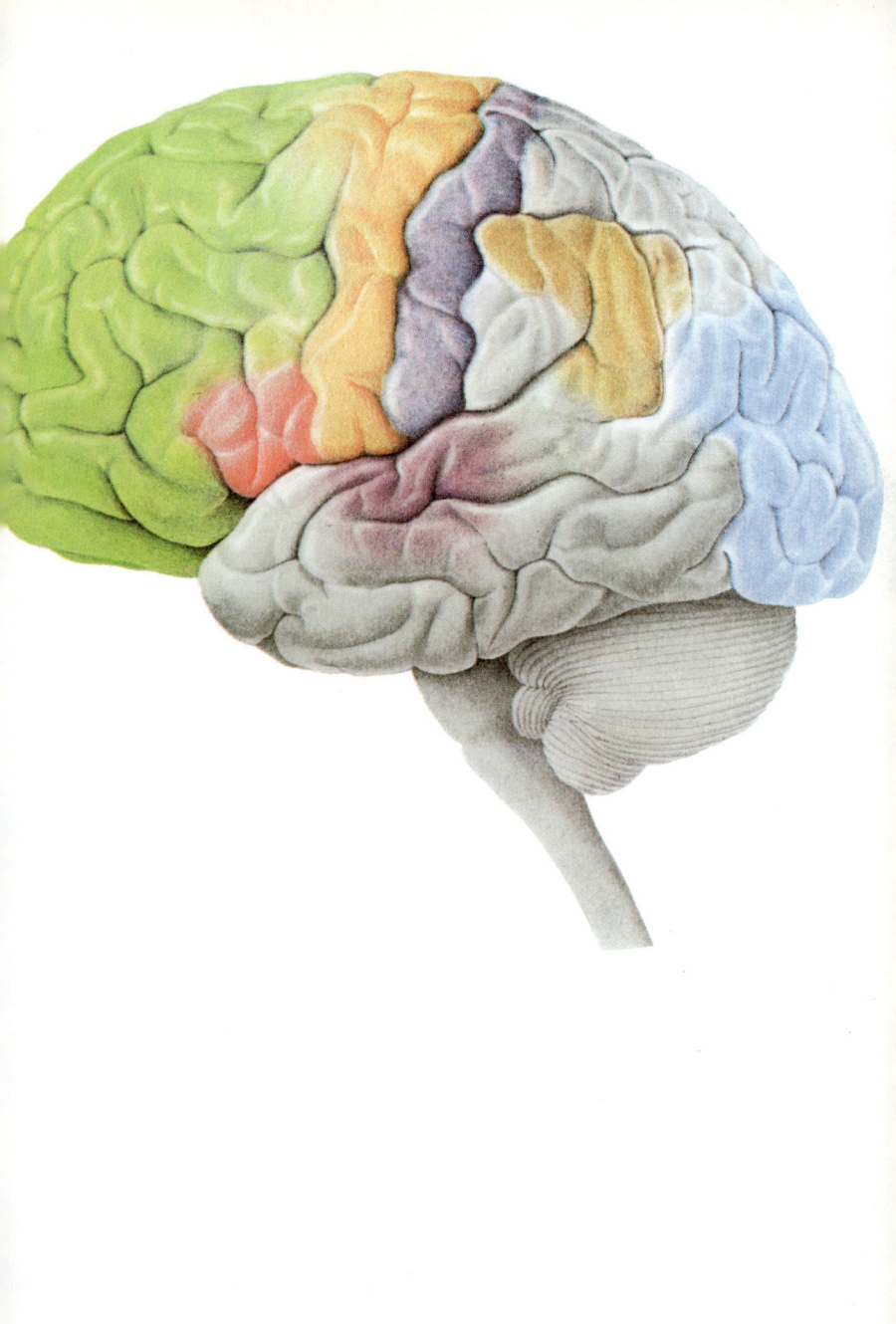

Abbildung 16
Der Vergleich zwischen den Gehirnen unterschiedlich weit entwickelter Arten liefert auch heute noch Hinweise auf den Entwicklungsweg, den unser eigenes Gehirn hinter sich gebracht hat. Die neurophysiologische und ethologische Untersuchung von Gehirnen und Tieren unterschiedlicher Entwicklungshöhe erlaubt darüber hinaus auch Rückschlüsse auf die Entstehungsgeschichte bestimmter Funktionen, Leistungen und Fähigkeiten.

Das Schema skizziert anhand einiger weniger Beispiele die langsame Entstehung des Großhirns auf dem Fundament älterer, auch bei uns noch existierender Hirnteile.

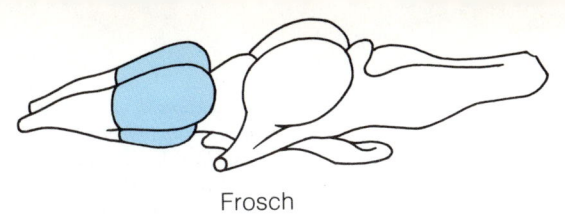

Frosch

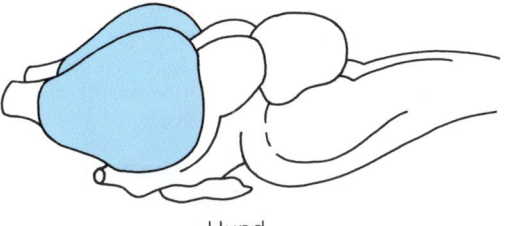

Hund

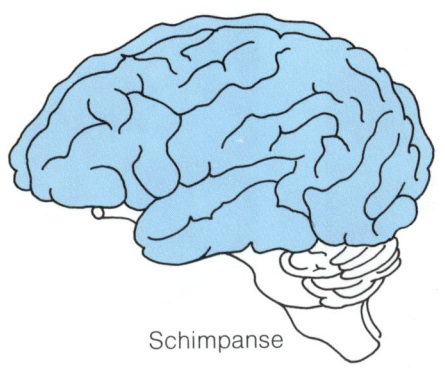

Schimpanse

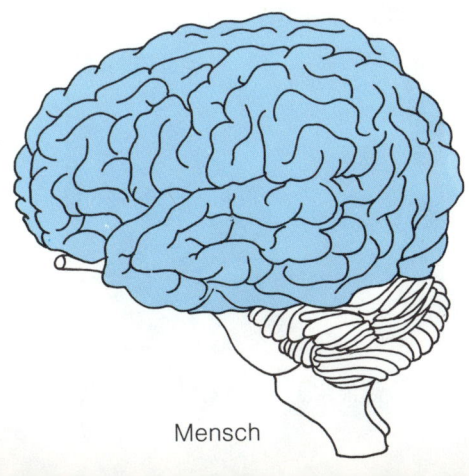

Mensch

Abbildung 17

Untere Bildreihe: Hand in Hand mit der Höherentwicklung des Zentralnervensystems sind die Augen im Kopf aus einer ursprünglich seitlichen mehr und mehr in eine frontale Position gewandert. Der Vergleich zwischen Arten unterschiedlicher Entwicklungshöhe läßt die Phasen dieser Wanderung rekonstruieren. Bei jedem Menschen wiederholt sich dieser evolutionäre Wandel wie im Zeitraffer während der drei ersten Monate der Embryonalentwicklung. (Fotos: Atelier Koch, Bremen).

Rechts: Der Fortschritt besteht in der laufenden Vergrößerung des Gesichtsfeldanteils (dunkelblau), der von beiden Augen gemeinsam erfaßt wird. Diese Überlappung der Gesichtsfelder – unter Verzicht auf eine optische »Sicherung« nach hinten! – war die entscheidende Voraussetzung für die Entstehung des stereoskopischen, unmittelbar räumlichen Sehens.

Embryo, 2 Monate

Anfang des 3. Monats

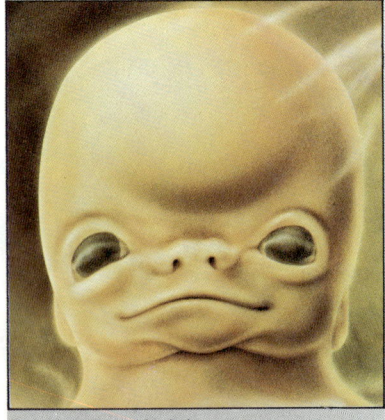

Ende des 3. Monats

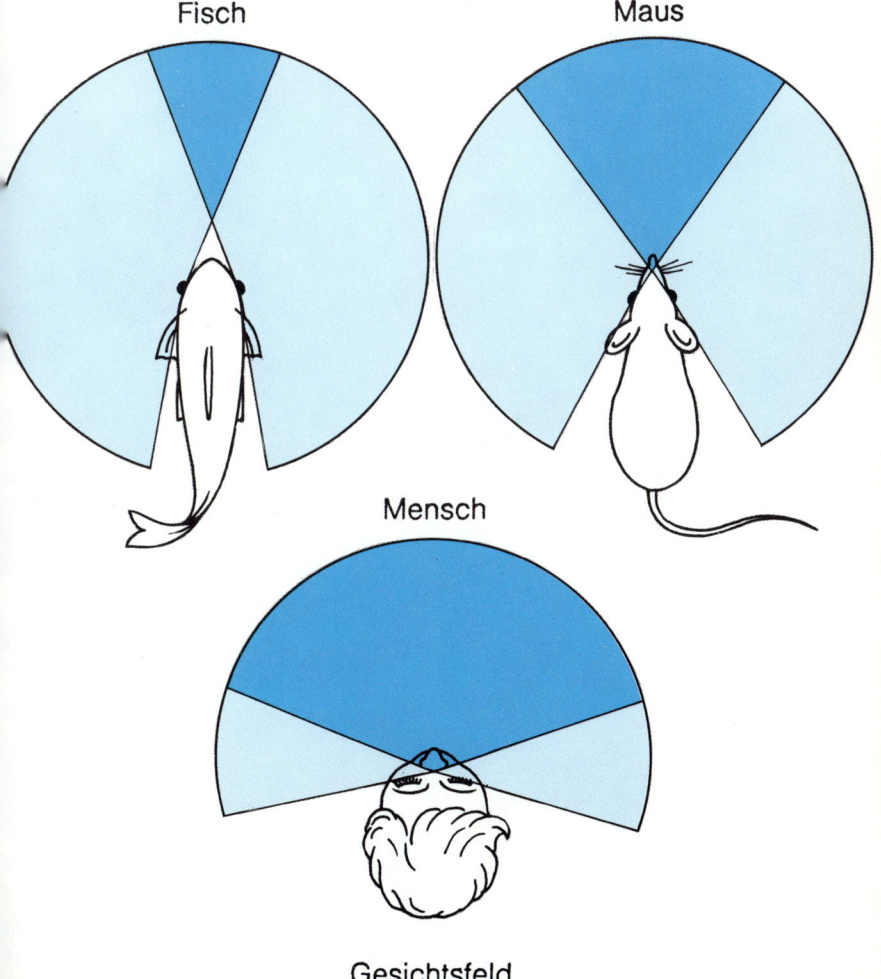

Fisch

Maus

Mensch

Gesichtsfeld

Nach einiger – für unsere Maßstäbe: sehr langer – Zeit bestand die Art daher schließlich nur noch aus Tieren, die auf Grund genetischer Veranlagung auf eine Eiablage im trockenen Sand in einer bestimmten Entfernung von der Wassergrenze programmiert waren. Dies ist die einzige Methode, nach der eine Art »lernen« kann. Dabei werden alle Individuen geopfert, die genetisch nicht in die von der Selektion jeweils vorgezeichnete »Schablone« passen.

Anders geht es nicht, da vorerst noch kein einziges Individuum in der Lage ist, selbst Erfahrungen zu machen, zu »lernen«, was nichts anderes heißt als: sein Verhalten auf Grund von Erfahrungen zu ändern. Von Generation zu Generation bleiben bevorzugt die übrig, die durch den Zufall einer passenden Mutation den Anforderungen der Selektion – ihrem »Suchschema« – ein klein wenig näherkommen als der Durchschnitt. Dadurch verschiebt sich ganz allmählich der Durchschnitt selbst, bis schließlich eine Art mit neuen Eigenschaften entstanden ist. Die Art hat dann »etwas Neues gelernt«.

Die Schildkröten haben das bisher ganz offensichtlich nicht zum zweiten Mal geschafft. Die Bedrohung des eigenen Nachwuchses durch das unvorhersehbare Auftauchen von Möwen in dem für die Eiablage bis dahin idealen Areal stellt eine Änderung der Umweltbedingungen dar, an die eine erkennbare Anpassung bis heute nicht erfolgt ist. Und da keine einzelne Schildkröte in der Lage ist, aus dem Desaster, das sich da Jahr für Jahr wiederholt, etwas zu lernen und ihr Verhalten entsprechend zu ändern, wird das Gemetzel auch in Zukunft andauern.

Beispiele wie dieses sind sehr selten. Das ist einfach zu erklären. In der Regel besteht die Quittung für das Ausbleiben einer Anpassung an die Änderung lebenswichtiger Umweltbedingungen im Aussterben der betreffenden Art. Damit aber sind die »warnenden Beispiele« nach kürzester Zeit buchstäblich vom Erdboden verschwunden. Im Falle der Schildkröten scheint ein glücklicher Zufall es so gefügt zu haben, daß die durch die »Uneinsichtigkeit« der Möwen überlebende Quote gerade noch groß genug ist, den Bestand der Art zu sichern.

Denn auch die Möwen sind ja lernunfähig. In ihrem triebhaften Jagdinstinkt und als Folge des ihnen ebenfalls angeborenen Futterneids bringen sie es nicht fertig, auf zeitraubende Auseinandersetzungen zu verzichten und von dem plötzlichen Überangebot einen in ihrem Sinne optimalen Gebrauch zu machen. So daß hier die durch die Starrheit instinktiven Verhaltens heraufbeschworene Gefahr durch den gleichen Mangel beim Kontrahenten wieder ausgeglichen wird.

Grotesker und damit noch handgreiflicher zeigt sich die Kehrseite instinktiver Geborgenheit beim folgenden Beispiel. Das ist deshalb so, weil es sich dabei offenbar um einen historisch außerordentlich jungen Fall handelt, um eines jener Beispiele, die sich nur über einen relativ kurzen Zeitraum hinweg beobachten lassen, weil sie mit dem Überleben der Art nicht vereinbar sind.

Ich habe die Geschichte in einem meiner früheren Bücher in anderem Zusammenhang schon einmal beschrieben (34), will das aber hier erneut tun, weil sie besonders instruktiv ist. Es handelt sich um das aufschlußreiche Schicksal, das einen von sowjetischen Zoologen in Sibirien entdeckten Stamm von Wildgänsen betroffen hat. Noch eben war von der Geborgenheit die Rede, die in der jahreszeitlichen Wanderung eines Zugvogels zum Ausdruck kommt. Die Gänse der sibirischen Barabasteppe können uns lehren, die Grenzen dieser Geborgenheit zu erkennen.

Die Katastrophe ergibt sich in diesem Falle daraus, daß es keine Macht der Erde gibt, die die Gänse dieses Stamms davon abhalten könnte, in jedem Herbst zwei Wochen zu früh in ihr 3 ½ tausend Kilometer weiter im Süden gelegenes Winterquartier aufzubrechen. Katastrophal ist das deshalb, weil das unwiderstehliche Signal einer unteren Grenze der Tageslänge den Zugtrieb bei den Tieren auslöst, bevor sie ihre Mauser abgeschlossen haben. Die Federn sind noch nicht so weit wieder nachgewachsen, daß die Gänse fliegen könnten, wenn der »Befehl« kommt.

Da man sich jedoch einem instinktiven Befehl auf gar keine Weise widersetzen kann, solange man nicht über ein ausreichend entwickeltes Großhirn verfügt, haben die Gänse keine Wahl. Sie brechen auf. Da sie noch nicht fliegen können, setzen sie sich zu Fuß in Marsch. Und so wälzt sich in jedem Herbst eine Armee von einigen zehntausend Gänsen zielstrebig nach Süden durch die Steppe, in Richtung auf das mehrere tausend Kilometer entfernte Ziel. Erschöpfung und Raubtiere dezimieren die Kolonne, bis endlich, zwei Wochen später und nur etwa 160 Kilometer weiter südlich, die Federn groß genug sind. Die Überlebenden der mörderischen Strapaze können sich jetzt in die Luft erheben und den »Rest« der Strecke in der für einen Zugvogel üblichen Weise ohne besondere Schwierigkeiten hinter sich bringen.

In diesem Falle scheint ein zivilisatorischer Eingriff in die Landschaft, möglicherweise ein großes Flußregulierungsprojekt, die Gänse vor einigen Dutzend Jahren aus ihrem angestammten Quartier vertrieben zu haben. Erst einige hundert Kilometer weiter südlich fanden sie eine neue, ihnen zusagende Heimat. Diese Ortsveränderung hatte jedoch eine fatale Konsequenz, von der eine Gans nichts wissen kann. Dort unten, weiter südlich, stimmt das den Zugtrieb auslösende Signal nicht mehr. Die kritische Tageslänge wird im neuen Quartier ganz offensichtlich zu früh erreicht.

Wenn die Gänse nur 14 Tage warten könnten, wäre alles gut. Aber gerade das geht eben nicht. Die »Geborgenheit« auf instinktiver Stufe, die Sicherung durch Verhaltensweisen, die man von Geburt an als Erbe mitbekommen hat, schließt die Möglichkeit aus, das eigene Verhalten auf Grund individueller Erfahrung revidieren zu können, kürzer gesagt: »lernen« zu können. Deshalb wird dieser Gänsestamm, daran besteht kein Zweifel, in absehbarer Zeit nicht mehr existieren.

Hier treten die Grenzen instinktiver Geborgenheit in aller Deutlichkeit hervor. Die Kehrseite der Medaille heißt »Lernunfähigkeit«. Das Wesen des Instinkts, der ein verläßliches Rezept für immer wiederkehrende Aufgaben darstellt, setzt die absolute Stereotypie dieser Aufgaben voraus. Extremer Konservativismus aber wirkt sich auch in der belebten Natur verheerend aus, sobald die Anforderungen sich ändern.

Als letztes sei hier noch ein besonders anschauliches und vergleichsweise harmloses Beispiel angeführt, das von Charles Darwin stammt. Er hat es in dem Tagebuch festgehalten, das er während seiner berühmten Weltreise mit der »Beagle« führte, auf der er als junger Mann von ganzen 22 Jahren alle die Beobachtungen machte, aus denen er später seine revolutionierende Abstammungslehre ableitete. Darwin beschreibt an der betreffenden Stelle das eigenartige Verhalten einer in Südamerika heimischen Vogelart, die die Eingeborenen »Casarita« nennen.

Die Tiere graben bis zu zwei Meter lange Röhren in Lehmhänge, an deren Ende sie ihre Eier legen und ausbrüten. Nun kann aber ein Instinktprogramm kurzfristige Umweltänderungen nicht berücksichtigen. Im Falle der Casarita gilt das insbesondere für die relativ dünnen Lehmmauern, mit denen die Eingeborenen in der dortigen Gegend ihre Grundstücke einzufrieden pflegen. Deshalb graben die Vögel sich immer wieder auch in die Wände dieser Mauern ein. Dabei sind sie natürlich spätestens nach 30 oder 40 Zentimetern auf der anderen Seite wieder im Freien. Aus dieser Erfahrung lernt die Casarita aber nichts. Daher gab es dort zur Zeit von Darwins Besuch Mauern, die von solchen von den Vögeln gegrabenen Löchern förmlich durchsiebt waren.

In dem Tagebuch Darwins heißt es dazu: »Es ist wohl merkwürdig zu sehen, wie unfähig diese Vögel sein müssen, irgendeinen Begriff von

Dicke zu erlangen, denn obwohl sie beständig über die niedrigen Mauern fliegend gesehen werden, fahren sie doch immer vergebens fort, sie zu durchbohren, in der Meinung, daß es eine ausgezeichnete Stelle für ihre Nester sei.«

Die Casarita wird es niemals lernen. Ebensowenig wie ein Igel jemals begreifen wird, daß er durch seine Stacheln vor einem Autoreifen nicht mit der gleichen Verläßlichkeit geschützt wird wie gegen alle anderen Bedrohungen, mit denen seine Art auf diese Weise seit Jahrmillionen fertig geworden ist. Aus dem gleichen Grunde werden Forellen auch in Zukunft weiter nach metallenen »Blinkern« schnappen, und Kuckuckskinder werden auch in tausend Jahren noch bis zur Erschöpfung von »Stiefeltern« aufgezogen werden, deren eigene Junge sie vorher umgebracht haben.

Dabei verraten alle diese Beispiele allein durch die Tatsache, daß es sie gibt, daß sie im Grunde noch harmlos sind. Bezahlt wurde die Rechnung im wesentlichen von all den unzähligen Arten, die im Verlaufe der langen Geschichte des irdischen Lebens untergegangen sind, weil ihre Mitglieder unfähig waren, sich kurzfristigen Umweltveränderungen mit der Hilfe individuell erworbener Erfahrungen anzupassen.

Gegensätze, die sich nicht ausschließen

Daß es grundsätzlich wünschenswert ist, das starre Muster angeborener Erfahrungen zugunsten der Möglichkeit individuellen Lernens aufzubrechen, um sich aktuellen Entwicklungen anpassen zu können, ist folglich leicht einzusehen. Aber das ist erst die eine Seite. Welche Möglichkeiten boten sich denn der Evolution, Organismen »das Lernen beizubringen«, die bis dahin über unvorstellbar große Zeiträume hinweg darauf gedrillt worden waren, sich fix und fertig angeborenen Verhaltensprogrammen anzuvertrauen?

Zuerst sieht das wieder verdächtig nach einer Sackgasse aus, oder doch nach einer Kehrtwendung, die den bisherigen Kurs der Entwicklung um 180 Grad änderte. Das wäre, da die Evolution in jedem Augenblick darauf angewiesen ist, mit dem Vorhandenen weiterzumachen, ein ernstes Hindernis. Und so war dieser Übergang von der Anpassung durch Instinkte zur Fähigkeit individuellen Lernens in den Augen der Evolutionsforscher bis vor kurzer Zeit auch noch eine in wesentlichen Punkten höchst dunkle Phase der Stammesgeschichte.

Bis sie dann die aufsehenerregende und wahrhaft erstaunliche Entdeckkung machten, daß angeborene und erworbene Erfahrung einander keineswegs so radikal ausschließen, wie alle Welt geglaubt hatte. Hier lag in Wirklichkeit offensichtlich wieder einmal einer jener – gerade in der Biologie gar nicht seltenen – Fälle vor, in dem man auf Grund psychologischer Voreingenommenheit einfach mit einer falschen Fragestellung an das Problem herangegangen war. Wieder einmal hatte man zu sehr in alternativen Kategorien gedacht, war man an das Problem allein unter der Perspektive »entweder – oder« herangegangen. In der belebten Natur aber wird die Entwicklung immer wieder gerade durch das Zusammenwirken von Tendenzen vorangetrieben, die sich nach den Regeln unserer Logik gegenseitig ausschließen.

Das gilt, wie die Untersucher schließlich herausfanden, auch für das Verhältnis zwischen Instinkt und Lernvermögen. Sobald man erst einmal darauf gekommen war, häuften sich die Fälle, in denen der experimentelle Nachweis gelang, daß bestimmte Fähigkeiten, obwohl ohne allen Zweifel angeboren, zu ihrer Verwirklichung dennoch auf Lernprozesse angewiesen waren. Da das zunächst völlig paradox klingt, müssen wir uns anhand einiger dieser Untersuchungen vor Augen führen, was das in der Praxis bedeutet.

Die erste und schwierigste Aufgabe eines Verhaltensforschers besteht darin, herauszufinden, welche der Verhaltensäußerungen eines Tiers angeboren und welche, etwa durch die Nachahmung erwachsener Artgenossen, erlernt sind. Der klassische Versuch zur Klärung dieser Frage ist das sogenannte Kaspar-Hauser-Experiment. Wie es bei dem geheimnisvollen Findelkind gewesen sein soll, das dem Experiment seinen Namen gab, werden die Versuchstiere so früh wie möglich nach der Geburt von ihren Artgenossen getrennt und isoliert aufgezogen. Der Sinn der Prozedur ist klar: Die für die eigene Art charakteristischen Verhaltensweisen, die ein Tier auch unter diesen Bedingungen noch an den Tag legt, müssen angeboren sein. Denn was man beherrscht, ohne es gelernt zu haben, kann nur genetisch erworben sein.

Angeboren ist, wie sich mit dieser Methode sehr rasch nachweisen ließ, etwa der typische »Gesang« vieler Vogelarten. Dorngrasmücken, die man künstlich ausbrütete und in einer schalldichten Kammer aufzog, produzierten, als sie ausgewachsen waren, alle 25 Rufe, die für ihre Art typisch sind, und darüber hinaus noch drei nicht weniger charakteristische zusammenhängende »Gesänge«. Ohne Frage ein eindrucksvolles Beispiel dafür, was alles erblich gespeichert werden kann. In diesem Falle die zeitlich korrekte Abfolge der Innervationen aller Organe, die an der Lauterzeugung beteiligt sind.

Mit Haushühnern und Kernbeißern machte man die gleiche Erfahrung. Als man die Verhältnisse bei Buchfinken überprüfte, ergab sich jedoch eine kleine Besonderheit, die sich als außerordentlich interessant erwies. Schallisoliert aufgezogene Buchfinken produzieren zwar einen Gesang, der hinsichtlich der Silbenzahl und Länge »normal« ist. Aber diesem Gesang fehlt die für natürlich aufgewachsene Buchfinken charakteristische Gliederung in drei »Strophen«. Diese Unterteilung muß also gelernt werden.

Das ist noch nichts Besonderes. Interessant wurde die Angelegenheit jedoch, als der englische Zoologe W. H. Thorpe auf den Einfall kam, den von ihm aufgezogenen Buchfinken das Pensum, das sie zu lernen hatten, mit »falschen« Vorbildern vermischt anzubieten. Er spielte seinen Versuchstieren nacheinander Tonbänder vor, von denen eines den »richtigen« Buchfinkengesang, alle anderen aber die ähnlichen Gesänge verwandter Vogelarten wiedergaben.

Während er das täglich mehrmals wiederholte, lernten seine Vögel tatsächlich. Auch das ist nicht überraschend. Bemerkenswert war jedoch der Umstand, daß die Finken sich bei jedem dieser Versuche aus dem Angebot mit unfehlbarer Sicherheit den »echten« Buchfinkengesang heraussuchten. Nur ihn nahmen sie zum Vorbild. Die übrigen Beispiele wurden von ihnen ignoriert.

Damit war eine Art der Verschränkung von Instinkt und Lernfähigkeit nachgewiesen, von der man bis dahin noch nichts gewußt hatte. Den Buchfinken war, anders ließ das Resultat sich nicht deuten, die Fähigkeit angeboren, *etwas ganz Bestimmtes lernen zu können.* Zu den ihnen angeborenen Programmen, zu den ihnen von ihrer Art genetisch mitgegebenen Fähigkeiten gehört es, daß sie auf das Angebot des für Buchfinken typischen Gesangs mit einem Lernprozeß reagieren. Angeboren ist die Fähigkeit, diesen einen Gesang als einzigen von allen sonst denkbaren akustischen Äußerungen individuell zu speichern.

Diese sehr erstaunliche angeborene Fähigkeit zu selektivem Lernen ist inzwischen bei vielen verschiedenen Arten in bezug auf ganz verschiedene Leistungen nachgewiesen und gesichert. Das komplizierteste und erstaunlichste Beispiel lieferte ein Versuch mit einem jungen Rhesus-Äffchen, dem der amerikanische Zoologe G. P. Sackett die Gelegenheit gab, aus einem Angebot von Farbdias seine eigene Auswahl zu treffen.

Wieder handelte es sich um einen »Kaspar-Hauser-Versuch«. Das

Äffchen, das man gleich nach der Geburt von seiner Mutter getrennt hatte, wuchs von allen Artgenossen isoliert in einem Spezialkäfig auf. Wie viele andere Tiere, so ist auch ein Rhesus-Affe während seiner Kindheit außerordentlich neugierig und stets darauf aus, sich neue Eindrücke zu verschaffen. Diesem Bedürfnis des Tiers kam der Experimentator auf eine sorgfältig ausgeklügelte Weise entgegen. In dem Käfig waren vier Knöpfe angebracht. Durch deren Bedienung konnte das Affenkind sich vier verschiedene Diapositive auf eine Wand seiner Behausung projizieren.

Ein Druck auf den ersten Knopf ließ das Bild eines drohenden Affenmännchens auftauchen. Knopf Nummer 2 produzierte das Bild eines Rhesuskindes, Nummer 3 das eines sich neutral verhaltenden Artgenossen, der letzte Knopf ein Landschaftsbild. Das Tier konnte sich dieser Knöpfe nach Belieben bedienen und machte davon auch regen Gebrauch, um sich in der Eintönigkeit des Käfigdaseins Abwechslung zu verschaffen. Eine Registrierapparatur verzeichnete präzise, wie oft und wie lange die verschiedenen Knöpfe bedient wurden, welche Bilder das Affenkind also mit Vorliebe zu sehen wünschte.

Die Häufigkeitskurven, mit denen das Resultat festgehalten wurde, nahmen einen sehr bemerkenswerten Verlauf. In den ersten Lebenswochen ließ das Tier, das in seinem Leben niemals Erfahrungen außerhalb des eigenen Käfigs hatte sammeln können, keinerlei Bevorzugung des einen oder anderen Bildes erkennen. Alle vier Knöpfe wurden gleich häufig benutzt. Keines der Bilder also, so darf man folgern, rief in dem Affen irgendwelche besonderen Regungen hervor.

Das änderte sich zweieinhalb Monate nach der Geburt ziemlich plötzlich. Jetzt wurde der erste Knopf fast gar nicht mehr benutzt. Während das Tier sich durch den häufigen Anblick der übrigen drei Bilder weiterhin zu zerstreuen suchte, mied es von nun an den Anblick des drohenden Artgenossen. Wenn man es bei den seltenen Ausnahmen beobachtete, in denen es das doch tat, war deutlich zu erkennen, daß es sich vor diesem Anblick jetzt plötzlich fürchtete. Das dauerte aber ziemlich genau nur drei Monate, dann schien dieses Drohbild seinen Schrecken wieder verloren zu haben. Von da ab jedenfalls bediente das Affenkind sich wie zuvor unbekümmert wieder aller vier Knöpfe in gleicher Häufigkeit.

Dieses Resultat ist deshalb geradezu aufregend, weil die Verhaltensforscher herausgefunden hatten, daß ein Rhesus-Äffchen exakt in der Zeit zwischen 2 ½ und 5 ½ Monaten nach seiner Geburt die Einordnung in die soziale Ordnung der Affengesellschaft lernen muß. Genauer: daß es sie *nur* in dieser Phase lernen kann. Wird sie in der Entwicklung des

Kindes verpaßt, etwa durch Isolation bis zum 6. Lebensmonat, bleibt der Affe für den ganzen Rest seines Lebens ein Außenseiter, unfähig, sich in die Gemeinschaft der Affenhorde einzufügen.

Die Ursache besteht darin, daß ein solches Tier die Struktur der Horde nicht mehr zu erkennen in der Lage ist, weil es nicht weiß, was die Drohgebärde »bedeutet«, mit der ein ranghöheres Tier ihm seine überlegene Stellung signalisiert. Während normalerweise die bloße Drohgebärde genügt, um die Reihenfolge beim Fressen, die Verteilung der Schlafplätze und alle anderen komplizierten Abläufe innerhalb der Gruppe zu regeln, wird ein für dieses Signal »blindes« Tier fortwährend in konkrete Auseinandersetzungen verwickelt. Das dauert so lange, bis das Unglücksgeschöpf schließlich resigniert und auf weitere Anschlußversuche verzichtet.

Das alles wußte man schon vor dem Experiment. Es war auch bekannt, daß der junge Rhesus-Affe innerhalb des genannten Zeitraums den Sinn von Drohgebärden – die sich auf Andeutungen des mimischen Ausdrucks beschränken können – durch konkrete Erfahrung lernen muß. Man hielt das Verstehen dieses gesellschaftlich so wichtigen Signals daher selbstverständlich für erlernt. Daß die Dinge so einfach jedoch nicht sind, beweist der hier ausführlich geschilderte Versuch.

Er zeigt, daß das Affenkind innerhalb eines ganz bestimmten Zeitraums die Bedeutung einer Drohgeste plötzlich auf Grund angeborener Erfahrung versteht. Das weitere Schicksal des Kaspar-Hauser-Tiers beweist aber mit der gleichen Eindeutigkeit, daß dieses angeborene Verstehen gleichsam der Bestätigung durch einen konkreten Lernprozeß bedarf, um das Verhalten an die Bedingungen des Lebens in der Gruppe anpassen zu können.

Eine solche wechselseitige Abhängigkeit angeborener von erworbenen Leistungen und umgekehrt widerspricht allen Vorstellungen, die wir uns, und das gilt auch für die meisten Wissenschaftler heute noch, über das Wesen dieses »Gegensatz«-Paares zu machen pflegen. Die in uns allen steckende Tendenz, in »entweder – oder«-Kategorien zu denken, läßt uns immer davon ausgehen, daß eine angeborene Eigenschaft unabhängig von allen äußeren Einflüssen sei und daß umgekehrt das, was ein Organismus lernen kann, in weiten Grenzen beliebig ist.

Man braucht nur an die leidenschaftliche Einseitigkeit zu denken, mit der »Milieu-Theoretiker« und »Anlage-Theoretiker« heute noch immer auf den verschiedensten Gebieten einander bekämpfen. Während die einen felsenfest davon überzeugt sind, daß der Mensch überwiegend das

Produkt von Umweltfaktoren sei, die sich grundsätzlich beliebig manipulieren lassen – sei es durch Erziehungseinflüsse, sei es durch eine Änderung der ökonomischen Bedingungen –, neigt die Gegenseite zum Fatalismus, da sie mit der gleichen Einseitigkeit der Überzeugung anhängt, daß die Veranlagung des Menschen letztlich sein angeborenes, unentrinnbares Schicksal sei.

Das eigentliche Problem besteht darin, daß beide Seiten konkrete Beweise für ihre Position anführen können. Und da für beide nichts weniger auf dem Spiel steht als das Schicksal der Menschheit, lauert stets die Versuchung, zumindest die »theoretische«, aber notfalls eben auch die reale Vernichtung des jeweiligen Kontrahenten für die unumgängliche Voraussetzung allen Heils zu halten. Aber vielleicht kann uns die moderne Hirnforschung auch lehren, daß der Gegensatz, auf den die feindlichen Parteien sich beziehen, so absolut gar nicht ist, wie er es in unserer Vorstellung zu sein scheint. Womöglich ist das Dilemma gar nicht so ausweglos: Vielleicht haben *beide* Seiten recht – so paradox sich diese Möglichkeit in unserer Vorstellung auch ausnehmen mag.

Die Untersuchungen, von denen hier die Rede ist, lassen es geraten erscheinen, auch an diese Möglichkeit zu denken. Erinnern wir uns doch daran, daß der größte Fortschritt der Physik in diesem Jahrhundert durch die Einsicht Albert Einsteins ermöglicht wurde, daß die reale Welt in ihrem Innersten von Gesetzen zusammengehalten wird, die unserer Vorstellung nicht mehr einleuchten. Vielleicht ist es in unserer Lage hilfreich, diese Möglichkeit auch dann in Betracht zu ziehen, wenn das Objekt der Forschung nicht der Kosmos ist, sondern wir selbst.

Aber zurück zu unserer Ausgangsfrage. Sie galt den Möglichkeiten, die der Evolution zur Verfügung gestanden haben könnten, als sich zeigte, daß es einen Fortschritt bedeuten würde, die Organismen mit der Fähigkeit zum individuellen Erwerb von Erfahrungen, zum »Lernen« also, auszustatten. Die Antwort, auf die wir jetzt gestoßen sind, ist verblüffend einfach. Sie läuft darauf hinaus, daß die auf der Entwicklungsstufe des Zwischenhirns angekommenen Lebewesen über diese Fähigkeit grundsätzlich längst verfügten – wenn auch noch in einem spezifisch eingeschränkten Sinn.

Die Einschränkung gilt, verglichen mit dem, was wir unter »Lernen« verstehen, gleich in mehrfacher Hinsicht. Die Lektion, die gelernt werden kann, ist auf dieser Entwicklungsstufe noch nicht beliebig. Es sind ganz im Gegenteil sehr spezifische Elemente, gewissermaßen einzelne Teilglieder, die in eine sonst fest angeborene Instinkt-Kette durch Lernprozesse passend eingefügt werden müssen.

Ein weiterer Unterschied besteht in einer zeitlichen Befristung. In der Verschränkung mit instinktivem Verhalten tritt die spezifische Begabung, »etwas Bestimmtes lernen zu können«, anscheinend immer nur vorübergehend, während einer zeitlich relativ scharf begrenzten Entwicklungsepoche auf, um dann wieder zu verschwinden. Wird diese »sensible Phase« verpaßt, dann kann die Lektion niemals mehr nachgeholt werden. Der biologische Sinn dieser zeitlichen Limitierung ist leicht einzusehen. Auf dieser Entwicklungsstufe steht die Sicherung durch möglichst stabile Verhaltensprogramme noch ganz im Vordergrund. Wenn es dann schon unvermeidlich ist, Teilelemente dieser Programme durch Lernprozesse zu ergänzen, dann empfiehlt es sich, die Wirksamkeit dieser Prozesse sofort wieder zu eliminieren, sobald das fehlende Element erworben ist. Andernfalls würde die Dauerhaftigkeit des Erworbenen sogleich wieder aufs Spiel gesetzt und damit auch die gleichbleibende Stabilität des Programms, auf die es hier noch allein ankommt.

Mit diesem Erfordernis hängt auch ein dritter Unterschied zusammen: Die Irreversibilität eines gelernten Instinktgliedes. Während für unsere Erfahrung zum Lernen das Vergessen gehört oder, umgekehrt ausgedrückt, das Behalten von Gelerntem eine besondere Leistung darstellt, läßt sich an einem durch Erfahrung erworbenen Instinktelement nach der Beendigung der sensiblen Phase lebenslänglich nicht mehr rütteln. Dieser Eigentümlichkeit wegen hat man ja überhaupt erst so spät entdeckt, daß es erworbene Elemente im Gefüge von Instinkthandlungen gibt, denn nach ihrem Erwerb unterscheiden sie sich in nichts mehr von den angeborenen Teilen des »Programms« (35). Die unter bestimmten Umständen außerordentlich einschneidenden Folgen dieser Besonderheit für unsere eigene Persönlichkeitsentwicklung werden noch zur Sprache kommen.

Die »Nachfolgeprägung« als Schlüsselphänomen

Alle diese Kriterien lassen sich am leichtesten an der sogenannten »Nachfolgeprägung« studieren, einer der wichtigsten Entdeckungen, die die Verhaltensforscher überhaupt gemacht haben. Sie geht auf Konrad Lorenz zurück und stammt schon aus dem Jahre 1935. Heute, nachträglich, zeigt sich, daß sie so etwas wie ein Grundmodell darstellt für das uns hier interessierende Phänomen: die Verschränkung von angeborener und erworbener Erfahrung.

Der Sachverhalt, den die Verhaltensforscher »Prägung« nennen, muß hier aber vor allem deshalb noch als letztes Beispiel geschildert werden, weil sich bei ihm am leichtesten die Antwort auf eine Frage finden läßt, die ich bisher stillschweigend übergangen habe: die Frage, warum die Ergänzung angeborener Erfahrung durch individuell gelernte Teileelemente denn überhaupt notwendig gewesen ist.

Zunächst ist ja gar nicht einzusehen, warum die Evolution, die so verblüffend komplizierte und detaillierte Verhaltensweisen in der Erbanlage unterzubringen verstanden hatte, von diesem bewährten Verfahren hier mit einem Male in einigen Punkten abwich. Warum sie zusätzlich ein ganz neues, äußerst kompliziertes Prinzip entwickelte – die angeborene Fähigkeit, »etwas ganz Bestimmtes zu lernen« –, anstatt den so viel einfacher erscheinenden Weg einzuschlagen, das noch Fehlende ebenfalls im Genom, in der Erbanlage, zu speichern.

Das Phänomen der »Prägung« kann einem die Augen dafür öffnen, warum das aus biologischen Gründen nicht ging. Wir kommen damit zu einer Stelle, die einen der entscheidenden Wendepunkte der ganzen Entwicklung bildet, die uns in diesem Buch beschäftigt. Die Ursache, aus der die Evolution gezwungen war, bei der »Nachfolgeprägung« die angeborenen Verhaltenselemente durch erlernte Teilglieder zu ergänzen, stellt, wie ich glaube, eine der entscheidenden Sprossen dar, auf denen die Entwicklung über die Ebene des Zwischenhirns hinaus weiter vorstieß.

Jetzt aber zu dem Phänomen selbst: Ein eben aus dem Ei geschlüpftes Gänseküken – das gleiche gilt für viele andere, vielleicht alle anderen Nestflüchter – »prägt« sich innerhalb von Minuten das erste bewegte Objekt ein, das es vor sich sieht, um ihm von diesem Augenblick an auf Schritt und Tritt unbeirrbar zu folgen. Diese Nachfolgeprägung ist unter natürlichen Umständen deshalb äußerst zweckmäßig, weil es in allen normalen Fällen die eigene Mutter ist, der das Küken nach seinem Schlüpfen zuerst begegnet.

Der künstliche Eingriff des Wissenschaftlers aber kann diesen Normalfall fast beliebig abwandeln. Die Folge sind verblüffende, mitunter groteske »Prägungseffekte«: Wenn das erste Objekt, das sich dem Küken nach dem Schlüpfen präsentiert, ein Holzkistchen ist, das der Experimentator an einem Faden hinter sich herzieht, dann wird das Küken diesem toten Objekt mit der gleichen Beharrlichkeit folgen, als wenn es sich um seine Mutter handelte. Ist der erste optische Eindruck dagegen ein Mensch – auch dann genügen zur Prägung nachweislich wenige Minuten –, dann wird dieser unfehlbar »als Mutter (oder Artgenosse) akzeptiert«.

Der berühmte Zoologe Karl v. Frisch hat den Fall eines jungen Kollegen geschildert, der einen Reiher in dieser Weise »auf sich prägte«. Das Tier verteidigte den Zoologen später gegen jede Annäherung eines fremden Menschen. Herangewachsen balzte es ihn an und errichtete mit ihm gemeinsam ein Nest, wobei der Forscher die Zweige heranholen und zureichen mußte, die der Vogel dann verbaute. Als das Werk vollendet war, versuchte der Reiher schließlich unmißverständlich, seinen menschlichen Partner dazu zu bewegen, sich zu ihm ins Nest zu setzen – »womit«, wie Karl v. Frisch lakonisch bemerkt, »das Verhältnis an die Grenze des Möglichen gelangt war«.

Die sich in einem solchen Verlauf dokumentierende Endgültigkeit und Irreversibilität des Prägungseffekts hat unter natürlichen Umständen gute Gründe. Ein Nestflüchter, der in der freien Wildbahn seine Mutter verliert oder, erwachsen geworden, das Aussehen der eigenen Artgenossen »vergißt«, ist verloren. Auch die scharfe Begrenzung der sensiblen Phase – bei der Nachfolgeprägung des Entenkükens ist sie spätestens 24 Stunden nach dem Schlüpfen vorüber – ist biologisch sinnvoll. Nur in den ersten Stunden nach dem Schlüpfen ist die Wahrscheinlichkeit, daß das die Prägung auslösende Objekt die eigene Mutter ist, groß genug. Jede Verlängerung der Phase würde ähnlich groteske Folgen heraufbeschwören, wie sie der künstliche Eingriff des Experimentators nach sich zieht. In dieser Situation sind nun aber auch die Verhältnisse übersichtlich genug, um die Gründe erkennbar werden zu lassen, aus denen die Evolution hier mit einem Male dazu übergegangen ist, den Erfolg einer angeborenen Reaktion – der Nachfolge-Reaktion – von einem Lerneffekt abhängig zu machen. Die Funktion dieses Lerneffekts besteht in dem »Erkennen« der eigenen Mutter. Wobei »erkennen« hier durchaus auch noch in dem ursprünglichen Wortsinn zu verstehen ist, der die Bedeutung »anerkennen« einschließt.

Wenn man bedenkt, welcher Art die Entscheidung ist, die hier durch »Prägung« getroffen wird, dann geht einem sofort auf, warum die Evolution in diesem speziellen Falle mit angeborener Erfahrung allein unmöglich hat auskommen können. Die Nachfolge-Prägung soll eine hinreichend stabile Beziehung zwischen dem Jungen und seiner Mutter stiften, der es nach dem Schlüpfen erstmals begegnet. Das aber bedeutet den Sonderfall der Beziehung zu einem ganz konkreten, in seiner Individualität einzigartigen Lebewesen. Instinkte – angeborene Erfahrungen – sind aber, wie ausführlich auseinandergesetzt, auf die Bewältigung typischer, »regelmäßig wiederkehrender« Aufgaben (Begegnungen, Situationen) zugeschnitten. Sie sind damit ihrer Natur nach Anpassungen an *generalisierte* Fälle. Damit sind sie *per se* außerstande, individuelle Einzelfälle zu erfassen.

Das ist auf dieser Stufe sonst ein unschätzbarer Vorteil. Dadurch, daß Dinge und Lebewesen in der Wirklichkeit des Zwischenhirns auf möglichst einfache (»ärmliche«) Merkmalskombinationen reduziert sind, werden sie einander ähnlich und grundsätzlich austauschbar. Dieser Umstand erst läßt sie überhaupt als Auslöser für eine begrenzte Zahl angeborener Verhaltensreaktionen tauglich werden.

Das Rotkehlchen fällt auf das rote Federbüschel deshalb herein, weil es unmöglich gewesen ist, im Zwischenhirn des Tiers das Aussehen aller Rotkehlchenweibchen zu speichern, denen es in seinem Leben begegnen könnte. Unmöglich nicht nur aus quantitativen Gründen, sondern grundsätzlich deshalb, weil die Vorwegnahme individuellen Aussehens einen logischen Widerspruch darstellt.

»Fellige« Beschaffenheit und die Bewegung des »Anschleichens unten auf dem Boden« – das sind die Merkmale, die für den brütenden Hühnervogel identisch sind mit einem Bodenfeind. Es steckt eine ungeheure Ökonomie – und damit ein entsprechend hoher Sicherheitsgrad – darin, daß diese generalisierende Kombination eben *nicht* nur bestimmte konkrete Individuen, sondern alle Wiesel, Füchse und Iltisse dieser Welt einschließt. Wie fehlerlos das Prinzip funktioniert, ergibt sich indirekt auch daraus, daß es des künstlichen experimentellen Eingriffs in die natürlichen Verhältnisse bedurfte, um es überhaupt zu entdecken.

Alle diese Vorzüge aber werden naturgemäß nun zunichte, wenn sich genau die umgekehrte Aufgabe stellt: wenn es nicht darauf ankommt, die für eine große Zahl einzelner Organismen geltenden Gemeinsamkeiten als Merkmale zu erfassen, sondern die Besonderheit eines konkreten Individuums.

Die Evolution ist in dieser Situation den einzigen Weg gegangen, der offenstand. Als revolutionierende Neuerung wurde bei den am höchsten entwickelten Lebewesen – auf Brutpflege angewiesenen Nestflüchtern – in das Verhaltensprogramm, das die sehr alte Leistung der »Nachfolge« gewährleistete, eine »Leerstelle« eingefügt. Man kann sogar angeben, an welcher Stelle des Programms das geschah. Es muß an dem Teil der »Nervenverdrahtung« im Zwischenhirn gewesen sein, dessen besonderes Muster bis dahin den »angeborenen auslösenden Mechanismus« – den »AAM« in der Sprache der Verhaltensforscher – gebildet hatte.

Ein AAM ist so etwas wie der »Zünder« des zugehörigen Programms.

Eine Art Sensor, der das spezifische Umweltsignal, das als Auslöser den »Schlüssel« darstellt, erkennen und bei seinem Eintreffen das Programm in Gang setzen kann. An seiner Stelle muß im Fall der Nachfolgereaktion, bildlich gesprochen, eine Art »Wachstafel« eingesetzt worden sein. Eine Tafel allerdings mit sehr besonderen Eigenschaften. Um im Bild zu bleiben: Sie ist so beschaffen, daß sich in ihr nur ein einziges Mal eine Form abdrücken kann. Ist das geschehen, so erstarrt sie und hält den Abdruck für alle Zeiten fest. Damit aber ist sie selbst zum AAM geworden, der von jetzt ab das Programm jedesmal, aber nur dann, in Gang setzt, wenn das Vorbild des Abdrucks als Auslöser auftaucht.

Auf diese Weise hat die Evolution eine Aufgabe gelöst, die in sich widerspruchsvoll zu sein schien: Sie hat es fertiggebracht, ein angeborenes Programm zu entwickeln, das nicht auf eine ganze Gruppe von »Merkmalsträgern« anspricht, sondern auf ein konkretes Individuum als einzigen Auslöser. Um diese Aufgabe lösen zu können, war die Evolution gezwungen, das »Lernen« zu erfinden – in der bereits beschriebenen noch sehr eingeschränkten Art und Weise.

Mit diesem von biologischer Notwendigkeit erzwungenen Schritt bereitet sich eine fundamentale Wende im Verhältnis zwischen dem Organismus und seiner Umwelt vor. Während dieser es bis dahin ausschließlich mit den verschwommenen Schemen austauschbarer Merkmalsträger zu tun hatte, denen er mit der Hilfe ebenso überindividueller Standardprogramme begegnete, wird er jetzt mit einer neuen Erfahrung konfrontiert. Ihm gegenüber steht zum ersten Male ein in seiner Identität unverwechselbares Individuum: die eigene Mutter.

15. Das Gehirn wird plastisch

Hirnstrukturen erweisen sich als manipulierbar

Bisher habe ich nur die Evolution der *Funktion* an dieser entscheidenden Stelle dargestellt. Am Rande vermerkt: Wieder einmal läuft sie unseren geläufigen Vorstellungen zuwider. Während wir den induktiven Weg, den Schluß vom Einzelfall auf eine generalisierende, gesetzmäßige Aussage für die höhere Leistung zu halten pflegen, bestand der Fortschritt hier in genau dem umgekehrten Ergebnis: in der Erfassung des Individuums.

Wie sieht dieser Fortschritt nun aber anatomisch aus, welcher Prozeß liegt ihm in der Organisation des Gehirns zugrunde? Die letzten Jahre der Hirnforschung haben auch darüber bereits einige Auskunft gegeben. Von dem, was man heute darüber weiß, soll in diesem Kapitel die Rede sein. Aller Lückenhaftigkeit unseres Wissens zum Trotz verdient das Thema ein eigenes Kapitel, weil sich hier Entdeckungen abzuzeichnen beginnen, die für die Entwicklung jedes einzelnen von uns von einschneidender Bedeutung zu sein scheinen.

Den ersten Hinweis gaben Untersuchungen, die der australische Neurophysiologe John C. Eccles 1958 veröffentlichte. Er erhielt 5 Jahre später für seine hirnphysiologischen Arbeiten den Nobelpreis. Schon seit mehr als einem Jahrhundert hatten Wissenschaftler an die Möglichkeit gedacht, daß das Training bestimmter Leistungen entsprechend dem Übungsgewinn zu nachweisbaren Veränderungen im Gehirn führen müsse. Noch älter waren die Ideen der sogenannten Phrenologen über Zusammenhänge zwischen speziellen angeborenen Begabungen und der Entwicklung bestimmter Hirnteile.

Keinem dieser Forscher war es jedoch gelungen, Nachweise für seine Vermutungen zu erbringen. Mit Schädelmessungen, aus denen er auf die besondere Ausbildung bestimmter Hirnabschnitte schloß, versuchte der badische Arzt und Naturforscher Franz Joseph Gall schon vor fast 200 Jahren, das Begabungsprofil und den Charakter von Menschen zu bestimmen. Trotz mancher anderer Verdienste – er entdeckte bei seinen Untersuchungen die sogenannten Hirnnerven – blieben diese Thesen reine Spekulation.

Nicht besser erging es seinen Nachfolgern, darunter dem berühmten französischen Chirurgen Paul Broca. Dieser errang zwar berechtigten Ruhm durch die Entdeckung eines »motorischen Sprachzentrums« in der Großhirnrinde. Seine Bemühungen, mit dem Mikroskop Unterschiede der Entwicklung dieses Hirnabschnitts in Abhängigkeit von der sprachlichen Fähigkeit Verstorbener zu finden, blieben jedoch erfolglos.

Das Gehirn ist eben in keiner Weise einem Muskel vergleichbar, dessen Entwicklung sich durch regelmäßige Übung sichtbar fördern läßt. Andererseits müssen sich aber auch im Gehirn irgendwelche Prozesse abspielen, wenn wir »denken«. Und es müssen dort irgendwelche bleibenden Veränderungen erfolgen, wenn wir durch Übung irgend etwas »gelernt« haben. Diese Folgerungen ergeben sich zwingend aus der heute von niemandem mehr in Zweifel gezogenen Voraussetzung, daß das Gehirn die körperliche, materielle Grundlage unserer psychischen Erlebnisse und Aktivitäten ist.

Welcher Art diese Prozesse und Veränderungen sind, das allerdings war die Frage. Seit etwa 100 Jahren weiß man, daß die Hirntätigkeit mit elektrischen Impulsen einhergeht, die von den Fortsätzen der Nervenzellen weitergeleitet werden. In den letzten 10 Jahren sind, nicht zuletzt auf Grund der Forschungsarbeiten von Eccles und seinen Mitarbeitern, sehr detaillierte Erkenntnisse über die chemischen und molekularen Vorgänge dazugekommen, die dieser Aktivität zugrunde liegen. Seit neuestem glaubt man ferner zu wissen, daß dem psychischen Vorgang, den wir mit dem Begriff »Gedächtnis« meinen, in der körperlichen Dimension biochemische Prozesse zugrunde liegen, und zwar die »Prägung« ganz bestimmter Eiweißkörper im Gehirn (23).

Von all dem war schon die Rede (siehe S. 147). Wir können es hier ergänzen durch neuere Entdeckungen, die grundsätzlich den Befunden vergleichbar sind, nach denen Gall und Broca gesucht hatten. Veränderungen der Art, wie diese beiden Forscher sie vermuteten, existieren im Gehirn zwar nicht. Aber unter ganz bestimmten Bedingungen schlagen sich »Erfahrungen« im Gehirn eben doch in sichtbaren Veränderungen nieder. Der entscheidende Punkt war, neben einer entsprechend hochgezüchteten Untersuchungstechnik, wieder einmal die richtige Fragestellung. Der Erfolg war gebunden an die Existenz von Elektronenmikroskopen mit ihrem optischen Mikroskopen unerreichbaren Auflösungsvermögen, und daran, daß man wußte, wonach man suchen sollte.

Auf die richtigen Fragen aber verfiel man erst durch die Entdeckung der Prägung. Jetzt wußte man, daß es »sensible Phasen« gab, bestimmte, scharf begrenzte Phasen in der Entwicklung höherer Lebewesen, in denen diese ganz bestimmte Lektionen lernen konnten, die dann unwiderruflich fixiert waren. Als erstes suchte man daher nach weiteren »Lektionen«, für die das galt. Welche anderen Fähigkeiten, die man bisher für angeboren gehalten hatte, waren außer der Nachfolgereaktion in Wirklichkeit ebenfalls »geprägt«?

Die Suche dauert noch immer an. Sie stellt an die Erfahrung, die Beobachtungsgabe und den methodischen Scharfsinn der Wissenschaftler außerordentliche Ansprüche. Im Laufe der Zeit wurde die Liste dennoch immer länger. Und immer häufiger stieß man dabei auf Fähigkeiten, auf deren »Prägbarkeit« ohne diese konsequent betriebene Suche ganz sicher kein Mensch jemals gekommen wäre.

John C. Eccles publizierte 1958 Untersuchungen, die dafür sprachen, daß bei der elektrischen Reizung von Nervenbahnen im Gehirn in den zugehörigen Nervenzell-Zentren neue »Synapsen« entstanden, also Schaltverbindungen zwischen benachbarten Nervenzellen (vgl. S. 62). Als Folge der Reizung schien es in diesen Fällen also zu einer Änderung des »Verdrahtungsmusters« zu kommen. Eccles stellte die Hypothese auf, daß derartige Neubildungen von Synapsen und die durch sie bewirkten Veränderungen des Schaltplans im Gehirn die körperlichen Vorgänge sein könnten, die dem zugrunde lägen, was wir in der psychischen Sphäre mit »Lernen« bezeichnen.

Einige Jahre später stellte ein kanadischer Hirnanatom fest, daß er in der Lage war, die Zahl der Synapsen im »Sehzentrum« junger Katzen, dort also, wo die von den Augen kommenden Nervenfasern im Gehirn enden, nach Belieben zu vergrößern oder zu verringern. Es war ganz leicht. Die Zahl hing einfach davon ab, ob und wie lange er die Katzen im Dunkeln oder im Hellen aufzog.

Wurden die Tiere von Geburt an mehrere Wochen lang nur im Dunkeln gehalten, so blieb die Zahl dieser synaptischen Querverbindungen bis zu 100mal geringer, als wenn sie normal aufwuchsen. Systematische Untersuchungen von Wissenschaftlern in sehr vielen Laboratorien haben diesen Befund in den letzten Jahren genauer analysiert. Unter normalen Bedingungen steigt die Zahl der Synapsen etwa vom 5. Tag nach der Geburt – also von dem Tag ab, an dem die jungen Kätzchen ihre Augen öffnen – steil an. Nach einigen Wochen haben sie den »Sollwert« erreicht.

Und was noch wichtiger ist: Wenn die neugeborenen Tiere bis zur endgültigen Ausreifung ihrer Gehirne ständig im Dunklen bleiben, dann bleibt auch die Zahl der Nervenverbindungen in ihren Sehzentren unwiderruflich und zeitlebens abnorm gering.

Der ganze Umfang und die weitreichende Bedeutung dieser Entdeckung ergibt sich aus den verhaltensphysiologischen Variationen der Versuche, die in den letzten 5 Jahren durchgeführt worden sind. Bei ihnen wurden die Versuchstiere, in der Regel wieder Katzen, nicht einfach im Hellen oder Dunklen aufgezogen, sondern in der entscheidenden Phase der Hirnreifung einer »optischen Diät« unterworfen. Die Experimentatoren versetzten die Tiere in eine »optisch einseitige« Umgebung und untersuchten anschließend nicht ihre Gehirne, sondern ihr Verhalten.

Ein in Fachkreisen berühmt gewordenes und seinerseits wieder unzählige Male abgewandeltes Experiment spielt sich etwa folgendermaßen ab: Eine neugeborene Katze wird von ihren Geschwistern getrennt und im Dunklen gehalten, mit der Ausnahme von täglich 30 bis 40 Minuten, die sie in einem Metallzylinder verbringt, dessen Innenwand mit senkrecht verlaufenden schwarzen Streifen austapeziert ist. Dieses Streifenmuster ist das einzige, was die Katze in der für ihr Sehzentrum entscheidenden Reifungsphase zu sehen bekommt.

Mit einer anderen Katze des gleichen Wurfs geschieht dasselbe, mit dem einzigen Unterschied, daß der Zylinder, in dem sie die hellen Unterbrechungen der mehrwöchigen Dunkelhaft verbringen darf, mit horizontal verlaufenden Streifen verziert ist. So geht das viele Wochen Tag für Tag, bis die beiden Tiere wieder unter ihre normal aufgewachsenen Geschwister versetzt werden. Jedesmal, wenn die Wissenschaftler nach dem Abschluß eines solchen Experiments das Verhalten der beiden Versuchstiere beobachteten, stellten sie fest, daß der vorangegangene, relativ harmlos erscheinende Eingriff einschneidende Folgen gehabt hatte.

Bei flüchtiger Betrachtung fiel zwar nichts Besonderes auf. Die Versuchstiere spielten und fraßen wie ihre Geschwister und alle anderen kleinen Kätzchen. Aber die genauere Beobachtung enthüllte bald einen alarmierenden Befund: Katze Nr. 1 erwies sich als unfähig, andere als senkrecht verlaufende Konturen wahrzunehmen, bei der Katze Nr. 2 war es genau umgekehrt. Hielt man den Tieren etwa ein Stöckchen zum Spielen hin, dann kam es ganz darauf an, wie das Objekt ihnen präsentiert wurde. Hielt der Experimentator den Stock waagerecht, dann begann Nr. 2 mit ihren Pfötchen danach zu greifen, während Katze Nr. 1 neben ihr den gleichen Gegenstand überhaupt nicht zu sehen schien. Man brauchte den

Stock aber nur um 90 Grad in die Senkrechte zu drehen, dann blickte sich Nr. 2 verdutzt um, als ob der Stock für sie verschwunden wäre, und Nr. 1 begann mit ihm zu spielen.

Aber die Störung machte sich auch im spontanen Verhalten bemerkbar. So hatte Katze Nr. 1 sichtlich Schwierigkeiten, eine ganz normale Treppe hinaufzulaufen, bei der eben, Stufe für Stufe, eine waagerechte Kontur auf die andere folgt. Dafür erwies sich Nr. 2 als nahezu unfähig, einen senkrechten Baumstamm emporzuklettern.

Am alarmierendsten jedoch erschien den Wissenschaftlern die Tatsache, daß sich die Katzen bei keinem einzigen der vielen Male, in denen dieses oder ähnliche Experimente durchgeführt wurden, jemals wieder von der Störung erholten. Durch bloße Manipulation ihrer Umwelt in einer entscheidenden Entwicklungsphase war ihr Gehirn, endgültig und für die Dauer ihres Lebens, irreversibel geprägt worden.

Biologische Rahmenbedingungen und menschliche Gesellschaft

Alarmierend erschienen diese Befunde aus dem ganz einfachen Grunde, weil sich die Möglichkeit nicht ausschließen ließ, daß die Zusammenhänge, auf die man da gestoßen war, auch beim Menschen vorhanden und wirksam sein konnten. Daraus aber ergaben sich, wenn man berücksichtigte, wie vielfältig die Eigenschaften waren, die sich bei den Versuchstieren prägen ließen, bisher kaum bedachte Schlußfolgerungen.

Jetzt erst verstand man, warum in den wenigen Fällen, in denen es auf Grund besonderer Umstände gelungen war, Blindgeborenen durch einen operativen Eingriff im höheren Lebensalter das Sehen zu ermöglichen, der Erfolg rätselhafterweise ausgeblieben war. Die Patienten konnten zwar nach der Operation erstmals in ihrem Leben ganz unzweifelhaft »sehen«. Es nützte ihnen aber nichts. Im Gegenteil, die neue Fähigkeit verwirrte sie nur. Sie wurden depressiv und verstört und zogen sich mit Vorliebe in ein verdunkeltes Zimmer zurück. Nicht wenige von ihnen begingen sogar Selbstmord.

Einer dieser tragischen Fälle wurde von dem englischen Physiologen Richard L. Gregory untersucht und über Jahre hinweg verfolgt. Gregory konnte nachweisen, daß der erfolgreich operierte Mann zwar sehen konnte – er war z. B. in der Lage, das, was er sah, auf einem Stück Papier unbeholfen nachzuzeichnen. Er lernte es aber nie, mehrere bewegte

Objekte in einen Zusammenhang zu bringen, Entfernungen unmittelbar wahrzunehmen und die optisch um ihn herum aufgetauchte Welt mit dem in Übereinstimmung zu bringen, was er von dieser gleichen Welt auf die ihm von Geburt an geläufige Art und Weise erfuhr: mit seinen Gehörs- und Tasteindrücken. Sobald die Situation schwierig wurde, zum Beispiel dann, wenn er eine belebte Straße überqueren mußte, schloß der Patient die Augen – weil er sich nur dann sicher und der Situation gewachsen fühlte.

Was ein solcher Patient eigentlich sieht oder wie der optische Eindruck, den er von seiner Umwelt hat, sich von dem uns gewohnten Anblick unterscheidet, ist in keinem dieser Fälle wirklich festzustellen. Unsere Sprache ist in Anpassung an »normale« menschliche Erfahrungen entstanden. Zur Mitteilung der von dem geschilderten Patienten ge- machten Erfahrungen fehlen ihr sowohl die Begriffe als auch die diesen Erfahrungen entsprechenden syntaktischen Möglichkeiten.

Aber die für alle Beteiligten erschreckende Enttäuschung, die für das Resultat derartiger Operationen leider kennzeichnend ist, erscheint uns heute wenigstens nicht mehr unerklärlich. Diese Fälle sind der Beweis dafür, daß auch wir selbst in einer frühen Phase unserer Kindheit bestimmte Gesetze des Sehens erst lernen müssen und daß wir das später niemals mehr nachholen können, wenn es in dieser Epoche versäumt wurde.

Wenn es also, was damit bewiesen wäre, das Phänomen der »Prägung« mit allen seinen Besonderheiten – zeitliche Begrenzung der »sensiblen Phase«, Unabänderlichkeit des Resultats – auch bei uns gibt, dann ist die wichtigste Frage natürlich die, welche anderen unserer Fähigkeiten und Eigenschaften auf die gleiche Weise zustande gekommen sein mögen. Die Antwort darauf ist heute noch mehr als mager. Hier klafft in unserem Wissen über uns selbst noch immer eine der größten und vielleicht auch bedenklichsten Lücken.

Die Folgen unserer Unwissenheit über diesen Punkt dürften uns nur dann gleichgültig sein, wenn wir sicher sein könnten, daß die Umwelt, in der unsere Kinder aufwachsen, noch als *natürlich* anzusehen ist. »Natürlich« wäre unsere Umwelt in diesem Zusammenhang dann zu nennen, wenn sie gewährleistet, daß während der »sensiblen Phasen«, die für die in Frage kommenden Leistungen charakteristisch sind, die spezifischen Lektionen auch gelernt werden können. Wer aber vermöchte zu entscheiden, ob und in welchen Fällen diese Bedingung in unserer heutigen Gesellschaft noch erfüllt ist.

In den letzten Jahren haben sich Beweise dafür finden lassen, daß das zumindest in einem sehr wichtigen Punkt offensichtlich nicht mehr immer gilt: hinsichtlich des Erwerbs der Fähigkeit, normale mitmenschliche Kontakte knüpfen, sich emotional an andere Menschen binden zu können. Aufbauend auf schon länger zurückliegenden Beobachtungen des Wiener Psychoanalytikers René Spitz haben Untersuchungen, die in den letzten Jahren vor allem von Christa Meves und Bernhard Hassenstein durchgeführt worden sind, eindeutig gezeigt, daß diese für die Einordnung in die menschliche Gesellschaft fundamentale Fähigkeit von jedem einzelnen Menschen in einer bestimmten Kindheitsphase ebenfalls durch einen prägungsartigen Effekt erworben werden muß.

In den letzten Jahren hat sich – spät genug! – auch außerhalb der Fachkreise die Entdeckung herumgesprochen, daß Kleinkinder spätestens vom zweiten Lebensmonat ab bis mindestens zum Abschluß ihres zweiten Lebensjahres die Möglichkeit haben müssen, sich an eine ganz bestimmte »Bezugsperson« binden zu können. Im Normalfall ist das die eigene Mutter. Deren Rolle kann im Notfall aber sehr wohl auch von einer anderen Person übernommen werden. Voraussetzung ist allein deren Identität, die Tatsache, daß die Bezugsperson während der entscheidenden Lebensphase die gleiche bleibt.

Daß dieser für unsere individuelle Entwicklung entscheidende Zusammenhang erst so spät entdeckt worden ist, dürfte im Grunde positiv zu bewertende Ursachen haben. Bis vor relativ kurzer Zeit – bis vor wenigen Generationen – entsprach die Struktur unseres gesellschaftlichen Lebens offenbar noch weitgehend dieser Forderung. In einer »natürlichen« Gesellschaft werden Bedürfnisse dieser Art zwar in der Regel überhaupt nicht erkannt, offenbar aber durch Besonderheiten der Gesellschaftsform – in diesem Falle die traditionelle Familienstruktur – gleichsam instinktiv befriedigt.

Seit den Anfängen der Industrialisierung sind diese Strukturen nun aber in Bewegung gekommen. Die Einzelheiten dieser gesellschaftlichen Entwicklung und auch der ganz unbestreitbar höchst problematische Begriff einer »natürlichen« menschlichen Gesellschaft gehören nicht mehr zu unserem Thema. An dieser Stelle unseres Gedankengangs ist jedoch die Entdeckung von Bedeutung, daß das Bedürfnis des Kleinkinds nach einer identischen Bezugsperson in unserer Zeit der berufstätigen Mütter, der Kinderhorte und der »Tagesmütter« anscheinend nicht mehr mit der gleichen Sicherheit befriedigt wird, wie es in der Vergangenheit der Fall gewesen ist.

Wie erschütternd und irreparabel die Folgen für die seelische Entwicklung sein können, wenn das Pensum in der entscheidenden Phase nicht gelernt wird, kann man bei Meves und Hassenstein nachlesen (36). Hier sind Biologen und Verhaltensforscher auf einen Zusammenhang gestoßen, eine Konsequenz zivilisatorischer Veränderungen unserer Umwelt, an deren Vorhandensein noch vor wenigen Jahrzehnten niemand auch nur theoretisch gedacht hätte. Denn was bei den von den genannten Autoren geschilderten Fällen in der Gestalt folgenschwerer Störungen des psychischen und sozialen Verhaltens ans Tageslicht kam, war die bis dahin nicht ernsthaft in Betracht gezogene Tatsache, daß auch wir mit einem Großhirn ausgestatteten Menschen nicht so frei, nicht so gänzlich unabhängig sind von der Umwelt, wie wir geglaubt hatten.

Wir wären wahrscheinlich gut beraten, wenn wir die Warnung nicht übersehen würden, die in dieser Entdeckung steckt. Denn wer könnte die Möglichkeit bestreiten, daß der gleiche Zusammenhang auch für andere unserer Eigenschaften und Fähigkeiten gilt, ohne daß es heute schon irgend jemanden gäbe, der uns sagen könnte, um welche es sich dabei handelt. Und ohne daß es daher auch jemanden gäbe, der uns sagen könnte, auf welche Umweltfaktoren unsere Kinder in den entscheidenden ersten beiden Lebensjahren angewiesen sind, um diese Eigenschaften und Fähigkeiten erwerben zu können.

Wer sich die möglichen Konsequenzen dieser Feststellung einmal klarzumachen versucht und dann daran denkt, mit welcher Unbekümmertheit und Glaubensgewißheit heute aus den unterschiedlichsten Motiven Eingriffe in die frühkindliche Umwelt entweder als unbedenklich vorausgesetzt oder gar als empfehlenswert propagiert werden, der muß sich beunruhigt fühlen. Ich denke unter anderem an die heute von engagierten Verfechtern des Emanzipationsgedankens mit so großer Bestimmtheit verkündete Lehre von der Austauschbarkeit der mütterlichen und väterlichen Rollen innerhalb der Familie.

Ich stimme der Ansicht zu, daß es notwendig ist, die Aufgabenverteilung zwischen den Geschlechtern sowohl innerhalb der Familie als auch sonst in der Gesellschaft neu zu überdenken. Hier soll auch keineswegs etwa einer »nostalgischen Reaktion« das Wort geredet werden. Es ist nicht nur unmöglich, das Rad zurückzudrehen, es ist vor allem auch naiv zu glauben, zurückliegende Zustände seien besser gewesen. Aber die totale Blindheit gegenüber der Möglichkeit eines Verstoßes gegen biologische Rahmenbedingungen unserer Existenz, mit der die meisten unserer modernen Gesellschaftsreformer geschlagen sind, ist besorgniserregend.

Viele von ihnen scheinen übrigens der bestehenden Familienstruktur gegenüber gerade deshalb von einem tiefen Mißtrauen erfüllt zu sein, weil diese nicht rational begründet, sondern geschichtlich gewachsen ist. Aber so berechtigt eine solche Einstellung in vielen anderen Fällen auch sein mag, hier ist sie ganz sicher fehl am Platz. Denn hier ist immer und grundsätzlich an die Möglichkeit zu denken, daß die traditionell gegebene Ordnung die Folge einer Anpassung an Bedingungen und Bedürfnisse sein könnte, die wir vorerst einfach deshalb noch nicht rational handhaben können, weil wir von ihnen noch nichts – oder zu wenig – wissen.

Dafür aber, daß es überhaupt derartige biologische Rahmenbedingungen geben könnte, gegen die sich nicht ungestraft verstoßen läßt, für diese Möglichkeit sind fast alle unsere Feministinnen und Reformer blind. Von dieser Möglichkeit wissen sie nichts. Man kann es ihnen nicht einmal zum Vorwurf machen, denn es hat ihnen niemand beigebracht.

Daran wird sich auch nichts ändern, solange unsere Kinder in der Schule allenfalls mit Nacktsamern, Blütenständen und Aminosäuresequenzen gelangweilt werden, ohne von den Grundlagen der modernen Humanethologie jemals etwas zu hören. So lange nicht, wie unsere Bildungspolitiker weiterhin unbeirrt von dem Grundsatz ausgehen, daß weder die Biologie, noch die Naturwissenschaften ganz allgemein zu den eigentlichen Bildungsgütern zu rechnen sind. Und solange die Mehrzahl der Gebildeten unserer Gesellschaft glaubt, sich unbeschadet einen Grad naturwissenschaftlicher Ahnungslosigkeit leisten zu können, dessen sie sich auf jedem anderen Wissensgebiet zutiefst schämen würde.

Deshalb werden wir auch in den kommenden Jahren weiterhin Zeugen eines ungebrochenen Reformeifers sein, der mit einleuchtenden und durchaus »vernünftigen« Argumenten Eingriffe in die familiäre Struktur durchzusetzen sich bemühen wird, um bestehende Ungleichheiten, rational nicht begründbare Unterschiede und andere »offensichtliche« Ungerechtigkeiten zu beseitigen. Um endlich »der Vernunft« auch in diesem Bereich zum Durchbruch zu verhelfen. Das alles in bester Absicht und sicher auch nicht in allen Fällen ohne Berechtigung. Dennoch kann einem angesichts solcher Unbekümmertheit angst und bange werden. Denn hier soll auf einem Gebiet drauflos experimentiert werden, das wir rational in Wirklichkeit überhaupt noch nicht durchschauen (37).

Weil das Thema sowohl aktuell als auch außerordentlich wichtig ist, möchte ich es mit der kurzen Schilderung eines weiteren Beispiels abschließen. Die verblüffende Sorglosigkeit, die aus manchen der erwähnten Reformvorschläge spricht, ist zweifellos eine Folge davon, daß es sehr schwer ist, sich einen Einfluß der hier diskutierten Art auf die individuelle Entwicklung und sogar die anatomische Struktur bestimmter Hirnabschnitte vorzustellen, bevor man die Beweise in den Händen hält. Wer von uns würde wohl den Gedanken ernst nehmen, daß einige Wochen »Dunkelhaft« in einer bestimmten Lebensphase genügen, um einer jungen Katze bleibenden Schaden zuzufügen, wenn nicht hieb- und stichfest bewiesen wäre, daß man das optische Wahrnehmungsvermögen des Tiers auf diese simple Weise irreparabel ruiniert. Deshalb ist es angebracht, hier anhand eines weiteren Beispiels zu zeigen, daß die Vielfalt der Risiken, die auf diesem Gebiet lauern, bei unserem heutigen Wissensstand noch ganz unübersehbar ist (38).

Herzschläge stiften Vertrauen

Vor einigen Jahren machte der amerikanische Kinderpsychologe Lee Salk – ein jüngerer Bruder des bekannten Erfinders des Kinderlähmungs-Impfstoffs – die Beobachtung, daß Rhesusaffen ihre neugeborenen Jungen fast ausnahmslos im linken Arm tragen. Er kam auf die Idee, daß die mit dieser Haltung verbundene »Nähe zum Herzen der Mutter« von Bedeutung sein könnte, und begann mit systematischen Untersuchungen. Seine Beobachtungen auf Entbindungsabteilungen ergaben, daß auch menschliche Mütter dazu neigen, ihre Neugeborenen mit dem linken Arm zu halten – mit bezeichnenden Ausnahmen. Die »Händigkeit« der Mütter erwies sich bemerkenswerterweise zwar als gänzlich belanglos. Sowohl rechtshändige als auch linkshändige Mütter hielten ihre Babies links. Als bedeutungsvoll stellte sich unerwarteterweise dagegen der Reifungsgrad des Neugeborenen heraus. Die Seitenbevorzugung galt nur bei reif geborenen Säuglingen. Bei Frühgeburten streute das Verhalten der Mütter rein zufällig: Bei ihnen hielt die Hälfte ihre Kinder im linken, die andere Hälfte die Säuglinge im rechten Arm.

Geduldige Untersuchungen und abgewandelte Fragestellungen führten schließlich zu einer ebenso überraschenden wie aufschlußreichen Erklärung für diesen anfangs völlig rätselhaft erscheinenden Zusammenhang. Entscheidend war einzig und allein die Frage, ob und wie lange Mutter und Neugeborenes nach der Geburt voneinander getrennt worden waren. Reife Säuglinge werden in den meisten Entbindungsstationen den Müttern spätestens innerhalb von 24 Stunden erstmals zum Stillen übergeben. Frühgeburten verbringen ihre ersten Lebenstage in einer modernen Klinik dagegen bei künstlicher Ernährung in Brutkästen.

Die zeitliche Grenze, auf die er hier bei der Suche nach den Gründen für das Verhalten der Mütter stieß, lenkte Salks weitere Beobachtungen in eine ganz bestimmte Richtung. Es sah so aus, als ob bei den Frauen ein Instinkt wirksam sei, der sie veranlaßte, ihre neugeborenen Kinder auf den linken Arm zu nehmen. Diese instinktive Tendenz bestand allem Anschein nach allerdings nur für relativ kurze Zeit, etwa in den ersten 24 Stunden nach der Geburt.

Hatte die Mutter die Gelegenheit bekommen, sich mit ihrem Kind erstmals innerhalb dieser Frist zu beschäftigen, dann war diese Seitenbevorzugung fast ausnahmslos festzustellen. Sie blieb dann auch im weiteren Verlauf erhalten. Erfolgte der erste Kontakt zwischen Mutter und Kind jedoch erst zwei oder noch mehr Tage nach der Geburt, dann blieb es, wie die Auswertung zeigte, dem Zufall überlassen, welcher Arm das Baby hielt (siehe dazu Abbildung 13).

Erinnerte diese Entdeckung nicht an die strenge zeitliche Limitierung einer »sensiblen Phase«? Zwar ließ sich im vorliegenden Fall, in dem es sich um Besonderheiten des Verhaltens Erwachsener handelte, nicht ohne Zwang von »Prägung« sprechen. Die Parallelen waren andererseits aber doch unübersehbar. Deshalb schien es berechtigt, hinter dieser Besonderheit die Wirksamkeit eines echten Instinkts, eines angeborenen Verhaltensprogramms zu vermuten.

Salk war in diesem Stadium seiner Untersuchungen sicher, daß die Tendenz der Mütter, ihre neugeborenen Kinder im linken Arm zu halten, einer – den Frauen selbst gar nicht bewußt werdenden – biologischen Ursache entsprang. Aber welcher? Welchen biologischen Sinn konnte die Bevorzugung der linken Körperhälfte als »Ruheplatz« für die Neugeborenen haben? War es etwa die durch diese Tendenz bewirkte Nähe des Kindes zum Herzen der Mutter?

Die Erklärung klang ohne Zweifel plausibel. Salk aber war Wissenschaftler und wußte daher, daß das allein nicht genügte. Eine Theorie, die nicht plausibel ist, ist zwar von vornherein nichts wert. Aber Plausibilität allein genügt auch nicht, um über den Wert einer Theorie zu entscheiden. Das offensichtlich instinktive Verhalten der Mütter mochte sehr wohl mit der Lage des Herzens im menschlichen Körper zusammenhängen. Welche andere körperliche Asymmetrie hätte sich zur Erklärung auch schon angeboten? Aber der Zusammenhang mußte bewiesen werden.

An diesem Punkt seiner jahrelangen Untersuchungen mußte der Kinderpsychologe an die Rolle denken, die der Ton des mütterlichen Herzschlags für das Kind in den letzten Monaten vor der Geburt spielt. Sein gleichmäßiger Rhythmus ist der erste und für Monate der einzige Ton, den das noch ungeborene Kind hört. Die unveränderliche Monotonie der vorgeburtlichen Umwelt weicht mit der Geburt dann jäh einer Situation, in der das Neugeborene plötzlich dem Wechsel von Hell und Dunkel, von Hunger und Sättigung, drastischen Temperaturschwankungen und einer vergleichsweise überwältigenden Fülle anderer Umwelteinflüsse ausgesetzt ist.

Lag es nicht nahe, an die Möglichkeit zu denken, daß der mütterliche Herzschlag in dieser Situation einen beruhigenden Einfluß ausübt? Daß er die Schroffheit des Wechsels abzumildern imstande ist, den die Geburt herbeiführt? Vielleicht ist der altgewohnte Rhythmus dieses Pulsschlags für das Neugeborene in seiner neuen Lage so etwas wie ein Signal, das ihm das Gefühl der Kontinuität vermittelt, das ihm Vertrauen in einer sonst radikal neuen Situation ermöglicht.

Auch das war selbstverständlich eine bloße Theorie. Sie aber ließ sich nachprüfen. Salk zeichnete dazu den normalen, nicht beschleunigten Herzschlag mit einem Tonbandgerät auf und ließ die Wiedergabe in einem Raum laufen, in dem Neugeborene untergebracht waren, die aus irgendwelchen Gründen von ihren Müttern hatten getrennt werden müssen. Das Ergebnis war eindeutig. Im Vergleich zu Kontrollgruppen schrien die Säuglinge, denen diese akustische Sonderbehandlung zuteil wurde, nicht nur sehr viel weniger, sie tranken auch besser und nahmen wesentlich schneller an Gewicht zu.

Es ist folglich heute kein Zweifel mehr möglich daran, daß der Klang des mütterlichen Herzschlags einen Säugling beruhigt. Daß seine die radikale Grenze der Geburt übergreifende Beständigkeit eine vertrauenstiftende Funktion hat. Die Bedeutung für das Gedeihen des Neugeborenen muß groß sein. Anders wäre es nicht zu erklären, daß im Verhalten der Mutter jene »Linksbevorzugung« biologisch verankert ist, die dem Säugling eine Position möglichst nahe an der Quelle des angstlindernden Geräuschs sichert.

Jedenfalls gilt das unter »natürlichen« Umständen. Damit sind wir wieder bei der alten Frage. Niemand weiß, wie groß der Schaden ist, den wir der Entwicklung unserer Säuglinge womöglich dadurch zufügen, daß die Organisation unserer Krankenhäuser dieser noch kaum bekanntgewordenen Bindung zwischen der Mutter und ihrem neugeborenen Kind keine Chance läßt.

Um Mißverständnisse auszuschließen, sei hier wiederholt: Aus dieser und ähnlichen Entdeckungen wird kein vernünftiger Mensch die utopische – und in ihren Konsequenzen letztlich inhumane – Forderung ableiten, den zivilisierten Menschen wieder »natürlichen Bedingungen« auszuliefern. Erkenntnisse wie die von Lee Salk sollten uns aber eine Mahnung sein. Eine Erinnerung daran, daß wir uns bei noch so gut gemeinten Eingriffen in unsere mitmenschliche Umwelt mit jedem Schritt auf einem Gelände bewegen, das wir nur mit äußerster Vorsicht betreten sollten, weil seine Gesetze uns heute noch immer so gut wie gänzlich unbekannt sind.

Eine revolutionierende Wende

Aber zurück zum roten Faden unseres eigentlichen Gedankengangs. Neben ihrer eminenten praktischen Wichtigkeit haben alle in diesem Kapitel angeführten Beispiele auch eine nicht minder große grundsätzliche Bedeutung. Sie alle sind Beispiele und Belege dafür, daß das Zentralnervensystem in der letzten Phase der Ausbildung des Zwischenhirns »plastisch« zu werden beginnt.

Das ist ganz wörtlich zu verstehen. Die konkrete, mit besonderen mikroskopischen Techniken sichtbar zu machende »Verdrahtung« bestimmter Nervenzell-Zentren im Gehirn ändert sich unter dem Einfluß bestimmter Erfahrungen. Training und andere gezielte Einflüsse führen zur Entstehung neuer Synapsen, zu neuen Querverbindungen zwischen verschiedenen Nervenzellen in den Hirnarealen, die die Einflüsse zu verarbeiten haben. Die Veränderungen sind auf dieser Entwicklungsstufe noch bleibend. Was einmal gelernt ist, gilt unwiderruflich für die ganze Lebenszeit.

Die nur durch die Fähigkeit zum Vergessen, zum »Verlernen«, erreichbare Freiheit nachträglicher Korrekturen, fortlaufender Anpassung des Verhaltens an neue Erfahrungen oder Veränderungen der Umwelt, liegt noch in der Zukunft. »Lernen«, wie wir es kennen, gibt es noch nicht. Trotzdem ist mit dieser im Verhalten sich als »Prägbarkeit« dokumentierenden Plastizität des Gehirns eine entscheidende Schwelle überschritten. Bis dahin war die Entwicklung noch immer von der Tendenz zur Ausschließung gerade der zufälligen, nicht charakteristischen (nicht stereotypen) Umweltfaktoren bestimmt worden. Wir erinnern uns: Am Anfang hatte die revolutionierende Leistung der ersten Zellen gestanden, die es fertig gebracht hatten, sich ihrer Umwelt gegenüber zu verselbständigen. Sich von der Umwelt abzugrenzen, um die mühsam gewonnene Ordnung im eigenen Inneren angesichts des anorganischen Chaos der Umgebung bewahren zu können. Energetische Bedürfnisse hatten andererseits eine totale Abschließung von vornherein unmöglich gemacht.

»So wenig Umwelt wie möglich« auf die lebensnotwendigen Prozesse im eigenen Inneren sich auswirken zu lassen, das war dennoch auch weiterhin die Devise gewesen. Auch dann noch, als die Evolution längst begonnen hatte, ihren Nutzen aus dem Umstand zu ziehen, daß »aus Versehen«, als unvermeidliche Folge der naturgesetzlichen Entsprechung von *actio* und *reactio*, mehr und mehr Informationen über die Umwelt in den Organismus gerieten.

Auch dann, als Fernsinne das Individuum bereits von dem Druck einer in jedem Augenblick aktuellen Auseinandersetzung mit der Umwelt befreit hatten, sperrte sich dieses Individuum noch gegen die sich objektiv längst anbietende Möglichkeit, die Umwelt in ihrer Gegen-Ständlichkeit zur Kenntnis zu nehmen. Höchst aufwendige zentralnervöse Einrichtungen wurden entwickelt einzig und allein zu dem Zweck, das Abbild der Umwelt zu unterdrücken, das aus physikalischer Unvermeidlichkeit in den noch auf eine Funktion als Bewegungsdetektoren festgelegten Augen mit zunehmender Schärfe entstanden war.

Noch immer war die Organisation des Hirns darauf abgestellt, allein die für das Individuum biologisch bedeutsamen Eigenschaften der Umwelt zu erfassen. Dieses Funktionsziel wurde mit solcher Konsequenz verfolgt, daß die Objekte der Umwelt, Dinge ebenso wie andere Organismen aus der Wirklichkeit des Individuums eliminiert wurden in dem Augenblick, in dem eine Änderung der »inneren Bereitschaft« oder »Stimmung« sie biologisch bedeutungslos werden ließ. Sie gehörten dieser Wirklichkeit folglich nicht kraft ihrer objektiven Existenz an, sondern allein als Folge ihrer subjektiven Bedeutung. Je nach deren Kommen und Gehen tauchen sie in der Erlebniswirklichkeit auf oder verschwinden wieder aus ihr.

Für das alles gibt es gute Gründe. Die Selbständigkeit des Individuums steht noch immer auf unsicheren Füßen. Wer alle Kräfte für das bloße Überleben einzusetzen hat, muß sich auf die Faktoren konzentrieren, die über diese Frage entscheiden. Daß die Welt in ihrer Fülle dabei zu einer extrem merkmalsarmen Wirklichkeit »zusammenschnurrt« (J. v. Uexküll), ist biologisch gesehen nicht Ausdruck von Ärmlichkeit. Dahinter verbirgt sich ein fundamentales biologisches Prinzip.

Die Reduktion der Welt in ihrer Fülle auf die Wirklichkeit des Zwischenhirns ist Ausdruck der Ökonomie. Sie bedeutet Entlastung des Individuums zugunsten seiner Überlebenschancen. Noch ist das Gehirn ausschließlich ein Organ zum Überleben, nicht zum Gewinn von Erkenntnis über »die Welt«. Nicht auf Wahrnehmung kommt es an, nicht auf die Erfassung einer objektiven Welt in ihrer Gegenständlichkeit, sondern allein auf die möglichst frühzeitige und fehlerlose Erfassung und Bewertung der Umweltfaktoren, die, sei es in positivem, sei es in negativem Sinne, für die physische Existenz bedeutsam sind.

Dieser Aufgabenstellung entspricht die Arbeitsweise des bis zu dieser Stufe gelangten Gehirns. Augen, Ohren und andere Sinne sind noch nicht zu Wahrnehmungsorganen entwickelt. Ihre Aufgabe ist es noch nicht, die Umwelt abzubilden. Sie filtern aus dem Angebot die bedeutsamen Informationen heraus – und unterdrücken alle anderen. Die Situationen, die sie auf diese Weise signalisieren, werden mit festliegenden Programmen bewältigt.

Der Spielraum für das Verhalten des Individuums ist gleich Null. Angeborene auslösende Mechanismen sprechen auf spezifische Schlüsselreize an und setzen angeborene Programme in Gang, die überindividuell entwickelt und erprobt wurden. Auch die Bewertung der jeweiligen Situation erfolgt nicht durch den Organismus selbst. Die Maßstäbe liegen fest und sind gleichfalls angeboren.

Ob eine Kost bekömmlich (»angenehm«) oder bedenklich ist, ob die Temperatur, die Ionenkonzentration der Umgebung oder andere Milieufaktoren positiv oder negativ zu beurteilen sind, auch darüber entscheidet nicht das Individuum. Seine Reaktion ist in keinem Falle Ausdruck eigener Wahl, sondern die Folge der Wirksamkeit angeborener Programme, in denen die Erfahrungen seiner Art ihren Niederschlag gefunden haben.

Es ist wichtig genug, um es noch einmal zu wiederholen: Das Gehirn ist bis zu dieser Entwicklungsstufe kein »Spiegel« der Welt, nicht abbildendes Organ, sondern selbst Abbild. Nicht der ganzen, der »objektiven« Welt, sondern derer ihrer Bedingungen und Anforderungen, auf die es physisch ankommt. Vereinfacht (und auf das Wesentliche zugespitzt) kann man sagen: Das Zwischenhirn ist eine fleischgewordene Hypothese über die Welt, die Materialisation eines Plans zu ihrer Bewältigung.

Der Zuverlässigkeit dieses Plans entspricht die Starrheit, die Unveränderlichkeit der Verdrahtung, deren Muster den Plan konkret enthält. Die Erfahrung, auf die es ankommt, ist in der Gestalt dieses Musters von

Geburt an da, längst vor der ersten Begegnung mit der Welt. Es ist eine Erfahrung *a priori*. Aus der Perspektive des Individuums ist das Abbild früher da als das Original. Das erste Wiesel, dem der Hahn begegnet, ist für ihn keine neue Erfahrung, sondern nur eine Bestätigung dessen, was er von der Welt »erwartet«.

Paradox, als eine Umkehrung der logischen Beziehung zwischen Ursache und Wirkung, erscheint das nur so lange, wie man die Situation einseitig aus der Perspektive des Individuums betrachtet. Diese Perspektive aber ist hier noch falsch. Denn das Individuum hat sich bisher nur in seiner sichtbaren Gestalt von der Umwelt abgelöst. Seine Selbständigkeit ist vorerst noch rein physischer Natur.

Funktionell, in seinen Reaktionen und den Möglichkeiten seines Verhaltens, ist der Organismus immer noch ein Teil seiner Umwelt. Ich habe ausführlich begründet und erläutert, in welcher Weise das konkret zutrifft. Deutlichstes Beispiel war die Abhängigkeit der »inneren Bereitschaft« vom Einfluß äußerer Faktoren und deren Bedeutung für die Zusammensetzung der jeweiligen Wirklichkeit des Individuums – so, daß die Außenwelt letztlich mit darüber entscheidet, welche ihrer Teile zur Erlebniswirklichkeit gehören und welche nicht.

Es ist leicht einzusehen, daß der Wirkungskreis, in dem das Individuum mit seiner Umwelt auf dieser Stufe noch unauflösbar zusammengeschlossen ist, die Unveränderlichkeit des vom Gehirn repräsentierten Schaltplans zur Voraussetzung hat. Die Überlebensstrategie dieser Stufe setzt die möglichst vollkommene Übereinstimmung von Gehirn und Wirklichkeit voraus. Diese aber ist nur gewährleistet, wenn der Plan nicht weniger stabil ist als die Eigenschaften der Welt, deren Widerschein er bildet. Wenn jede Zufallsschwankung, jedes nur einmalige, individuelle Geschehnis auf ihn wirkte, ihn beeinflußte, wäre er bald so verschwommen, daß er als Abbild nicht mehr taugte. Lernfähigkeit hat auch ihre Nachteile. So lange jedenfalls, wie die Art mehr gilt als das Individuum.

Deshalb ist das Gehirn bis zu diesem Augenblick grundsätzlich nichts anderes als ein in der Schädelkapsel möglichst kompakt zusammengedrängtes Knäuel unveränderlicher Pläne. Es enthält sie nicht. Es besteht aus ihnen. Jedes einzelne der komplizierten Nervennetze, die sein Gewebe bilden, ist identisch mit der Möglichkeit zu einer ganz bestimmten Reaktion. Jedes von ihnen stellt eine Antwort dar, die dem Organismus auf konkrete Anforderungen aus der Umwelt zur Verfügung steht.

Fragen, auf die keine Antworten vorgesehen sind, werden gar nicht erst vernommen. Da die Zahl der auf diese Weise materiell gespeicherten Pläne zwangsläufig endlich ist und relativ zu der objektiven Mannigfaltigkeit der Welt winzig klein, resultiert daraus eine entsprechend »geschrumpfte« Erlebniswirklichkeit. Der Vorteil besteht in der optimalen Übereinstimmung zwischen Plan und Wirklichkeit. Lebensfähig ist der Organismus unter diesen Umständen allerdings nur in einer für seine Art spezifischen Umwelt, deren wesentliche Eigenschaften als »Merkmale« in den Plan einbezogen sind.

Das alles gilt nun mit einem Male nicht mehr ohne Ausnahme. Der Überlebensvorteil, der beim Nestflüchter mit dem individuellen Kennenlernen der eigenen Mutter verbunden ist, ist so gewaltig, daß die Evolution durch ihn veranlaßt wird, eine Fingerbreite vom bisherigen Wege abzuweichen. Die Selektionsprämie war so hoch, daß die Korrumpierung nicht ausbleiben konnte.

Das Zugeständnis schien geringfügig. Es bewirkte jedoch eine Kettenreaktion. Es bestand in nichts weiter als dem Auftauchen eines winzigen Areals im Gehirn, das nicht identisch war mit irgendeinem konkreten Plan oder dem Teil eines Plans. Erstmals gab es jetzt eine kleine Ansammlung von Nervenzellen, die nicht Bestandteile eines festliegenden, angeborenen Programms waren, sondern frei verfügbar! Es handelte sich dabei um jene Stelle, die wir gleichnishaft als »Wachstafel« bezeichnet hatten.

Seit dem Beginn der Evolution, seit den ersten Schritten der Hirnentwicklung, hatte jeder neu entstehende Teil des Nervensystems *a priori* einer konkreten, festliegenden Aufgabe gedient. Jede Nervenzelle, jede Nervenfaser war der Teil eines Geflechts gewesen, dessen Muster gleichbedeutend war mit der Möglichkeit zu einer und nur einer ganz bestimmten Verhaltensweise. Jetzt gab es erstmals eine Stelle im Gehirn, die gleichsam »plastisch« war. Ein Stückchen Nervengewebe, das nicht eine überindividuelle (Art-)Erfahrung zur Verfügung des Individuums stellte, sondern diesem die Möglichkeit gab, wenigstens *eine* Erfahrung individuell zu machen: die eigene Mutter kennenzulernen.

»Frei verfügbar« war auch diese so total neuartige Zellgruppe im Gehirn anfänglich in einem nur höchst bescheidenen Sinn. Die Schritte der Evolution sind bei aller Fähigkeit zur Neuerung klein und voller Vorsicht. Die »Prägbarkeit« des neuartigen Zellhäufchens war auf eine möglichst kurze Frist der individuellen Entwicklung, die »sensible Phase«, beschränkt. Darüber hinaus war sie durch die feste Einbeziehung in ein unveränderlich angeborenes Programm, die »Nachfolge-Reaktion«, auch qualitativ eng begrenzt. Erlernbar war nur eine einzige, unwiederholbare Lektion: das individuelle Aussehen des ersten nach dem Schlüpfen im Gesichtsfeld auftauchenden beweglichen Objekts.

Wie eng die Einschränkung war, ergibt sich indirekt aus der Mühe, die es gekostet hat, bis das Phänomen »Prägung« überhaupt entdeckt wurde. Wie groß die Verfügbarkeit des neuartigen Hirnteils immerhin ist, erweist sich andererseits in aller Deutlichkeit an der grotesken Austauschbarkeit der Objekte, auf die die Nachfolgereaktion im Experiment geprägt werden kann.

Aber für wie groß oder klein man den Schritt auch immer halten mag, er leitete eine Revolution in der Geschichte der Hirnentwicklung ein. Die Bedeutung der Wende, deren Ursache er ist, wird sofort offensichtlich, wenn wir uns die Funktion klarmachen, an deren Anfang er steht: Jetzt gibt es erstmals einen Hirnteil, der tatsächlich das kann, was wir, »vom Großhirn her gesehen«, irrtümlich meist für das Wesensmerkmal der Hirnfunktion insgesamt zu halten pflegen. Die »Wachstafel«, die da im Gehirn entstanden ist, hat erstmals jene abbildende Funktion, die das Gehirn bis zu diesem Augenblick noch nie gehabt hat.

Noch könnte die eminente Bedeutung dieses Umstands übersehen werden. Noch sorgt die feste Einbeziehung dieses winzigen »beliebig verfügbaren« Hirnteils in den starren Rahmen einer angeborenen Reaktion dafür, daß die Freiheit seiner Funktion so beliebig nun auch wieder nicht ist. Unter natürlichen Umständen ist es stets das Bild der eigenen Mutter, das sich auf der »Wachstafel« bleibend eingräbt. Das Experiment zeigt andererseits, was sonst noch alles möglich ist.

Grundsätzlich aber ist mit diesem Schritt der Rahmen aufgebrochen, in den das Zwischenhirnwesen bis dahin endgültig und für alle Zeiten eingeschlossen schien. Grundsätzlich taucht mit der neuen Funktion die bis dahin undenkbare, wahrhaft revolutionierende Möglichkeit auf, *beliebige* Daten aus der Umwelt registrieren und verarbeiten zu können. Bisher war, wie sich aus allem bisher in diesem Buch Gesagten ergibt, die Aufnahmefähigkeit des Gehirns auf jene Umwelteigenschaften beschränkt, die Merkmals- oder Signal-Charakter hatten.

Das aber heißt nichts anderes, als daß ihnen im Gehirn ein angeborener auslösender Mechanismus mit einem zugehörigen Verhaltensprogramm zu entsprechen hatte. Eigenschaften oder Teile der Umwelt, die diese Bedingung nicht erfüllten, existierten für das Gehirn nicht. Sei es, daß sie in keines der vorliegenden Programme paßten, sei es, daß die »innere Bereitschaft« des Organismus das ihnen entsprechende Programm stillgelegt hatte – was nicht seine vorgegebene Entsprechung im Zwischenhirn fand, tauchte in der Erlebniswirklichkeit nicht auf. Erkenntnistheoretisch gesprochen: Die Welterfahrung *a priori* war mit der *a posteriori* noch identisch.

Die durch diesen Zusammenhang bewirkte Einheit von Individuum und Umwelt wird durch das Phänomen der Prägung überschritten. Die revolutionierende Besonderheit des Auslösers für die Nachfolgereaktion besteht in der unerhörten Neuerung, daß das Umweltsignal unspezifisch, beliebig ist. Wenn vorerst auch nur zu einem ganz bestimmten Zweck und in dem eng begrenzten Verband eines angeborenen Programms, wird in die Funktion des Gehirns hier doch erstmals ein Stückchen Freiheit, eine vorerst noch winzige Öffnung gegenüber der objektiven Umwelt eingefügt.

Die Öffnung mag noch so klein sein, die Folgen sind nicht aufzuhalten. Auch die Evolution neigt dazu, die ganze Hand zu ergreifen, wo immer sich ihr auch nur ein Finger entgegenstreckt. Das Ganze war zwar – wieder einmal – ganz gewiß »nicht so gemeint«. Die Aufgabe war lediglich die aus biologischen Gründen wünschenswerte Einprägung des Aussehens der Mutter. Aber die sich aus dem Abweichen vom bisherigen Prinzip einer lückenlosen Entsprechung von innerem Programm und äußeren Signalen ergebenden Möglichkeiten waren so gewaltig, daß die weitere Entwicklung des Gehirns von diesem Augenblick an eine völlig neue Richtung einschlägt.

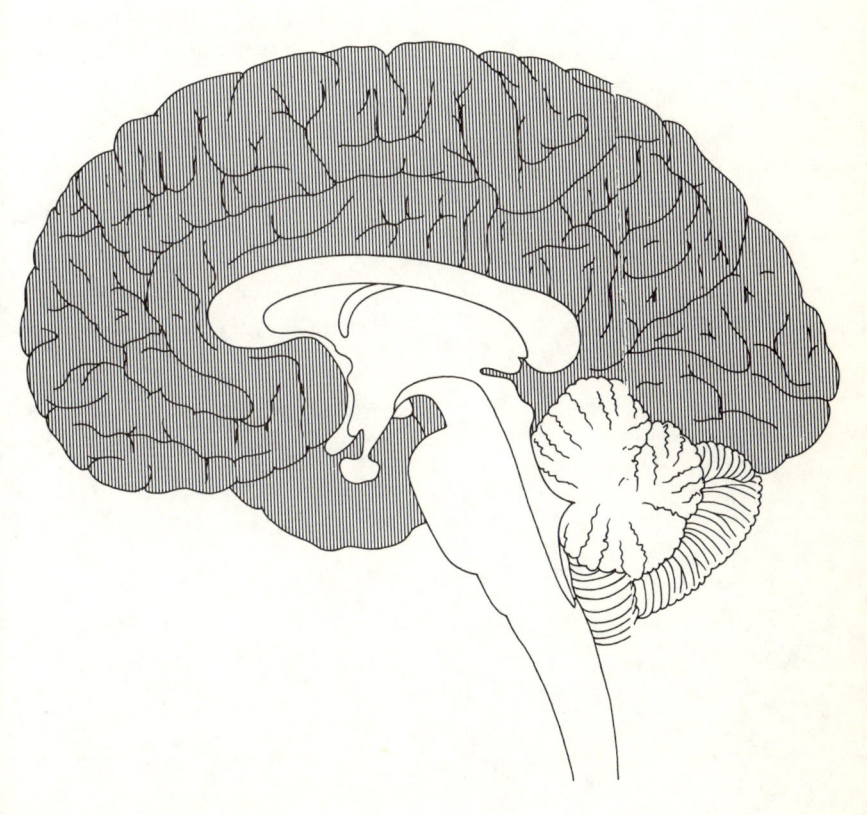

16. Eine Landkarte psychischer Funktionen

Das Gehirn ändert seine Strategie

Man braucht eigentlich nur einen Blick auf den allgemeinen Verlauf der im Gehirn eintreffenden und von ihm ausgehenden Nervenfasern zu werfen, um zu erkennen, welch radikale Wende in der Entwicklung dieses Organs beim Übergang vom Zwischenhirn zum Großhirn erfolgt ist. Schon äußerlich ist das Zwischenhirn als der Ort maximaler Konzentration des eintreffenden und ausgehenden Impulsstroms erkennbar.

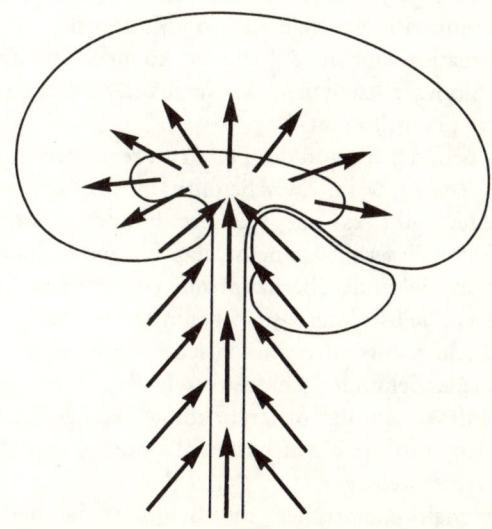

Die Pfeile markieren die Verlaufsrichtung der Nervenbahnen im menschlichen Zentralnervensystem. Bis zum Zwischenhirn werden die eintreffenden Informationen offensichtlich nach Möglichkeit konzentriert. Erst im weiteren Verlauf zum Großhirn kommt es dann zu einer extremen Auffächerung.

Die aus dem Körper und den Sinnesorganen auf diesen Hirnteil zustrebenden Bahnen verlaufen sämtlich konvergierend. Die von ihnen transportierten Informationen wurden damit zwangsläufig mehr und mehr kondensiert, unter Verzicht auf die ursprüngliche Detailfülle vereinfacht, gewissermaßen »eingeschmolzen«. Die Skizze auf der vorhergehenden Seite zeigt, was gemeint ist. Sie zeigt außerdem, daß diese Tendenz beim weiteren Verlauf des Nachrichtenstroms, beim Übergang vom Zwischenhirn zum Großhirn, in das Gegenteil umschlägt.

Auf dieser anschließenden Teilstrecke ist eine exzessive Auffächerung der vom Zwischenhirn weiter nach oben führenden Bahnen festzustellen. Die im Zwischenhirn auf kleinstem Raum zusammengedrängten Informationen werden – so weit sie an das Großhirn weitergegeben werden – dort auf ein Rindenareal ausgebreitet, das eine Fläche von nahezu einem Viertel Quadratmeter einnimmt und daher nur stark gefaltet in unserer Schädelkapsel Platz findet.

Dieser sich aus dem bloßen Anblick ergebende Eindruck läßt sich durch neuere wissenschaftliche Daten untermauern. Informationstheoretiker und Wahrnehmungsphysiologen schätzen, daß unsere Augen in jeder Sekunde eine Informationsmenge von 200 Millionen bit (bit = kleinste mögliche Informationseinheit) aufnehmen können. Die Zahl der lichtempfindlichen Sinneszellen in unseren Netzhäuten ist so groß, daß dieser gewaltige Betrag herauskommt.

Im Sehnerv jedoch, der die von der Netzhaut registrierten Daten an das »erste optische Zentrum« im Zwischenhirn, im sogenannten »Kniehökker«, weiterleitet, gibt es nur mehrere hunderttausend, höchstens vielleicht 1 Million Fasern. Das heißt, daß für 200 Millionen Informationseinheiten pro Sekunde überhaupt nur eine Million Leitungen zur Verfügung stehen. Selbst dann also, wenn man annimmt, daß es infolge besonderer Raffinements der biologischen Nachrichtenübertragung möglich ist, in jeder Sekunde mehrere verschiedene Informationen in der gleichen Nervenfaser zu transportieren, können von den in den Netzhäuten eintreffenden Informationen bestenfalls nur wenige Prozent überhaupt bis ins Gehirn gelangen (39).

Diesem Sachverhalt entsprechen die Befunde, die bei sogenannten elektroretinographischen Untersuchungen gefunden werden. Dabei werden die in den Sinneszellen der Netzhaut beim Sehen entstehenden elektrischen Impulse mit haarfeinen Elektroden abgeleitet, technisch verstärkt und in Kurvenform aufgezeichnet. Die Auswertung ergibt, daß bereits in der Netzhaut eine intensive »Nachrichtenverarbeitung« erfolgt.

Was an das Gehirn weitergeleitet wird, ist längst nicht mehr die ursprüngliche Botschaft, sondern das Ergebnis einer komplizierten Verrechnungsarbeit, bei der die Meldungen von sehr vielen, im Einzelfall bis zu 100 000 Netzhautzellen zusammengefaßt werden.

Auf den Bildcharakter des Umweltausschnitts, der sich jeweils am Augenhintergrund auf die Netzhaut projiziert, nimmt diese Verrechnungsarbeit, so kompliziert und raffiniert sie in jeder anderen Hinsicht sein mag, nicht die geringste Rücksicht. Was das Auge dem Zwischenhirn weiterreicht, hat mit einem »Bild« nicht mehr die geringste Ähnlichkeit. Das sollte uns nicht mehr überraschen, denn wir erinnern uns, daß die Aufgabe, zu deren Lösung die Augen entwickelt wurden, nicht die war, ein Bild der Umwelt zu liefern.

	Sensorischer Eingang			Zentral-nerven-system	Bewußter Ausgang
	Rezeptoren	Nerven-fasern	Kanal-kapazität		
Augen	$2 \cdot 10^8$	$2 \cdot 10^6$	$5 \cdot 10^7$ bit/s		
Ohren	$3 \cdot 10^4$	$2 \cdot 10^4$	$4 \cdot 10^4$ bit/s		
Druck	$5 \cdot 10^5$	10^4			
Schmerz	$3 \cdot 10^6$			10^{10} Neuronen	50 bit/s
Wärme	10^4	10^6			
Kälte	10^5				
Geruch	10^7	$2 \cdot 10^3$			
Geschmack	10^7	$2 \cdot 10^3$			

Höchstens 1 Prozent der von unseren Sinnen aufgenommenen Informationen wird ins Gehirn weitergeleitet. Die Aufstellung gibt die entsprechenden Schätzungen der Informationstheoretiker wieder. Für die rd. 200 Millionen »bit« (elementarste Informationseinheit), die unsere Augen in jeder Sekunde aufnehmen, stehen in den Sehnerven z. B. nur 2 Millionen Leitungsfasern zur Verfügung. Noch hundert- bis tausendfach geringer ist die Aufnahmekapazität bei den anderen Sinnesformen. Vom Ergebnis der Verarbeitung aller Informationen durch die 10 Milliarden Nervenzellen unseres Großhirns »passen« schließlich nur noch 10 bit pro Sekunde in unser Bewußtsein.

Die Botschaft, die schließlich im optischen Zentrum des Zwischenhirns, im Kniehöcker, eintrifft, ist also nicht mehr »objektiv«. Sie ist eine nach sehr vielen Gesichtspunkten erfolgte, äußerst beschränkte Auswahl aus der Informationsfülle, die in den Netzhäuten eintraf. Aber das nicht allein: diese Auswahl ist auch noch nach festliegenden, durch die Struktur des verarbeitenden Nervengewebes vorgegebenen Kriterien verarbeitet. Wir merken davon unter natürlichen Umständen nichts. Wie sollten wir uns auch selbst über die Schulter sehen können? Aber in bestimmten, künstlich herbeigeführten optischen Situationen können wir gelegentlich indirekt feststellen, wieviel uns beim Sehen offensichtlich unbemerkt untergeschoben wird. Der größte Teil der Phänomene, die wir »optische Täuschungen« zu nennen pflegen, gehört hierher. Auf der rechten Seite sind Beispiele abgebildet. Bei ihnen kommt eine Tendenz zum Ausdruck, die darauf abzielt, durch eine Übertreibung von Helligkeitsunterschieden an »Grenzen« im Gesichtsfeld Konturen besonders deutlich und augenfällig zu machen. Daß das ein biologisch äußerst sinnvoller Trend der Verarbeitung optischer Eindrücke ist, bedarf keiner besonderen Begründung.

Wichtig und nachdenkenswert ist die Einsicht, daß wir diese und andere Verrechnungseffekte unter natürlichen Umständen nicht etwa deshalb nicht bemerken, weil sie da nicht wirksam seien. Das Gegenteil ist der Fall. Wir müssen davon ausgehen, daß die Effekte, die wir uns in Gestalt »optischer Täuschungen« ausnahmsweise vor Augen führen können, weitaus in der Minderzahl sind. Daß sie und viele andere, von denen wir noch keine Ahnung haben, uns beim Sehen nicht als Besonderheit auffallen, ist einzig und allein dadurch zu erklären, daß das Ergebnis dieser Verrechnungsarbeit untrennbar und permanent in dem uns gewohnten Anblick steckt, in dem sich die Welt unseren Augen darbietet. Schon diese einfache Überlegung liefert einen unwiderleglichen Hinweis darauf, daß wir »die« Welt ganz gewiß nicht so sehen, wie sie »ist«. Andererseits haben wir aber auch nicht die geringste Möglichkeit, uns eine Vorstellung davon zu verschaffen, wie die Welt aussähe, wenn sie sich ohne den selbständig verarbeitenden Einfluß unserer optischen Wahrnehmungsorgane unserem Gehirn präsentierte. Bei genauer Betrachtung ist bereits die bloße Frage nach einer solchen Möglichkeit widersinnig. Denn sobald wir nach dem »Aussehen« der Welt fragen, meinen wir ja bereits wieder eine *optische* Beziehung zu unserer Umwelt – und die existiert nun einmal allein in der uns bekannten Art und Weise.

Aber stellen wir diesen Gedanken hier noch zurück. Der Gesichtspunkt,

Zwei Beispiele für »Simultankontrast«: An den Überkreuzungsstellen der weißen Linien scheinen graue Punkte aufzutauchen. Der graue Ring der oberen Figur sieht im Bereich der schwarzen Fläche heller aus als im weißen Feld. Der Effekt wird im zweiten Fall deutlicher, wenn man einen Bleistift oder Faden entlang der Schwarz-Weiß-Grenze über den Ring legt.

der uns beschäftigt, ist die Tatsache, daß alles für eine fortlaufende
»Einengung« – Konzentration, Verdichtung, wie immer man das nennen
will – der vom Auge zum Gehirn geleiteten Sinnesinformationen spricht.
Das gilt für alle anderen Sinnesorgane und alle vom Körper über das
Rückenmark im Zwischenhirn eintreffenden Informationen ebenso.

Sobald das Zwischenhirn aber erreicht ist, kehrt sich die Tendenz um:
Über dem Zwischenhirn wölbt sich die vergleichsweise gewaltige Masse
des Großhirns, dessen aktiver Teil, rund 10 Milliarden Nervenzellen, in
der nur 3–4 Millimeter dicken Rinde konzentriert ist, während seine
übrige Masse aus zu- und abführenden Leitungsbahnen besteht. Wie eine
Halbkugel stülpt sich die Großhirnrinde, der jüngste und fortgeschrittenste Teil des Hirns, von oben über das Zwischenhirn und die übrigen
Abschnitte des archaischen Hirnstamms. Man ist versucht, an einen
Hohl- oder Parabolspiegel zu denken, in dessen Brennpunkt das
Zwischenhirn liegt. Wie Strahlen gehen von diesem aus Bahnen nach allen
Seiten und nach oben zu allen Punkten der Rinde.

Was ist von einem solchen Verlauf der Nachrichtenwege im Gehirn zu
halten? Ich glaube, daß die von der Peripherie – von »außen« – bis zum
Zwischenhirn festzustellende Konvergenz oder Verdichtung der Bahnen
anatomisch die Strategie widerspiegelt, die für die Entwicklung des
Zentralnervensystems bis zur Stufe des Zwischenhirns maßgeblich war.
Wir haben sie im bisherigen Teil dieses Buchs so ausführlich erörtert, daß
hier einige Stichworte genügen, um die Parallelen anzudeuten:

Reduzierung der in der Umwelt existierenden Mannigfaltigkeit auf eine
möglichst beschränkte Zahl von Standardsituationen, denen eine gleiche
Anzahl fix und fertig paratliegender Reaktionsprogramme entspricht.
Generalisierende Kennzeichnung aller zu einer dieser Situationen gehörenden Objekte und Partner durch ein Minimum an Merkmalen, deren
Konstellation das betreffende Objekt oder den Partner nach dem Prinzip
pars pro toto vertritt. Dabei werden individuell kennzeichnende Besonderheiten konsequent unterschlagen. In der Realität heißt das: Sie werden
durch ohne Zweifel höchst komplizierte Verarbeitungsprozesse, die uns
noch so gut wie unbekannt sind, eliminiert. Die im Interesse der
Zuverlässigkeit der Instinktprogramme erwünschte Folge ist die Austauschbarkeit aller individuellen Partner und konkreten Objekte gleichen
Typs.

Diese Strategie findet ihr Ende mit dem Abschluß der Entwicklung des
Zwischenhirns. Die in ihr steckenden Möglichkeiten für die Vervollkommnung der Beziehung zwischen dem Organismus und seiner

Umwelt waren, wie es scheint, nunmehr ausgeschöpft. Die weitere Entwicklung setzt den Hebel an einer ganz anderen Stelle an. Jetzt, da die physische Existenz mit der Vollendung des Zwischenhirns optimal gesichert erscheint, knüpft die Evolution mit schlafwandlerischer Sicherheit an dem einzigen Punkt an, der eine Chance bietet, über das bisher Erreichte hinauszugelangen: an der »Leerstelle«, der – relativ – frei verfügbaren Nervenzellgruppe, die auf Grund der besonderen Bedingungen bei der Nachfolgereaktion der Nestflüchter in das Zwischenhirn geraten war.

Das Ergebnis war – einige hundert Jahrmillionen später – die Großhirnrinde. Die explosiv wirkende Auffächerung der Bahnen, die vom Zwischenhirn zu diesem obersten Hirnteil führen, spiegelt ihrerseits die neue Aufgabenstellung wider, die von nun an die Entwicklung diktiert. Jetzt, da es möglich geworden ist, die Welt abzubilden, wäre es widersinnig, die ankommenden Informationen weiterhin zu verdichten. »Die Welt spiegeln«, das heißt doch nichts anderes, als sie nach Möglichkeit so wiederzugeben, wie sie selbst ist. Ohne eigene Zutat, ohne Verarbeitungsprozesse, die die Perspektiven in irgendeiner Weise unter dem Gesichtspunkt des biologischen Vorteils verändern. Die Welt abbilden, das heißt, sie in allen ihren Besonderheiten, mit allen individuellen, womöglich einmaligen Einzelheiten erfassen zu können.

Dazu aber muß das Gehirn leer sein. So leer, wie es ein Spiegel ist, solange sich nichts in ihm abbildet. Die Großhirnrinde erfüllt diese Bedingung – wenigstens in Ansätzen – erstmals in der langen Geschichte der Hirnentwicklung. Es gibt, verglichen mit den Reizeffekten, die bei der Durchmusterung des Zwischenhirns zu beobachten sind, nichts Langweiligeres als die Auswertung elektrischer Reizversuche an der Rinde (40).

Da bewegt sich womöglich das Endglied eines Fingers im Takt des einsetzenden und wieder verschwindenden Reizes. Da berichtet ein Patient von Lichtblitzen, wenn der Untersucher die Sonde an der »Sehrinde« ansetzt. Muskelzuckungen, Kitzelgefühle auf der Haut, an ganz bestimmten Stellen des Körpers, je nach dem Ort der Rindenreizung, das ist in der Regel alles. Nichts, was sich mit den szenenartigen, komplizierten Handlungsabläufen vergleichen ließe, auf die man bei der Reizung des Zwischenhirns gestoßen war.

Der Grund für den Unterschied liegt auf der Hand. Im Großhirn sind keine Programme gespeichert und keine anderen »Erfahrungen *a priori*«. In diesem Hirnteil wird die Welt nicht mit Hilfe standardisierter Erfahrungen der Art vorweggenommen. Ein wesentlicher Teil der Rinde ist vielmehr eine einzige »Leerstelle« im Gehirn, eine riesige »Wachstafel«, bereit, den Abdruck der Welt in sich aufzunehmen. Jetzt, aber auch erst jetzt wird mit einem Male das vor so langer Zeit schon zufällig auf dem Augenhintergrund entstandene »Bild«, bisher ein beiläufiges, wenn nicht gar lästiges Nebenprodukt der Sammlung optischer Informationen, nutzbar und sogar zum Motor weiteren Fortschritts!

Die Vervollkommnung dieses Prinzips dokumentiert sich nicht allein in der gewaltigen Ausdehnung des neuen Hirnteils. Beim Menschen macht das Großhirn nicht weniger als 7/8 der gesamten Masse des Zentralnervensystems aus. Auch funktionell wurde die neue Strategie weiterentwickelt. Als der entscheidendste Fortschritt in dieser Hinsicht ist die unbegrenzte Wiederholbarkeit anzusehen, mit der sich fortlaufend immer neue Eindrücke in der Rinde abbilden können.

Nicht mehr lediglich ein einziges Mal, wie im Falle der Prägung, sondern in stetigem Wechsel, getreu auch in der Wiedergabe aller Veränderungen, werden die äußeren Vorgänge in der Rinde abgebildet. Allerdings ist jedem von uns geläufig, daß unser Gehirn nicht jedem beliebigen Ablaufstempo zu folgen vermag. Die Unsichtbarkeit einer abgefeuerten Pistolenkugel ist dafür das bekannteste Beispiel.

Dieses Unvermögen ist eine Folge der körperlichen, materiellen Natur unseres Gehirns. Es ist eine Erinnerung daran, daß unsere Gedanken und Eindrücke, so unkörperlich sie selbst sein mögen, dennoch auf eine uns undurchschaubare Weise getragen werden von körperlichen Prozessen, die sich im Inneren unseres Gehirns abspielen. Bei diesen handelt es sich letztlich um molekulare Vorgänge innerhalb der Hirnzellen, die zwar mit sehr großer Geschwindigkeit, aber eben doch nicht unendlich schnell ablaufen. Erst recht gilt das für die über noch größere und dementsprechend zeitraubendere Entfernungen hin erfolgenden ständig wechselnden Schaltungen zwischen verschiedenen Nervenzellen.

Es ist klar, daß ein Organ mit solchen Eigenschaften, mit einer gegenüber allem Bisherigen so radikal veränderten Aufgabenstellung, keinen Vorteil aus einer weiteren Verdichtung der eintreffenden Informationen ziehen könnte. Auf die Stufe der Integration folgt nunmehr die der Analyse. Dazu werden die zur Verfügung stehenden Daten von der Großhirnrinde wie von einer gewaltigen Lupe – wieder bietet sich der vergrößernde Hohlspiegel als Metapher an – möglichst weit auseinandergezogen, auf einer möglichst großen Fläche ausgebreitet.

Da diese Fläche – unsere Hirnrinde – mit einer Gesamtausdehnung von rund 250 000 Quadratmillimetern und einer Dicke von 3–4 Millimetern aus etwa 10 Milliarden Nervenzellen zusammengesetzt ist, bedeutet das im Endeffekt, daß an der Auswertung jeder einzelnen Teilinformation eine möglichst große Zahl von Zellen beteiligt wird. Jetzt genügt es nicht mehr, durch die Erfassung einiger weniger charakteristischer Signale eine typische Situation zu diagnostizieren, um die zu ihrer Bewältigung vorgesehene Standardantwort in Gang setzen zu können. Jetzt gilt es, aus jeder einzelnen Detailinformation so viele Einzelheiten wie möglich herauszuholen.

Die »Zentren« der Hirnrinde

Wenn die Großhirnrinde auch leer ist wie ein blankgeputzter Spiegel – und dies aus dem gleichen Grunde –, so ist sie doch nicht ohne Struktur. Der Spiegelvergleich hat uns bis zu diesem Punkt geholfen, den fundamental wichtigen Unterschied zu erfassen, der zwischen dem Bau und der Aufgabe des Zwischenhirns und denen der Großhirnrinde besteht. Wir würden uns das weitere Verständnis aber erschweren, wenn wir dieses Beispiel weiter strapazierten. So ist für das Verständnis der Funktion der Hirnrinde die Einsicht wichtig, daß diese äußerste Umhüllung unseres Gehirns nicht, wie es beim Spiegel der Fall ist, an jedem Punkt die gleiche Beschaffenheit hat.

In dem Faltenteppich der Hirnrinde gibt es bestimmte Gebiete unterschiedlicher Spezialisierung. Nicht jedes ihrer Areale ist für die Aufarbeitung jeder beliebigen Information in gleichem Maße geeignet. Besondere Felder erweisen sich als spezialisiert für den Umgang mit Informationen besonderer Art. Dies gilt auch für den relativ kleinen Teil der Rinde, in dem, was bisher nicht ausdrücklich erwähnt wurde, nicht eintreffende Informationen empfangen werden, sondern steuernde Impulse entstehen, die als »Befehle« an bestimmte Muskelgruppen weitergeleitet werden.

Diese spezialisierten Areale der Hirnrinde sind die altbekannten und berühmten »Zentren«, in denen – in der Sprache der älteren Hirnforschung – bestimmte Leistungen oder Fähigkeiten »lokalisiert« sind. Beiläufig erwähnt wurde schon das in der Rinde des Hinterkopfs gelegene zweite, dem ersten im Kniehöcker des Zwischenhirns übergeordnete optische Zentrum, meist kurz »Sehrinde« genannt. Weitere Zentren existieren für das Sprach- und Hörvermögen, die Bewegungsfähigkeit einzelner Körperteile und noch einige andere, zum Teil sehr viel kompliziertere psychische Leistungen.

Ich brauche diese Rindenzentren, die heute bereits in jedem größeren Konversationslexikon beschrieben werden, hier nicht im einzelnen und vollständig aufzuzählen. Es genügt, wenn sie in der Abbildung 15 dargestellt sind. Um Mißverständnisse zu vermeiden: Keines dieser Zentren ist auf der realen Hirnrinde zu erkennen, keines durch irgendein Merkmal oder eine sichtbare Besonderheit hervorgehoben (vgl. dazu auch Abbildung 14). Sie alle sind nur aus den Befunden jahrzehntelang geduldig fortgesetzter Reizversuche und der Symptomauswertung bei Unfall- und Kriegsopfern zu erschließen.

Äußerst interessant ist die Verteilung dieser auf den Umgang mit bestimmten Informationen spezialisierten Areale. Wir brauchen dazu auch hier nur den genetisch-historischen Aspekt zugrunde zu legen, dem der Gedankengang dieses Buchs insgesamt folgt. Selbstverständlich war auch die Rinde nicht mit einem Male fertig da. Selbstverständlich ist auch sie das bisherige Resultat eines – in ihrem Falle schätzungsweise 500 Millionen Jahre während – Entwicklungsablaufs. Das heißt unter anderem aber auch, daß sicher nicht alle der heute in ihr nachweisbaren Zentren von Anfang an vorhanden gewesen sind. Dies gilt offensichtlich vor allem für die Areale, die sich auf relativ hoch entwickelte und geschichtlich gesehen daher junge, »typisch menschliche« Leistungen spezialisiert haben.

Betrachtet man die in der Abbildung 15 dargestellte »Landkarte unserer geistigen Leistungen« einmal unter diesem Gesichtspunkt, dann stößt man auf einige aufschlußreiche Zusammenhänge. Zunächst einmal ergibt sich eine grobe Zweiteilung der Rinde insgesamt, wenn man davon ausgeht, ob die einzelnen Zentren der Analyse eintreffender Meldungen oder der Aussendung von »Befehlen« an die Körperperipherie dienen. Wie die Abbildung zeigt, stellt der vordere Teil der Rinde unter diesem Aspekt gewissermaßen einen »Sender« dar, der größere hintere Teil dagegen einen »Empfänger«.

Die Grenze verläuft zwischen den beiden langgestreckten Arealen, die für die Innervation der Muskulatur des Skeletts (»willkürliche Bewegungen«, vorn, in Abb. 15 orange gezeichnet) und die genaue Ortung von Berührungsreizen (»Körperfühlsphäre«, hinten, lila eingezeichnet) zuständig sind. In beiden Rindenarealen ist der ganze Körper Punkt für Punkt »abgebildet«, und zwar auf dem Kopf stehend. Das heißt, daß man, wenn man mit der elektrischen Reizung oben, in der Gegend des Schädeldachs, beginnt, Muskelbewegungen (oder ein Kitzelgefühl) im zugehörigen Fuß auslöst.

Läßt man die Sonde langsam schläfenwärts, nach unten also, wandern, folgen Reizeffekte im Unterschenkel, Oberschenkel, Gesäß, Bauch usw. aufeinander, bis man am unteren Ende des jeweiligen »Zentrums« angelangt, Bewegungen – oder, wenn es sich um das hintere Areal handelt, Berührungsempfindungen – in den Lippen, der Zunge, Nase oder Stirnhaut auslöst. In diesem Rindenbereich ist folglich die ganze Körperoberfläche Punkt für Punkt repräsentiert. Man kann sich daher auch den Scherz erlauben, durch eine Einzeichnung der jeweiligen lokalen Zuständigkeit die Umrisse nachzuziehen, innerhalb derer der menschliche Körper in diesem Rindengebiet vertreten ist.

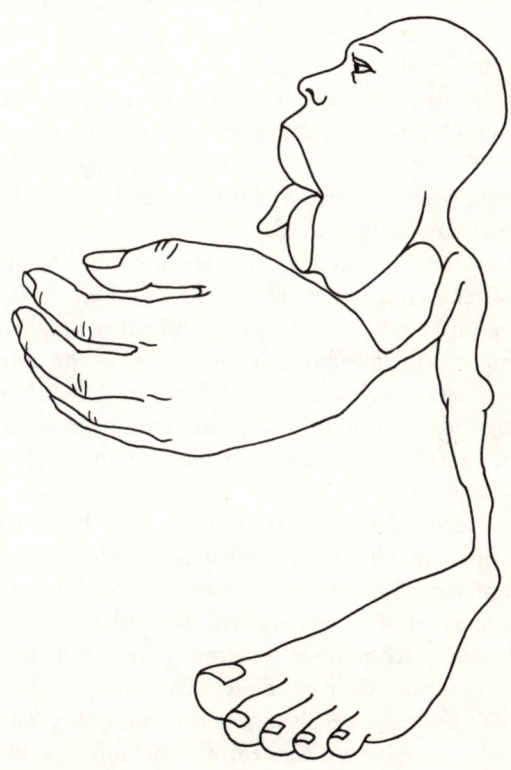

Die verschiedenen Teile unseres Körpers sind in der Hirnrinde in sehr unterschiedlicher Ausdehnung vertreten, je nach dem Steuerungsaufwand, den sie erfordern. Eine maßstäbliche Wiedergabe der zuständigen Rindengebiete ergibt daher ein sehr ungewohntes Bild.

Das Resultat ist ein sogenanntes »Rindenmännchen«, wie es die Zeichnung auf der vorhergehenden Seite wiedergibt. Sein bizarres Aussehen rührt daher, daß die Repräsentation unseres Körpers in unserer Hirnrinde nicht den Regeln einer Abbildung oder gar ästhetischen Gesetzen, sondern biologischen, genauer: regelungstechnischen Notwendigkeiten unterliegt. Hier sind nicht die Gesetze der optischen Projektion im Spiel gewesen, sondern die sich aus der jeweiligen Funktion ergebenden Erfordernisse des Steuerungsaufwands.

Das heißt, ganz einfach ausgedrückt, daß Hände, Lippen und Zunge als Werkzeuge des Hantierens und Sprechens ebenso wie die Füße, deren Bewegungen und Rückmeldungen für die Aufrechterhaltung des labilen Gleichgewichts eines aufrechtgehenden Zweibeiners wichtig sind, einer sehr viel differenzierteren Steuerung – oder, was die Rückmeldungen betrifft: einer sehr viel detaillierteren Auswertung – bedürfen als etwa Rumpf oder Oberarme. Deshalb sind in die Steuerung dieser Körperteile auch überdurchschnittlich viele Hirnrindenzellen einbezogen – auf Kosten anderer Körperregionen, die mit einem geringeren Regelungsaufwand beherrscht werden können. Entsprechend groß oder klein sind daher die jeweils zuständigen Rindenanteile.

Daß das motorische und das sensible Zentrum unmittelbar benachbart sind, ist, genetisch betrachtet, wieder leicht verständlich. Beide konnten sich nur »Hand in Hand«, in strenger funktioneller Parallelität, zu ihrer heutigen Kompliziertheit entwickeln. Jeder, der schon einmal versucht hat, mit einem fest »eingeschlafenen« Bein zu gehen, weiß, daß ein geordneter Bewegungsablauf ohne die ständige sensible »Rückmeldung« über die jeweilige Stellung des bewegten Gliedes unmöglich ist. Eines geht nicht ohne das andere.

Auch daß das als erstes dieser Zentren seinerzeit von Paul Broca entdeckte »motorische« Sprachzentrum unmittelbar an jenes Rindenfeld grenzt, das für die differenzierte Steuerung von Lippen- und Zungenbewegungen zuständig ist, leuchtet ohne weiteres ein. Immerhin ist bemerkenswert, daß es mit der diese Körperteile steuernden Region nicht identisch ist. Sprache ist, so ließe sich allein aus diesem Umstand schon ableiten, mehr als die bloße Fähigkeit, Lippen, Zunge und Kehlkopfmuskulatur willkürlich und gezielt bewegen zu können, eine Schlußfolgerung, für deren Richtigkeit jeder beliebige Affenkäfig im zoologischen Garten einen hinreichenden Beleg bildet.

Bedeutsam ist daneben auch die Nachbarschaft dieses Zentrums auf der anderen Seite, an der Grenze nach vorn. Die Fähigkeit, anwesende und –

weitaus bedeutungsvoller! – gar nicht präsente Objekte oder gar abstrakte Begriffe und logische Zusammenhänge in akustischen Symbolen äußern und auf diese Weise mitteilen zu können – nichts anderes ist die vom »motorischen Sprachzentrum« gesteuerte Leistung –, erweist sich auf dieser Seite als abhängig von der Rolle des »Stirnhirn« genannten vordersten Rindenteils. Seine eigentümliche Sonderstellung wird uns gleich noch eingehender beschäftigen. Hier sei nur schon daran erinnert, daß es ihn in dieser Ausbildung nur beim Menschen gibt, ebenso wie echte Lautsprache in dem eben definierten Sinn.

Genetisch gesehen ist auch die Nachbarschaft der einzelnen »Empfänger-funktionen« in den hinteren Rindenabschnitten einleuchtend. Daß das Hörzentrum an die sensible Kopfregion grenzt, erinnert uns an die entwicklungsgeschichtliche Verwandtschaft zwischen den sensiblen Organen des Innenohrs und der übrigen Haut. Der Gehörssinn ist, wie gesagt, ein arrivierter Abkömmling der tastempfindlichen Haut. Verständlich, daß die Nähe der genetischen Verwandtschaft die räumliche Nähe zwischen den zentralnervösen Repräsentationen beider Organe nach sich zieht.

Analog verhält es sich mit der Beziehung zwischen der »Körperfühl-sphäre« in der hinteren Zentralwindung der Rinde (lila) und der in der Abbildung 15 hellblau markierten Sehrinde. Im ersten Augenblick mag es schwerfallen, an eine echte Verwandtschaft zwischen dem Sehen und den durch die Sensibilität der Haut vermittelten Sinneseindrücken zu glauben. Daß beide innerhalb des »Empfangsteils« der Rinde an entgegengesetzten Stellen liegen, unterstreicht in der Tat die Ferne der Verwandtschaft. Gänzlich bestreiten läßt sich diese aber nicht. Wir brauchen wieder nur an die Vergangenheit beider Leistungen zu denken und daran, daß der »Lichtsinn« ursprünglich neben dem Tastsinn und anderen sensiblen Funktionen ebenfalls einmal ein diffuser Hautsinn gewesen sein dürfte. Das liegt allerdings schon so unvorstellbar lange Zeit zurück, daß die gemeinsame Abstammung nicht mehr ohne weiteres erkennbar ist – und daß »Körperfühlsphäre« und »Sehzentrum« in der Großhirnrinde bis zu der heute festzustellenden Distanz auseinanderwandern konnten.

Das geschah mit der für alle evolutionistischen Fortschritte charakteristischen Langsamkeit. Es hat jeweils mehrere Jahrmillionen gedauert, bis sich die Fläche der Hirnrinde wieder um einen Betrag ausgedehnt hatte, der so groß war, daß wir den Unterschied mit bloßem Auge hätten erkennen können. Im Laufe entsprechend gewaltiger Zeiträume aber löste sich die Sehrinde dabei allmählich von der Körperfühlsphäre ab. In dem

Maße, in dem das geschah, entstand zwischen den beiden, immer weiter auseinanderrückenden Zentren neues Rindengewebe, Millionen, schließlich mehr als eine Milliarde Rindenzellen, die es bisher nicht gegeben hatte.

Schließlich war so ein neues Rindenstück entstanden, frei für neue, bis dahin unbekannte Funktionen. Welche Leistungen kamen für das neue Areal in Frage? Welche neue, bis zu diesem Augenblick der Erdgeschichte nicht existierende und daher nicht einmal vorstellbare Art der Aktivität konnte das neue »Zentrum« ermöglichen?

Wir würden darauf im voraus auch dann keine Antwort finden können, wenn wir berücksichtigen würden, daß die neue Leistung auch hier wieder sowohl mit der benachbarten Körperfühlsphäre als auch mit der auf der anderen Seite an sie angrenzenden Sehrinde zusammenhängen müßte. Eine solche Verwandtschaft ist auch hier wieder vorauszusetzen, da ja beide »alten« Zentren an das neue Areal angrenzen, das sie durch ihr Auseinanderrücken überhaupt erst haben entstehen lassen. Auch im Gehirn entsteht Neues nicht aus dem Nichts.

Die Entstehung der Zahl

Aber wie soll man sich eine psychische Leistung ausmalen, deren »Eltern« die Sensibilität für den eigenen Körper und die Fähigkeit sind, diesen Körper und die Umwelt, in der er existiert, sehen zu können? Welche neuartige Leistung ist als das Resultat der fruchtbaren Verschmelzung so heterogener Fähigkeiten denkbar? Wir kennen die Antwort auf diese Frage, jedoch nur deshalb, weil unsere Position in der Entwicklung uns die Angelegenheit im nachhinein zu betrachten erlaubt. Daher wissen wir, daß mit der Entstehung des Scheitellappens – in der Abbildung 15 braun markiert – die *Zahl* und das *Zählen* in die Welt gekommen sind.

Selbst aus dem Rückblick aber ist dieses Resultat ohne einige zusätzliche Erklärungen nicht sogleich verständlich. Diese zusätzlichen Informationen ergeben sich, wie so oft in der Hirnforschung, aus der Untersuchung von Patienten, deren Scheitellappen bei einem Unfall oder durch einen Hirntumor in Mitleidenschaft gezogen wurde. Die Untersucher stoßen in solchen Fällen immer wieder auf eine sehr eigentümliche Kombination von Störungen.

Patienten mit einem typischen Scheitellappen-Syndrom – »Gerstmann-Syndrom« nennen es die Psychiater nach dem Kliniker, der es erstmals beschrieben hat – leiden an Ausfällen, die zunächst nichts miteinander zu tun zu haben scheinen. Sie haben Schwierigkeiten mit der Unterscheidung von rechts und links, sie verwechseln die Finger ihrer eigenen Hände untereinander, wenn sie sie benennen oder auf Aufforderung zeigen sollen – den Zeige- mit dem Ringfinger etwa –, und sie können nicht mehr oder nur noch mangelhaft kopfrechnen.

Der zweite Blick lehrt, daß diese Störungen, oder besser: die Leistungen, die sich hier als gestört erweisen, natürlich doch etwas miteinander zu tun haben. Auf irgendeine Weise hängen sie alle mit dem Erlebnis »Raum« zusammen, mit dem, was wir unsere »Raumvorstellung« nennen. Daß diese entwicklungsgeschichtlich aus dem Gefühl für den eigenen Körper hervorgegangen ist, aus dem bewußten Erleben der Stellung der verschiedenen Gliedmaßen zueinander und ihrer Veränderungen im Ablauf unserer Bewegungen, leuchtet unmittelbar ein. Von hier aus ist die »Vaterschaft« der Körperfühlsphäre angesichts der neuen Funktion »Raumerlebnis« verständlich.

Aber zum Erleben dieses Raums als dem Medium meiner eigenen Beweglichkeit gehört mit gleicher Legitimität noch etwas anderes: die Wahrnehmung meiner örtlichen Position relativ zu den Objekten der Außenwelt und deren Veränderung als Folge meiner Bewegungen. Dieser Zusammenhang macht die Fähigkeit zur optischen Wahrnehmung, macht die Sehrinde zum anderen legitimen Elternteil der neuen Funktion.

Der Raum, der damit im Bewußtsein auftaucht, ist schließlich, wenn auch wahrscheinlich nicht von Anfang an, in drei Richtungen (»Dimensionen«) orientiert. Von diesen sind zwei ohne zusätzliche Leistung, einfach aufgrund der in diesem entwicklungsgeschichtlichen Augenblick ohnehin vorhandenen körperlichen Ausstattung eindeutig festgelegt. Die Senkrechte ist durch die Einwirkung der Schwerkraft bestimmt, und ebenso die Richtungen »oben« bzw. »unten«. »Vorn« und »hinten« ergeben sich mit gleicher Eindeutigkeit aus der Richtung meiner eigenen Bewegung. Bis dahin gibt es also keine Probleme.

Weder die geophysikalischen Verhältnisse noch der eigene Körperbau helfen nun aber bei der Orientierung in der letzten, übrigbleibenden Dimension. Weder die beiden Hälften des eigenen Körpers noch die diesem zugewandten beiden Hälften der Außenwelt lassen sich durch Gegensatzpaare mit gleicher Eindeutigkeit individuell kennzeichnen, wie es mit den Begriffen oben/unten oder vorn/hinten in den beiden anderen Richtungen möglich gewesen war. Die »rechte« und die »linke« Hälfte des eigenen Körpers sind ebenso wie die rechten und linken Seiten in der

Außenwelt spiegelbildlich symmetrisch und damit grundsätzlich, als Richtungen, beliebig austauschbar.

Die Bezeichnungen rechts und links beziehen sich also, das ist der entscheidende Punkt, nicht wie die beiden erstgenannten Begriffspaare auf objektiv vorliegende und eindeutig voneinander unterscheidbare Besonderheiten der gemeinten Seiten. Sie sind vielmehr *eine Zutat des den Raum erlebenden Subjekts*. Sie sind, anders ausgedrückt, eine eigene Leistung dieses Subjekts, das sich den Raum auf diese Weise unterwirft. Erst dieser Willkürakt gliedert den Raum endgültig in einer Weise, die bewußte Orientierung ermöglicht.

Das alles ist nicht etwa die Beschreibung einer logischen Ableitung. Es ist ganz im Gegenteil schlichte Empirie. Wir können allein deshalb sicher sein, daß es so ist, weil die Fähigkeit zur Unterscheidung von rechts und links an die Existenz eines funktionstüchtigen Scheitellappens gebunden ist. Patienten mit einem ausgeprägten »Gerstmann-Syndrom« geben nur noch rein zufällig gelegentlich auch richtige Antworten, wenn sie aufgefordert werden, bei anderen Menschen die rechte oder die linke Hand zu zeigen. Bei sich selbst können sie das häufig aus reiner »motorischer Gewohnheit« noch fehlerlos. Sie haben die größten Schwierigkeiten, nach einem Blick auf die Uhr zu sagen, ob der große Zeiger kurz vor oder kurz nach der vollen oder halben Stunde anzeigt. Und sie sind gänzlich außerstande, sich mit der Hilfe eines Stadtplans in der Realität zurechtzufinden.

Der durch den Willkürakt der subjektiven Rechts-Links-Unterscheidung gegliederte Raum aber scheint nun ebenso auch eine Voraussetzung zum Zählen zu sein. Man könnte sich das so erklären, daß erst diese Gliederung die Möglichkeit dazu gibt, wiederholt vorkommenden Elementen, die bis dahin untereinander austauschbar nur die Feststellung »viele« zulassen, einen bestimmten Ort zuzuweisen und damit individuelle Identität zu verleihen. Erst in diesem Augenblick wird, so scheint es, jedes von ihnen zu einem ganz bestimmten, wiedererkennbaren Einzelelement, das sich deshalb auch mit einer Zahl belegen und so durch eine unverwechselbare Stellung in der Ordnung des Ganzen aus der Menge der übrigen Elemente herausheben läßt.

Wie dem auch sei: Man muß einmal gesehen haben, wie ratlos ein Patient mit geschädigtem Scheitellappen an seinen eigenen Händen herumfingert, wenn man ihn bittet, einem einen bestimmten von ihnen – etwa den rechten Ringfinger – zu zeigen, natürlich nachdem man vorher Eheringe oder ähnliche als Eselsbrücken dienende Markierungen entfernt hat. Der

Patient hat die Fähigkeit verloren, einander ähnliche Elemente durch räumliche Ordnung zu identifizieren. Interessanterweise geht damit nun die Unfähigkeit einher, mit Zahlen umgehen, »rechnen« zu können.

Aber ist das eigentlich wirklich so überraschend? Ist nicht auch die Zahlenreihe zusammengesetzt aus einander ähnlichen Elementen, die zueinander in einer ganz bestimmten räumlichen Ordnung stehen? Es ist ganz offensichtlich nicht nur die Bequemlichkeit des Nächstliegenden, wenn sich der Erstkläßler beim Rechnenlernen der eigenen Finger als Hilfsmittel bedient, bevor er zum Umgang mit vorgestellten Zahlen übergehen kann. Das Schicksal der Gerstmann-Patienten zeigt uns, daß das Kind damit eine Entwicklung rekapituliert, die in der geschichtlichen Realität der Evolution grundsätzlich ähnlich verlaufen sein dürfte.

Auch beim Erwachsenen ist der Zusammenhang zwischen Raum und Zahl psychologisch meist noch nachweisbar, und zwar in Gestalt des sogenannten »Zahlenbaums«. Mit diesem nicht sehr glücklichen Ausdruck haben die Psychologen die Tatsache bezeichnet, daß die meisten Menschen die Zahlenreihe mit räumlichen Vorstellungen verbinden. Vielen ist das gar nicht bewußt. Wenn man sie aber danach fragt, geben sie, mitunter überrascht, zu, daß es ihnen genauso geht.

»Von 1 bis 12 stelle ich mir das rund vor, so wie bei einer Uhr. Dann geht es schräg aufwärts, bei 100 ist eine Stufe.« Oder: »Wenn ich von 1000 eine andere Zahl abziehen soll, etwa 127, dann stelle ich mir vor, ich stände bei der 1000 und blicke zurück bis 900 und ziehe von da aus auch noch die 27 ab.« Solche und ähnliche Antworten sind charakteristisch. Sie sind eine heute noch nachweisbare Folge der entwicklungsgeschichtlichen Verwandtschaft zwischen den Vorstellungen von Raum und Zahl.

17. Das Problem der »stummen Zonen«

Eine lehrreiche Sackgasse

Man darf sich die im letzten Kapitel erörterten Rindenzentren nun auf keinen Fall als Bausteine vorstellen, aus denen sich das Spektrum unserer psychischen Fähigkeiten mosaikartig zusammensetzen ließe. Der Gedanke daran liegt zunächst nahe. Auch die Hirnforscher selbst haben sich lange Zeit von ihm beeinflussen lassen, mit der Folge, daß sie auf gänzlich irreführende Fragestellungen verfielen.

Sobald man diesem Gedanken nachgibt, fühlt man sich veranlaßt, in der Hirnrinde nach den übrigen Bruchstücken des Spektrums zu fahnden. Motorische Aktivität und Tastempfindung, Sprechen, Hören und Sehen, dazu noch Raumvorstellung und Rechenvermögen – das allein hebt den Menschen zwar weit empor über den Entwicklungsstand aller übrigen Lebensformen unseres Planeten. Aber im Hinblick auf die Fülle unserer psychischen Möglichkeiten, angesichts der Breite des Spektrums unserer psychischen Aktivitäten, wirkt die genannte Kombination doch nur wie ein kärglicher Torso. Wo also sind die übrigen Leistungen versteckt?

Diese Frage hat in den Hirnforschungsabteilungen in aller Welt jahrzehntelang eine hartnäckige Suche in Gang gehalten. Es war eine sehr mühsame Suche. Da sie der »Lokalisation« von Fähigkeiten galt, über die nur der Mensch verfügt, schieden Tierversuche aus. Systematische Experimente am Menschen aber kamen aus verständlichen Gründen ebenfalls nicht in Frage. Als einziger Weg blieb die möglichst verfeinerte Untersuchung und »Testung« von Hirnverletzten in der Hoffnung, im Laufe der Zeit gesetzmäßige Beziehungen zwischen der Lokalisation bestimmter Rindenschädigungen und möglichst isoliert auftretenden psychischen Leistungsdefekten zu finden.

Damit ist in großen Zügen der methodische Ansatz der sogenannten »Hirnpathologie« gekennzeichnet, einer Disziplin, die die Hirnforschung jahrzehntelang beherrscht hat. Motor des Unternehmens war, ausgesprochen oder unausgesprochen, die Erwartung, daß es möglich sein müsse, die ganze Großhirnrinde Punkt für Punkt in eine Art Rasterbild aufzulösen. Jedem Punkt würde dabei eine »elementare« psychische Leistung – was immer das sein mochte – entsprechen. Fernziel war die Idee, durch wechselnde Kombinationen der endlichen Gesamtzahl aller dieser punktförmigen Leistungen eines Tages den gesamten Umfang unserer psychischen Existenz synthetisch erklären und verstehen zu können.

Das Konzept war faszinierend. Die Entdeckung der im letzten Kapitel beschriebenen »Zentren« schien an seiner Berechtigung keinen Zweifel zu lassen. Als die Resultate auf sich warten ließen, bestand die einmütige Reaktion der beteiligten Spezialisten daher in einer immer weiter getriebenen Verfeinerung der Leistungstests zur Erfassung der theoretisch erwarteten »punktförmigen« Leistungsausfälle, deren Rindenlokalisation es aufzufinden galt.

Das Ergebnis war desillusionierend. Zwar gab es jetzt schließlich Resultate. Immer wieder kam aus einer der zahlreichen Kliniken, die sich auf den Forschungsansatz der »Hirnpathologie« konzentrierten, die Meldung von der Entdeckung eines neuen »Zentrums« in der Rinde, vom Nachweis einer isolierten Leistung, die sich »lokalisieren« ließ. Da berichtete etwa jemand, daß er einen Patienten untersucht habe, der seit einem Schädelunfall nicht mehr in der Lage sei, die Gesichter ihm bekannter Menschen erkennen und unterscheiden zu können.

Sofort wurde ein Fachausdruck für die neu entdeckte Störung geprägt: »Prosopagnosie« (Unfähigkeit zum Erkennen von Gesichtern) nannte man sie. Wichtig erschien auch dieser Befund allein deshalb, weil man annehmen zu können glaubte, aus seinem isolierten Auftreten auf eine spezielle psychische Funktion rückschließen zu können, die normalerweise für das Erkennen von Gesichtern sorgt. Das zugehörige Rindenstück sollte – wie anders – an die Sehrinde grenzen.

Andere Untersucher beschrieben nach den gleichen Gesichtspunkten Patienten, bei denen sie eine Störung des Nachahmens bestimmter Handbewegungen festgestellt hatten. Ganze Zeitschriftenbände füllten sich im Laufe von Jahrzehnten mit Befunden ähnlicher Art: Störungen des Erkennens von Melodien, der Verlust der Fähigkeit zum Lesen oder Schreiben, zum Nachzeichnen einfacher geometrischer Figuren und eine Fülle ähnlicher Beobachtungen wurden detailliert festgehalten. Je größer die Sammlung jedoch wurde, um so größer wurde auch die Enttäuschung der beteiligten Forscher.

Der Grund: Je größer die Befundsammlung wurde, um so deutlicher zeigte sich, daß es gänzlich unmöglich war, in die Riesenmenge der Befunde irgendeine Ordnung, irgendein System zu bringen. Im Widerspruch zu der Hoffnung, mit der man das anspruchsvolle Projekt in Angriff genommen hatte, führte die immer weiter fortgesetzte Anhäufung von Einzelfällen nicht zu einer Wiederholung gleichartiger Befunde. Dazu hätte es aber unweigerlich kommen müssen, wenn die Voraussetzung stimmte. Früher oder später hätten dann Patienten auftauchen müssen, bei denen eine Verletzung zufällig genau die gleiche Hirnstelle geschädigt hatten wie bei einem der bereits registrierten Fälle.

Einige Skeptiker begannen, sich Gedanken über die Ursachen dieses Verlaufs der Angelegenheit zu machen. Sie wiesen darauf hin, daß, wenn man es ganz genaunahm, eigentlich kein einziger der Patienten wirklich nur an der »isolierten« Störung gelitten hatte, derentwegen er in die Protokolle der Hirnpathologen aufgenommen worden war. Auch die Spezialisten selbst bestritten keineswegs, daß das schon deshalb von vornherein unmöglich war, weil selbstverständlich auch die Verletzungen in keinem Falle wirklich nur punktförmig sein konnten und weil bei nahezu allen Patienten auch noch andere Abschnitte des Gehirns in Mitleidenschaft gezogen waren.

Selbstverständlich also ließen sich bei dem Patienten, der keine Gesichter mehr erkennen konnte, auch noch andere, ganz allgemeine Störungen des Sehens nachweisen – auch bei ihm war eben nicht allein die für die »Prosopagnosie« verantwortlich gemachte Rindenstelle, sondern darüber hinaus auch noch ein mehr oder weniger großer Bezirk der unmittelbar angrenzenden Sehrinde betroffen.

Das gleiche galt, wenn man die Dinge einmal kritisch betrachtete, in allen anderen Fällen auch. Die »isolierten«, speziellen Funktionsstörungen waren in jedem Falle in die Symptome einer »allgemeinen Hirnschädigung« eingebettet. Diese Allgemeinsymptome aber waren in den Protokollen nur mehr oder weniger beiläufig angeführt worden. Sie interessierten ja nicht. Was die Hirnpathologen zu entdecken hofften, waren allein »isolierte« Störungen und die sich durch sie verratenden »elementaren psychischen Funktionen«.

Schließlich gingen die Kritiker zum Angriff über. Bei der »Einbettung« der beschriebenen Funktionsausfälle in allgemeine Störungen handele es sich nicht, so erklärten sie, bloß um ein methodisches, sondern um ein grundsätzliches Problem. Wenn eine Schädigung der Sehrinde vorläge, dann habe der Patient selbstverständlich auch Schwierigkeiten beim

Erkennen von Gesichtern. Wer diesen einen Aspekt aber isoliert heraushebe und in den Vordergrund stelle, der lasse sich einfach von seiner theoretischen Erwartung leiten und verfälsche den wirklich vorliegenden Befund durch eine einseitige Darstellung.

Eine »Prosopagnosie« gebe es in Wirklichkeit überhaupt nicht als isoliertes Phänomen. Bei diesem und allen anderen »Herdsymptomen«, die die Hirnpathologen mit solcher Geduld über Jahrzehnte hinweg gesammelt hätten, handele es sich in Wahrheit lediglich um Teilaspekte allgemeiner Schädigungen, die von ihren Beschreibern aus theoretischer Voreingenommenheit mehr oder weniger willkürlich hervorgehoben und in den Vordergrund gerückt worden seien.

Da auch die Wissenschaft von Menschen getrieben wird, war die Reaktion der Kritisierten ebenso wie der weitere Fortgang der Auseinandersetzung vorhersehbar. Es kam zu erbitterten Polemiken, zur Entstehung von Schulen, die sich gegenseitig befehdeten, in Einzelfällen bis zum kaum verhüllten Vorwurf des Betrugs bei der Befundabfassung. In diesem Stadium prägten die Kritiker das bissige Wort von der »Hirnmythologie«, die man da in Wirklichkeit jahrzehntelang betrieben habe.

Heute ist die Schlacht, von gelegentlich immer noch aufflackernden Einzelgefechten abgesehen, im wesentlichen geschlagen. Das kühne Konzept der Hirnpathologen ist auf der Strecke geblieben. Über die im letzten Kapitel beschriebenen spezifischen Rindenareale hinaus ist es trotz aller Anstrengungen nicht in einem einzigen Fall gelungen, eine isolierte psychische Funktion in einem ganz bestimmten Punkt der Rinde unwidersprochen zu lokalisieren.

Damit aber erhebt sich von neuem die Frage, wo denn dann die übrigen Funktionen, die die Weite unseres psychischen Horizonts ausmachen, im Gehirn lokalisiert sein mögen. Die Antwort kann nur lauten: nirgends, denn die Frage war von Anfang an falsch gestellt. Wie weit sie an den Tatsachen vorbeigeht und wie sehr sie daher in die Irre geführt hat, das lehrt die Geschichte der Entdeckung von »stummen Zonen« im Großhirn.

Mit diesem Ausdruck belegten die Hirnforscher jene zahlreichen Rindengebiete, in denen sich überhaupt keine greifbare Funktion nachweisen ließ. Bei Unfallverletzten mit einer Zerstörung der Rinde in einem solchen Gebiet konnten die Ärzte auch bei noch so gründlichen Untersuchungen keine psychischen oder anderen Ausfälle finden. Und reizte man eines dieser Gebiete während einer Hirnoperation mit der Elektrosonde, dann blieb es »stumm« – es passierte gar nichts.

Die Existenz solcher Zonen in der Rinde bedeutete in der Blütezeit der Hirnpathologie eine nicht geringe Verlegenheit. Wenn diese Areale wirklich »stumm« waren, so widersprach das der Vorstellung von der Hirnrinde als einem dichten, rasterartigen Muster punktförmiger Elementarfunktionen. Deshalb versuchte man lange Zeit, sich mit der Vermutung zu behelfen, daß in diesen Zonen in Wirklichkeit ebenfalls bestimmte Funktionen lokalisiert seien, nur eben Funktionen, die sich mit den zu Gebote stehenden Untersuchungstechniken nicht ohne weiteres erfassen ließen.

Vielleicht, so fragten sich die Hirnpathologen, waren hier in Wirklichkeit gerade die höchsten menschlichen Fähigkeiten repräsentiert? Vielleicht hatte man es hier mit Zentren zu tun, in denen Eigenschaften wie Musikalität, Phantasie, logisches Denkvermögen und ähnliche Begabungen untergebracht waren? Zu widerlegen war diese Annahme kaum. Denn wie sollte es in der Praxis möglich sein, bei Patienten eine Einbuße an Phantasie, einen Verlust an musikalischer Ausdruckskraft oder ein Nachlassen der Fähigkeit zum Ziehen logischer Schlußfolgerungen nachzuweisen?

Ein Hirnteil »ohne Funktion«?

Das Problem stellte sich mit besonderer Schärfe angesichts des von den beiden Stirnlappen gebildeten Stirnhirns (in der Abbildung 15 grün gezeichnet). Alle Befunde bestätigten immer wieder aufs neue: das ganze Stirnhirn war eine einzige riesige »stumme Zone«. Auch wenn man Patienten mit beträchtlichen Stirnhirnverletzungen genauestens untersuchte, Männer, denen bei einer schweren Verwundung womöglich der rechte oder linke Stirnhirnlappen mehr oder weniger vollständig zertrümmert worden war, fand man in den meisten Fällen nichts. Die Patienten konnten rechnen, lesen, schreiben, sie übten ihren bisherigen Beruf mit voller Leistungsfähigkeit weiter aus, kein Test brachte irgendeinen Defekt ans Licht.

Die scheinbare Funktionslosigkeit gerade des Stirnhirns aber mußte deshalb besonders grotesk wirken, weil dieser Teil des Großhirns entwicklungsgeschichtlich gesehen der menschlichste aller menschlichen Körperteile ist. Er muß als die vorderste Front in der Entwicklung des Großhirns gelten. Im Vergleich zwischen den Arten lassen sich knospenartige Vorläufer des Großhirns schon bei den Fischen und Reptilien nachweisen. Erst bei den Halbaffen aber umhüllt es als massivster Hirnteil die älteren Abschnitte des Zentralnervensystems (siehe Abb. 16). Der Teil jedoch, in dem sich unser Großhirn auch von denen aller Affen am meisten unterscheidet, das sind die beiden Lappen des Stirnhirns. Diesen Hirnteil gibt es nur beim Menschen. Und ausgerechnet er erwies sich nun als stumm.

Hartnäckige Untersuchungen und Langzeitbeobachtungen stirnhirngeschädigter Patienten ergaben schließlich doch noch einige Hinweise. Viel war es nicht. Wenn die Verletzung aber wirklich ganz massiv war, wenn sie zu einer erheblichen Einbuße an Stirnhirnmasse geführt hatte, dann stieß man in manchen Fällen auf Angaben über gewisse Persönlichkeitsveränderungen. Bei der ärztlichen Untersuchung war auch in diesen Fällen zwar meist nichts zu finden. Befragte man aber die Angehörigen, die Berufskollegen und früheren Freunde, dann erfuhr man gelegentlich, daß der Patient seit dem Unfall »nicht mehr der alte« sei.

Er sei langsamer geworden, hieß es dann etwa, umständlicher. Er rede nicht mehr so viel, sei überhaupt indolent, lasse sich gehen und nehme an seiner Umgebung weniger Anteil. In schweren Fällen ging das so weit, daß die Patienten von Vorgängen in ihrer Familie, die sie normalerweise hätten aufregen müssen, überhaupt nicht berührt zu werden schienen. Umgekehrt nahmen sie dann auch selbst keine Rücksicht mehr: sie wurden ungepflegt, kleideten sich nicht mehr ordentlich, und gelegentlich kam es ganz unerwartet auch zu groben Taktlosigkeiten oder obszönen Handlungen.

Angesichts dieser Vorkommnisse glaubten die Hirnpathologen vorübergehend schon, das Rätsel gelöst zu haben: Das Stirnhirn sei, so verkündeten sie nunmehr, in der Tat der »menschlichste« Teil der Hirnrinde. Die Funktionen, die es beherberge, seien keine anderen als so schwer faßbare Eigenschaften wie Taktgefühl, Selbstkritik, Empfindung für moralische Normen und die Fähigkeit zum Altruismus, zur Anteilnahme am Schicksal anderer.

Damit schien die Welt der Hirnpathologen wieder in Ordnung zu sein – solange niemand kam, der darauf hinwies, daß es sich bei den Eigenschaften, die man jetzt in diesem Hirnteil lokalisieren zu können glaubte, um alles andere handelte als um »elementare psychische Leistungen«. Daß es, deutlicher gesagt, einfach absurd war, davon auszugehen, daß eine so kompliziert zusammengesetzte Verhaltensweise wie »Takt« als in sich geschlossene Funktion, gleichsam präfabriziert, an einem bestimmten Ort der Hirnrinde lokalisiert sein könnte.

Wie groß die Ratlosigkeit der Wissenschaftler war, die sich mit der Aufklärung der Hirnfunktionen abmühten, zeigt ein anderer Lösungsvorschlag. Noch kurz nach dem letzten Kriege brachte einer der bekanntesten und verdientesten deutschen Hirnforscher allen Ernstes den Gedanken vor, das Stirnhirn sei vielleicht deshalb »stumm«, weil es entwicklungsgeschichtlich noch so neu sei, daß es vom Menschen bisher in Wirklichkeit noch gar nicht voll genutzt werde.

Die Erklärung lief also darauf hinaus, daß die Entwicklung des Gehirns der seiner Funktionen möglicherweise vorauslaufe. Der am weitesten entwickelte Teil, das Stirnhirn, sei daher womöglich als ein Organ der Zukunft anzusehen. Es werde vom Menschen in seinem heutigen Entwicklungsstand anscheinend gar nicht voll genutzt und bilde mit seinem brachliegenden Reservoir von psychischen Potenzen eben deshalb die Gewähr für eine ungeahnte geistige Weiterentwicklung unseres Geschlechts.

Der Einfall schien faszinierend. Er nahm sich aber im Munde eines Biologen auch einigermaßen befremdlich aus. Denn ein Organ ohne Aktivität, das gibt es nirgends im ganzen Reich des Lebendigen. Das widerspräche allen Regeln über den unauflösbaren Zusammenhang von anatomischer Struktur und Funktion (42). Die sonst mit Recht so oft beschworene Ökonomie der Natur, die nichts Überflüssiges hervorbringt oder unterhält, wurde in diesem Zusammenhang geflissentlich übersehen. So stark wirkte noch immer das Dogma, daß »eigentlich« jeder Punkt der Hirnrinde eine ganz bestimmte Funktion entsprechen müsse.

Aber das Großhirn ist, wie wir heute zu wissen glauben, eben kein mit Spezialwerkzeugen vollgepfropftes Magazin. Der Umfang unseres psychischen Horizonts läßt sich auch theoretisch nicht als zusammengesetzt aus den wechselnden Kombinationen einer noch so großen Zahl irgendwelcher »Elementarleistungen« erklären oder vorstellen. Und auch das Stirnhirn ist – welch abenteuerlicher Einfall! – ganz sicher kein Präsentkorb, den wir nur deshalb in unserer Schädelkapsel mit herumschleppen, um ihn an zukünftige Generationen weitergeben zu können, ohne selbst seinen Inhalt antasten zu dürfen.

Was aber ist das Stirnhirn dann? Wenn wir uns an dieser Stelle rückblickend nochmals an den langen Entwicklungsweg erinnern, der zu diesem Hirnteil geführt hat, erscheint mir die Antwort eigentlich leicht: Das Stirnhirn ist in der Tat und unzweifelhaft der am weitesten fortgeschrittene Teil des Großhirns, *und zwar eben deshalb, weil es »stumm« ist!* Es stellt nichts anderes dar als die Vervollkommnung des

Prinzips der »Leerstelle« (»Wachstafel«), das in der höchst bescheidenen Form der Prägbarkeit des Auslösers einer bestimmten Instinkthandlung in der letzten Phase der Ära des Zwischenhirns den Ansatzpunkt für den weiteren Fortschritt gebildet hatte.

Das Zwischenhirnwesen war geborgen, aber unfrei gewesen. Durch die Wirksamkeit angeborener Programme und deren Abhängigkeit von spezifischen Schlüsselsignalen war es mit seiner Umwelt in einem unauflöslichen Zirkel gegenseitiger Aktion und Reaktion zu einer Einheit verschmolzen. Das Zwischenhirn bildete die Welt nicht ab, es war selbst ihr Abbild. Nicht das Abbild der ganzen, der objektiv vorhandenen Welt, sondern das des Ausschnitts, der von den wirksamen Merkmalen der Umwelt gebildet wurde. Nur diese »Wirklichkeit« existierte für das Zwischenhirn. Erst auf der Stufe des Großhirns, nach einer Entwicklungsspanne, die bereits nach Jahrmilliarden zählt, taucht die Möglichkeit auf, die Außenwelt abzubilden. Die Abbildung der Umwelt ohne deren Vorwegnahme durch angeborene Erfahrung – Programme oder Instinkte –, das ist erstmals gleichbedeutend mit der Erfassung der Außenwelt in all ihrer Besonderheit, in ihrer unvorhersehbaren Individualität und Beliebigkeit. Es ist, mit anderen Worten, gleichbedeutend mit dem erstmaligen Auftauchen einer objektiven Außenwelt im Gehirn.

Mit diesem Schritt erst ist die Abtrennung des Individuums von der Außenwelt, die von der Urzelle undenkbare Zeiträume zuvor durch das Aufrichten einer trennenden Zellmembran eingeleitet worden war, vollzogen. Das selbständige Individuum steht einer objektiv existierenden Außenwelt gegenüber.

Das bis dahin herrschende Prinzip der fugenlosen Entsprechung von innerem Programm und äußerer Wirklichkeit ist durchbrochen. In dem Maße, in dem das Großhirn Rindengebiete entstehen läßt, die »leer« sind, nicht auf bestimmte Funktionen festgelegt und deshalb frei verfügbar, erweitert sich der Aktionsspielraum um ein Feld offener, beliebiger Möglichkeiten eigenen Verhaltens.

So gesehen ist das Stirnhirn das Organ unserer Freiheit. Gerade seine im Vergleich zur übrigen Rinde bis an die Grenze des überhaupt Möglichen getriebene »Leere« weist es als das menschlichste aller unserer Organe aus. Gerade deshalb, weil es keinem *bestimmten* Zweck dient, steht es für alle Zwecke offen. Jetzt können wir auch verstehen, warum selbst massive Schädigungen hier meist keine greifbaren Ausfälle zur Folge haben: Die Elastizität und Anpassungsfähigkeit dieses auf keine bestimmte Aufgabe spezialisierten Teils der Großhirnrinde ist so groß, daß die Funktionen zerstörter Areale in einem immer wieder überraschenden Umfang von intakt gebliebenen Stirnhirnteilen mitübernommen werden können.

Dieser »stumme« Hirnteil, der uns einige Milliarden Nervenzellen zu beliebiger Verwendung zur Verfügung stellt, ist der materielle Grund für die unerschöpfliche Vielfalt menschlicher Verhaltensmöglichkeiten. Er hat deren Spektrum über jedes Maß hinaus erweitert, das bis vor einigen Millionen Jahren auf dieser Erde denkbar gewesen wäre. Vom Entwurf metaphysischer Systeme bis zum Bau von Konzentrationslagern, vom Kunstwerk bis zum kriminellen Akt, von der freiwilligen Selbstaufgabe für ein Ideal oder andere Menschen bis hin zu der Fähigkeit, »tierischer als jedes Tier zu sein« – es ist ein nahezu grenzenloses Feld an Möglichkeiten, das uns offen steht, weil wir ein Stirnhirn haben.

Ein Warmblüter, dem es gelungen ist, in den Besitz eines so einzigartigen Organs zu kommen, sollte zu den kühnsten Hoffnungen berechtigen. In dieser Hinsicht sind die Meinungen bekanntlich jedoch geteilt. Das ist nicht verwunderlich, wenn man bedenkt, daß die Geschichte der Entwicklung des Gehirns und ihrer Folgen an dieser Stelle noch keineswegs vollständig erzählt ist. Im Hinblick auf den Menschen selbst fängt sie an dieser Stelle überhaupt erst an.

Wir haben uns bisher nämlich noch gar keine Gedanken über die Art und Weise gemacht, in der das Stirnhirn ebenso wie das übrige Großhirn mit den anderen Abschnitten unseres Zentralnervensystems zusammenhängt. Es ist jetzt an der Zeit, sich darauf zu besinnen, daß seine Lebensfähigkeit und Funktionstüchtigkeit auf der ununterbrochenen Tätigkeit dieser älteren Abschnitte beruht.

Das allein würde vielleicht noch nicht einmal allzuviel besagen. Die unumgänglichen Gesetze der biologischen Evolution bringen aber eine weitere Konsequenz mit sich: Die Stufe für Stufe ablaufende Entwicklung hatte zur Folge, daß heute alle Verbindungen zwischen dem Großhirn und der Außenwelt durch die älteren Gebiete, durch das Zwischenhirn und den Hirnstamm, verlaufen. Stirnhirn und übrige Hirnrinde mögen noch so hoch entwickelt und vervollkommnet sein. Sie haben keinen direkten Zugang zur Außenwelt. Jede Information, die bei ihnen eintrifft, hat vorher das Zwischenhirn mit seinen eigenen, archaischen Gesetzen gehorchenden Zentren passieren müssen.

Zwischen die Welt und die Großhirnrinde haben die Götter das Zwischenhirn gesetzt. Ich behaupte, daß es unmöglich ist, menschliches Verhalten zu verstehen, wenn man diesen entscheidenden Zusammenhang nicht durchschaut und seine Konsequenzen durchdacht hat.

18. Anachronistische Kooperation

Angeborene Erfahrungen bei uns selbst

Wenn sie Beispiele für die Irrationalität menschlichen Verhaltens anführen wollen, dann verweisen die meisten Kritiker auf drastische Fälle offenbarer Unvernunft. Kriege, kriminelle Handlungen, Fälle politischer Engstirnigkeit oder religiöser Fanatismus sind in diesem Zusammenhang immer wieder zitierte Beispiele. Wer zu ihnen seine Zuflucht nimmt, verrät allerdings gerade dadurch, daß er die wahre Natur des Phänomens nicht erkannt hat.

Wer die Vernunftwidrigkeit menschlichen Verhaltens nur mit Extremfällen belegt, bestärkt sich und andere in der Illusion, daß es extremer Situationen oder mächtiger Emotionen bedarf, um die Wirksamkeit von Einsicht und Vernunft zu beschränken. In Wirklichkeit liefern gerade scheinbar belanglose Alltagserfahrungen die überzeugendsten und lehrreichsten Beispiele dafür, daß unser Stirnhirn von der Welt durch ältere, archaische Teile unseres Zentralnervensystems getrennt ist.

Niemand von uns »erschrickt« durch einen Knall in größerer Entfernung. Was uns schreckhaft »zusammenfahren« läßt, sind im Gegenteil unerwartete Geräusche in unserer unmittelbaren Nähe, die nicht einmal besonders laut zu sein brauchen. Jeder hat diese Erfahrung unzählige Male gemacht, ohne sich irgend etwas dabei zu denken. Wenn man aber gerade das einmal tut, aller Alltäglichkeit und Gewohnheit zum Trotz, erkennt man leicht, daß diese so selbstverständlich erscheinende Reaktion völlig widersinnig und unlogisch ist.

Die Möglichkeit einer realen Gefährdung ist in den beiden Situationen tatsächlich genau umgekehrt gegeben. Die rechtsstaatliche Ordnung unserer Gesellschaft einerseits und die moderne Waffentechnik mit ihren weitreichenden Geschossen auf der anderen Seite machen den entfernten Knall mit sehr viel größerer Wahrscheinlichkeit zu einem Signal möglicher Bedrohung als ein noch so unerwartetes Geräusch hinter unserem Rücken. Trotzdem läßt das, was in der Ferne geschieht, uns »kalt«, während niemand dem bekannten Erlebnis elementaren Erschreckens entgehen kann, wenn hinter ihm ein Bild von der Wand fällt.

Wenn wir, eingedenk der Erfahrungsregel, daß nichts in der Natur ohne Sinn existiert, nach einer Situation suchen, in der unsere Schreckreaktion und die sie bewirkenden Auslöser zweckmäßig sein könnten, dann muß uns früher oder später der Dschungel einfallen. Unter seinen Bedingungen kann ein plötzliches Geräusch in unmittelbarer Nähe, gar hinter dem eigenen Rücken, in der Tat höchste Gefahr bedeuten. Und ebenso ist hier reaktionsloses Stillhalten die sicherste Taktik, wenn in größerer Ferne Lärm ertönt, da man es so am ehesten vermeidet, einen möglichen Feind auf sich aufmerksam zu machen.

Ohne jeden Zweifel sind es nun auch die Gesetze des Dschungels, an die unsere Schreckreaktion angepaßt ist. Es handelt sich sogar um einen ganz konkreten, zeitlich mit einiger Genauigkeit lokalisierbaren Dschungel, nämlich um jene Urweltlandschaft, in der unsere vormenschlichen Urahnen vor 3, 4 oder 500 Millionen Jahren erfolgreich überleben mußten, damit es uns heute geben kann. Jene unserer biologischen Vorfahren, deren Zentralnervensystem noch nicht wesentlich über die Ebene des Zwischenhirns hinaus entwickelt war. Sie hätten ohne das auf das spezifische Signal »unerwartetes Geräusch in unmittelbarer Nähe« ansprechende Verhaltensprogramm »Erschrecken« keine Chance gehabt.

Mit unserem Zwischenhirn aber haben wir unvermeidlich auch die darin gespeicherten Verhaltensprogramme unserer biologischen Urahnen geerbt. Wir haben unseren Vorgängern zwar unstreitig den Besitz eines Großhirns voraus. Das heißt aber lediglich, daß diese alten Programme uns heute nicht mehr unentrinnbar beherrschen. Verschwunden, sozusagen gelöscht, sind sie deshalb noch keineswegs.

Wir können sie uns, wie unsere Analyse des Phänomens »Erschrecken« zeigt, vor Augen führen, wenn auch die meisten von ihnen uns aus Gewöhnung gar nicht erst zu Bewußtsein kommen dürften. Wir können die Entstehungsbedingungen dieser Verhaltensprogramme rekonstruieren und ihre Besonderheiten durch Selbstbeobachtung aufklären. Wir können sogar den Versuch machen, uns »zu beherrschen«, d. h. versuchen, uns ihrem Einfluß durch bewußte Willensanstrengung zu widersetzen. Eines aber ist uns gänzlich unmöglich: Wir können die Existenz dieser angeborenen Verhaltensweisen oder »Instinkte« auf gar keine Weise aufheben. Wir können sie weder durch Willenskraft spurlos unterdrücken, noch durch Übung (Erfahrung) »abtrainieren«.

Das ist mit einfachen Worten die Situation, in der wir uns in der von uns als Gegenwart erlebten Phase der Evolution vorfinden. Das ist die Konsequenz der Tatsache, daß unser Gehirn ein aus Teilen unterschiedlichen Alters und unterschiedlichen Entwicklungsniveaus anachronistisch zusammengesetztes Organ ist. Die Möglichkeiten der Evolution mögen noch so überwältigend sein. Auch sie finden ihre Grenzen an den Gesetzen biologischer Entwicklung. Zu diesen aber gehört es, daß die Natur bei keinem ihrer Schritte das Bisherige einfach verwerfen kann. Stets ist sie daran gebunden, auf dem aufzubauen, was sie bereits hervorgebracht hat.

Die Erfindungsgabe, mit der die Evolution dieses Handicap überspielt, muß immer von neuem unser Erstaunen und unsere Bewunderung erregen. Die Phantasie, mit der die Schöpfung mit dem ihr zur Verfügung stehenden Material umgeht, Funktionen austauscht, vorhandene Strukturen durch geringfügige Abänderungen völlig neuen Aufgaben anpaßt – wobei dann aus Schwimmblasen Lungen, aus Kiefergelenken Ohrknöchelchen, aus Kiemen Gehörgänge werden –, übersteigt alles menschliche Maß.

Eines aber kann die Evolution nicht: Sie kann in keinem Augenblick radikal von neuem anfangen. Fortschritt ist bei lebenden Strukturen nur unter einer Auflage denkbar, angesichts derer jeder menschliche Konstrukteur resignierend aufgeben würde: nur in der Form, daß das jeweils Vorhandene Schritt für Schritt in einer Weise umgebaut und erweitert wird, die die Funktion des Organismus insgesamt in keinem Augenblick behindert oder gar für noch so kurze Zeit unterbricht.

Diese biologische Regel ist unter anderem der Grund dafür, daß wir hier den Versuch machen können, die Entstehungsgeschichte des Gehirns anhand seines Aufbaus zu rekonstruieren. Die Fossilien der Frühstadien des Organs sind eben noch vorhanden und, wie schon festgestellt, sogar noch am Leben. Bis auf den heutigen Tag und bis in alle Zukunft erfüllt der untere Hirnstamm die vegetativen Aufgaben im Dienste des Kreislaufs, der Atmung, der hormonellen Regelung und aller anderen Funktionen, die in einem Mehrzellerorganismus der Regelung und Koordination bedürfen.

Ebendiese Notwendigkeit hat seine Entstehung ja erst provoziert und damit den Ausgangspunkt gebildet für die Entwicklung, von der dieses Buch handelt. Jeder weitere Schritt – und wir werden niemals wissen, welche Schritte in welchen Richtungen alternativ zu denen, die die Evolution getan hat, ebenfalls möglich gewesen wären – hatte daher die ununterbrochene und ungestörte Funktion dieses ältesten Hirnteils zur Voraussetzung – bis heute und bis in alle Zukunft der weiteren Entwicklung unseres Gehirns.

Wir alle erleben täglich, auch wenn wir uns vielleicht nur in Ausnahmefällen über die Bedeutung dieser Erfahrung im klaren sind, mit welcher Unentrinnbarkeit die Funktionsgesetze dieses ältesten Teils unseres Gehirns den Rahmen unseres bewußten Verhaltens vorzeichnen. Hunger oder Durst, Müdigkeit oder das Gefühl der Frische erweitern, je nach dem, den Spielraum unseres »freien« Verhaltens oder schränken ihn ein. Wir dürfen vermuten, daß das zu unserem Wohl geschieht. Die Grenzen, die uns auf diese Weise gezogen werden, dürften den je nach unserer aktuellen Verfassung wechselnden Grenzen entsprechen, jenseits derer wir, wäre unser Verhalten wirklich oder gar absolut frei, gegen vitale Bedingungen unserer biologischen Existenz verstoßen würden.

Der Hirnstamm also ist eine biologische Voraussetzung für die Existenz des Zwischenhirns, und beide sind ihrerseits wieder das biologische Fundament, auf dem das Großhirn ruht. Da nun weder der Hirnstamm noch das Zwischenhirn lernfähig sind – diese Leistung taucht, wie wir sahen, erst beim Übergang zum Großhirn auf –, ist die unausbleibliche Folge eine anachronistische Kluft zwischen den verschieden alten Abschnitten unseres Gehirns.

Diese klafft vor allem zwischen dem Großhirn und dem darunter gelegenen Zwischenhirn. Der Grund ist leicht einzusehen. Infolge ihrer Lernunfähigkeit sind in den beiden älteren Hirnabschnitten die Aufgabenstellungen und -lösungen mehr oder weniger unverändert fixiert, die in der Epoche galten, in der die Evolution diese Regelungsorgane hervorbrachte. Im Falle des Hirnstamms sind die Folgen dieser extrem konservativen Fixierung belanglos. Hinsichtlich der elementaren vegetativen Aufgaben, zu deren Bewältigung dieser älteste Hirnteil hervorgebracht wurde, ist auch in der seit seiner Entstehung vergangenen Jahrmilliarde keine wesentliche Änderung eingetreten. Die elementaren biologischen Bedürfnisse eines Vielzellers haben sich auch in diesem gewaltigen Zeitraum nicht grundlegend geändert.

Ganz anders liegen die Dinge hinsichtlich des Verhältnisses zwischen dem Zwischenhirn und der Großhirnrinde. Hier ist die Kluft gewaltig. Zwar ist der zeitliche Abstand, der die Epochen ihrer Entstehung in der Erdgeschichte voneinander trennt, naturgemäß kleiner als eine Jahrmilliarde. Nach unserem heutigen Wissen dürfte er vielleicht nur 300, höchstens etwa 500 Millionen Jahre betragen. Dieser Umstand wird aber bedeutungslos angesichts der Tatsache, daß mit der Entstehung des Großhirns die bis dahin rein biologische Geschichte unseres Geschlechts sich um eine soziale und historische Dimension erweitert.

Die Kluft zwischen der Funktion des Zwischenhirns und der des Großhirns ist deshalb abgrundtief, weil das Großhirn die Bedingungen und Möglichkeiten unserer Existenz radikal geändert und erweitert hat. Anachronismus ist nicht so sehr eine Funktion des objektiven zeitlichen Abstands, als vielmehr eine Folge der in dem betreffenden Zeitraum erfolgten Veränderungen. Sie könnten in diesem Fall, vergleicht man die Wirklichkeit des Zwischenhirns mit der objektiven, gegenständlichen Welt, die sich dem Großhirn erschließt, kaum gewaltiger sein.

Dementsprechend waren es auch nicht in einem Zeitraum von 300 Millionen Jahren immerhin denkbare und sicher auch nachweisbare objektive Änderungen in der uns umgebenden Welt, die die Bedingungen, welche unsere angeborene Schreckreaktion auslösen, so widersinnig hatten erscheinen lassen. Bezeichnenderweise waren es vielmehr soziale Faktoren, mit denen wir unser Urteil begründet hatten: rechtsstaatliche Ordnung und bestimmte Fortschritte der Waffentechnik.

Nicht mehr Tier und noch nicht Engel

So deutlich der Anachronismus im Falle unseres Erschreckens auch ist, so harmlos ist er im Grunde. Vor allem deshalb, weil die Gefahr, auf die dieses instinktive Verhaltensprogramm gemünzt ist, für die Teile der menschlichen Gesellschaft, die dem Dschungel entronnen sind, bedeutungslos geworden ist. Das gilt aber nicht für alle Konsequenzen der hier erörterten Kluft. Weniger harmlos sind sie schon bei dem folgenden Beispiel, das ebenfalls unser aller alltäglichen Erfahrung entstammt (43). Gemeint ist die wohl den meisten Menschen banal erscheinende Tatsache, daß uns das »Wasser im Munde« auch dann »zusammenläuft«, wenn der die Reaktion auslösende Geruch einer verlockenden Speise aus dem Fenster einer fremden Wohnung stammt. Das Ganze ist wieder der klassische Fall einer vom Zwischenhirn vermittelten Reaktion mit all den uns nun schon hinlänglich geläufigen Kriterien eines solchen angeborenen Programms.

Voraussetzung für das Zustandekommen ist zunächst wieder einmal eine spezifische innere Bereitschaft: »Verlockend« ist der Geruch der Speise für mich nur dann, wenn ich hungrig bin. Nur dann kann er als Auslöser wirksam werden. Interessant und wichtig ist an dieser Stelle die Tatsache, daß wir diese Aussage jetzt, von der Ebene des Großhirns aus, auf zwei Ebenen zugleich betrachten müssen, und daß wir das, was sich abspielt, auf diesen beiden Ebenen auch zugleich erleben können.

Das eine ist die Auslösung vermehrten Speichelflusses, wenn ich dem spezifisch auslösenden Signal »Essensgeruch« im Zustande des Hungers begegne. Hier finden wir alle die Kriterien wieder, die wir bei der Betrachtung der typischen Funktionsweise des Zwischenhirns schon eingehend erörtert haben: Auslöser, angeborenes Programm, innere Bereitschaft. Jetzt kommt aber noch etwas zweites hinzu: der Geruch der Speise erscheint uns »verlockend«.

Das mit diesem Wort bezeichnete anziehende Gefühl tritt zwar ebenfalls nur dann auf, wenn die innere Bereitschaft, also das Hungergefühl, vorhanden ist. Es ist also an das Ingangkommen der Zwischenhirnreaktion gebunden. Es gehört jedoch nicht zu ihren Voraussetzungen: die Reaktion tritt auch dann auf – der Speichelfluß läßt sich auch dann auslösen –, wenn das Schlüsselsignal einen Menschen trifft, der die Qualität »verlockend« nicht erleben kann, etwa deshalb nicht, weil sein Großhirn zerstört ist (vergleiche die auf Seite 44 geschilderten Untersuchungen des deutschen Psychiaters Gamper).

Wir müssen daher jetzt zwei Ebenen unterscheiden: die vom Zwischenhirn ingangesetzte Reaktion selbst, und das mit dieser Reaktion in unserem Bewußtsein einhergehende Gefühlserlebnis. Die Qualität »verlockend« ist nichts anderes als ein Beispiel für die Art und Weise, in der wir eine bestimmte Eigenschaft der Umwelt dann erleben, wenn sie infolge einer spezifischen inneren Bereitschaft als auslösendes Signal für eine im Zwischenhirn bereitliegende Reaktion wirksam wird.

Das ist eine außerordentlich folgenschwere Feststellung. Als Besitzer eines bewußt erlebenden Großhirns können wir nicht umhin, auch die Reaktionen zu erleben, die sich an uns selbst auf Grund der Aktivität unseres Zwischenhirns abspielen. »Verlockend« ist der Geruch der Speise in unserem Beispiel aber nur dann, wenn die entsprechende innere Bereitschaft vorliegt und die Reaktion ingang kommt. Wenn, anders ausgedrückt – von der Ebene des Zwischenhirns aus betrachtet –, der Geruch der Speise als Auslöser »wirksam« wird. Ohne diese Bereitschaft, das wissen wir nun schon, geschieht nichts, gehört der Geruch also nicht zu der auf dieser archaischen Ebene erfaßten »Wirklichkeit«.

Die eigentliche Bedeutung der Angelegenheit besteht darin, daß diese

Abhängigkeit der Zusammensetzung der Wirklichkeit von der jeweiligen inneren Bereitschaft sich in strenger Parallelität auch im bewußten Erleben widerspiegelt. Hinter der scheinbar banalen Erfahrung, daß uns Essensgeruch *nicht* als verlockend erscheint, wenn wir satt sind – daß wir ihn dann unter Umständen gar nicht wahrnehmen oder daß er uns gar als abstoßend erscheint –, verbirgt sich nichts weniger als die Tatsache, daß die Programme des Zwischenhirns mit ihren archaischen Gesetzen auch innerhalb der von uns bewußt erlebten gegenständlichen Welt noch immer wirksam sind.

Was in diesem Buch bisher gesagt wurde, ließ immer noch die Möglichkeit offen, daß das Zwischenhirn ein zwar aus biologischen Gründen auch heute noch funktionstüchtiger alter Hirnteil sei, daß seine Aktivität jedoch die unseres Großhirns grundsätzlich nicht berühre. Es war zwar gerade eben noch davon die Rede, daß die Funktion der älteren Hirnteile unseren bewußten Handlungsspielraum in einem Rahmen ständig wechselnder Weite begrenzt – zu unserem Nutzen als biologische Organismen, wie wir festgestellt hatten. Erstmals stoßen wir hier aber auf ein Beispiel für einen Einfluß, der darüber noch weit hinausgeht.

Die archaischen Teile unseres Gehirns setzen der Freiheit unseres Verhaltens nicht nur Grenzen. Ihre Funktion färbt darüber hinaus bis auf den heutigen Tag auch noch das Bild der Welt, das sich dem Großhirn darbietet. Die Wirklichkeit des Zwischenhirns steckt nicht nur tief in den untersten Schichten unseres Bewußtseins. Seine Gesetze bestimmen nicht nur den Ablauf unserer Träume. Das Beispiel, auf das wir hier gestoßen sind, läßt uns erstmals eine Ahnung davon aufgehen, daß die Wirklichkeit des Zwischenhirns auch in unserem wachen Bewußtsein, in der von uns bewußt erlebten Welt immer noch lebendig ist: Ob uns eine Speise attraktiv erscheint oder nicht, darüber wird nicht auf der Ebene des Großhirns entschieden, sondern auf der des Zwischenhirns.

Natürlich genügt ein einziges Beispiel noch nicht als Beleg für eine so folgenschwere Behauptung. Der Verdacht, der sich in uns angesichts der von uns immer so arglos als »objektiv« angesehenen Welt mit einem Mal zu regen beginnt, ist viel zu gravierend, als daß wir uns mit diesen wenigen Bemerkungen zufrieden geben könnten. Ich will diesen Gedankengang hier zunächst abbrechen. Er ist für unser Selbstverständnis und unser Weltverständnis von so grundlegender Bedeutung, daß ihm ein ganzes eigenes Kapitel gewidmet werden muß. Bevor wir uns den hier aufgetauchten Fragen erneut zuwenden, müssen wir aber zunächst unsere Überlegungen über den anachronistischen Charakter des Zusammenwirkens der verschiedenen Abschnitte unseres Gehirns zu Ende bringen.

Was also ist nun eigentlich so anachronistisch daran, wenn der aus einer fremden Küche in unsere Nase gelangende Essensgeruch unsere Speichelproduktion anregt? Die Antwort ist einfach: Die Tatsache, daß wir, ob wir es wollen oder nicht – eben unter dem Zwang eines angeborenen Programms –, auf die Nähe einer Speise reagieren, die nicht die unsere ist. Damit erweist sich, am Rande bemerkt, die Wurzel des Zwiespalts auch in diesem Falle als ein zivilisatorischer Faktor.

Nicht gänzlich harmlos ist der Sachverhalt hier deshalb, weil mit dem Erleben eines verlockenden Geruchs die ebenfalls unwillkürliche Tendenz einhergeht, sich der Quelle der Verlockung, der den Geruch aussendenden Speise, zu bemächtigen. Jeder wird diese Feststellung aus eigener Erfahrung bestätigen können. Dabei hängt die Intensität des unwillkürlichen Handlungsantriebs wieder vom Grade der inneren Bereitschaft ab. Bei starkem, schon längere Zeit anhaltendem Hunger kann die Verlockung übermächtig werden. Dann setzt sich das archaische, dem Nahrungserwerb dienende Programm gegen die bewußte Kritik unwiderstehlich durch, ein Ablauf, dessen tatsächlichen Ursachen unsere Rechtsprechung durch den Tatbestand des »Mundraubs« bekanntlich gerecht zu werden versucht (44).

Kein Zweifel, unsere Urväter hätten ohne eine solche instinktive Orientierungshilfe in ihrer natürlichen Umwelt kaum überleben können. Kein Zweifel aber auch, daß das gleiche Programm uns heute in einer mit möglichst verlockend aufgemachten Selbstbedienungsläden ausgestatteten Umwelt höchstens noch in peinliche Situationen bringen kann.

Dieser Zwiespalt zwischen der von unserem Großhirn entworfenen zivilisierten, künstlichen Umwelt und den Antriebstendenzen unseres an eine ganz andere, längst untergegangene Urwelt angepaßten Zwischenhirns ist kein bloßes Kuriosum. Er ist auch mehr als nur eine jener Nahtstellen, an denen wir plötzlich einen Einblick bekommen in die Arbeitsweise unseres Zentralnervensystems, an denen wir uns, sozusagen, geistig selbst über die Schulter gucken können.

Weil diese beiden aus biologischen Gründen auf gegenseitige Kooperation angewiesenen Hirnteile aus Welten stammen, die durch Hunderte von Jahrmillionen voneinander getrennt sind, ist der zwischen ihnen bestehende Gegensatz unaufhebbar. Und deshalb, weil es sich bei ihnen um Teile unseres eigenen Gehirns handelt, ist dieser Gegensatz eine uns Menschen zentral charakterisierende Eigenschaft.

Selbstverständlich ist der Zwiespalt nicht absolut. Wären Zwischenhirn und Großhirn nichts als Kontrahenten, dann wären wir längst ausgestorben. Die Kreativität der Evolution hat vielmehr das unvorstellbare Kunststück fertiggebracht, beide, all ihrer Gegensätzlichkeit zum Trotz, zu kooperierenden Bestandteilen des gleichen Organs zu machen. Die Kooperation überwiegt im wechselseitigen Verhältnis bei weitem. Wir leben nicht nur. Wir sind durch den Besitz ebendieses besonderen Organs sogar zu der die Erde beherrschenden Lebensform geworden.

Dennoch sind die Spuren des Gewaltakts, zu dem die Evolution hier gezwungen war, unübersehbar. Sie manifestieren sich in der Irrationalität, in der von uns immer wieder ratlos konstatierten Widersprüchlichkeit und Unvernunft menschlichen Verhaltens. Wer aber könnte Einsicht und Rationalität von einem Wesen verlangen, das in zwei verschiedenen Welten zugleich zu existieren gezwungen ist?

Vielleicht die größte und wahrscheinlich die gefährlichste Illusion, die wir uns über uns selbst machen, ist die seit Urzeiten genährte Überzeugung, daß wir uns durch den Besitz von Vernunft von allen anderen Lebewesen *grundsätzlich und radikal* unterscheiden. Gewiß sind wir die einzige irdische Lebensform, die über Vernunft verfügt. Unbestreitbar ist ebenfalls, daß wir uns, jedenfalls auf diesem Planeten, als die »Krone der Schöpfung« betrachten dürfen. Das aber ist erst die eine Hälfte der Wahrheit.

Nicht minder gewiß und nicht weniger unbestreitbar ist die Tatsache, daß wir uns – unter einem evolutionistischen Aspekt – in einem Übergang befinden. Daß wir, schon im Besitz von Einsicht und Vernunft, dennoch das Tier-Mensch-Übergangsfeld noch immer nicht vollständig durchschritten haben. Daß unsere Gedanken und Handlungen nicht nur vom Großhirn, sondern immer noch auch von einem Zwischenhirn beeinflußt werden, das wir von unseren biologischen Vorgängern geerbt haben. Daß unsere Gedanken und unsere Weltsicht folglich von einem Hirnteil mitbestimmt werden, der nachweislich lernunfähig und unfähig zu rationaler Einsicht ist und der seine Handlungsmaximen aus der fixierten Anpassung an eine archaische Wirklichkeit bezieht, die, in einer fernen Urvergangenheit gelegen, noch nicht »menschlich« zu nennen ist.

Die Weisen aller Epochen haben das seit jeher gewußt. »Nicht mehr Tier und noch nicht Engel«, so hat Blaise Pascal die Position des Menschen beschrieben. Ich hege die Vermutung, daß auch der mit dem uralten Begriff der »Erbsünde« gemeinte Sachverhalt sich mit der fatalen Situation zumindest überschneidet, von der hier die Rede ist: »Der Geist ist willig, aber das Fleisch ist schwach.« Das Wort gibt den Zwiespalt unverkennbar wieder. Schuld als Erbteil, das kann nur dem widersinnig erscheinen, der von dem anachronistischen Aufbau seines Gehirns nichts weiß.

Es ist ein seltsamer Gedanke, daß diese für den heutigen Menschen so charakteristische Situation unter einem biologischen Aspekt einfach aus der Stelle resultiert, bis zu der die Evolution im Augenblick unserer Existenz gerade vorgestoßen ist. Daß es sich bei ihr folglich, in einem größeren Rahmen gesehen, um eine vorübergehende Situation handelt.

Der Rahmen, innerhalb dessen eine solche Voraussage möglich wird, ist allerdings gewaltig. Evolution vollzieht sich mit einer für unsere Begriffe so unvorstellbaren Langsamkeit, daß sie für unser Erleben zum Abstraktum wird. Die Zeit der Welt steht für uns still. Nur unsere eigene, persönliche Zeit vergeht. Deshalb scheint uns auch »der Mensch« schlechthin den Bedingungen unterworfen zu sein, die der von uns vorgefundenen besonderen Struktur des menschlichen Gehirns entspringen.

Der stete Widerspruch zwischen unserer Einsicht und unseren Antrieben erscheint uns deshalb nicht nur als spezifisch menschlich, sondern auch als endgültig. Unübersehbar ist, daß dieser Zwiespalt den Motor alles dessen bildet, was wir unsere »Kultur« nennen, daß er uns die gewaltige Leistung unserer Selbstdomestikation abverlangt hat. Das alles ist über alle Maßen bewundernswert. Es ist aber bekanntlich auch gleichbedeutend mit einer ebenfalls über alle Maßen gefährdeten Situation. Man braucht nur zu bedenken, daß es sich bei der Mehrzahl der Gebote, die den moralischen Grundstein unserer Zivilisation bilden, in Wirklichkeit bezeichnenderweise um Verbote handelt (»Du sollst nicht . . .«).

Die biologische Betrachtung ermöglicht uns die Einsicht, daß diese unsere Situation grundsätzlich vorübergehender Natur ist. Das zwiespältige biologische Erbe braucht nicht bis in alle Zukunft das Schicksal unseres Geschlechts zu bestimmen. Der Gedanke stimmt tröstlich, auch wenn wir wissen, daß uns von dieser zukünftigen Möglichkeit ein nach Jahrhunderttausenden zu bemessender Zeitraum trennt. Haben diese Überlegungen vielleicht eine Beziehung zu dem, was auf jener anderen Ebene, in einer anderen sprachlichen Dimension, als »Erlösung« bezeichnet wird? Ich kann auf die Frage hier nicht weiter eingehen, ich möchte sie aber doch in allem Ernst stellen: Vollzieht Evolution letzten Endes womöglich »Erlösung«?

Es ist ganz unvermeidlich, daß man auch dann, wenn man sich mit dem Menschen unter einem biologischen Aspekt beschäftigt, auf Fragen und

Probleme stößt, wie sie auf den letzten Seiten angedeutet worden sind. Mir erscheint dieser Exkurs – es wird nicht der letzte bleiben – auch deshalb nicht nur als legitim, sondern sogar als notwendig, weil mir daran liegt, deutlich zu machen, daß auch eine biologische Betrachtung des Menschen – und auf nichts anderes läuft eine Untersuchung der biologischen Geschichte des Gehirns hinaus – bis hin zu anthropologischen, moralischen und philosophischen Fragen führt.

Es ist unbestreitbar richtig, daß man das Wesen des Menschen biologisch nicht erfassen kann. Aber ebensowenig läßt sich bestreiten, daß eine biologische Betrachtung wie die, die ich in diesem Buch durchzuführen versuche, zur Einsicht in die Bedingungen menschlicher Existenz beiträgt. Der Versuch einer einseitig biologischen Betrachtung des Menschen würde dessen Wesen verfehlen. Aber Einseitigkeit führt in jedem und daher auch im umgekehrten Falle in die Irre: Eine einseitig anthropologisch-geisteswissenschaftliche Wesensbestimmung des Menschen ist erfahrungsgemäß immer in Gefahr, jene unserer Eigenschaften zu übersehen, die Ausdruck und Folge unserer biologischen Geschichtlichkeit sind.

19. Die große Illusion

Das Großhirn ist nicht souverän

Göttlichem Geist bleibt es vorbehalten, frei über den Wassern zu schweben. Das, was wir unseren Geist nennen, erweist sich als gebunden an die Struktur unseres Gehirns. Damit aber ist dieser unser Geist auch bestimmten Bedingungen materieller Existenz unterworfen. Es klingt nur paradox und ist in Wirklichkeit jedem von uns aus alltäglicher Erfahrung längst selbstverständlich: Unsere Psyche ist in nicht wenigen ihrer typisch menschlichen Besonderheiten durch ebendiese Bedingungen entscheidend geprägt.

Müdigkeit und Erschöpfung sind, auch und gerade als psychische Phänomene, letztlich nichts anderes als die Folgen energetischer Unausweichlichkeiten. Das gleiche gilt, umgekehrt, selbstverständlich ebenso für Unternehmungslust und vermehrten Antrieb als ihre Gegenpole. Es gilt aber nicht nur in dieser Weise für den quantitativen Rahmen unserer psychischen Existenz, sondern, wie wir uns erinnern wollen, auch noch für seinen qualitativen Inhalt. Auch das Gefühl von Hunger und die mit ihm einhergehende spezifische Ausrichtung unserer Aufmerksamkeit und Aktivität auf ganz bestimmte Eigenschaften und Möglichkeiten unserer Umwelt hat seine letzte Ursache in der materiellen Dimension.

Das gilt auch noch für sexuelle Antriebe oder die Auslösung von Angst mit ihren nicht weniger spezifischen Formen der Ausrichtung von Interesse und Aktivität. Hier sind energetische Abläufe (Stoffwechselsituationen) zwar nur Mittel zum Zweck und nicht letzte Ursache. Was wir in beiden Fällen erleben, sind aber doch Folgen unseres Eingebundenseins in jenes vom Zwischenhirn hergestellte Netz, das uns vermittels der Wechselwirkung von äußeren Signalen und angeborenen Programmen, von inneren Bereitschaften und spezifischen Auslösern unaufhebbar mit unserer Umwelt verbindet. Ein Netz vegetativer Beziehungen, dessen Fäden und Verknüpfungsmuster sich objektiv beschreiben und analysieren lassen und das wir daher noch nicht der psychischen Ebene zuzurechnen haben.

Umgekehrt aber bleiben diese, ihre Muster fortwährend wechselnden vegetativen Beziehungen keineswegs ohne Einfluß auf unser Erleben. Ja, wir erleben sie nicht nur und sprechen dann von bestimmten Gefühlen, Antrieben oder Stimmungen, die wir hätten oder in denen wir uns befänden. Unser Großhirn verhält sich in dieser Lage keineswegs bloß wie ein passiver Zuschauer gegenüber dem Geschehen auf der unteren Ebene. Hier wirkt sich vielmehr das Prinzip einer »Hierarchie von unten nach oben« aus, dessen biologische Unvermeidbarkeit wir in einem vorangegangenen Kapitel bereits ausführlich begründet haben.

Was wir als unsere Stimmungen, Antriebe und Gefühle erleben, das ist zunächst einmal der Widerschein der Aktivitäten unseres Zwischenhirns in unserem zu bewußtem Erleben, auch Selbsterleben befähigten Großhirn. Daß sich das, was wir da erleben, auf einer vegetativen Ebene außerhalb der eigentlichen Dimension unserer Psyche abspielt, erklärt bestimmte, jedem geläufige Besonderheiten, die für unsere Stimmungen, Antriebe und Gefühle charakteristisch sind.

Alle diese Erlebnisse sind unserem willentlichen Einfluß entzogen. Wir können nicht vergnügt, müde oder hungrig werden, wann wir wollen. Es liegt nicht in unserem Belieben. Unsere Gefühle und Antriebe kommen und gehen ohne unser Zutun. Das ist deshalb so, weil sie alle eben nicht Aktivitäten unserer Psyche selbst sind, sondern nur das von unserem Bewußtsein registrierte Agieren untergeordneter Zentren. Wir können höchstens den Versuch machen, Menschen und Situationen aus dem Weg zu gehen, von denen wir wissen, daß sie unerwünschte Stimmungen oder Gefühle bei uns auszulösen pflegen und umgekehrt.

Aber das ist noch immer nicht alles. Unsere Stimmungen und Gefühle kommen aus den geschilderten Gründen nicht nur ohne unser Zutun. Wie jeder weiß, beeinflussen sie darüber hinaus unser Tun und Denken. Wir sind ihnen unausweichlich ausgesetzt. Freude kann uns mitreißen, Angst kann uns überfallen. Zorn läßt uns »blind« werden, ebenso Liebe oder auch Haß, wie jedes andere Gefühl, das stark genug ist, um uns zu »überwältigen«.

Grundsätzlich gilt diese Abhängigkeit in allen Fällen, nicht nur in denen eines extrem starken Gefühls. Jede Stimmung, jedes Gefühl, richtet uns in ganz bestimmter Weise auf unsere Umwelt aus. Hunger führt, ob wir es wollen oder nicht, ob wir es bewußt registrieren oder uns gedankenlos treiben lassen, dazu, daß wir die Umgebung mit zunehmendem Interesse

– und bei stärker werdendem Hunger mit zunehmender Ausschließlichkeit – auf eßbare Objekte hin untersuchen. Sexuelle Gestimmtheit läßt andere, nicht weniger spezifische Umweltsignale in unserem Bewußtsein in den Vordergrund treten. Angst läßt uns die Wirklichkeit unserer Welt anders sehen als eine freudige Stimmung.

Das alles erscheint uns, durch tägliche Gewohnheiten abgestumpft, nur allzuleicht als trivial. Vor dem Hintergrund unseres bisherigen Gedankengangs sollten wir jedoch mißtrauisch sein angesichts der scheinbar so selbstverständlichen Feststellung einer stimmungsabhängigen Veränderlichkeit der Wirklichkeit unserer Welt. In Wahrheit enthält sie eine ernüchternde, eine unser gewohntes Selbstverständnis revolutionierende Aussage: Sie schließt nichts weniger ein als die Erkenntnis, daß auch die uns von unserem Großhirn erschlossene, die von uns bewußt erlebte Welt noch immer nicht »die« Welt schlechthin sein kann.

Die Formulierung »noch immer« ist hier im Rahmen eines evolutionären Zeitmaßstabs gemeint. Die Feststellung, daß die von uns erlebte Welt »noch immer nicht« identisch ist mit der von uns vorausgesetzten objektiven Welt schlechthin, läuft folglich auf die Behauptung hinaus, daß sich – in verdeutlichend zugespitzter Ausdrucksweise gesagt – unsere Situation von jener der Uexküllschen Zecke (vgl. S. 174) bisher noch immer nur dem Grade, nicht jedoch dem Grundsatz nach unterscheidet.

Die Berechtigung einer solchen Behauptung bedarf eines ausführlicheren Belegs. Als Beispiel eignet sich, wiederum der Deutlichkeit halber, ein Extremfall, und zwar der des Hungers. Hunger ist primär eine objektive körperliche Situation: die eines Mangels an den für die Aufrechterhaltung des Stoffwechselbetriebs notwendigen Energiereserven. Wie ein mehrzelliger Organismus auf diese Situation reagiert, ist uns inzwischen geläufig: durch die Herabsetzung der Auslösungsschwellen für die dem Nahrungserwerb und der Verwertung von Nahrung dienenden angeborenen Verhaltensweisen – vereinfacht: für das angeborene Programm »Nahrungserwerb«.

Auch die Folgen einer solchen spezifischen Schwellenerniedrigung haben wir ausführlich erörtert. Sie bestehen, global gesehen, in einer Neuordnung der Prioritäten des Verhaltens: die Schwellen für alle anderen vorhandenen Verhaltensprogramme sind im gleichen Augenblick zumindest relativ erhöht. Im einzelnen resultiert daraus eine spezifische innere Bereitschaft, die die Ansprechbarkeit für die zugehörenden auslösenden Umweltsignale erhöht, während alle auf andere Verhaltensbereiche gemünzten Signale wirkungslos bleiben. Die »Wirklichkeit« des

Zwischenhirnorganismus ändert sich dadurch entsprechend seiner vegetativen Verfassung. Im Zustand des Hungers etwa, aber auch in dem der sexuellen Befriedigung, »verschwindet« z. B. ein Sexualpartner buchstäblich und ganz konkret aus seiner Wirklichkeit. In beiden Fällen nämlich gehen die Schwellen für die Auslösbarkeit sexueller Verhaltensprogramme hinauf, so daß alle sexuellen Signale – oder »Auslöser« – wirkungslos bleiben.

Das alles ist uns an dieser Stelle nicht mehr neu. Neu und auf eine womöglich gar bestürzende Weise neu könnte hier jedoch die Einsicht wirken, daß sich das alles auch auf der Ebene des Großhirns, auf der Stufe bewußten Erlebens, noch immer im Prinzip in genau der gleichen Weise abspielt.

Denn: Erweitert sich nicht auch für uns, wenn wir ernstlich Hunger leiden, der Kreis des noch für genießbar gehaltenen auf eine im satten Zustand gänzlich unvorstellbare Weise? Haben wir Älteren in den Hungerjahren nach dem Kriege etwa niemals Nahrung zu uns genommen, vor deren Beschaffenheit oder Qualität wir uns heute mit »normalen« Hungerschwellen ekeln würden? Und vor allem: Reduziert sich im Zustand des Verhungerns die Welt nicht auch für uns noch immer auf eine Wirklichkeit, die schließlich nur noch aus genießbaren oder ungenießbaren Objekten besteht? Und ist die Armseligkeit einer auf diesen Umfang geschrumpften Erlebniswirklichkeit von der von Uexküll beschriebenen Wirklichkeit der Zecke wirklich so weit und vor allem prinzipiell entfernt?

Gewiß, wir haben es, relativ betrachtet, weit gebracht. Der jämmerliche Torso der Welt, in den die Zecke auf Grund ihres Entwicklungsstands zeitlebens eingesperrt bleibt, droht uns allenfalls in der extremen Lage einer vegetativen Notfallsituation als enger Käfig, in den wir nur vorübergehend verbannt werden können. Aber ebnet diese Möglichkeit allein nicht schon die Kluft ein, die uns von der kleinen Milbe trennt, und die wir für grundsätzlich zu halten gewohnt sind?

Der Abstand ist, dem Grade nach, astronomisch. Wer wollte das bestreiten. Es trennen uns, ganz konkret und wörtlich, Welten voneinander. Angesichts der »Seinsebene« einer Zecke und der eines Menschen ist, so scheint es, nicht einmal der bloße Gedanke an einen Vergleich zulässig. Aber wir mögen den Unterschied mit noch so großem Nachdruck herausstreichen, er bleibt ein Unterschied dem Grade, nicht dem Grunde nach. Es bleibt die Tatsache bestehen, daß eben nicht nur in der Welt der Zecke, sondern auch in unserem Fall die Wirklichkeit sich als veränderlich erweist, als abhängig von der inneren, vegetativen Verfassung des Subjekts, dessen Umwelt sie ist. Haben wir nicht gerade eben noch die Feststellung, daß Angst uns die Welt anders sehen läßt als Freude, für ganz selbstverständlich, für eigentlich trivial gehalten?

Wir könnten in dieser Lage versucht sein, uns auf die Ausflucht zurückzuziehen, daß diese Gemeinsamkeit eben offenbar alle Lebewesen einbeziehe und daher überhaupt nichts besage. Sowenig wie die Gemeinsamkeit des Aufbaus aus grundsätzlich gleichartigen Zellen oder die Identität des genetischen Codes für alle lebenden Organismen. Der Hinweis ist richtig. Wenn wir uns mit ihm hier aber zufrieden geben wollten, wäre das Heuchelei. Denn ausgesprochen oder unausgesprochen gehört zu unserem naiven Selbstverständnis vor allem anderen die über jeden Zweifel erhabene Überzeugung, daß wir im Unterschied zu allen anderen Lebewesen der Erde in einer *objektiven* Welt leben. Daß wir die einzigen sind, die einen Entwicklungsstand erreicht haben, der sie in die Lage versetzt, die Welt in ihrer wahren Beschaffenheit zu erkennen, »so wie sie ist«. Jetzt endlich sind wir in unserem Gedankengang an dem Punkt angekommen, an dem uns aufzugehen beginnt, wie groß die Illusion ist, der wir uns mit diesem Vorurteil anheimgeben.

Ungeachtet wiederholter Hinweise und Anspielungen hat wahrscheinlich auch der Inhalt dieses Buchs bisher eher dazu beigetragen, diese Illusion noch zu bestärken. Das war nicht nur deshalb kaum zu vermeiden, weil man erst das notwendige Material zusammengetragen haben muß, bevor man mit Aussicht auf Erfolg darangehen kann, ein Vorurteil abzubauen. Es ergab sich vor allem auch aus der Logik der Darstellung.

Bis hierhin bestand diese in dem Versuch der Rekonstruktion einer geschichtlichen Entwicklung, in der Wiedergabe eines chronologischen Ablaufs, des Ablaufs der Evolution unseres Gehirns. Dabei kam es vor allem darauf an, das zu beschreiben und zu erklären, was sich im Verlaufe des Fortschreitens dieser Entwicklung jeweils an Neuem ergab. Von Schritt zu Schritt und von Stufe zu Stufe lag der Schwerpunkt schon der Anschaulichkeit halber auf dem Unterschied zwischen alten und neuen Funktionen.

Trotz aller Hinweise und Vorgriffe konnte dabei noch immer der Eindruck bestehen bleiben, als ob auch in dieser Geschichte das Neue jeweils das Alte ablöste oder doch wenigstens bedeutungslos werden ließ. Trotz aller Hinweise auf die Existenz lebender Fossilien in unserem Kopf und trotz der vorwegnehmenden Beschreibung der Phantome, die unsere Dunkelangst uns in die Schatten nächtlicher Büsche projizieren läßt, wurde das Vorurteil von einer letztlich doch zu konstatierenden Souveränität des Großhirns bisher nicht ausdrücklich angesprochen.

Jetzt aber sind wir an einem Punkt angekommen, an dem sich diese Frage nicht länger hinausschieben läßt. Bei der Darstellung der Hirnentwicklung sind wir nunmehr »oben« angelangt, auf der letzten Etage, dort, wo jedenfalls für uns und den durch unsere Existenz markierten Augenblick der Evolution die Entwicklung endet. Daß es keinen Grund für die Annahme gibt, daß die Evolution unseres Gehirns ausgerechnet auf der von uns Heutigen verkörperten Stufe zum Stillstand kommen sollte, steht auf einem anderen Blatt. Angesichts der völligen Unvorhersehbarkeit evolutionärer Verläufe sind Gedanken über ihre mögliche Zukunft jedoch müßig.

Damit aber ändert sich die Art unserer Betrachtung von jetzt an grundlegend. Nicht mehr von Geschichte ist jetzt die Rede, sondern von der Gegenwart. Von jetzt an kann es nicht mehr um die Schilderung und Erklärung entwicklungsgeschichtlicher Verläufe gehen, sondern nur noch um die Betrachtung und das Verständnis des von diesen Prozessen hervorgebrachten Produkts. Was wir auf dieser letzten, der dritten Stufe der Hirnentwicklung beschreiben, das existiert gleichzeitig nebeneinander. Damit aber tritt von nun an die Frage, wie sich die aus den verschiedenen Epochen dieser Entwicklung stammenden Teile des Produkts zueinander verhalten, ganz von selbst in den Vordergrund.

Im vorhergehenden Kapitel war, ohne daß wir uns über die Problematik dieser Beziehung besondere Gedanken gemacht hätten, von konkreten Beispielen für die Folgen eines solchen Nebeneinanders bereits die Rede. Bei den dort behandelten Fällen war der Zusammenhang aber noch relativ leicht zu übersehen, war der Kern des Problems eigentlich auch noch gar nicht erreicht. In allen diesen Fällen »anachronistischer Kooperation« waren die Rollen von Zwischenhirn und Großhirn noch deutlich voneinander unterscheidbar.

Bei jedem der untersuchten Beispiele schien es sich lediglich um einen vorübergehenden Einbruch der archaischen Funktionsgesetze des Zwischenhirns in unser Bewußtsein zu handeln; um vorübergehende Momente einer gleichsam auf den Kopf gestellten Hierarchie unseres Zentralnervensystems. Vor allem blieben beide Sphären, die archaische des Zwischenhirns und die der bewußt von uns erlebten Welt, auch in diesen Augenblicken noch immer säuberlich voneinander getrennt und unterscheidbar.

Der Kern des Problems, dem wir hier auf der Spur sind, wird sichtbar, sobald wir einzusehen beginnen, daß es in der Realität unserer Psyche keineswegs dabei bleibt. Daß archaische Wirklichkeit und bewußt erlebte Welt eben nicht, wie es bei diesen ihrer Handgreiflichkeit wegen ausgewählten ersten Beispielen noch der Fall zu sein schien, zwar immerhin gleichzeitig, aber doch bloß nebeneinander existieren können. Daß sie sich vielmehr durchdringen, daß sie ein »Amalgam« bilden, daß die von uns erlebte »Welt« in Wirklichkeit ein Zwittergebilde ist, zu dessen Existenz beide Hirnteile grundsätzlich zugleich beitragen.

Unser in den Kategorien von »entweder- oder« befangener Verstand mag sich gegen die Annahme dieser Möglichkeit noch so sehr sträuben. Wieder einmal haben wir ein unwiderlegliches Indiz dafür in Händen, daß wir – unter einem evolutionistischen Aspekt – eine Übergangsform darstellen. Die nähere Betrachtung unserer Schreckreaktion und ihrer Auslösung hatte uns – ebenso wie eine Analyse der Bedingungen zur Auslösung unserer Nahrungsappetenz – zu dem Zugeständnis veranlaßt, daß wir das Tier-Mensch-Übergangsfeld noch nicht vollständig durchschritten hätten.

Die genauere Betrachtung des Wesens unserer Stimmungen bringt uns jetzt eine andere Facette des gleichen Sachverhalts zu Gesicht: den Umstand, daß wir, nachdem unser Geschlecht eine unvorstellbar Zeiträume während Vorgeschichte in Bewußtlosigkeit zurückgelegt hat, im Augenblick noch immer damit beschäftigt sind, zum Bewußtsein zu erwachen. In der Evolution vollzieht sich nichts mit übergangsloser Plötzlichkeit. Der Prozeß des Erwachens zum Bewußtsein vollzieht sich mit quälender Langsamkeit. Er beansprucht Jahrhunderttausende.

Die Welt bleibt unerreichbar

Betrachten wir die Tatsachen. Gefühle und Stimmungen sind, wie bereits begründet, der Widerschein der in unserem Zwischenhirn jeweils aktiv werdenden angeborenen Programme. Als Besitzer eines Großhirns können wir, so hatten wir festgestellt, gewissermaßen nicht umhin, die sich an uns selbst abspielenden Auswirkungen dieses angeborenen Verhaltensrepertoirs zu erleben, auch wenn es auf Grund seiner Lokalisation im Zwischenhirn unserem willentlichen Zugriff entzogen bleibt. Gefühle und Stimmungen sind, anders ausgedrückt, nichts anderes als die Art und Weise, in der wir unsere Instinkte erleben. Es ist also Unfug, wenn gelegentlich behauptet wird, der Mensch verfüge im

Unterschied zu den Tieren nicht mehr über Instinkte (45). Wir werden von ihnen nur nicht mehr ausschließlich beherrscht, seit wir das Niveau des »Zwischenhirnwesens« hinter uns gelassen haben.

Die biologische Unentbehrlichkeit des Zwischenhirns, die Lebensnotwendigkeit seines permanenten Funktionierens, bringt es unter solchen Umständen mit sich, daß wir permanent in irgendeiner Weise gestimmt sind. Selbstverständlich gilt das in höchst unterschiedlichem Maße. Keineswegs immer, womöglich nur in den selteneren Fällen, ist unser Bewußtsein von einer spezifischen Stimmung so durchtränkt, wie in den aus Gründen der Anschaulichkeit bisher benutzten Beispielen.

Vor allem mit zunehmendem Alter mag der Einfluß von Stimmungen bei den meisten Menschen mehr und mehr in den Hintergrund treten. Gänzlich frei von irgendeiner Stimmung aber ist ein geistesgesunder Mensch in keinem Augenblick seines Lebens. Damit aber sind wir alle in jedem Augenblick unserer wachen Existenz unter dem Einfluß der in unserem Zwischenhirn gespeicherten Programme in irgendeiner Weise auf unsere Umwelt ausgerichtet. Das bedeutet zugleich, daß wir in unserer Gestimmtheit in ebenso spezifischer Weise für bestimmte – eben von unserer Stimmung ausgewählte – Besonderheiten dieser Umwelt empfänglicher sind, als es für andere in dem gleichen Augenblick gilt.

Das ist selbstverständlich nur in Ausnahmefällen in so krasser Weise der Fall, wie etwa in dem Beispiel des Verhungernden. Auch in unserer Gestimmtheit ist die von uns erlebte Welt in der Regel noch immer von einer für uns unübersehbaren Fülle und Mannigfaltigkeit. Aber sie ändert doch, wenn auch oft unmerklich, ihren Charakter. Es ist unbestreitbar, daß wir im Unterschied zum »Zwischenhirnwesen« in einer gegenständlichen, einer uns objektiv gegenüberstehenden, von uns getrennten Welt existieren. Aber als ebenso unbestreitbar erweist sich bei genauerer Betrachtung doch auch die Tatsache, daß dieser Unterschied nicht absolut, sondern ungeachtet seines unbestreitbaren Ausmaßes im Grunde nur relativ ist.

Unserer Logik erscheint diese Behauptung abermals als unzumutbar. Wie hat man sich denn eine nur relative Gegenständlichkeit oder gar eine »relative Objektivität« vorzustellen? Die Antwort ist einfach, wenn auch bedeutsam: so, wie unsere psychische Existenz in ihrer charakteristischen Eigenart und Zwiespältigkeit. Denn wenn wir nur aufmerksam und unvoreingenommen genug nach ihnen suchen, dann finden wir auch in der von uns bewußt erlebten, gegenständlichen und objektiven Welt als Resultat unserer Stimmungen alle die Kriterien wieder, die wir als charakteristische Wesensmerkmale der archaischen Wirklichkeit des Zwischenhirns kennengelernt haben.

Zugegeben: In unserer Welt »verschwindet« ein Sexualpartner nicht mehr, wenn wir befriedigt sind, und auch keine Speise, wenn wir unseren Hunger gestillt haben. Zugegeben auch, daß wir es in ihr nicht mehr mit austauschbaren, in ihrer einmaligen Besonderheit schemenhaft bleibenden Merkmalsträgern zu tun haben, sondern mit konkreten Individuen und konstant bleibenden Objekten. Aber dennoch müssen wir einräumen, daß sich in der Wirklichkeit unserer Welt noch immer auch die archaischen Spielregeln des Zwischenhirns nachweisen lassen.

Seine Regeln beherrschen unsere Welt nicht mehr. Aber sie bestimmen – im denkbar wörtlichsten Sinne – auf subtile Weise ihren Charakter. Da läßt der Wechsel unserer »inneren Bereitschaften« andere Individuen nicht mehr auftauchen oder verschwinden. Aber die Rolle, die ein bestimmter Partner in einem gegebenen Augenblick für mich spielt, hängt unaufhebbar auch von meiner Gestimmtheit in diesem Augenblick ab.

Da reduziert sich die Wirklichkeit im Regelfall zwar nicht mehr auf eßbare oder ungenießbare Dinge. Dafür ändern die Speisen selbst ihren Charakter: Sie erscheinen, je nach meiner eigenen Verfassung, verlockend oder uninteressant oder, im Zustand der Übersättigung, gar abstoßend. Was in unserem Erleben auftaucht und verschwindet, sind nicht mehr Dinge und Partner, sondern *Anmutungen* unterschiedlichen Charakters. Unsere Welt ändert nicht mehr ihre Zusammensetzung, sehr wohl aber noch ihre Qualität.

Auch in solch verdünnter, solch fortentwickelter Form widerspricht dieser Sachverhalt selbstverständlich unserer üblichen Illusion von der »Objektivität« der Welt, in der wir zu leben glauben. Die Behauptung, daß wir die Welt sähen, »wie sie ist«, bleibt, wenn man die Dinge nur genau genug nimmt, ohne Sinn in einer Welt, deren Beschaffenheit sich im Gleichklang mit unserer eigenen Verfassung fortwährend ändert. Selbst die bloße Frage nach der eigentlichen, der »wahren« Natur unserer Welt erweist sich als unbeantwortbar, wenn wir zugeben müssen, daß diese Welt sich uns in der Dunkelheit einer schlaflosen Nacht unüberbietbar anders präsentiert als an einem ausgeruht erlebten Sommertag.

Zu jeder Zeit entsprechen dabei der Charakter der Welt und unsere eigene Gestimmtheit einander. Niemals kommt es zum Widerspruch. Die scheinbare Selbstverständlichkeit dieser alltäglichen Erfahrung darf uns nicht blind machen gegenüber der Tatsache, daß auch diese im Positiven wie im Negativen gewährleistete Harmonie Ausdruck einer archaischen

Komponente unseres Welterlebens ist. In Widerspruch zu unserer Welt kann uns nur das Großhirn bringen. In unseren Stimmungen ist die unserem Verstand so selbstverständlich erscheinende Trennung von erlebendem Subjekt und objektiver Welt noch nicht vollzogen. Auf der Stufe des Zwischenhirns ist die urtümliche Einheit beider noch nicht wirklich aufgehoben.

So erweist sich die meist als selbstverständlich vorausgesetzte Objektivität unserer Welt, ihre fraglos erscheinende Eindeutigkeit als Illusion. Gewiß, der Fortschritt ist, wenn wir den Abstand zur Zecke ins Auge fassen, phantastisch zu nennen. Aber angekommen sind wir noch keineswegs. Niemandem ist es möglich, aus der Bewußtlosigkeit des Schlafs unvermittelt, von einem Augenblick zum anderen, zur vollen Klarheit zu erwachen. Wie sehr gilt das erst nach einem Schlaf, der Jahrmilliarden gedauert hat. Wir alle sind noch immer dabei, uns seine Spuren aus den Augen zu reiben.

20. Aus der Not eine Tugend

Der Mensch als »unfertiges Wesen«

Bisher habe ich die Situation einseitig nur unter dem Aspekt des Mangels beschrieben. Das war notwendig, weil es mir darauf ankam, das Vorurteil von der Objektivität, von einer absoluten Gegenständlichkeit der von uns erlebten Welt sichtbar zu machen und nach Möglichkeit abzubauen. Die Sache hat aber noch eine andere, gerade vor dem Hintergrund dieses negativen Aspekts besonders interessante Seite.

Dieser anderen Seite der Angelegenheit kommt man auf die Spur, sobald man eine Frage stellt, die an dieser Stelle sehr naheliegt, die sich dennoch als total falsch gestellt erweist und die gerade deshalb eine außerordentlich wichtige Einsicht vermittelt. Die Frage lautet: Wie ist es eigentlich möglich, daß unsere Welt in sich geschlossen »aufgeht«, obwohl unser Großhirn, das sie uns erschließt, aus den im letzten Kapitel angeführten Gründen als gewissermaßen noch nicht fertig, als noch nicht endgültig ausgereift angesehen werden muß?

Daß ein ausschließlich auf vegetative Reflexe angewiesener Organismus – wie etwa ein Schwamm oder eine Qualle – mit seiner biologischen Umwelt eine geschlossene, funktionstüchtige Einheit bilden kann, läßt sich einsehen. Das gleiche gilt für das »Zwischenhirnwesen« in seiner von spezifisch auslösenden Merkmalen erfüllten Wirklichkeit. Aber wenn wir selbst, um es einmal so zu formulieren, auf dem von mir hier als dritte Stufe bezeichneten Niveau der Entwicklung noch gar nicht endgültig angekommen sind, wenn wir diese oberste Stufe noch gar nicht vollständig erklommen haben, wie ist es dann zu erklären, daß unser Bewußtsein uns dennoch schon eine Welt erleben läßt, die uns als »fertig« und in sich geschlossen erscheint und in der wir zusammenhängend, »sinnvoll«, agieren können?

So nahe die Frage zu liegen scheint, sie ist aus mindestens drei Gründen falsch gestellt. Der gröbste: Die Einteilung der Hirnentwicklung in drei

Stufen, von denen ich in diesem Buch ausgehe, ist nicht die einzig denkbare. Sie lehnt sich lose an eine von mehreren möglichen anatomischen Gliederungen unseres Gehirns an. Die Darstellung der gleichen Geschichte wäre also, wenn auch sicher weniger anschaulich und zwanglos, anhand einer anderen Gliederung möglich gewesen.

Nicht zufällig habe ich ferner im vorletzten Absatz den Begriff »Zwischenhirnwesen« in Gänsefüßchen gesetzt, und das nicht zum erstenmal in diesem Buch. Dieses Wesen existiert, genaugenommen, überhaupt nicht. Es ist ein theoretisch abstrahierter Idealtyp, der die Wesensmerkmale eines bestimmten Entwicklungsniveaus in reinerer und daher übersichtlicherer Form aufweist, als ein Lebewesen aus Fleisch und Blut es könnte, das vom »Typischen« immer mehr oder weniger abweicht. All das, die Gliederung in eine bestimmte Anzahl von Stufen oder die Verwendung typisierter Idealformen, sind Beispiele für Hilfskonstruktionen unseres Geistes. Beispiele für die in der Wissenschaft, insbesondere in der Biologie, unentbehrlichen Ordnungssysteme, die wir der Welt der Erscheinungen überwerfen, um nicht die Übersicht zu verlieren. Sie sind nicht nur nützlich, sondern auch legitim – solange wir nicht vergessen, daß sie Erfindungen unseres Geistes sind.

Sobald wir das aus den Augen verlieren und beginnen, sie für reale Eigenschaften der Außenwelt zu halten, machen wir uns genauso und aus dem gleichen Grunde lächerlich wie der Schiffsjunge, der sich bei seiner ersten Atlantiküberquerung dazu verleiten läßt, mit dem Fernglas nach dem Äquator Ausschau zu halten, weil der doch auf allen Seekarten so dick eingetragen ist. Genau diesen Fehler begehen wir nun in dem Augenblick, in dem wir uns zu fragen beginnen, ob die Lebenstüchtigkeit eines Organismus von seiner entwicklungsgeschichtlichen Entfernung von einer dieser willkürlich festgelegten Stufen abhängen könnte.

Der zweite Einwand gegen unsere Frage ist hintergründiger. Er besteht in der Gegenfrage, ob denn diese unsere Welt wirklich so in sich geschlossen, so »fertig« ist und ob unsere Aktionen in ihr das Urteil »sinnvoll« denn wirklich so uneingeschränkt verdienen, wie hier vorausgesetzt wird. Ist es nicht wieder nur die abstumpfende Folge der Gewöhnung, wenn wir uns erst darauf besinnen müssen, wie groß der Anteil unserer Welt tatsächlich ist, der unergründlich und rätselhaft bleibt, obwohl wir ihn leibhaftig vor Augen haben oder konkret erleben?

So gehört unsere leibliche Schwere zu den elementaren Erfahrungen unserer Körperlichkeit. Was es aber mit der dieses Erlebnis verursachenden Schwerkraft auf sich hat, welcher Natur diese absolut unerklärte

Kraft ist und warum sie neben Ausdehnung, Dichte und Masse zu den Grundeigenschaften aller Materie gehört, auf diese Fragen bleiben uns auch die klügsten unserer Wissenschaftler die Antwort schuldig. Das gleiche ist es, um nur noch ein einziges weiteres Beispiel anzuführen, mit unserem Bewußtsein, von dem in diesem Buch fortwährend die Rede ist. Auch dieses Bewußtsein, also das Wissen von unserer eigenen Identität, das, was wir die »Subjektivität unseres Welterlebens« nennen könnten, ist eine elementare Erfahrung eines jeden von uns. Niemanden aber gibt es, der uns sagen könnte, welcher Natur das Phänomen ist.

Und ist Naturwissenschaft insgesamt etwa nicht der Versuch, mit Hilfe artistischer Abstraktionen und hochgezüchteter Instrumentarien dem eigentlichen Wesen dieser Welt auf die Spur zu kommen, das offenbar erst jenseits, erst hinter der Fassade zu finden ist, die sie unserem naiven Erleben präsentiert? Und besteht das Ergebnis unserer äußersten Anstrengungen auf diesem Gebiet letztlich nicht in der Einsicht, daß die Zahl der Rätsel mit jedem Schritt der Erkenntnis nur immer weiter zunimmt?

Ich bin überzeugt davon, daß in allen diesen Phänomenen das Mißverhältnis zum Ausdruck kommt, das zwischen unserem Anspruch, wir existierten in einer durch und durch objektiven, in einer eindeutig gegenständlichen Welt, und der Realität unserer Situation besteht. Ich bin ferner davon überzeugt, daß das gleiche ebenso für die nicht immer und nie vollständig rationalen Wurzeln menschlichen Verhaltens gilt, für die Beispiele anzuführen sich erübrigt. Beides sind nur die beiden verschiedenen Seiten der gleichen Medaille. Beides folgt aus der naturgeschichtlichen Tatsache, daß die Evolution des Großhirns bis zur Gegenwart, also bis zu uns, zwar sehr weit, aber eben doch nicht so weit fortgeschritten ist, daß wir die dritte der in diesem Buch definierten Stufen schon vollständig erklommen hätten.

Der dritte Einwand gegen die Berechtigung der Frage, warum unser »unfertiges« Großhirn uns dennoch eine scheinbar fertige Welt erleben läßt, ist der wichtigste. Er besteht in der Erinnerung daran, daß eine Übergangsposition im Ablauf der Evolution nicht die Ausnahme darstellt, sondern ganz im Gegenteil die Regel. Jeder lebende Organismus erscheint uns in seiner Anpassung an die ihm gemäße Umwelt als vollendet. Höchst bemerkenswerterweise trifft das, woran ebenfalls erinnert sei, auch auf die nicht mehr existierenden Organismen zu, die uns nur noch als die Vorläufer der heute lebenden Art bekannt sind.

Bemerkenswert muß dieser Umstand vor allem erscheinen, wenn wir uns darüber klar werden, daß das sogar in erster Linie für diese ausgestorbenen Urahnen der heutigen Lebewesen gilt. Wieder klingt paradox, was nichts anderes ist als eine Beschreibung der biologischen Realität: Nur die ausgestorbenen Vertreter einer vergangenen Tierwelt, die zu Vorfahren anderer, weiter entwickelter, fortgeschrittener Arten wurden, verdienen das Prädikat ausgereift oder gar vollendet ohne jede Einschränkung. Bei denen, die es nicht wurden, sind in dieser Hinsicht offensichtlich Einschränkungen angebracht. Denn sie wurden es deshalb nicht, weil sie, eben mangels ausreichender Anpassung, ohne Nachfahren ausstarben, die am Evolutionsspiel weiter hätten teilnehmen können.

So gehen in der Evolution vollendete Angepaßtheit und die Fähigkeit zu fortschreitender evolutionärer Verwandlung durchaus Hand in Hand – ein Beispiel mehr für jene Paradoxien, die offenbar nur für unseren Verstand existieren, nicht aber in der Realität der Natur. Mit aller angesichts dieser Erfahrung angebrachten Vorsicht sei die Vermutung geäußert, daß hier nun auch der Umkehrschluß zulässig ist: daß der nachweisliche Übergangscharakter einer bestimmten Lebensform – ins Positive gewendet: ihre Fähigkeit zu zukünftiger Weiterentwicklung – ihrer vollendeten Angepaßtheit nicht von vornherein widerspricht. Die Tatsache, daß wir nicht verstehen können, wie das möglich ist, braucht uns nicht daran zu hindern, anzuerkennen, daß es sich so verhält.

Wenn diese Vermutung richtig ist, dann trifft sie auch auf den Menschen zu. Es braucht uns daher nicht in Erstaunen zu versetzen, daß wir, obwohl wir »Wesen des Übergangs« sind – oder, wieder in positiver Formulierung: zu weiterer Entwicklung fähig –, dennoch in einer Welt leben, die einen »Sinn« ergibt. Es ist ohnehin nur ein »relativer Sinn«, wie wir gesehen haben, denn unsere Welt geht rational nicht ohne Rest auf. Die Naturwissenschaftler hätten es leichter, wenn das der Fall wäre.

Hier ist auch der Ort, auf ein Phänomen kurz einzugehen, das uns in der Regel wieder als ganz banal erscheint, das aber, von dieser Stelle unseres Gedankengangs aus betrachtet, uns wie mit einem Schlage ein Licht aufgehen lassen kann über das Ausmaß, in dem wir uns über unsere Situation täuschen. Ich meine unsere Reaktion auf die Manifestationen menschlicher Unvernunft. Unsere Ratlosigkeit angesichts bestimmter Formen der Kriminalität. Unser Erschrecken, wenn die politische Berichterstattung wieder einmal erfüllt ist von Nachrichten über mörderische Auseinandersetzungen aus ideologischen, konfessionellen, rassischen Motiven. Unsere Fassungslosigkeit gegenüber Akten blanken, emotionslosen Terrors.

Die Gründe sind – an der Oberfläche – zwar in allen Fällen rasch genannt. Kein Krieg, keine noch so blutige Schreckenstat, für die sich nicht eine auslösende Situation, ein einleuchtendes Motiv angeben ließe. Aber der Anlaß unserer Angst sitzt viel tiefer.

Was uns beunruhigt, ist die Erfahrung, daß der Mensch unfähig zu sein scheint, seine Konflikte friedlich und rational zu lösen. Was uns ängstigt, ist der Umstand, daß der Mensch allzu oft als das Opfer, das passive Objekt unentrinnbarer anonymer Zwänge erscheint in Situationen, in denen er theoretisch Herr des Geschehens sein sollte. Was uns ratlos macht, ist die sich ständig wiederholende Konfrontation mit Krisen, die von uns selbst hervorgerufen werden und die zu beheben wir uns dennoch als unfähig erweisen.

Da suchen wir dann verzweifelt nach den Ursachen. Da treiben wir »Friedensforschung« und entwickeln komplizierte Theorien über die Wurzeln der menschlichen Aggressivität. Denken wir dabei aber eigentlich auch einmal an die Probleme, die sich aus dem Übergangscharakter unserer evolutionären Position ergeben könnten, an die möglichen Auswirkungen der »Unfertigkeit« unserer rationalen Konstitution?

Vielleicht wundern wir uns doch allzu selten darüber, daß wir uns nach dem Auftauchen aus dem Dunkel einer endlos erscheinenden rein biologischen Vorgeschichte überhaupt als fähig zur Gesellschaftsbildung erweisen. Als fähig zur Aufstellung von moralischen Verhaltensnormen und von Theorien, die die in unserem Bewußtsein mit einem Male sich abbildende Welt wenigstens zum Teil zu beschreiben in der Lage sind. Vielleicht unterschätzen wir einfach die sich aus unserer biologischen Situation ergebende Hypothek für unsere Freiheit.

Wenn wir aufhören würden, uns dagegen zu sträuben, biologische Faktoren als Rahmenbedingungen auch für unsere, die menschliche Freiheit anzuerkennen – vielleicht würde eine solche realere Einschätzung unserer Möglichkeiten uns toleranter werden lassen können, weniger ungeduldig, weniger unbescheiden. Vielleicht würden dann auch einige der Krisen seltener werden, deren hartnäckige Wiederkehr uns bisher immer wieder aufs neue überrascht.

Unser Erschrecken vor den Ausdrucksformen menschlicher Irrationalität ist ohne allen Zweifel berechtigt. In seinem Ausmaß aber ist es auch eine Folge der Tatsache, daß wir uns für rationaler, für vernünftiger zu halten pflegen, als wir es in Wahrheit sind, als wir es bei unserer Vorgeschichte heute schon sein können. Wer allzuviel erwartet, ist selbst mit daran schuld, wenn er allzu leicht enttäuscht wird.

Es wird Zeit, daß wir zu dem biologischen Leitfaden zurückfinden, der das Rückgrat unserer Überlegungen bildet. Bevor das geschieht, trotzdem noch eine weitere kurze Abschweifung. In diesem Kapitel soll, nachdem die Mangelhaftigkeit, die unter dem hier angelegten evolutionären Maßstab nicht zu übersehende Unfertigkeit unserer biologischen Konstitution so ausführlich erörtert wurde, vom positiven Aspekt der Angelegenheit die Rede sein. Von den positiven Seiten also, welche die Evolution, so unglaublich sich das anhören mag, gerade dieser Mangelhaftigkeit unserer Verfassung abzugewinnen vermochte, indem sie – wie es ihrer Strategie nun einmal entspricht – wieder einmal aus der Not eine Tugend machte.

Bevor wir zur Erörterung dieses erstaunlichen Sachverhalts auf die biologische Ebene zurückkehren, kann ich mir hier den Hinweis darauf nicht versagen, daß sich ein erstes Beispiel für ihn vielleicht schon in einer Sphäre finden läßt, die uns der biologischen ganz entgegengesetzt zu sein scheint. Ich meine die Sphäre künstlerischer Betätigung. Wo wären denn, so möchte ich einmal fragen, die Künste, die darstellenden vor allem, aber auch die Dichtkunst, wenn unsere Welt wirklich so objektiv wäre, wenn sie wirklich so absolut und mit so eindeutigem Sinn feststände, wie wir es immer voraussetzen? Wo bliebe denn der Raum für diesen menschlichsten aller menschlichen Bereiche, wenn nicht ganz im Gegenteil die Möglichkeit, ja die Notwendigkeit gegeben wäre, die Wirklichkeit unserer Welt immer aufs neue zu deuten und auszulegen? Wenn wir nicht gezwungen wären, der Wandelbarkeit und Vielzahl ihrer niemals endgültig faßbaren Bedeutungen und Zusammenhänge immer wieder von neuem nachzugehen und den Versuch zu machen, sie zu entschlüsseln? Dieser Spielraum würde auf ein Nichts zusammenschrumpfen in einer Welt, die in Wahrheit »objektiv« wäre. Die uns wirklich absolut, losgelöst also von unserer eigenen Verfassung, in selbständiger Eindeutigkeit gegenüberstände.

Die Besinnung auf diesen Zusammenhang kann uns noch ein Weiteres lehren: Wir würden unsere Situation auch dann verkennen, wenn wir, nachdem wir unsere Übergangssituation durchschaut haben, etwa auf den Gedanken kommen sollten, uns an einen späteren, einen zukünftigen Punkt der Evolution unserer Art zu wünschen. Etwa in der Hoffnung, dann die aus der Unfertigkeit unserer gegenwärtigen Konstitution unausbleiblich entstehenden Konflikte hinter uns zu wissen, und womöglich die entspanntere Harmonie einer rationaleren, objektiveren Wirklichkeit genießen zu können.

Ein solcher Wunsch steckt voller Denkfehler. Denn der vollendete Grad auch unserer Anpassung drückt sich auch darin aus, daß diese unsere Wirklichkeit, all ihrer unleugbaren Mängel zum Trotz, die einzige Welt darstellt, in der wir es aushalten können (46). Auf Grund des Zufalls-Charakters der Naturgeschichte – Geschichtlichkeit beginnt eben nicht, auch das ein Denkfehler, erst mit dem Menschen – ist die Zukunft der Evolution zwar unvorhersehbar. Dennoch dürfen wir angesichts bestimmter Tendenzen des bisherigen Verlaufs einige Vermutungen äußern. Zu diesen gehört, daß sich aus der objektiveren Welt evolutionär fortschrittlicherer Nachkommen unserer Art nicht nur Dichtung und darstellende Künste, sondern auch die Wärme des Gefühls verflüchtigt haben könnten. Wie auch immer, dorthin versetzt würden wir uns ausgesetzt vorkommen. In der Welt der Zukunft wären wir nicht weniger Fremdlinge, als in der Wirklichkeit des Zwischenhirns, in die uns ein Alptraum gelegentlich auch heute noch – zum Glück nur für kurze Augenblicke – zurückfallen lassen kann.

Aber jetzt endlich zurück auf den verläßlichen Boden biologischer Fakten. Angekündigt war der Beweis für die Behauptung, daß die Evolution es fertiggebracht habe, aus der mangelhaften Objektivität, aus dem Fehlen einer »qualitativen Identität« unserer Wirklichkeit einen Vorteil zu ziehen. Aus der Not der Unzulänglichkeit wieder einmal die Tugend einer positiven Leistung werden zu lassen.

Die Zeitstruktur des Lebendigen

Erinnern wir uns noch einmal an das erste Beispiel eines solchen Falls, das wir genauer untersucht hatten. Es handelte sich um das elementare biologische Phänomen der »Gewöhnung«. Als dessen letzte Ursache hatten wir ebenfalls einen funktionellen »Mangel« entdeckt: die aus energetischen Gründen resultierende Unfähigkeit biologischer Reizempfänger, beliebig lange unverändert gut zu funktionieren. Als wir die Folgen betrachteten, hatten wir mit wachsendem Staunen davon Kenntnis genommen, was alles an positiven Leistungen die Evolution aus dieser unüberwindlichen Leistungsgrenze herausgeholt hat. Der Mangel des Reizempfängers war dabei zum Ausgangspunkt für die Entwicklung einiger der raffiniertesten Orientierungssysteme geworden, über die ein höherer Organismus verfügt.

Angelpunkt dieser Wendung ins Positive war die Ausnützung der

Ermüdbarkeit des Reizempfängers zur Ausschaltung gleichbleibender Informationen aus der Umwelt. Der durchschnittliche Reizzustrom aus der Umgebung ließ sich auf diese Weise definieren und filtern. Dadurch aber wurde das Besondere, das Neue, das vom bisherigen Abweichende mit um so größerer Deutlichkeit erkennbar. Das Phänomen der Ermüdung hatte sich als verwendbar für eine gezielte Auswahl unter den von außen kommenden Reizen erwiesen. Das aber bedeutete seine Eignung als Funktionselement neuartiger Orientierungssysteme.

Wir hatten das an zwei Beispielen aus dem Bereich optischer Sinneswahrnehmungen weiter verfolgt. Das eine waren Küken gewesen, denen »Gewöhnung« die Möglichkeit gab, die häufiger auftauchenden Flugsilhouetten harmloser Großvögel von den aus biologischer Notwendigkeit selteneren Silhouetten von Raubvögeln zu unterscheiden. Das zweite Beispiel waren wir selbst. Es stellte sich heraus, daß die Besonderheiten unserer Farbwahrnehmung auf dem gleichen Prinzip beruhen: das uns unfarbig erscheinende »Weiß« als das Erleben einer durchschnittlichen Mischung der von der Sonne kommenden sichtbaren Strahlung und »Farbigkeit« als das Abweichen von dieser Durchschnittssituation in je nach dem Überwiegen der verschiedenen Anteile des Wellenbandes unterschiedlichen Tönungen.

Ich habe das noch einmal kurz rekapituliert, weil wir jetzt auf einer höheren Stufe, an einer besonders interessanten Stelle, vor einem analogen Sachverhalt stehen. Die Abhängigkeit der Beschaffenheit unserer Welt von unseren Stimmungen erscheint auf den ersten Blick um so bedenklicher, als diese sich in einem fortwährenden Auf und Ab ständig ändern. Auch diese »Dünung« unserer Stimmungen beruht in letzter Ursache auf der unumgänglichen Leistungsgrenze eines elementaren biologischen Prinzips. Und auch in diesem Falle hat die Evolution es fertiggebracht, den Mangel zu einer Quelle zusätzlicher Informationen über die Umwelt werden zu lassen.

Wir müssen, um das zu verstehen, noch einmal in die Tiefe des vegetativen Fundaments hinabsteigen, auf der unser bewußtes Erleben auf Grund seiner Entstehungsgeschichte ruht. Hier, auf der Ebene der ersten Stufe unserer Geschichte, ist der Mangel zu finden, von dem alles seinen Ausgang nahm. Wieder besteht er in der aus naturgesetzlichen Gründen unübersteigbaren Grenze einer bestimmten Leistung. Deren Unüberwindlichkeit beruht in diesem Falle jedoch nicht auf den handgreiflichen Zusammenhängen von Leistung und Energieverbrauch, sondern auf den subtileren Gesetzlichkeiten biologischer Regelung. Auch diese aber erwiesen sich als unüberwindlich. Auch sie stellten Gegebenheiten dar, die die Evolution hinzunehmen hatte.

Erinnern wir uns also daran, worum es hier, auf der untersten Etage der biologischen Entwicklung, vom ersten Augenblick an und bis auf den heutigen Tag geht: um die Aufrechterhaltung des für einen geordneten Ablauf der komplizierten Stoffwechselvorgänge lebensnotwendigen inneren Milieus. Die Urzelle hatte sich verselbständigt, hatte sich von ihrer Umgebung abgetrennt. Aus der Tatsache, daß die Isolierung nicht vollständig sein konnte – Nahrung war aufzunehmen, Abfall mußte ausgeschieden werden –, resultierte die für alles Leben bezeichnende elementare Aufgabe: die eigene innere Ordnung zu behaupten gegenüber dem relativen Chaos der unbelebten Umgebung.

Eine ganz bestimmte Konzentration dieser und jener Moleküle und Atome muß gewährleistet sein, so und so viele Ionen dieses Metalls, diese oder eine andere Menge jenes Salzes oder Radikals. All das hat mit größter Präzision zu geschehen. Schon minimale Abweichungen lassen das komplizierte Gleichgewicht der vielfältig ineinander verschlungenen chemischen Abläufe zusammenbrechen. Wir hatten Beispiele genannt.

Die ungeheure Aufgabe ist nur mit Hilfe eines ihrer Kompliziertheit entsprechenden Regelungssystems zu bewältigen. Dessen Grundprinzip ist das der Rückkopplung (47). Das heißt nichts anderes, als daß die verschiedenen »Sollwerte« des Zellstoffwechsels sich selbst kontrollieren. Sobald die Konzentration einer bestimmten Substanz von dem Wert abweicht, der das biologische Optimum darstellt, löst ebendiese Abweichung eine Gegenregulation aus, die den ursprünglichen erwünschten Zustand wiederherstellt. Das gilt nicht nur auf der untersten Ebene, sondern auch noch auf der der vegetativen Syndrome: Ein Absinken der Körpertemperatur löst über vielfältige Verbindungen, in die die Schilddrüse und die Muskulatur einbezogen sind, eine vermehrte Wärmeproduktion aus. Ein Absinken des Zuckergehalts im Blut bewirkt eine Herabsetzung der Auslöseschwellen für jene Programme, die im Dienste des Nahrungserwerbs stehen. Und so weiter.

Was ich bisher aber noch nicht erwähnt habe, ist die an dieser Stelle der Geschichte mit einem Male bedeutungsvoll werdende Tatsache, daß dieses Prinzip der Regelung durch Rückkopplung bei aller Genialität einen zentralen Mangel aufweist: Es ist grundsätzlich außerstande, auch nur einen einzigen der Sollwerte, deren Einhaltung es überwacht, wirklich *konstant* zu stabilisieren, auch nur für eine noch so kurze Zeit auf gleicher Höhe zu halten. Alle durch Rückkopplung kontrollierten Größen

»schwingen« vielmehr um den angestrebten Wert.

Diese Eigentümlichkeit ist deshalb gänzlich unaufhebbar, weil sie »systemimmanent« ist. Das heißt nichts anderes, als daß sie Ausdruck und Folge des gleichen Prinzips ist, auf Grund dessen Rückkopplung überhaupt funktioniert. Denn diese beruht ja gerade darauf, daß es die Abweichung selbst ist, die den Ausgleich durch Gegenregulation herbeiführt. Das Prinzip einer solchen Selbstkontrolle biologischer Werte mag daher noch so genial sein. Bei seiner Anwendung hat man unweigerlich in Kauf zu nehmen, daß die Abweichung *immer schon eingetreten sein muß,* bevor die Maßnahmen zur Wiederherstellung des erwünschten Zustands einsetzen können.

Konkret heißt das ganz einfach, daß der Regelungsmechanismus zur Aufrechterhaltung des Blutzuckerspiegels erst in Gang kommen kann, wenn der Traubenzuckergehalt unseres Blutserums um einen nennenswerten Betrag vom biologischen Optimum abgewichen ist. Sinkt er um diesen Betrag, dann werden, soweit vorhanden, Reserven mobilisiert. Aus Glykogen-Depots in der Leber wird vermittels enzymatischen Abbaus Traubenzucker freigesetzt und ins Blut abgegeben. Zugleich wird die Schwelle für das Programm »Nahrungserwerb« herabgesetzt. Wir beginnen, Hunger zu spüren, der sich mit zunehmender Dringlichkeit des Bedarfs mehr und mehr in unserem Bewußtsein durchsetzt und die Richtung unseres Interesses zunehmend zu beherrschen beginnt, bis wir dem Trieb nachgeben, etwas zu essen.

Infolge dieser inneren und äußeren Aktivitäten beginnt der Blutzuckerspiegel alsbald wieder anzusteigen. Aber auch auf diesem Rückweg in Richtung auf die biologisch erstrebenswerte Zuckerkonzentration in unserem Blut erweist das diese Funktionen steuernde System sich als »träge«. Der Anstieg kommt keineswegs in dem Augenblick zum Stillstand, in dem der Sollwert erreicht ist. So augenblicklich lassen sich die an dem Prozeß beteiligten Hormone gar nicht aus dem Blut entfernen. So plötzlich ist die Freisetzung von Glykogen in der Leber nicht zu stoppen. Und so unvermittelt setzt auch unser Hungergefühl nicht »im richtigen Augenblick« aus.

Vor allem aber gilt auch für diesen umgekehrten Ablauf wieder die Regel, daß die Mechanismen, die den weiteren Anstieg beenden sollen, erst auf den Plan treten können, wenn sie dazu aufgefordert werden. Das Erreichen der idealen Marke des Sollwerts kann dieses Signal für sie logischerweise aber nicht darstellen. Denn das Vorliegen dieses Werts ist identisch mit dem angestrebten Ziel, mit der einzigen Situation also, an der nichts geändert werden soll. Wieder muß also das ganze System erst erneut über das Ziel hinausschießen, bis abermals eine Gegenregulation in Gang kommt, mit der das gleiche Spiel dann wieder von neuem beginnt. Das gilt auch dann, wenn wir gesättigt sind. Es gilt immer und ausnahmslos, solange wir am Leben sind. Auch dann, wenn die Schwankungen so gering bleiben, daß sie in unserem Bewußtsein nicht als spezifische Gefühls- oder Trieberlebnisse auftauchen. Auch dann hebt und senkt sich unser Blutzuckerspiegel wie in dem langsamen Rhythmus einer Meeresdünung. Er »schwingt«, wie ein Regelungstechniker sagen würde, unter den Einflüssen von Regulation und Gegenregulation um den Sollwert. Anders ist diese Steuerung gar nicht zu bewerkstelligen. Regelung durch Rückkopplung kann anders nicht erfolgen.

Ein »Mangel« ist das, am Rande bemerkt, auch nur in den Augen eines perfektionistischen Vorstellungen anhängenden Theoretikers. Es gibt eine ganze Reihe von Gründen, die dafür sprechen, daß diese Form einer labilen »Homöostase«, eines labilen funktionellen Gleichgewichts also, für die Reaktionsmöglichkeiten eines lebenden Organismus weitaus bessere und flexiblere Voraussetzungen schafft, als eine perfekte Starrheit der inneren Verfassung es vermöchte. Der wertneutrale Begriff der »Leistungsgrenze« ist angesichts dieser charakteristischen Eigentümlichkeit einer Steuerung durch Rückkopplung jedoch zulässig.

Eben deshalb, weil es sich um eine ganz unvermeidbare Besonderheit handelt, gilt das alles nicht nur für die Regelung unseres Blutzuckers, sondern ausnahmslos für alle anderen inneren, vegetativen Funktionen unseres Körpers und die aller anderen lebenden Organismen auch: von der Körpertemperatur bis zur Konzentration bestimmter Mineralien in unserer Blut- oder Gewebsflüssigkeit, und von der Aktivität unserer Nieren bis zu der unserer Bauchspeicheldrüse. Selbst die bei normalem, nicht krebsig entartetem Gewebswachstum selbstverständlich ebenfalls geregelte Teilungsrate unserer Körperzellen unterliegt einem – in diesem Falle relativ langsamen, nämlich etwa 24stündigen – Rhythmus.

Diese regeltechnische Eigentümlichkeit scheint der Konstruktion der Organismen auch da ihren Stempel aufgeprägt zu haben, wo andere funktionelle Lösungen denkbar gewesen wären. Aber das Prinzip der Schwingung durch rückkoppelnde Regelung muß zusammen mit der Verselbständigung der ersten reduplikationsfähigen Zelle eingeführt worden sein. Es hat somit, auch im Licht eines evolutionären Maßstabs, ein ehrwürdiges Alter. Als Prinzip der ersten Stunde bestimmte es die Weiterentwicklung. Vielleicht ist das der Grund dafür, daß wir kaum einen physiologischen Prozeß kennen, der nicht in der Form einer Schwingung mit meist charakteristischer Frequenz abläuft.

Da haben wir an dem einen, dem kurzwelligen Ende, den Rhythmus der Impulsaktivität der Nervenzellen unseres Gehirns. Die Frequenz liegt hier in der Größenordnung von Zehntelsekunden. Am anderen Ende des Spektrums stoßen wir auf den Rhythmus von Wachen und Schlafen (48). Dazwischen liegen Puls und Atmung, periodische Schwankungen des Blutdrucks und der Durchblutung sowie, mit einer ungefähr 6stündigen Frequenz, rhythmische Änderungen der motorischen, muskulären Aktivität.

Daß Wachen und Schlafen innerhalb eines 24stündigen Wechsels aufeinander folgen, hat bekanntlich nicht nur innere Gründe. Die Übereinstimmung dieses Rhythmus mit der zeitlichen Aufeinanderfolge von Tag und Nacht ist so offensichtlich, daß man es noch bis vor wenigen Jahrzehnten für selbstverständlich hielt, daß das eine die Ursache des anderen sei. Heute wissen wir, daß das so nicht stimmt. Wachen und Schlafen sind nicht einfach die Folge des Wechsels von Tageshelligkeit und nächtlichem Dunkel. Auch sie sind, wie Isolationsversuche bei künstlicher Beleuchtung über allen Zweifel bewiesen haben, Ausdruck einer endogenen, inneren »Schwingung«.

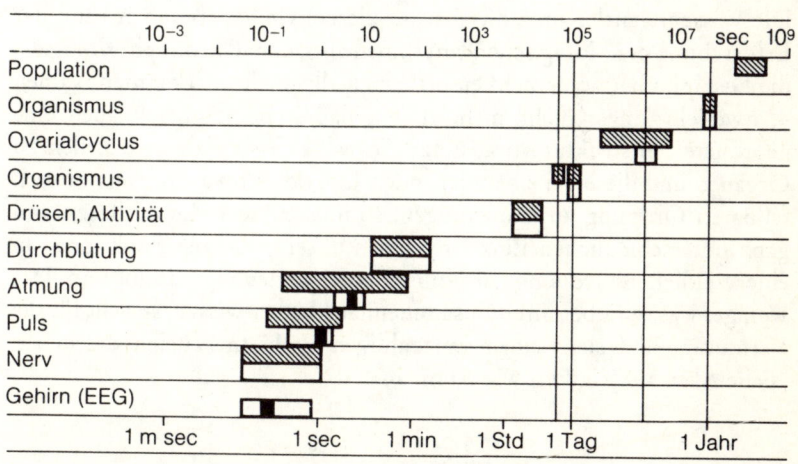

Tabellarische Zusammenstellung der wichtigsten biologischen Rhythmen. Schraffiert: Säugetiere, weiß: Mensch. Die 4 senkrechten Linien entsprechen den wichtigsten Perioden in der Umwelt: Gezeitenrhythmik, Tagesperiodik, Mondumlauf und Jahr.

Andererseits aber hat sich bei diesen Versuchen auch gezeigt, daß der 24stündige Rhythmus von Wachen und Schlafen der optischen Steuerung durch den äußeren Helligkeitswechsel bedarf. Wird dessen Zeitgeberfunktion im Isolationsexperiment ausgeschaltet, beginnt die »innere Uhr«, der angeborene Rhythmus von der exakten 24stündigen Frequenz abzuweichen, meist mit spürbaren Folgen für das subjektive Wohlbefinden. Dieser Umstand ist auf Grund vieler Veröffentlichungen der letzten Jahre den meisten Menschen heute schon geläufig. Er verdient hier dennoch eine ausdrückliche Erwähnung, weil er ein erneutes und besonders anschauliches Beispiel für die schon diskutierte wichtige Erkenntnis darstellt, daß unser Organismus auf der vegetativen Stufe noch immer eine funktionelle Einheit mit unserer biologischen Umwelt bildet.

Alle diese rhythmischen Funktionen sind nun offenbar auf vielfältige Weise miteinander gekoppelt. Das ist gewiß wunderbar, andererseits aber auch keineswegs verwunderlich. Denn wäre es nicht so, dann wäre unser Organismus funktionell ein Chaos. Alle lebende Struktur ist geordnete Struktur, wenn auch meist von einem Grad der Komplexität, der diese Ordnung für unsere Augen schwer erkennbar werden läßt. So steht die Erforschung der »zeitlichen Ordnung« lebender Organismen heute auch noch immer in den Anfängen.

Die Wissenschaftler aber, die sich auf diesem Gebiet abmühen – mit der Erforschung der biologischen Rhythmen also, der »Chronophysiologie«, die Disziplin hat noch nicht einmal einen allgemein anerkannten Namen –, zweifeln längst nicht mehr daran, daß Lebensfähigkeit auch eine geordnete Zeitstruktur voraussetzt. So wie sich spezialisierte Zellen zu Organen und diese bei einem lebenden Individuum zu einer anatomisch faßbaren Ordnung zusammenfügen, so müssen auch die zahllosen und ganz unterschiedlichen Einzelrhythmen unserer inneren Funktionen in einer zeitlichen Ordnung harmonisch aufeinander abgestimmt sein. Das wenige, was wir über ihren Zusammenhang bisher wissen, spricht für die Vermutung, daß sie in einem ganzzahligen Verhältnis zueinander stehen (siehe Abb. auf S. 287 sowie Anm. 49).

Stimmungen legen die Welt aus

Soweit unser Ausflug zurück in die Tiefe des vegetativen Details. Wie wirkt sich die funktionelle Eigentümlichkeit, die wir dabei kennengelernt haben, nun oben, an der Spitze der Pyramide aus? Was sich auf der Ebene des Zwischenhirns abspielt, so hatten wir festgestellt, erleben wir als Gefühle, Stimmungen oder Antriebe. Je nach dem Wechselspiel ständig sich ändernder Schwellen oder Bereitschaften treten diese oder jene Eigenschaften der Umwelt als hervorgehobene Qualitäten und »Anmutungen« für unser Erleben mehr oder weniger aufdringlich hervor.

Die Senkung der Hungerschwelle führt dazu, daß aus dem Informationsangebot der Umwelt selektiv jene Signale ausgewählt werden, die als potentielle Auslöser in Frage kommen und daher mit den Kategorien eßbar und ungenießbar in Beziehung stehen. Eine auf analoge Weise erhöhte sexuelle Bereitschaft läßt andere, ebenso spezifische Signale aus der Umwelt mit zunehmender Aufdringlichkeit ins Bewußtsein treten. Angstbereitschaft macht für wieder andere, jetzt mit der Vergänglichkeit oder Bedrohlichkeit der Welt zusammenhängende Informationen besonders empfänglich. Mit jeder neuen Stimmung ändert sich der Charakter der von uns erlebten Welt. Jede unserer Stimmungen legt die Welt auf eine andere, auf ihre besondere Weise aus.

Wie also spiegelt sich im Rahmen dieser Zusammenhänge nun die Besonderheit der biologischen Regelung aller vegetativen Funktionen in unserem erlebenden Bewußtsein? Worin besteht das psychologische Korrelat der Tatsache, daß die Regelung nur in der Zeitgestalt periodischer Schwingungen zu verwirklichen ist? Ich behaupte, daß dieses Korrelat von dem ständigen, psychologisch nicht begründeten Auf und Ab unserer normalen täglichen Stimmungsschwankungen gebildet wird. Daß die erläuterte regeltechnische Besonderheit der vegetativen Basis in dieser Form bis zur obersten Stufe unseres bewußten Welterlebens durchschlägt.

Hier sind zur Vermeidung von Mißverständnissen einige zusätzliche Anmerkungen notwendig. Was heißt in diesem Zusammenhang »psychologisch nicht begründet«? Greifen wir zum Verständnis noch einmal auf den Begriff der »Zeitstruktur« zurück, als den wir den lebenden Organismus eben beschrieben haben. Die geordnete Hierarchie harmonisch aufeinander abgestimmter periodischer Funktionen macht jedes Lebewesen – und so auch uns selbst – zu einem »schwingungsfähigen System«. In anschaulicherer und poetischer Redeweise könnte man an einen Vergleich mit einer Glocke denken.

Wie diese, so ist auch der Organismus fähig zur Resonanz. Fähig also, sich durch ganz bestimmte »Frequenzen« von außen zum Mitschwingen anregen zu lassen. Von der eigenen Abstimmung hängt es ab, welche

»Frequenzen« diesen Effekt haben und welche anderen wirkungslos bleiben – bei der Glocke und ebenso auch bei uns selbst. Je nach unserer eigenen Stimmung können bestimmte Erlebnisse, Menschen oder Nachrichten uns »zum Mitschwingen« bringen – oder »kalt lassen«, können Menschen oder Geschehnisse uns mit ihrer Stimmung »anstecken« oder nicht.

Das ist wieder nur ein anderer Aspekt eines Sachverhalts, der uns bereits geläufig ist: der Einheit von Subjekt und Umwelt auf der Ebene der Stimmungen. Aber hüten wir uns, den simplen Vergleich mit der Glocke zu weit zu treiben. Im Unterschied zu einem solchen mechanischen Schwingungssystem ist ein lebender Organismus auch aus sich selbst heraus, »endogen« anregbar. Was wir bisher genannt hatten, das waren alles Beispiele für eine von außen erfolgende Anregung. Für eine »Ansteckung« durch Faktoren in der Umwelt, die unsere Stimmung so oder so stimulieren. Dabei handelt es sich stets um das, was der Psychologe als eine »motivierte«, psychologisch einfühlbare Stimmungsbeeinflussung bezeichnet.

Es gibt aber auch das andere. Wir erleben oder erfahren an uns tagtäglich auch Stimmungen, für die es keine psychologisch einfühlbaren Anlässe gibt. Stimmungen oder Schwankungen unserer Stimmung, die eben nicht »motiviert«, sondern das Resultat endogener Faktoren sind. Zwar neigen wir stets dazu, auch solche endogenen Schwankungen als psychologisch ausgelöst anzusehen. Anlässe finden sich ja immer, im Positiven wie im Negativen. Oft ist es, eben wegen der Entsprechung zwischen der eigenen Stimmung und dem, was mich an der Umwelt vor allem beeindruckt, tatsächlich kaum noch möglich, zu unterscheiden, was Anlaß und was Folge war.

Trotzdem besteht kein Zweifel daran, daß die innere Abstimmung eines lebenden Organismus auch von endogenen Faktoren abhängt. Die unbefangene Selbstbeobachtung lehrt uns, daß wir nicht nur als Folge von Erlebnissen, aus psychologischer Ursache, verstimmt sein können, sondern ebenso auch, ohne daß sich ein Grund finden ließe. Natürlich gibt es auch in diesen Fällen einen Grund. Aber er läßt sich nicht finden, nicht im bewußten Selbsterleben jedenfalls. Das kommt daher, daß er in den hier gemeinten Fällen nicht aus der Dimension des Erlebens, nicht aus dem Bereich psychologischer Erfahrung stammt, sondern aus den darunter gelegenen Schichten des biologischen Fundaments.

Das Gefühl gedrückter Lustlosigkeit, in das wir nach einer schweren Enttäuschung verfallen können, unterscheidet sich für uns in nichts von dem gleichen Gefühl, das wir als Folge einer körperlichen Unpäßlichkeit erleben können, die sich sonst vielleicht noch durch kein anderes Anzeichen verrät. Ebenso gibt es, seltener, vor allem im höheren Lebensalter seltener, auch das Umgekehrte: das unvermittelte Aufsteigen einer freudigen, angeregten Stimmung, für die es keinen äußeren, keinen psychologisch verständlichen Anlaß gibt.

Wer sich selbst gut beobachten kann, wird bestätigen, daß mit einer solchen aus dem »endogenen Untergrund« aufsteigenden gehobenen Stimmung mitunter sogar eine gewisse Ratlosigkeit einhergeht: man sucht dann nach dem Anlaß für diese unerklärliche Beschwingtheit und glaubt, ihn vergessen zu haben, weil er sich nicht finden läßt. In Wahrheit gibt es ihn nicht, jedenfalls nicht in der psychischen Dimension. Auch dieses vorübergehende Erleben eines grundlosen Glücksgefühls hat seine Entsprechung im biologischen Fundament. In diesem Falle offenbar in dem immer nur vorübergehend erreichbaren Zustand einer besonders gelungenen, besonders harmonischen Abstimmung aller vegetativen Einzelfunktionen des eigenen Körpers (50).

So sind wir folglich ständig auf irgendeine Weise gestimmt. Die Vorzeichen wechseln, ebenso die Intensität. Aber wir alle bewegen uns während unseres ganzen Lebens fortwährend zwischen den Polen gedrückter, besorgter, selbstunsicherer Zaghaftigkeit und optimistischer, hoffnungsvoller, zu Aktivität drängender Unternehmungslust hin und her. Präziser sollte es vielleicht heißen: Wir werden zwischen diesen Polen hin und her bewegt. Denn es geschieht ohne unser Zutun.

So lange wir psychisch gesund sind, ist niemand davon ausgenommen. Die Intensität und die Häufigkeit der Schwankungen bilden für uns sogar ein wesentliches Charakteristikum eines bestimmten Menschen. Daß es so ist, verrät schon unsere Sprache: Wenn wir eine konkrete, in ihrer Individualität nicht austauschbare Persönlichkeit meinen, sprechen wir eben deshalb wie selbstverständlich von einem ganz »bestimmten« Menschen, weil ihre emotionale Eigenart eine Person in unseren Augen offenbar charakteristischer kennzeichnet als jede andere ihrer Eigenschaften.

Das ist durchaus berechtigt. Die emotionale Konstitution eines Menschen, also seine durchschnittliche Grundstimmung, die Häufigkeit und das Ausmaß der bei ihm auftretenden Stimmungsschwankungen, bilden in mehr als einem Sinne die Basis für alle seine psychischen Aktivitäten. Als der psychische Ausdruck einer individuellen vegetativen Konstitution ist diese Basis letztlich im Erbgefüge verankert und damit angeboren.

Neben der Bandbreite – dem Ausmaß der Schwankungen – und dem Ort im Spektrum – der durchschnittlichen Grundstimmung – gehört zu dieser psychischen Basis schließlich auch noch die emotionale Stabilität: der eine ist durch psychische Einflüsse schnell und intensiv aus dem Stimmungsgleichgewicht zu bringen, ein anderer weniger oder kaum jemals.

Aber hier geht es nicht um eine Einführung in die Grundlagen der medizinischen Psychologie. Für uns steht angesichts der mit den letzten Sätzen in Erinnerung gerufenen psychischen Allgegenwart emotionaler Faktoren eine ganz spezielle Frage im Vordergrund: Was bedeutet diese unaufhebbare und ununterbrochene Wirksamkeit von Stimmungen für unsere Beziehung zur Welt? Was bedeutet sie vor allem, wenn wir gleichzeitig die schon ausführlich auseinandergesetzte Einsicht berücksichtigen, daß die von uns erlebte Welt ihr Gesicht im Einklang mit unseren Stimmungen ändert? Nur in ihrer Dinglichkeit bleibt diese angeblich objektive Welt identisch, so hatten wir festgestellt, keineswegs aber in ihrer Qualität.

Im ersten Augenblick glauben wir auch hier wieder nur einen negativen Aspekt entdecken zu können. Im ersten Augenblick scheint uns die dem Ganzen zugrundeliegende Leistungsbegrenzung der vegetativen Regelung auch hier »oben«, auf der Ebene bewußten Erlebens, lediglich einen Mangel zu bewirken. Denn sind es etwa nicht unsere Stimmungen, die uns den Weg zur Erkenntnis der »wahren« Natur der Welt versperren, der uns sonst womöglich offenstände? Und ist es etwa nicht das aus den erläuterten Regelungsgesetzen unvermeidlich resultierende ständige Auf und Ab unserer Stimmungen, das in dem gleichen Takt und dem gleichen Ausmaß auch das Aussehen dieser Welt für uns zwischen den Polen des Bedrohlichen und des Verlockenden hin und her schwanken läßt? »Verfälschen« also unsere Stimmungen etwa nicht die »wahre Beschaffenheit« der Welt?

Gemütsbewegungen als Überlebenshilfe

Aber allem Augenschein zum Trotz muß jemand, der so urteilt, sich vorhalten lassen, daß er unsere Lage aus der falschen Perspektive betrachtet. Wie schon bei früheren Gelegenheiten, so ist der Eindruck des Mangels, des Negativen, auch hier wieder lediglich die Folge eines falsch gewählten Standorts. Auch dieses Mal dürfen wir die Angelegenheit nicht »von oben« betrachten, sondern einzig aus der genetisch und historisch allein zulässigen Richtung. Das Urteil »Fälschung« darf nur aussprechen, wer das Original kennt. Von Verfälschung der Wirklichkeit unserer Welt zu reden, wäre nur dann zulässig, wenn wir in der Lage wären, eine objektive Bedeutung der von uns erlebten Welt festzustellen. Diese Möglichkeit aber liegt für unsere Spezies noch in der Zukunft.

Machen wir es kurz: Was uns den Eindruck suggeriert, unsere Stimmungen verlegten uns den Zugang zur Wahrnehmung der Welt in ihrer wahren Beschaffenheit, ist wieder nur die im vorhergehenden Kapitel schon zerpflückte Illusion. Hinter diesem Eindruck verbirgt sich der Glaube, wir seien auf unserer evolutionären Wanderung aus der Welt des Zwischenhirns in die des objektiven, rationalen Welterlebens schon am Ziel angekommen. In Wahrheit fehlt dazu, wie wir sahen, noch ein nicht unbeträchtliches Wegstück. Wenn man das berücksichtigt, dann ändern sich mit einem Male die Kategorien der Beurteilung grundlegend.

Dann geht uns auf, daß unsere Gemütsbewegungen, weit davon entfernt, uns den Anblick der Welt zu versperren, in ihrer Gesamtheit ganz im Gegenteil ein Organ der Wahrnehmung bilden. Nicht zur Wahrnehmung einer objektiven Welt allerdings, die uns, um es noch einmal mit Nachdruck zu betonen, auch auf keine andere Weise zugänglich, die uns in Wahrheit nicht einmal vorstellbar ist. Das aber, was diese Gemütsbewegungen uns auf eine unüberbietbar zuverlässige Weise verschaffen, das ist der Anblick der uns gemäßen Wirklichkeit.

Das Vorurteil von der rationalen Natur unseres Welterlebens sitzt so tief, daß ich noch einmal daran erinnern muß: unser Gehirn ist von der Evolution nicht dazu entwickelt worden, uns die Welt erkennen zu lassen, sondern allein zu dem Zweck, uns in dieser Welt das Überleben zu ermöglichen. Daß wir es seit einiger Zeit – vielleicht seit einigen Jahrhunderttausenden – auch zur Erkenntnis der Welt benutzen können, ist auf den gleichen Grund zurückzuführen, aus dem man mit einem Computer, der zu ganz anderen Zwecken entwickelt wurde, unter Umständen auch Schach spielen kann. Von einem gewissen Grade der Komplexität an ergeben sich unvorhersehbar – in der Technik wie schon seit jeher in der Evolution – neuartige Freiheitsräume.

Die Art und Weise, in der wir die Welt unter dem Einfluß unseres Gemüts wahrnehmen, mag vom Standpunkt einer zu voller Rationalität entwickelten hypothetischen Intelligenz mangelhaft erscheinen. Für uns jedoch, deren evolutionärer Standort von dieser Möglichkeit noch weit entfernt ist, stellt sie, ebenso wie alle anderen Lösungen der Evolution, das Optimum dar.

Für uns ist die Welt primär noch immer nicht Objekt der Erkenntnis, sondern der Ort, an dem wir überleben müssen. Deshalb sind die Eigenschaften der Welt für uns auch nicht zwischen den Polen »wahr« oder »falsch«, sondern zwischen den Kategorien »lebensfreundlich« oder »lebensfeindlich« angesiedelt. Genau diese Bedeutungen aber läßt uns unser unter dem ständigen Einfluß unserer Stimmungen stehender Wahrnehmungsapparat unmittelbar erleben. Was immer auch uns in dieser Welt begegnet, ist unter dieser Rubrik von vornherein für uns gekennzeichnet: Es ist angenehm oder unangenehm, anziehend oder abstoßend, es gefällt uns oder flößt uns Angst ein. Diese Qualitäten mögen nicht immer aufdringlich genug sein, um bewußt von uns registriert zu werden. Sie können in jenen Augenblicken, in denen wir von der uns schon zur Verfügung stehenden Rationalität Gebrauch machen, vorübergehend vielleicht auch einmal verblassen. Ganz verschwunden sind sie niemals.

Die Natur sorgt für ihre Geschöpfe. Und so sorgt die Evolution auch für uns. Wir sind noch nicht weit genug entwickelt, um zu voller Mündigkeit aus aller Obhut entlassen zu werden. Was uns in dieser Welt frommt und was nicht, was gut für uns ist und was uns bedrohen könnte, darüber zu entscheiden, wird nicht unserem Urteil überlassen. Es wird vorab für uns entschieden. Wir haben nicht die Freiheit, darüber zu befinden, was uns angenehm oder widerwärtig schmeckt, was uns Anlaß zu Freude oder zu Angst sein soll. Alle diese Qualitäten erleben wir ganz unmittelbar als Eigenschaften der Dinge selbst, die uns begegnen.

Die Entscheidung ist also nicht unserem Urteil anvertraut. Wessen Urteil dann? Hier haben wir genau jene Stelle vor uns, an der auch wir noch auf Grund von Erfahrungen urteilen, die nicht wir selbst gemacht haben, sondern unsere Art. Unsere individuelle Lernfähigkeit ist weit entwickelt. Auch unser intellektuelles Urteilsvermögen hat uns hoch über das Niveau aller anderen irdischen Lebewesen herausgehoben. Völlig selbständig aber stehen auch wir der Welt noch nicht gegenüber. Unsere Stimmungen gewährleisten, daß wir mit ihr noch immer wie mit einer Nabelschnur verbunden bleiben. Ganz ist die ursprüngliche Einheit von Organismus und Umwelt auch bei uns noch nicht aufgehoben.

Sie ist in unserem Erleben noch immer in Gestalt der harmonischen Entsprechung wirksam, die zwischen unserer inneren Bereitschaft besteht und dem Anblick, den die Welt uns bietet. Geht es uns miserabel, so ist er es auch. Je schlechter unser Befinden, um so weniger attraktiv präsentiert sich uns die Welt. Wobei es wiederum gleichgültig ist, welche Ursachen unser Mißbefinden hat. Vergessen wir nicht, daß wir auch dann, wenn es sich nicht um eine greifbare körperliche Unpäßlichkeit handelt, sondern lediglich um ein medizinisch nicht faßbares Stimmungstief, als Ursache eine Störung der vegetativen Harmonie, der »Abstimmung« unserer vegetativen Körperfunktionen anzunehmen haben.

Der biologische Sinn dieser von unserem Gemüt hergestellten Übereinstimmung von Ich und Welt liegt offen zutage. Einer mangelhaften Leistungsfähigkeit, dem Fehlen von Leistungsreserven, entspricht ein die Versuchung zu solcher Leistung von vornherein ausschließender Anblick der Welt. So wie im Falle der Sättigung aus der Umwelt die Qualitäten des verlockend Genießbaren verschwinden, so verliert im Zustand der Unlust oder Depression die Welt insgesamt die Eigenschaften, die sie für uns anziehend machen könnten. Selbstverständlich gilt auch das Umgekehrte: Eine ungestörte Gesundheit, ein Zustand besonders guter körperlicher Verfassung, eine optimale Harmonie aller vegetativen Funktionen, das kann sich psychisch in einer angeregten, freudigen Stimmung ausdrücken, der sich die Welt als ein weites Feld offenstehender Möglichkeiten präsentiert.

Keine Rede also davon, daß unsere Stimmungen uns den Blick auf die Objektivität der Welt verstellten. Diese Objektivität gibt es auf der von uns erreichten Entwicklungsstufe noch nicht. Man kann es nicht oft genug sagen. Richtig ist, daß unsere Stimmungen das Aussehen, die Beschaffenheit unserer Wirklichkeit »bestimmen«. Eben dadurch aber gewährleisten sie die Übereinstimmung zwischen dem Ich und seiner Welt mit all den im Interesse unserer biologischen Geborgenheit daraus sich ergebenden Vorteilen.

Jetzt läßt sich auch begründen, mit welchem Recht wir unserem Gemüt als der Gesamtheit unserer Stimmungen und Affekte den Rang eines Organs der Erkenntnis zusprechen dürfen. Der Gegenstand seiner Erkenntnis kann zwar nicht »die« Welt sein, wohl aber unsere Wirklichkeit. Am Rande: Erkenntnis ist, wie unser Fall zeigt, keine nur rezeptive, bloß passive, sondern eine durchaus aktive, kreative Leistung. Als Folge der aus den beschriebenen Gründen ganz unvermeidlichen »normalen« Schwankungen unserer Stimmung tauchen in unserer Wirklichkeit in ständigem Wechsel und immer von neuem alle die Eigenschaften der Welt auf, die für unsere Existenz bedeutsam sind (51).

Getragen von diesem ständigen Auf und Ab unserer Stimmung durchmustern wir die Welt folglich fortwährend auf ihre Möglichkeiten und Gefahren. Unser Gemüt ist einem Scheinwerferstrahl vergleichbar, der das Spektrum der Bedeutungen, die die Welt für uns bereithält, ununterbrochen abtastet und in unser Blickfeld rückt. Gehobene Stimmungen weisen uns auf noch ungenützte Chancen hin und ermuntern uns dazu, neue Möglichkeiten zu versuchen. Aber auch die normalen Tiefpunkte, die Depressionen unseres Alltags, haben ihre Funktion: Sie veranlassen uns, das Erreichte selbstkritisch zu überprüfen und vor denkbaren Risiken zu sichern.

Ich brauche abschließend sicher nicht mehr im Detail auf alle die Besonderheiten einzugehen, an denen abzulesen ist, in welchem Maße es hier, im Bereich unserer Stimmungen, auch bei uns noch das Zwischenhirn ist, das unsere Beziehung zur Welt regelt: Die Einheit von Subjekt und Welt, das Fehlen belangloser Inhalte, das Erleben von Bedeutungen als Eigenschaften der Dinge selbst, die egozentrische Perspektive der in der Stimmung auftauchenden Wirklichkeit, in der alle Bedeutungen auf das erlebende Subjekt zielen – das alles kennen wir inzwischen zur Genüge. So ist dieses höchst eigentümliche Erkenntnisorgan, das von unseren Stimmungen gebildet wird, zugleich auch ein erneuter Beleg für die Behauptung, daß wir das Tier-Mensch-Übergangsfeld noch nicht vollständig durchschritten haben. Daß unser Geschlecht, anders gesagt, bei seiner evolutionären Wanderung von der Wirklichkeit des Zwischenhirns zur objektiven Welt des Großhirns noch immer unterwegs ist.

Vermutlich ist es wieder der naive Glaube, wir seien am Ziel schon angekommen, der uns die Erkenntnisfunktion unserer Stimmungen meist übersehen oder als »Verfälschung« unseres Bildes von der Welt beurteilen läßt. Mit der Freiheit der rationalen Begegnung mit einer unabhängig vom erlebenden Subjekt existierenden objektiven Welt hat die Auslegung unserer Wirklichkeit durch unsere Stimmungen tatsächlich auch nichts gemein. Aber diese Freiheit gibt es auf der von uns erreichten Entwicklungsstufe eben ohnehin noch nicht.

So ist unsere Lage der des Moses vergleichbar, dem das »gelobte Land« aus der Ferne immerhin gezeigt worden ist, das er selbst nicht mehr erreichen sollte. Wobei noch die Frage zu stellen wäre, ob uns dieses in einer evolutionären Zukunft gelegene Land, in dem ferne Nachfahren unseres Geschlechts sich eines Tages vielleicht wirklich einer absoluten, objektiv gegebenen Welt in rationaler Freiheit gegenüber sehen werden, ob dieses Land uns, so wie wir heute sind, auch aus der Nähe noch verheißungsvoll erscheinen würde. Aber wir brauchen uns darüber den Kopf nicht zu zerbrechen. Die Frage ist schon deshalb müßig, weil feststeht, daß wir dieses Land nie betreten werden.

21. Die Wirklichkeit des Menschen

Vom Ursprung des Denkens

Unser Geist ist nicht fix und fertig vom Himmel gefallen. Man merkt es ihm an. Als unser Gehirn vor – sagen wir – einer Million Jahren langsam zum Bewußtsein seiner selbst zu erwachen begann, war es schon mindestens eine Milliarde Jahre alt. Als im Erleben des Subjekts erstmals das Abbild der Außenwelt auftauchte, waren alle Entscheidungen längst gefallen, von denen das Aussehen dieses Bildes abhing.

In allen Fällen hatte es sich um biologische Entscheidungen gehandelt. Keine von ihnen war etwa unter dem Gesichtspunkt getroffen worden, dem Organismus möglichst objektive Informationen über seine Umwelt zu liefern. Jeder Schritt hatte immer nur dem gleichen Zweck gedient: die Chancen des Überlebens zu verbessern. Daß – in evolutionärem Maßstab gesehen – seit allerjüngster Zeit dennoch eine Tendenz zu immer umfassenderer und gegenständlicherer Erkenntnis der Außenwelt aus dieser Entwicklung resultiert, bedarf unter diesen Umständen der Erklärung. Das gleiche gilt für die bei dieser Vorgeschichte unseres Wahrnehmungsapparats dringend angebrachte Frage, wie ähnlich das Abbild dem Original ist: Wieweit die Wirklichkeit, die wir erleben, der real existierenden Welt entspricht.

Ich möchte diese Überlegung mit einem letzten, besonders eindrucksvollen Beispiel für die gänzliche Absichtslosigkeit evolutionären Fortschritts einleiten. Es stammt aus der Entwicklungsgeschichte unserer optischen Wahrnehmung. Die Wahl ist nicht zufällig, wie sich herausstellen wird. Die historische Beziehung dieses gegenständlichsten unserer Fernsinne zu dem Phänomen, das wir »abstraktes Denken« nennen, ist größer, als mancher glauben möchte.

Der evolutive Fortschritt, der unser Beispiel bildet, ist der Übergang vom einäugigen Bewegungssehen zur binokularen (zweiäugigen) Raumwahrnehmung. Abbildung 17 belegt an einigen einfachen Beispielen die

Tatsache, daß der eine Wahrnehmungstyp im Verlaufe der Weiterentwicklung aus dem anderen hervorgegangen ist. Die stereoskopische Raumwahrnehmung ist, wie nicht weiter begründet zu werden braucht, die fortschrittlichere Leistung.

Die Frage, welche Ursache sie aus der archaischeren monokularen (einäugigen) Sehweise hervorgehen ließ, ist ein Schulbeispiel für die Urfrage aller Evolution. Was hat die langsame Wanderung der Augen aus einer seitlichen in eine frontale Stellung im Schädel veranlaßt? Ihre Folge war die Überschneidung der Gesichtsfelder beider Augen, eine fundamentale Voraussetzung zum stereoskopischen Sehen. Aber dieser Erfolg stand erst am Ende der Veränderung. Er kann, ehe es ihn gab, logischerweise nicht ihre Ursache gewesen sein.

Was also ist der Grund dafür gewesen, daß sich die Augen bei unseren noch vormenschlichen Urahnen zu einer langen, Tausende von Generationen während Wanderung im Schädel in Bewegung setzten? Worin kann der Vorteil bestanden haben, wenn ihre Augen sich so nach vorn verlagerten, daß deren Gesichtsfelder sich mehr und mehr überlappten? Der Vorteil muß, um als Ursache gewirkt haben zu können, vom ersten Augenblick an spürbar gewesen sein.

Er muß so groß gewesen sein, daß er sogar den Nachteil überwog, der sich daraus ergab, daß bei dieser Wanderung zwangsläufig ein immer größerer Anteil des rückwärtigen Gesichtsfelds der optischen Kontrolle entzogen wurde. Wir müssen uns daran erinnern, daß die Augen auf dieser Entwicklungsstufe noch nicht zum Sehen dienten. Daß sie nicht abbildende Organe waren, sondern optische Bewegungsdetektoren. Dieser Aufgabe entsprach der Rundum-Horizont des archaischen Gesichtsfeld-Typs ohne jeden Zweifel optimal. Welcher Gewinn ist denkbar, der den Organismus veranlassen konnte, ihn aufzugeben?

Diese Frage gehörte bis vor kurzer Zeit zu jenen scheinbar unbeantwortbaren Problemen, die sich eben deshalb bei den in der gebildeten Öffentlichkeit noch immer nicht ausgestorbenen ideologischen Gegnern des Evolutionsgedankens so großer Beliebtheit erfreuen. Seit 1972 ist sie jedoch als Argument für diesen Zweck nicht mehr geeignet. In diesem Jahr veröffentlichte der englische Wissenschaftler John Fremlin eine überzeugende Erklärung: Die zunehmende Überschneidung der Gesichtsfelder beider Augen erlaubte aus physikalischen Gründen eine Steigerung ihrer Lichtempfindlichkeit um rund das Zehnfache. Daraus aber resultierten für nachtaktive Lebewesen selbstverständlich entscheidende Überlebensvorteile.

Auf Seite 135 wurde schon erwähnt, daß die Lichtempfindlichkeit unserer Augen so groß ist, daß schon 20–70 Lichtquanten eine subjektive Helligkeitsempfindung auslösen. Damit aber liegt ihre Empfindlichkeit nachrichtentechnisch gesprochen bereits innerhalb des »Rauschpegels«. Was heißt das?

Wenn man in völliger Dunkelheit beide Augen schließt, ist das Gesichtsfeld keineswegs vollkommen schwarz. Man sieht dann vielmehr eine wolkenartige, hin und her wogende matte Lichtzeichnung, die ständig ihre Form ändert. Sie entsteht aus inneren, in der Netzhaut gelegenen Ursachen. Oberhalb des absoluten Nullpunkts der Temperaturskala ist es ganz unvermeidlich, daß auch in der unbeleuchteten Netzhaut geringfügige molekulare und elektrische Vorgänge ablaufen. Sie entstehen dort aus den prinzipiell gleichen Gründen, aus denen ein eingeschalteter Lautsprecher vernehmlich rauscht, wenn kein Sender eingestellt ist. Er tut es auch dann, man hört es in der Regel dann nur nicht mehr, weil die vom Sender kommenden Impulse »über dem Rauschpegel« liegen.

Die schwache Lichtempfindung, die wir bei völliger Dunkelheit wahrnehmen, ist nichts anderes als das »optische Rauschen« unserer Netzhäute. Und nun leuchtet es ohne weiteres ein, daß dieses physikalische Phänomen der Lichtempfindlichkeit unserer Augen eine äußerste Grenze setzt. Lichteindrücke können nur so lange registriert, das heißt, als mit Sicherheit aus der Außenwelt stammende Informationen beurteilt werden, wie sie eindeutig vom »Eigenrauschen« der Netzhäute zu trennen sind.

Das ist immer dann der Fall, wenn ein eintreffender Lichtreiz »über dem optischen Rauschpegel« liegt. Wenn seine Energie also deutlich größer ist als die der Eigenaktivität der Netzhaut. Aber es gibt, wenn man zwei Augen hat, noch eine ganz andere, viel raffiniertere Möglichkeit, innere und äußere Erregungen voneinander zu trennen: den Vergleich. Und genau diese Möglichkeit ist nach John Fremlin der Grund dafür gewesen, daß die Evolution die Entstehung eines gemeinsamen Gesichtsfelds für beide Augen begünstigte.

Die Erklärung erscheint zwingend. Rauscherscheinungen, ob in der Technik oder der belebten Natur, sind Schulbeispiele für statistisch regellose Phänomene. Die Lichtmuster, die wir infolge der Eigenaktivität unserer Netzhäute sehen können, sind von völliger Zufälligkeit und Regellosigkeit. Sie sind deshalb auch in beiden Netzhäuten stets verschieden. Für einen von außen kommenden Reiz jedoch gilt selbstverständlich das Gegenteil. Jeder wirklich der Außenwelt zugehörige Lichtreiz wird in beiden Netzhäuten im gleichen Augenblick an der gleichen Stelle registriert, wenn er aus einem Teil des Gesichtsfelds stammt, das beiden Augen gemeinsam ist.

Das Gehirn braucht dann also nur die von beiden Augen kommenden Informationen miteinander zu vergleichen und alle Meldungen zu verwerfen, die nicht von *beiden Seiten* bestätigt werden. Mit diesem Prinzip ist es möglich, objektive Lichtreize selbst dann noch als solche zu erkennen, wenn sie so schwach sind, daß sie sich vom Rauschpegel nicht mehr durch ihre Energie abheben. Daß das Wörtchen »nur« im vorletzten Satz die Existenz staunenswerter, uns in ihrer Komplexität heute noch gänzlich undurchschaubarer Verrechnungsapparaturen in unseren Netzhäuten und in den Sehzentren unseres Gehirns voraussetzt, braucht kaum besonders betont zu werden.

Ein starkes Argument für die Richtigkeit der Erklärung Fremlins ergibt sich bei der Berücksichtigung der Lebensgewohnheiten nah verwandter Arten. So sitzen bei fast allen Vögeln die Augen seitlich im Kopf. Aber bei den Eulen zum Beispiel, die nachts auf Beutefang gehen, stehen sie frontal im Gesicht – und verleihen diesen Tieren für unser Empfinden damit gleichzeitig ihren sprichwörtlich »klugen Ausdruck«! Ähnliche Unterschiede hinsichtlich der Augenstellung ergeben sich bei einem Vergleich zwischen den verschiedenen Großsäuger-Arten: Bei den tagaktiven Pflanzenfressern unter ihnen überwiegt die seitliche Augenstellung, bei den nachtaktiven Jägern, für die eine maximale Lichtempfindlichkeit wichtiger ist als das Erhaltenbleiben der rückwärtigen Gesichtsfeldanteile, ist das Gegenteil zu beobachten (52).

Nachdem es auf diesem Wege – aus völlig anderen Gründen also! – dazu gekommen war, daß beide Augen den gleichen Ausschnitt der Außenwelt erfaßten, hatte die Evolution Gelegenheit, die neu entstandene Situation auf neue Möglichkeiten hin zu durchmustern. Das Resultat bestand in der Erfindung der stereoskopischen Raumwahrnehmung, des unmittelbar »plastischen« Sehens. Wieder wurde dabei »aus der Not eine Tugend« gemacht. Der Mangel bestand diesmal in der ganz unvermeidlichen Randunschärfe, der Doppelkontur, die das binokulare, zweiäugig gewonnene Abbild der Welt hatte.

Da beide Augen einen Punkt in der Umwelt nur aus einem geringfügig unterschiedlichen, ihrem gegenseitigen Abstand entsprechenden Winkel fixieren können, waren die auf die beiden Netzhäute projizierten Abbilder des gleichen Gesichtsfeldausschnitts niemals ganz identisch.

Dieser Nachteil fiel ursprünglich nicht ins Gewicht, da es auf das »Bild« selbst anfangs eben gar nicht ankam. Und als die Entwicklung sich dieses Bildes dann lange Zeit später zu bedienen begann, verkehrte sie den scheinbar ruinösen Nachteil der unvermeidlichen Unschärfe des ihr vorliegenden Doppelbilds in einer atemberaubenden Wendung in den unschätzbaren Gewinn der unmittelbaren Wahrnehmung räumlicher Tiefe und Körperlichkeit.

Nachdem das Subjekt auf diese Weise in den Besitz der unmittelbaren Raumerfahrung gelangt war, konnte die Evolution abermals zu einem revolutionären und gänzlich unvorhersehbaren Schritt ansetzen. Sie bediente sich jetzt der einer realen Handlung in diesem äußeren Raum vorangehenden inneren Vorgänge. Durch die Ablösung der bloßen Intention zum Handeln vom konkreten motorischen Vollzug ließ sie im Bewußtsein des Subjekts einen »inneren«, einen Vorstellungsraum entstehen. In diesem konnte eine Handlung in der bloßen Vorstellung auf ihre Konsequenzen überprüft werden, bevor diese real hingenommen werden mußten.

Dieser innere Vorstellungsraum ist der Ursprung allen »Denkens«. Konrad Lorenz hat diese hier nur kurz skizzierte Entwicklungslinie, die sich von den einfachsten motorischen Orientierungsreflexen bis zur Fähigkeit zu einsichtigem Handeln im Vorstellungsraum kontinuierlich ziehen läßt, schon 1943 in einer seiner brillantesten Veröffentlichungen beschrieben (53). Wenn unser Wissen über den konkreten historischen Ablauf gerade hier, wo es um die höchsten Leistungen unserer Psyche und deren Entstehung geht, naturgemäß auch noch besonders unvollständig ist, so kann doch an der Realität dieses Entwicklungsweges kaum noch gezweifelt werden.

Auf diese Abstammung unserer Fähigkeit zum Denken vom Raumerlebnis unserer biologischen Urahnen weist auch die Tatsache hin, daß wir gedankliche Prozesse bis auf den heutigen Tag wie selbstverständlich mit Bildern und Begriffen beschreiben, die der räumlichen Dimension entnommen sind: Wir *wenden* ein Problem, ungeachtet seiner abstrakten Natur, noch immer *hin und her,* wir betrachten es *von allen Seiten,* um uns einen *Überblick* zu verschaffen, um es besser *erfassen* und schließlich *begreifen* zu können. All das sind unübersehbare Spuren, welche die geschilderte Entwicklung in unserer Sprache – die ja nichts anderes ist als der Ausdruck unseres Denkens – hinterlassen hat.

Wie ist angesichts dieser Bedingungen und Umstände, unter denen allein evolutionärer Fortschritt sich vollzieht, nun eine scheinbar zielstrebig auf die Vermittlung und Verbesserung der Kenntnis der Welt zusteuernde Entwicklung zu erklären? Wie kommt es, anders ausgedrückt, daß ein dem Zwang zu *biologischer* Anpassung an die Umwelt gehorchender Prozeß eine, wie es scheint, zunehmend objektive Erkenntnis der Umwelt zur Folge hatte?

Wie wahr sind unsere Wahrnehmungen?

Mit dieser Frage stehen wir vor dem klassischen Grundproblem der sogenannten Erkenntnistheorie: Wie ist es zu erklären, daß die Strukturen unseres Denkens und die Funktionen unseres Wahrnehmungsapparats so beschaffen sind, daß wir sinnvolle – nämlich widerspruchsfreie und praktisch anwendbare – Aussagen über die Außenwelt machen können? Wir haben die Frage hier jedoch, wie es sich aus unserem Gedankengang ganz natürlich ergibt, im Kontext eines evolutionären Ablaufs formuliert. Und da zeigt es sich, daß das der klassischen Philosophie unlösbar erscheinende Problem vor einem entwicklungsgeschichtlichen Hintergrund eine relativ einfache, sich zwanglos anbietende Antwort erfährt.

Die klassische Philosophie war gezwungen, das Problem angesichts der Situation zu untersuchen, wie sie heute vorliegt. Wer darauf angewiesen ist, der steht allerdings vor einer unbeantwortbaren Frage. Wer vom evolutionären Prozeß nichts weiß – den wir erst im Verlauf der letzten 100 Jahre Schritt für Schritt entdeckt haben –, der geht, bewußt oder unbewußt, von einer Vorstellung aus, die ich als das »Kulissen-Modell« der menschlichen Existenz bezeichnen möchte.

Für den steht der Mensch in seiner Einzigartigkeit der übrigen Welt – der Natur, der Erde, den anderen Lebewesen – gegenüber, in die er wie in eine Bühne von außen hineingestellt ist und vor deren Kulissenlandschaft er das Schauspiel seiner ureigensten Geschichte aufführt. Da ist dann in der Tat rätselhaft, weshalb die Konstruktion der Bühne auf die vom Subjekt »von außen« mitgebrachten Maßstäbe passend zugeschnitten scheint. Aus dieser Perspektive muß es wie ein unerklärbares Wunder (oder wie ein Trug!) wirken, daß die Ideen des Handelnden eine Struktur aufweisen, welche auf die objektiven Eigenschaften der Kulisse paßt.

Seit wir die Evolution entdeckt haben, sieht die Situation weniger rätselhaft aus. Vor dem Hintergrund der Entwicklungsgeschichte unserer Erkenntnisfähigkeit beginnt sich das Geheimnis ein wenig zu lüften. Wenn man weiß, daß der Mensch nicht als ein gänzlich andersartiges

Wesen in die Natur hineinversetzt wurde, sondern daß er aus ihr hervorgegangen ist, verflüchtigt sich ein Teil des Problems von selbst. Aus der Perspektive einer evolutionären Betrachtung passen Idee und Realität, passen die Struktur unseres Wahrnehmungsapparats und die Eigenschaften der Umwelt aus den gleichen Gründen zusammen, aus denen der Flügel eines Vogels an die Eigenschaften der Luft oder unser Skelettsystem an die von der irdischen Schwerkraft verursachten Bedingungen angepaßt ist.

Wir dürfen nicht übersehen, daß der Vorgang des »Gewinns von Erkenntnis über die Umwelt« viel älter ist als das Phänomen, das wir heute in einem sehr viel engeren, sehr viel spezielleren Sinn mit diesem Begriff verbinden. Jedes Lebewesen, das sich im Ablauf der Evolution seiner Art mit irgendeiner seiner körperlichen Eigenschaften an eine bestimmte Bedingung der Umwelt anpaßt, reagiert mit dieser Anpassung auf eine aus seiner Umwelt stammende »Information«. Jede biologische Anpassung ist ein Akt der Erkenntnis (Konrad Lorenz). Das gilt auch schon auf den Stufen der Entwicklung, auf denen allein die Art zu lernen in der Lage ist. Es gilt für alle Resultate des Evolutionsprozesses. Und daher gilt es eben nicht nur für körperliche Merkmale und Leistungen, sondern auch für die Funktionen, die wir psychische zu nennen pflegen. Und aus ebendiesem Grunde sind auch unsere Wahrnehmungsorgane und die Strukturen unseres Denkens an die objektiven Gegebenheiten der uns real umgebenden Welt von den gleichen Ursachen angepaßt worden, die unsere körperlichen Eigenschaften hervorgebracht haben.

Auch der Zweck war selbstverständlich der gleiche. Im einen wie im anderen Falle diente die Anpassung der Verbesserung der Überlebenschancen. Das Hämoglobinmolekül ist allein deshalb ein nahezu optimaler Sauerstoff-Überträger, weil die Herauszüchtung dieser speziellen Leistung durch die Evolution die Lebenstüchtigkeit Sauerstoff atmender Lebewesen seit einigen hundert Jahrmillionen Schritt für Schritt verbessern konnte. Nichts anderes gilt für den Entwicklungsweg, der vom Lichtrezeptor zum Auge geführt hat. Ein Wahrnehmungsapparat, der falsche Informationen über die Außenwelt liefert, ist mit dem Überleben ebensowenig vereinbar wie ein falsches Enzym oder eine fehlerhaft gebaute Herzklappe. »Der Affe, der keine realistische Wahrnehmung von dem Ast hatte, nach dem er sprang, war bald ein toter Affe« – und gehört daher nicht zu den Urahnen der heute existierenden Primaten (54). Die Frage nach dem Grund der Übereinstimmung zwischen unserem Verstand und der Welt, die die Erkenntnistheoretiker von Plato bis zu

Kant bewegte, hat damit durch die Entdeckung der Evolution eine befriedigende Antwort durch die Naturwissenschaftler gefunden. Diese Antwort erklärt aber nur einen einzigen, wenn auch fundamentalen Aspekt des Erkenntnisproblems. Die Frage, für wie wahr wir halten dürfen, was wir wahrnehmen, ist damit noch nicht annähernd vollständig beantwortet. Denn sofort stehen wir vor einem weitaus schwieriger zu lösenden Problem: Wie weit reicht denn die Übereinstimmung, deren Vorhandensein und deren Ursachen wir soeben befriedigt verstanden zu haben glaubten?

Auch die Informationen, die eine Ameise über ihre Umwelt erhält, sind ja objektiv richtig. Sonst wäre ihre Art, die um ein Vielfaches älter ist als unser eigenes Geschlecht, längst ausgestorben. Auch bei diesem Insekt also besteht – und ebenso bei allen anderen Lebewesen – eine Übereinstimmung zwischen dem eigenen Wahrnehmungsvermögen und bestimmten Eigenschaften der Welt. Das, was eine Ameise durch ihre Sinnesorgane aufnimmt, sind daher Informationen über real vorhandene Eigenschaften der Welt. Dennoch können wir mit Recht behaupten, daß eine Ameise von der Welt so gut wie nichts weiß. Es kommt eben nicht auf die Tatsache der Übereinstimmung allein an, sondern auch auf die Weite des Horizonts, innerhalb dessen sie besteht.

Wie steht es in dieser Hinsicht nun mit uns selbst? Daß auch unsere Welt nicht *in toto* objektiv ist, darauf sind wir bereits bei der Betrachtung unserer emotionalen, der durch unsere Stimmungen hergestellten Beziehung zur Welt gestoßen. Dabei aber hat es sich um eine relativ archaische Weise dieser Beziehung gehandelt, die denn auch noch unübersehbare Spuren einer Mitwirkung des Zwischenhirns aufwies. Jetzt aber geht es doch um unsere »kognitive« Beziehung zur Welt, also die Art und Weise des durch unsere höheren Sinne vermittelten Erlebens. Hier sind also die unserer Wahrnehmungsorgane im Spiel, deren Informationen in der Rinde unseres Großhirns verarbeitet werden. Entspricht das Bild, das sie uns vermitteln, in Art und Umfang dem Original?

Davon kann trotz allen Fortschritts ganz sicher nicht die Rede sein. Unsere Situation ist noch sehr viel beschränkter, als unsere naive Erfahrung uns weismachen will. Auch auf der Ebene des Großhirns sind wir vom Erleben einer objektiven Welt, oder, anders formuliert: von der Möglichkeit, die Welt so zu erleben, »wie sie ist«, noch immer meilenweit entfernt. Was uns sichtbar vor Augen liegt, ist allem Augenschein zum Trotz immer noch nicht »die Welt«, sondern ein überwiegend subjektives Produkt: unsere menschliche Wirklichkeit.

Wieder müssen wir uns an die Lage des Moses erinnert fühlen. Was das Großhirn uns auf seiner heutigen Entwicklungsstufe erschließen kann, ist lediglich die Einsicht in unsere Situation. Wir sind die ersten und die einzigen Lebewesen auf diesem Planeten, die wissen, daß es eine reale, eine objektive Welt geben muß. Eine Welt, deren objektive Eigenschaften unabhängig von uns selbst existieren: die »Welt an sich« in der Sprache der Erkenntnistheoretiker. Darüber hinaus aber reicht unser Verstand nur noch zu der Einsicht, daß wir außerstande sind, diese objektive Welt auf irgendeine Weise zu erkennen.

Der äußerste Schritt unserer Vernunft besteht in der Einsicht, daß auch wir noch in einer subjektiven Wirklichkeit leben. In einer Wirklichkeit also, die noch immer mehr durch die Zahl und Art unserer Sinne geprägt wird als durch objektive, unabhängig von uns existierende Eigenschaften der realen Welt, die wir hinter dem Augenschein unserer alltäglichen Erfahrungswirklichkeit anzunehmen haben. Der Fortschritt ist, wenn wir unseren Erkenntnisstand mit dem der von Uexküll beschriebenen Zecke (vgl. S. 174) vergleichen, über alle Maßen phantastisch. Aber er schrumpft, prinzipiell betrachtet, fast bis zur Bedeutungslosigkeit, sobald wir uns die Einschränkungen vor Augen führen, die auch unserem Welterleben noch immer gesetzt sind.

Es fängt damit an, daß unsere Möglichkeiten, etwas über die Welt zu erfahren, unter dem Einfluß biologischer Faktoren entstanden sind. Unser Gehirn ist, um es noch einmal zu sagen, ein Organ, das von der Evolution nicht etwa zum Erkennen der Welt, sondern zum Überleben entwickelt worden ist. Und ebenso ist die Funktion unserer Wahrnehmungsorgane unter dem einzigen Gesichtspunkt entstanden, uns das Überleben in unserer aktuellen Umwelt zu erleichtern.

Die Regeln dieser Geschichte sind nicht ohne Folgen geblieben. Sie haben unter anderem die Folge gehabt, daß unsere Wahrnehmung oder, ganz allgemein, unsere Anschauung von der Welt zwar »richtig« ist, dies aber doch gerade nur so weit, wie es zum Überleben unbedingt notwendig ist. Es gibt in der Evolution keine Ursache, welche die Anstrengung einer über dieses Erfordernis hinausgehenden Weiterentwicklung bewirken könnte! Das ist der wahre Grund dafür, daß unsere Vorstellungen und Anschauungen nur auf die durchschnittlichen Größenordnungen und Maßstäbe passen, mit denen wir es in der von uns konkret erlebten alltäglichen Umwelt allein zu tun haben. Dies ist die Erklärung dafür, daß sich die Welt für uns sofort im Unvorstellbaren zu verlieren beginnt, sobald wir versuchen, diesen Rahmen zu überschreiten.

Wir brauchen, um das bestätigt zu finden, unseren Blick nur von dem Lebensraum unserer täglichen Umgebung abzuwenden und den Sternhimmel zu betrachten. Eine kleine Kopfbewegung genügt. Dann haben wir den Raum des Universums vor uns, einen Raum, dessen Unbegrenztheit wir uns sowenig vorzustellen vermögen wie seine Endlichkeit. Wir haben dann – und bedenken wir doch, was das heißt! – leibhaftig vor Augen, was sich dennoch unserer Anschauung entzieht. Eine reale Eigenschaft des Kosmos, die wir uns nicht einmal vorzustellen vermögen, von ihrer Begreifbarkeit einmal ganz zu schweigen.

Es macht ganz sicher nicht den geringsten Teil der Faszination aus, die der Anblick des Sternhimmels seit je auf den Menschen ausgeübt hat, daß er – ob das dem Beobachter nun bewußt ist oder nicht – die leibhaftige Begegnung mit einer für uns unaufhebbaren Paradoxie darstellt. Und es gibt vielleicht kein drastischeres Beispiel für die bornierte Unbelehrbarkeit unseres naiven Selbstverständnisses als die Tatsache, daß wir Jahrtausende gebraucht haben, bis uns auf dem Umweg über eine äußerst komplizierte Beweisführung aufzugehen begann, daß der Raum unserer Vorstellung nicht identisch ist mit dem Raum der realen Welt, obwohl wir in diesen mit den Köpfen hineinragen, seit wir zum aufrechten Gang übergegangen sind.

Vor der gleichen Situation stehen wir bei einem »Blick nach unten«, sobald wir uns für die Verhältnisse zu interessieren beginnen, die im Inneren des Atoms herrschen. Auch hier, im subatomaren Bereich, wo wir es mit Proportionen und Maßstäben zu tun bekommen, die von denen unserer Erfahrungswelt gleich weit entfernt sind wie die des Weltraums – nur gleichsam in der umgekehrten Richtung –, gelten die Gesetze unserer Logik und Anschauung nicht mehr. Da erweist sich ein Lichtquant als Welle oder als Korpuskel zugleich, abhängig allein von der Methode der Beobachtung. Da läßt sich Materie selbst in körperlose Energie verwandeln und umgekehrt. Die gleiche Erfahrung machen wir im Bereich von Geschwindigkeiten, die sehr viel größer sind als die der Gegenstände und Lebewesen, denen wir in unserer Alltagswelt begegnen. Da ändert sich, wie experimentell nachprüfbar ist, der Ablauf der Zeit für das bewegte Objekt.

Um verstehen zu können, was das alles für unseren Gedankengang an dieser Stelle bedeutet, dürfen wir auf keinen Fall übersehen: Selbstverständlich ist der Raum, von dem ich in meinem Zimmer umgeben bin identisch – als ein willkürlicher Ausschnitt – mit dem realen Raum des Universums. Selbstverständlich trifft deshalb auch auf ihn die Eigenschaft der »Krümmung« zu, die von der Wissenschaft erst bei Räumen kosmischen Ausmaßes entdeckt wurde. Ohne allen Zweifel beruhen wesentliche Eigenschaften der Materie, die wir alltäglich erleben und wahrnehmen, auf eben den Bedingungen im subatomaren Bereich, die unserer Vorstellung entzogen sind. Und genau so sicher ist, daß jede Bewegung bei jeder Geschwindigkeit, also auch schon eine Fahrt mit dem Fahrrad und selbst ein Gang zu Fuß, den Ablauf der Zeit verändert. Die Effekte sind in der Alltagssituation jedoch winzig. Sie sind so gering, daß sie ohne Gefährdung der Überlebenschancen unberücksichtigt bleiben konnten. Eben deshalb sind sie für uns »unmerklich gering«!

Es gab für die Evolution keinen Grund, sich der Mühe zu unterziehen, auch diese Eigenschaften des Raumes, der Materie und der Zeit noch für uns wahrnehmbar werden zu lassen. Unter den Durchschnittsbedingungen unserer Alltagserfahrung treten sie nicht in solchem Maße in Erscheinung, daß sie für uns biologisch bedeutsam wären. Unsere Überlebenschancen sind unabhängig von der Frage, ob wir uns die »wahre« Struktur des Universums oder die im Atomkern real herrschenden Bedingungen vorstellen können oder nicht. Keine Hypothese braucht präziser zu sein, als es die Aufgabe verlangt, zu deren Lösung sie beitragen soll. Unser Gehirn und unser Wahrnehmungsapparat *sind* Hypothesen über die Welt. Die Aufgabe, die sie zu lösen haben, ist die Sicherung unserer biologischen Existenz. Das ist ihnen bisher optimal gelungen, wie daraus hervorgeht, daß die Menschheit bis heute überlebt hat. Mehr wurde nicht verlangt.

Keine Hypothese leistet mehr als eine ausreichende Beschreibung des Phänomens, das sie erklären soll. Das gilt auch für unser Gehirn und ebenso für die Struktur unseres Wahrnehmungsapparats. Deshalb ist auch das Abbild der Welt, das unser Gehirn uns erschließt, dem Original zwar ähnlich, aber ganz zweifellos nicht mit ihm identisch. Es deckt sich mit dem Vorbild an allen den Stellen, deren Erfassung lebensnotwendig ist. An allen anderen Stellen läßt es uns im Stich (55).

An den Grenzen der Erkenntnis

Es gibt noch andere Beweisketten, die uns ebenso unwiderleglich zu dem gleichen Resultat kommen lassen. Auf die wichtigste stoßen wir bei einer Besinnung auf die Grenzen unserer Lernfähigkeit. Der entscheidende

Unterschied zwischen der Stufe des Zwischenhirns und der des Großhirns, so hatten wir gesagt, besteht in der Errungenschaft individueller Lernfähigkeit. Während das »Zwischenhirnwesen« sich mit der Hilfe von Erfahrungen behauptet, die es nicht selbst, sondern die seine Art gemacht hat, gewinnt der Organismus auf der Entwicklungsstufe des Großhirns die Fähigkeit, eigene, individuelle Erfahrungen machen zu können.

Daß diese Freiheit nicht absolut ist, haben wir im letzten Kapitel eingehend erörtert. Auch auf der obersten Stufe der Evolution steuern vorerst noch als eigene Stimmungen erlebte Vor-Urteile und diesen entsprechende, scheinbar objektive Bedeutungen der Welt das Verhalten. Bis jetzt aber hatten wir noch immer stillschweigend vorausgesetzt, daß die Freiheit zum Umgang mit der Welt auf Grund eigener Erfahrung wenigstens auf der obersten Ebene, im Bereich der durch das Großhirn vermittelten Wahrnehmungen, erreicht sei. Es ist daher an der Zeit, daß wir uns vor Augen führen, welche Beschränkungen auch hier noch immer gelten.

Evolution ist ein realer Prozeß. Ein sich in der Zeit bewegender Ablauf. Es wäre nun wieder nur Ausdruck anthropozentrischer Naivität, wenn wir uns dem Gedanken überlassen würden, dieser Prozeß sei ausgerechnet heute, in unserer Gegenwart, zum Stillstand gekommen. Er habe ausgerechnet in uns seinen Gipfel, seinen äußersten Endpunkt erreicht. Dies nach einem Ablauf, der, mit dem Anfang der Welt beginnend, mindestens 13 Milliarden Jahre umfaßt, die demnach zu nichts anderem gedient hätten, als uns und unsere Gegenwart hervorzubringen.

So formuliert führt der Gedanke sich selbst *ad absurdum*. Auch wir sind in Wahrheit nur die Neandertaler unserer biologischen Nachfahren. Es ist uns anzumerken, unter anderem an unserem Wahrnehmungsapparat. Denn dessen Fähigkeit, die Welt in ihrer Beliebigkeit abzubilden, ist auf einen Rahmen beschränkt, der auch auf der von uns verkörperten Entwicklungsstufe noch immer durch Erfahrungen festgelegt ist, die nicht wir selbst gemacht haben.

Das gilt gleich in mehrfacher Hinsicht. Es gilt einmal im Hinblick auf die äußerst beschränkte Zahl der Sinnesmodalitäten, der Pforten also, die unserer Wahrnehmung offenstehen. Es gilt ferner für die Struktur des Apparats, der die eintreffenden Informationen aufnimmt. Und es gilt schließlich auch für die Organisation der Hirnrinde, in der diese Informationen verarbeitet werden.

Zur ersten Beschränkung können wir uns kurz fassen. Von Anfang an war in diesem Buch die Rede davon, daß die Entstehung von Leben eine

Abgrenzung von der Umwelt voraussetzt. Daß die innere Ordnung einer belebten Struktur gegenüber der relativen Unordnung der Außenwelt nur unter ganz präzisen Bedingungen aufrechterhalten werden kann. Zu diesen gehört die Beschränkung der vom Organismus »zugelassenen« Umwelteigenschaften auf das biologisch absolut unerläßliche Mindestmaß. »So wenig Außenwelt wie möglich« hatten wir formuliert.

Als Folge dieser mehr als vier Milliarden Jahre zurückliegenden Entscheidung sind die Pforten unserer Wahrnehmung, die uns für Informationen aus der Welt offenstehen, heute bekanntlich an den Fingern einer Hand abzuzählen: Gesicht, Gehör, Geschmack, Geruch und Tastempfindung, das ist im Grunde schon alles, da wir z. B. Schmerz- und Kitzelgefühle ihres vorwiegend zuständlichen Charakters wegen nicht mitrechnen können.

Die Beschränkung gilt aber nicht nur der Zahl nach. Auch innerhalb der einzelnen »Modalitäten« bleibt die Aufnahmefähigkeit der zuständigen Rezeptoren weit unterhalb des objektiv Möglichen. Am auffälligsten ist das gerade bei dem am weitesten entwickelten unserer Sinne: bei unserer optischen Wahrnehmung. Der Ausschnitt der Frequenzen des elektromagnetischen Wellenbands, den wir als »sichtbares Licht« wahrnehmen können, ist vergleichsweise winzig.

Wir haben es neuerdings zwar gelernt, uns auch anderer Abschnitte dieses Spektrums zur Erlangung von Informationen über die Außenwelt zu bedienen. Das ist uns aber nur indirekt, mit aus naturwissenschaftlichen Einsichten abgeleiteten technischen Hilfsmitteln möglich. Beispiele sind die modernen radioastronomischen Empfangsantennen, Thermokameras oder die in der Medizin aber auch ganz allgemein zur »Materialprüfung« benutzten Röntgenstrahlen. Wenn wir den Umfang des objektiv Möglichen mit unserer natürlichen Wahrnehmungsfähigkeit vergleichen, müssen wir der Feststellung des englischen Physiologen Gregory beipflichten, daß wir »eigentlich so gut wie blind« seien.

Hinzu kommt, zweitens, eine Verarbeitung der aufgenommenen Information. Diese ist das Ergebnis angeborener struktureller Besonderheiten (»nervöser Schaltzentren«) in der Netzhaut und den Sehzentren in Zwischenhirn und Großhirnrinde. Was unsere Augen aufnehmen, wird nicht etwa so weitergegeben, »wie es ist«. Es wird in jedem Falle auf eine äußerst komplizierte Weise verarbeitet. Die Abbildung auf Seite 310 liefert ein sehr typisches Beispiel.

Auch diese Verarbeitung erfolgt wieder nach dem Prinzip, uns die Orientierung in der Außenwelt zu erleichtern, »um unsere Überlebens-

Unser Sehapparat übersetzt diese aus Quadraten und Parallelogrammen bestehende zweidimensionale Figur unweigerlich in einen perspektivisch dargebotenen Würfel, der seine Tiefenordnung ständig ändert, weil die Skizze keine ausreichende räumliche Information enthält: mal ist die Vorderseite scheinbar links unten, mal rechts oben.

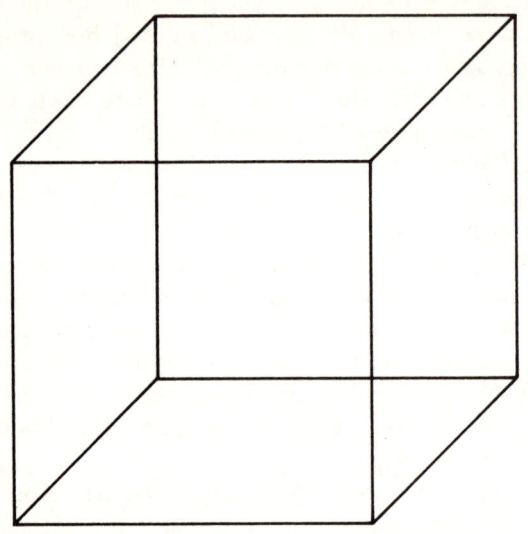

chancen zu vergrößern«. Diesem Ziel wird die Objektivität der Information untergeordnet. Optische Täuschungen und die sogenannten Gestalt- oder Prägnanzphänomene lassen uns die Tricks, mit denen wir dabei gegängelt werden, in bestimmten Ausnahmefällen durchschauen.

Aber wer ist es denn, der hier gängelt? Offensichtlich eine überindividuelle Instanz, unsere »Art«. Der in unseren Wahrnehmungsapparat eingebaute Verarbeitungsmodus ist, wie nicht nochmals begründet zu werden braucht, das Ergebnis einer im Verlauf der Stammesgeschichte erfolgten Anpassung an die Anforderungen durch die Außenwelt. Damit ist auch in der Funktion unserer Wahrnehmungsorgane wieder die Erfahrung niedergelegt, die unsere Art während dieser Geschichte erworben hat. Genauer: Unsere Wahrnehmungsorgane *sind* diese Erfahrung.

Darum ist, noch bevor wir zum ersten Male die Augen aufschlagen, bereits darüber entschieden, was wir sehen werden: Gestalten und Kontraste, Konturen und Bewegungen, räumliche Tiefe und Farben. Es ist uns angeboren. Es geht unserer individuellen Erfahrung voraus, es handelt sich, wieder in der Sprache der Erkenntnistheoretiker, um »Erfahrungen a priori«. Und ebenso steht fest, wie nicht vergessen werden darf, was wir niemals sehen werden: Ultraviolett und Wärmestrahlung, Bewegungen oberhalb – und unterhalb! – bestimmter Geschwindigkeitsgrenzen und ohne allen Zweifel unzählige andere Eigenschaften mehr, die der realen Welt zukommen, ohne daß wir darüber jemals etwas wissen werden.

Hilfreich ist das alles ohne Frage. Dafür nochmals ein einziges eindrucksvolles Beispiel: Das elektromagnetische Spektrum reicht von Wellen mit einer Länge in der Größenordnung von mehreren Kilometern (Radiowellen) lückenlos bis zu Wellen, deren Länge nur noch billionstel Millimeter beträgt (Höhenstrahlung). In diesem Rahmen ist der zwischen Wellen mit einer Länge von 500 bzw. 700 millionstel Millimetern bestehende Unterschied innerhalb der objektiven Realität der Welt buchstäblich verschwindend gering.

Anders für unsere subjektive Wahrnehmung: Unseren Augen erscheint der gleiche Unterschied als grundsätzlich, als geradezu diametral. Denn wir erleben die genannten Wellenlängen als die »Komplementärfarben« Grün und Rot. Hier vergrößert unser Wahrnehmungsapparat also eine objektiv minimale Differenz wie ein Supermikroskop zu einem für unser Farberleben unüberbietbaren Kontrast. Kein Zweifel, daß ein solcher angeborener »Mechanismus zur Kontrastverstärkung« uns die Orientierung erleichtert. Kein Zweifel aber auch, daß das auf Kosten der Objektivität der Abbildung geschieht.

Es ist unmöglich, zu sagen, wie groß der Anteil der nur scheinbar objektiven Eigenschaften der Welt ist, die in Wahrheit Zutaten unseres Gehirns sind. Ihre Zahl ist jedoch, davon müssen wir ausgehen, sicher weitaus größer, als es der Zahl der Beispiele entspricht, die wir durch Zufall oder wissenschaftliche Forschung bisher entdeckt haben. Selbstverständlich beeinträchtigt diese Arbeitsweise unserer Wahrnehmungsorgane die Allgemeingültigkeit dessen, was wir mit Hilfe dieser Organe erleben. Wir würden das konkret zu spüren bekommen, wenn wir vor der Aufgabe ständen, uns mit einer außerirdischen Intelligenz über die Beschaffenheit der Welt zu verständigen.

Ein solches Wesen wäre das Resultat einer historisch anders verlaufenen Entwicklung, die der Anpassung an eine in wesentlichen Punkten andere Umwelt gedient hätte. Als Folge davon würden die Verständigungsschwierigkeiten beträchtlich sein. Wir würden möglicherweise sinnvoll über Probleme der Algebra diskutieren können. Auch physikalische und chemische Tatsachen könnten wohl noch ein gemeinsames Thema abgeben. Sobald jedoch das »Aussehen« unserer Wirklichkeit zur Sprache käme, stände zwischen beiden Parteien eine unübersteigbare Mauer. Farbe und Gestalten, die ästhetische Wirkung bestimmter Proportionen oder gar die »Schönheit« des menschlichen Körpers einem so fremden Besucher verständlich zu machen, wäre genauso unmöglich, wie es unmöglich ist, einem Blindgeborenen die Atmosphäre zu beschreiben, die von einem bestimmten Gemälde ausgeht.

Ein dritter, ebenfalls grundlegender Einwand gegen die Möglichkeit einer Identität unserer Wirklichkeit mit der realen Welt ergibt sich schließlich aus dem Entwicklungsstand unseres Großhirns. Ich möchte dazu noch einmal daran erinnern, was über die Art und Weise gesagt wurde, in der die Zahl »in die Welt kam«. Zahlen oder die Zählbarkeit der Dinge dieser Welt sind, jedenfalls für uns, nicht dadurch zu Eigenschaften unserer Wirklichkeit geworden, daß in der Welt eine Veränderung eingetreten wäre, die sie herbeigeführt hätte. Die Veränderung erfolgt an uns selbst, genauer an unserer Großhirnrinde.

Im Laufe der allmählichen Vergrößerung dieses jüngsten und fortschrittlichsten Teils unseres Gehirns kam es schließlich dazu, daß hintere Zentralwindung (»Körperfühlsphäre«) und Sehrinde auseinanderzurükken begannen. Langsam entstand dabei zwischen ihnen ein neues Rindengebiet, ein für neue Zwecke verfügbares Areal von Nervenzellen. Wie auf Seite 242 bis 245 im einzelnen begründet, haben diese Zellen uns die Fähigkeit verliehen, die in unserem Erleben auftauchenden Objekte der Außenwelt aufgrund ihrer räumlichen Beziehungen zu identifizieren. Damit wurde der Grundstein gelegt für die Unterscheidung von links und rechts und für die Reihe der »natürlichen« Zahlen.

Welcher Einwand sich aus dieser evolutionären Episode gegen die Gültigkeit unseres Welterlebens ableiten läßt, wird sofort klar, wenn wir auch nur einen Augenblick an die Möglichkeit denken, daß ein gleichartiger evolutionärer Schritt sich in Zukunft wiederholen könnte. Wir können zwar nicht einmal ahnen, welche neuen Fähigkeiten unsere Nachfahren durch das abermalige Auftauchen eines neuen Stücks Hirnrinde erwerben würden. Aber wir dürfen mit Sicherheit davon ausgehen, daß das Gehirn bei einer solchen Erweiterung seiner »abbildenden Fähigkeiten« gegenüber der Welt nicht gleichsam ins Leere greifen würde.

Der neuen und unvorstellbaren Fähigkeit des Gehirns würde sich vielmehr ohne den geringsten Zweifel eine neue, uns ebenfalls unvorstellbare Eigenschaft der Welt offenbaren. Und so fort bei beliebig häufigen Wiederholungen eines solchen Schritts. Womit sich jeder von ihnen nachträglich als ein Argument gegen die Vollständigkeit des bis dahin vom Gehirn erschlossenen Weltbildes erwiese – auch das in grundsätzlich beliebiger Wiederholbarkeit in eine unbegrenzt denkbare evolutionäre Zukunft hinein.

Der Einwand läuft letzten Endes wieder auf die Unhaltbarkeit der Annahme hinaus, die Evolution sei ausgerechnet in unserer Gegenwart, ausgerechnet auf der von uns selbst heute verkörperten Stufe der Entwicklung zum Stillstand gekommen, sei an einen Endpunkt angelangt, über den hinaus Weiterentwicklung nicht mehr möglich sei. Auch hier müssen wir uns wieder frei machen von der archaischen Vorstellung, die ganze bisherige Geschichte habe nur auf uns selbst gezielt.

Es ist wichtig genug, um es noch einmal zu wiederholen: Es wäre Mittelpunktswahn, nichts sonst, wenn wir diese, unserer naiven Anschauung sich aufdrängende Vorstellung nicht als perspektivische Illusion zu durchschauen in der Lage wären. Der Gedanke, das Gehirn hätte nach einer Hunderte von Jahrmillionen umspannenden Geschichte gerade heute, gerade bei uns den höchstmöglichen Entwicklungsstand erreicht, ist absurd. Die evolutionäre Betrachtung zwingt uns vielmehr anzunehmen, daß unser Gehirn mit Sicherheit noch nicht jenes – möglicherweise für alle Zeiten utopische – Niveau erreicht hat, auf dem sein Fassungsvermögen ausreichte für die Summe aller Eigenschaften der realen Welt.

Wo auch immer wir also den Hebel unserer Argumente ansetzen, es kommt immer auf das gleiche heraus: Was uns so leibhaftig vor Augen liegt, das ist ganz sicher nicht »die Welt«. Es ist nur ihr Abbild. Angesichts der Ursachen und der entwicklungsgeschichtlichen Bedingungen, unter denen dieses Abbild zustande kommt, ist hinsichtlich seiner Übereinstimmung mit dem Original jeder Zweifel berechtigt. Die von uns erlebte Wirklichkeit ist in solchem Maße abhängig von der Beschaffenheit unserer Wahrnehmungsorgane und der Struktur unseres Denkens, daß es zulässig erscheint, zu sagen, sie sei die *Schöpfung* unseres Gehirns. Allerdings produziert unser Gehirn auch diese Wirklichkeit nicht in Freiheit, sondern nach allem, was wir wissen, in der Auseinandersetzung mit einer realen Welt, die für uns jedoch hinter der Fassade unserer Wirklichkeit verborgen bleibt.

Unsere Situation

Was ist nun, so bleibt uns abschließend noch zu fragen, von dem Besitzer eines Gehirns zu halten, das auf Grund seiner evolutionären Geschichte und seines augenblicklichen Entwicklungsstands solchen Bedingungen und Einschränkungen unterliegt? Wie haben wir uns selbst zu sehen, deren Bewußtsein es schließlich ist, von dem hier die ganze Zeit die Rede war? Soviel ist sicher: Die Geschichte, die ich in diesem Buch zu rekonstruieren versucht habe, kann uns nicht nur eine Anschauung davon verschaffen, auf welchem Weg unser Bewußtsein aus der biologischen Evolution hervorgegangen ist. Über diese Veranschaulichung hinaus läuft die Rekonstruktion dieser Geschichte gleichzeitig auch auf den Beweis hinaus, daß wir keine rationalen Wesen sind.

Ich sehe nicht, wie sich diese Schlußfolgerung umgehen ließe. Sie ist lediglich die Kehrseite alles dessen, was bis hierher gesagt wurde. Auch in diesem Fall entspricht die Beschaffenheit der Wirklichkeit der des sie erlebenden Subjekts. Unserer Wirklichkeit, die wir als zwar schon gegenständlich, aber als immer noch überwiegend subjektiv erkannten, entspricht ein Bewußtsein, das dieser Wirklichkeit nicht nur – und nicht einmal überwiegend – in rationaler Freiheit gegenübersteht. Solange die Ablösung des Subjekts von der erlebten Welt noch nicht vollständig vollzogen ist, fehlt die Distanz, welche die Voraussetzung dieser Freiheit bildet.

Ob wir uns nun an die unübersehbaren Spuren der Mitwirkung des Zwischenhirns bei unserem Erleben und Handeln erinnern oder an die ebenso unwiderlegbaren Hinweise auf die Abhängigkeit unserer Wirklichkeit von den Strukturen unserer Wahrnehmung – beides sind nur die beiden Seiten der gleichen Medaille. Unsere Wirklichkeit ist nicht identisch mit der realen Welt, und wir sind nicht identisch mit dem Homo sapiens, von dem die Philosophen der Aufklärung träumten.

Wir sind die einzige irdische Lebensform, die die Bedingungen ihrer Existenz zu durchschauen vermag. Und daher sind wir auch in der Lage, zu erkennen, daß der anachronistische Aufbau unseres Gehirns unserer Rationalität eine Schranke setzt. Wir wissen, daß unsere Einsicht und unser Handeln einander entsprechen sollten. Und wir durchschauen im gleichen Augenblick die Gründe, die es uns unmöglich machen, unserer Einsicht uneingeschränkt zu folgen. Diesen Widerspruch zu erkennen, das ist die äußerste Freiheit, die uns erreichbar ist.

Wie stets, so ist die Desillusionierung auch in diesem Fall hilfreich. Wer den Menschen für rational hält und dann die unausbleibliche Erfahrung machen muß, daß dieser Mensch dennoch nicht rational handelt, sieht sich veranlaßt, nach Gründen für die Diskrepanz zu suchen. Wer aber von der Erbsünde nichts mehr wissen will und von dem entwicklungsgeschichtlichen Fundament unseres Wesens noch nichts gehört hat, der verfällt leicht auf Ursachen, die zu bedenklichen Konsequenzen einladen.

Solange wir den biologischen Rahmen nicht erkennen, der unsere Einsichtsfähigkeit beschränkt, solange laufen wir Gefahr, die Ursachen dieser unbestreitbaren Beschränktheit an der falschen Stelle zu suchen. Verstocktheit oder »böser Wille« sind dann, wie die Erfahrung zeigt, die gängigsten Erklärungen. Hier liegt eine der Hauptwurzeln für jene Mentalität, die regelmäßig der Versuchung ausgesetzt ist, die eigene Ohnmacht durch die Flucht in eine »Sabotage-Hypothese« zu überwinden, wenn der in der Theorie so widerspruchslos aufgehende Plan in der Realität der menschlichen Gesellschaft wieder einmal nicht zum vorausberechneten Ergebnis geführt hat.

Selbst die Kirche ist gegen diese Gefahr nicht immer gefeit gewesen. Auch sie hat sich in der Vergangenheit bekanntlich verleiten lassen, der »Sabotage«, die der Teufel an ihrem Werk so offensichtlich übte, um jeden Preis Einhalt zu gebieten. Auch um den Preis der physischen Vernichtung der Menschen, deren »Rechtgläubigkeit« sich aller Belehrungen zum Trotz nicht einstellen wollte.

Diese furchtbare Verirrung liegt glücklicherweise lange zurück. Überreste der Denkungsweise, die sie hervorrief, existieren allerdings auch heute noch. Etwa in Form der mancherorts noch immer kirchlich legitimierten Praxis des Exorzismus. Denn auch solche Praxis ist nur möglich, wo an die grundsätzlich uneingeschränkte Entscheidungsfreiheit des Menschen geglaubt wird. Nur dort kann die konkrete Erfahrung, daß von ihr im Einzelfall nicht immer Gebrauch gemacht wird, zu der Hypothese von einem Widersacher führen, der außerhalb des Individuums zu suchen ist und der die eigentliche Ursache von dessen Unbelehrbarkeit darstellt.

Wenn solches schon am grünen Holze möglich ist, müssen wir uns dann darüber wundern, wenn die gleiche Hypothese bei allen weltlichen Heilslehren die Regel zu bilden scheint? Daß sich ihren Verfechtern immer dann, wenn sich das Ergebnis fehlerloser Planung in der Realität nicht einstellen will, der Gedanke an einen konkreten Widersacher als einzige Erklärung geradezu zwanghaft aufdrängt? Zwar wird dieser dann nicht in der Gestalt des Teufels personalisiert, sondern in der eines Konterrevolutionärs. Auch dieser aber steht nichts geringerem im Wege als dem Glück der Menschheit. Auch ihn zu finden und zu vernichten ist daher nicht nur rechtens, sondern ein Gebot moralischer Verpflichtung. Und so sind die Folgen der These auch bei dieser säkularisierten Variante entsetzlich.

Das Furchtbare ist ja gerade die Tatsache, daß es nicht immer und nicht nur Heuchelei ist, wenn die Machthaber in ideologisch-totalitär regierten Gesellschaften auch die rigorosesten Unterdrückungsmaßnahmen noch mit der Sorge um das Wohl der von ihnen betreuten Menschen begründen. Schließlich läßt, um mit Hölderlin zu reden, nichts die Erde mit größerer Sicherheit zur Hölle werden als der Versuch des Menschen, sie zu seinem Himmel zu machen. Niemand vermehrt die Übel dieser Welt in gleichem Maße wie jene, die an ihre völlige Ausrottbarkeit glauben. Denn wer für die Probleme unserer Gesellschaft ein theoretisch noch so überzeugend begründbares Totalrezept in Händen zu haben glaubt, geht von Voraussetzungen aus, die auf den Menschen nicht zutreffen.

Rationale Globalentwürfe sind auf ein Wesen hin konzipiert, das es auf diesem Planeten nicht gibt: auf den in rationaler Freiheit handelnden, uneingeschränkt selbstverantwortlichen Menschen. Die Folgen solcher Rezepte können daher im Endeffekt immer nur inhuman sein. Es ist doch seltsam: Überall dort, wo es um den konkreten einzelnen Menschen geht, da sind wir zu all den Zugeständnissen bereit, die unserer wirklichen Natur angemessen sind. Im Recht, in der praktischen Medizin, in der Psychologie – da halten wir es für selbstverständlich, zwischen minuziös abgestuften Nuancen unterschiedlicher Grade der Strafmündigkeit und der Einsichtsfähigkeit verschiedener Individuen zu differenzieren. Da würde ein Therapeut als Stümper gelten, der die Realität unvernünftiger Motive und die Allgegenwart irrationaler Ängste unberücksichtigt ließe.

Nur da, wo es buchstäblich um das Ganze geht, da tun wir allzuoft so, ob wir von unserer wahren Natur nichts wüßten. Da gilt seit 200 Jahren die These von der Souveränität der menschlichen Vernunft allzu vielen als unbezweifelbares Dogma, anstatt als wünschenswertes Ziel, das es noch zu erreichen gilt. Da werden wieder und wieder Theorien für die Ordnung der menschlichen Gesellschaft und ihre Weiterentwicklung entworfen, aus denen jeder Gedanke an unsere wirkliche Natur ausgeklammert bleibt. Da tut mancher so, als ob man nur noch die Gesellschaft zu verändern brauchte, weil die Menschen, aus denen sie besteht, grundsätzlich schon fertig und vollkommen seien.

Ich möchte nicht mißverstanden werden: Mit diesen Überlegungen soll keineswegs etwa einer passiven Ergebung in die bestehenden Verhältnisse das Wort geredet werden. Niemand kann bestreiten, daß Freiheit und Gerechtigkeit von dem Versuch profitiert haben, die Vernunft zur obersten Richtschnur gesellschaftlichen Handelns zu machen. Niemand auch, daß auf diesem Wege das meiste noch immer zu tun bleibt.

Aber es muß heute doch auch gewarnt werden davor, daß überschätzt wird, was sich mit dieser Richtschnur erreichen läßt. Es muß gewarnt werden vor der allzu verbreiteten Überzeugung, daß alle Unzulänglichkeiten der menschlichen Gesellschaft ohne Rest einer rationalen Lösung zugänglich seien. Wer diese Überzeugung zur Maxime seines politischen Handelns macht, geht von einem Menschenbild aus, das der Realität nicht entspricht. Er tut der Natur des Menschen Gewalt an und begibt sich damit in eine Situation, in der er früher oder später unausweichlich dazu gezwungen ist, diese Gewalt auch konkreten einzelnen Menschen gegenüber anwenden zu müssen.

Die uns gestellte Aufgabe ist in Wirklichkeit weitaus komplizierter, als es die Ungeduld der meisten wahrhaben will. Der Kampf gegen die Übel in der menschlichen Gesellschaft kann realistisch nur geführt werden, wenn die Einsicht vorhanden ist, daß manche dieser Übel sich als nicht restlos aufhebbar erweisen werden, weil sie nichts anderes sind als der Ausdruck der Unvollkommenheit unserer Natur. Diese Unvollkommenheit zu erkennen und hinzunehmen, das ist der äußerste Schritt, dessen unsere Vernunft fähig ist. Nur dieser Schritt kann uns auch davon abbringen, den Versuch fortzusetzen, uns mit Ideologien zu vergewaltigen, die unserer Natur nicht entsprechen.

Ein letzter Gedanke. Es ist nicht möglich, am Ende eines solchen Buchs die Frage stillschweigend zu übergehen, woher der Geist denn nun kam, von dessen allmählichem Auftauchen in der Dimension der Materie hier so ausführlich die Rede war. Wir müssen uns der Frage stellen, wie es möglich gewesen ist, daß die Materie im Verlauf ihrer evolutionären Entfaltung schließlich Individuen hervorgebracht hat, die an einer geistigen Dimension teilhaben. Der Frage, ob unsere Fähigkeiten des Erinnerns, des Wahrnehmens und des Bewußtseins auch noch Leistungen allein dieser sich zu immer höherer Ordnung entfaltenden Materie sind oder ob sie über sie hinausweisen.

Alle diese Fragen zielen weit über das hinaus, was wir wissen können. Aber alles, was in diesem Buch gesagt worden ist, mußte uns auch in unserer Überzeugung bestärken, daß die Welt nicht dort aufhört, wo unser Wissen zu Ende ist. Deshalb sei an dieser Grenze unseres Wissens noch eine letzte Vermutung gewagt.

Das Gehirn hat das Denken nicht erfunden, so hatten wir schon am Anfang festgestellt. So wenig, wie die Beine das Gehen erfunden haben oder die Augen das Sehen. Beine sind die Antwort der Evolution auf das Bedürfnis nach Fortbewegung auf dem festen Boden gewesen. Und Augen waren eine Reaktion der Entwicklung auf die Tatsache, daß die Oberfläche der Erde von einer Strahlung erfüllt ist, die von festen Gegenständen reflektiert wird. Dieser Umstand erst gab der Evolution die Möglichkeit, Organe zu entwickeln, die sich dieser Strahlung zur Orientierung bedienten.

So gesehen sind Augen also ein Beweis für die Existenz der Sonne. So, wie Beine ein Beweis sind für das Vorhandensein festen Bodens und ein Flügel ein Beweis für die Existenz von Luft. Deshalb dürfen wir auch vermuten, daß unser Gehirn ein Beweis ist für die reale Existenz einer von der materiellen Ebene unabhängigen Dimension des Geistes.

Wenn wir diesen Gedanken verfolgen, stoßen wir auf die wohl grundlegendsten aller unserer anthropozentrischen Mißverständnisse und Selbsttäuschungen: Es ist doch eine wahrhaft aberwitzige Vorstellung, wenn wir immer so tun, als sei das Phänomen des Geistes erst mit uns selbst in dieser Welt erschienen. Als habe das Universum ohne Geist auskommen müssen, bevor es uns gab.

Genau die umgekehrte Perspektive dürfte dem wahren Sachverhalt sehr viel näherkommen: Geist gibt es in der Welt nicht deshalb, weil wir ein Gehirn haben. Die Evolution hat vielmehr unser Gehirn und unser Bewußtsein allein deshalb hervorbringen können, weil ihr die reale Existenz dessen, was wir mit dem Wort Geist meinen, die Möglichkeit gegeben hat, in unserem Kopf ein Organ entstehen zu lassen, das über die Fähigkeit verfügt, die materielle mit dieser geistigen Dimension zu verknüpfen.

Anmerkungen und Ergänzungen

1 Wer sich für Einzelheiten interessiert, den muß ich auf mein Buch »Im Anfang war der Wasserstoff« (1972) verweisen, in dem der Prozeß der Entfaltung der Materie vom Wasserstoff des Ur-Anfangs bis zur Entwicklung der höheren Lebewesen auf der Erde eingehend und unter Berücksichtigung der wichtigsten wissenschaftlichen Entdeckungen und Argumente dargestellt ist.

2 Man braucht nur zu bedenken, daß der Tod eines infizierten Patienten unvermeidlich auch den Tod der die Infektion verursachenden Mikroorganismen zur Folge hat, um einzusehen, daß ein solcher Verlauf der »Begegnung« auch aus der Perspektive der Erreger biologisch nachteilig und daher, unter einem evolutionären Aspekt, als Symptom einer noch nicht wirklich gelungenen Anpassung anzusehen ist.

3 Als Grundlage für die Bestimmung des normalen Gewichtsverhältnisses zwischen Großhirn und Stammhirn dienten Reichardt die Untersuchungen der Gehirne gestorbener schizophrener Patienten. Die Schizophrenie geht ohne anatomisch faßbare Veränderungen am Gehirn einher, insbesondere ohne eine »Hirnschrumpfung«, also eine Minderung des Hirngewichts als Folge einer Zerstörung von Hirngewebe.

4 Die Tatsache, daß sehr viele Menschen notgedrungen mit einer salzfreien Diät auskommen müssen, widerspricht der Feststellung einer absoluten Unentbehrlichkeit von Kochsalz als Bestandteil unserer Nahrung keineswegs. Auch eine »salzfreie« Diät enthält immer noch nennenswerte Mengen von Natriumchlorid als natürlichen Bestandteil der Nahrungsmittel selbst.

5 Es gibt tatsächlich nur die vier Geschmacksqualitäten süß, sauer, bitter und salzig. Ein »scharfer« Geschmack kommt durch eine Reizung von

Schmerzsinneszellen zustande. Die große Fülle unserer Geschmackserlebnisse darüber hinaus ist das Ergebnis einer Mischung der vier Grundqualitäten und einer sehr ausgeprägten Mitwirkung des Geruchssinns.

6 Hier ist immer von *Funktionen, Bevorzugungen* oder *Phänomenen* die Rede und ganz bewußt nicht von bestimmten Sinnesorganen, Nervenverbindungen oder Hirnzentren. An dieser Stelle wird wieder besonders deutlich, wie irreführend es sein kann, wenn man bei einer entwicklungsgeschichtlichen Betrachtung vom Apparat (oder Organ) ausgeht, anstatt von der Funktion (oder dem biologischen Bedürfnis). Wer vom menschlichen Gehirn in seiner heutigen Form ausgeht, hat es schwer, den im Text diskutierten Zusammenhang zu sehen. Denn im Gehirn stehen für die Feststellung der Ionenkonzentration im inneren Milieu unseres Körpers selbstverständlich andere Rezeptoren bereit als die in der Schleimhaut unserer Zunge. Und ebenso selbstverständlich sind die Hirnareale, die das Erlebnis des »Angenehmen« beim Eintreffen eines Zuckermoleküls auf den Geschmackspapillen der Zunge auslösen, nicht mit denen identisch, die für die beschriebenen motorischen Reaktionen des Schmatzens und Schluckens oder Ausspeiens verantwortlich sind. Aber auch hier gilt eben wieder, daß sich das biologische Bedürfnis den Apparat schafft und nicht umgekehrt. Daher sind die »auswählenden« Vorgänge an der Zellwand und die Annehmlichkeit eines süßen Geschmacks nur verschiedene (von unterschiedlichen Apparaten, die im Ablauf der Entwicklung nach und nach entstanden, verwirklichte) Erscheinungsformen des gleichen biologischen Sachverhalts.

7 Woher wissen wir das alles? Die Antwort ist leicht. Auch heute existieren noch Organismen, die diese Übergangsformen verkörpern. Der primitive, aus nur 16 Zellen bestehende und noch halb kolonieartige Mehrzeller, von dem im Text die Rede ist, lebt heute noch in Gestalt der Alge *Pandorina*. Es ist – zum Glück für die Paläontologen, die es sonst noch schwerer hätten – in der Evolution ja nicht so, daß jeder Fortschritt oder jede Neuentwicklung alle bisherigen Organismentypen etwa auslöschte. Wenn das so wäre, dann gäbe es heute keine Einzeller und keine niederen Tiere mehr.

Die Tatsache des Überlebens aller dieser, den höchstentwickelten heutigen Formen scheinbar hoffnungslos unterlegenen Lebewesen unterstreicht übrigens nochmals die grundsätzlich geltende Abgeschlossenheit, die jeder der zurückliegenden Entwicklungsschritte für sich in Anspruch nehmen kann. Jede dieser Stufen ist in sich vollendet. Das Geheimnis des ständigen Fortschreitens der Evolution erscheint vor dieser Tatsache nur noch größer.

8 Es gibt immerhin schon Befunde, die zeigen, daß ein derartiger Entstehungsweg biologisch vorkommt. So weiß man heute, daß bestimmte »Abfallprodukte« des Muskelstoffwechsels (Adenosinabkömmlinge) die Herzkranzgefäße erweitern. Da eine Verbesserung der Durchblutung des Herzmuskels bei erhöhter allgemeiner Muskelaktivität biologisch sinnvoll und notwendig ist, scheint hier ein Zusammenhang von der Art vorzuliegen, wie er im Text geschildert wird.

9 »Individuum« heißt: das Unteilbare. Die ersten, noch kolonieartig organisierten Mehrzeller wurden dadurch zu echten Individuen, daß sich die Zellen, aus denen sie bestanden, immer spezifischer arbeitsteilig spezialisierten. Auf diesem Wege wurde dann sehr bald ein Punkt erreicht, an dem die Zellen sich so weit spezialisiert hatten, daß keine von ihnen außerhalb des Organismus aus eigener Kraft mehr lebensfähig war, was den noch unspezialisierten Mitgliedern einer Zellkolonie ohne weiteres möglich ist.

10 In: Über die Wahrheit der Abstammungslehre, n+m (Naturwissenschaft und Medizin) *1* (1964), Seite 5.

11 ATP ist die wissenschaftlich übliche Abkürzung für Adenosintriphosphat, eine chemische Verbindung, die sich leicht aufspalten läßt und die dabei relativ viel Energie abgibt. Alle lebenden Zellen speichern daher die ihnen mit der Nahrung zufließende Energie vorwiegend dadurch, daß sie ATP aufbauen, um dieses Molekül dann im Bedarfsfall wieder zu zerlegen.

12 Wir sollten uns an dieser Stelle an die Geschichte der Entstehung der Hormone erinnern, an den »Fall-out«-Charakter der ersten Proto-Hormone. Jede zelluläre Tätigkeit produziert Stoffwechselprodukte, deren besondere Zusammensetzung gleichsam den »Abdruck« der spezifischen Zelltätigkeit darstellt, der sie entstehen ließ. Das ist ganz unvermeidbar. Damit aber stellt dieser »Zellabfall« in jedem Falle auch so etwas wie ein Signal dar, das über das Ablaufen einer ganz bestimmten Zellfunktion informiert. Auf eine ähnliche Situation stößt man offensichtlich bei der Frage nach der Entstehung der ersten Wahrnehmungsfunktionen: Jede beliebige Einwirkung der Außenwelt ruft am Organismus eine bestimmte Zustandsänderung hervor. Diese aber läßt sich grundsätzlich sowohl als Folge der Einwirkung

auffassen, als auch als Hinweis auf eine bestimmte Umweltqualität. Der Grund für diesen Janus-Charakter ist alles andere als geheimnisvoll. Jede Ursache hat eine Wirkung, und jede Wirkung enthält selbstverständlich eine Information über die hinter ihr stehende Ursache. Dessenungeachtet ist es faszinierend zu sehen, mit welcher phantastischen Anpassungs- und Erfindungsgabe die Evolution diese logische Trivialität in der biologischen Realität je nach den Umständen im Interesse der Überlebenschancen ihrer Geschöpfe ausgenützt hat.

13 Es ist interessant, sich klarzumachen, daß »biologische Dringlichkeit« selbstverständlich ein relativer Begriff ist. Er muß von Spezies zu Spezies von neuem konkret definiert werden. Eine Eigenschaft der Umwelt, die für den einen Organismus biologisch von existentieller Bedeutung ist, spielt für den einer anderen Art womöglich keine nennenswerte Rolle. Siehe unser Beispiel: die so unterschiedliche Rolle, die das Licht im Leben der Pflanzen und in unserem eigenen Leben spielt. Daher aber sind auch die Möglichkeiten, sich dieser oder einer anderen »Modalität« als Informationsquelle über die Außenwelt (als »Wahrnehmungsfenster«) zu bedienen, bei Lebewesen verschiedener Arten auch grundsätzlich und von vornherein unvergleichbar. Diese Überlegung führt zu der Vermutung, daß die Art und Weise, in der die Welt von Lebewesen verschiedener Spezies erlebt wird, weitaus vielfältiger und für unsere Vorstellung fremdartiger sein dürfte, als wir das unter dem Eindruck unserer alltäglichen Wahrnehmung einer konstanten und scheinbar objektiven Außenwelt für möglich halten.

14 Andererseits hat gerade die wissenschaftliche Untersuchung des Gesichtssinns gezeigt, daß es auch ihm nicht gelungen ist, seine biologische Vergangenheit vollständig abzuschütteln. Auch bei uns erfüllt er noch immer ganz bestimmte biologische, vegetative Funktionen. Einzelheiten an späterer Stelle.

15 Hierher gehört auch die neuere Entdeckung der Physiologen, daß wir das für die Sprache eines bestimmten Menschen charakteristische akustische Spektrum offenbar an dessen Obertönen identifizieren. Zum Erkennen einer bestimmten Stimme werden also die höchsten Frequenzen benutzt. Das geschieht übrigens ganz automatisch, ohne bewußtes Zutun, in der Form einer – in ihren Einzelheiten noch in keiner Weise durchschauten – selbsttätigen »Verrechnung« im Gehirn. Eben deshalb hat es so lange gedauert, bis diese Tatsache überhaupt entdeckt wurde.

Diese Erkenntnis von der besonderen Bedeutung hoher Frequenzen für die Stimmidentifizierung liefert wahrscheinlich auch die Erklärung für ein seit langem bekanntes Phänomen, dessen Ursache bisher völlig im dunkeln lag. Es handelt sich um den sogenannten »Party-Effekt«. Mit diesem Begriff ist eine sehr typische Leistungseinbuße des Hörvermögens älterer Menschen gemeint. Sie besteht in einem zunehmenden Verlust der akustischen »Einstellfähigkeit« in einer Situation mit allgemeinem Stimmengewirr (also z. B. auf einer Party). Die meisten Menschen, welche die 50 überschritten haben, kennen die Konsequenzen aus eigener Erfahrung. Während sie in jüngeren Jahren keine merkliche Mühe hatten, sich auch in der geschilderten Situation mit einem bestimmten Partner zu unterhalten, gelingt das jetzt mit einem Male nicht mehr. Obwohl sie keineswegs schwerhörig sind, geht die Stimme des Gegenüber für sie in dem akustischen Durcheinander der allgemeinen Unterhaltung unter. Bei der ohrenärztlichen Untersuchung findet sich in einem solchen Fall regelmäßig der für eine beginnende Altersschwerhörigkeit typische Ausfall des Hörvermögens für die obersten Frequenzen. Diese Frequenzen aber benutzen wir offenbar nicht nur, wie erwähnt, zur Identifizierung einer bestimmten Stimme, sondern anscheinend auch dazu, diese Stimme aus einem allgemeinen akustischen »Wellensalat« auf irgendeine Weise und ebenfalls ganz unbewußt herauszufiltern.

16 Auch das gibt es heute noch. *Euglena* selbst ist auch hierfür wieder ein besonders eindrucksvolles Beispiel. Ihre noch gänzlich unverbindliche Spezialisierung als Pflanze verrät sich, sobald man eine Kultur der Zellen im Dunkeln hält. Pflanzen, deren Rolle endgültig festgelegt ist, würden das auf die Dauer nicht überstehen können. Anders Euglena. Macht man das Experiment mit ihr, so verkümmern die Chloroplasten, in denen die Photosynthese sich abspielt, und die Zellen gehen unbeschadet zu einer tierischen (»heterotrophen«) Ernährungsweise über, indem sie ihre Lebensenergie jetzt durch den Verzehr von Bakterien und anderem organischen Material decken.

17 Natürlich kann man sich hier in lange Diskussionen darüber stürzen, was denn unter »Sehen« zu verstehen sei, und, je nach dem Ergebnis, dann auch ganz andere Zeiträume zugrunde legen. Das wäre aber nichts als ein Streit um Worte. Ich will mich hier auch keineswegs an bestimmte Zahlen klammern, deren genaue Bestimmung in diesem Falle weder möglich noch wichtig ist. Worauf es allein ankommt, ist die Tatsache, daß zwischen dem, was wir »Sehen« nennen, und den

Funktionen, um die es während des weitaus längsten Teils der Entwicklung von Lichtsinnesorganen gegangen ist, ein grundsätzlicher Unterschied besteht.

18 Dieser physiologische Augentremor ist mit einer Frequenz von ca. 50 Hz und Ausschlägen von höchstens einer Bogenminute zu schnell und zu fein, um ohne besondere Beobachtungstechniken gesehen werden zu können. Er hat mit dem deutlich sichtbaren, sehr viel gröberen Augenzittern (»Nystagmus«), das bei bestimmten Krankheiten, gelegentlich aber auch als harmlose angeborene Anomalie auftreten kann, nichts zu tun.

19 Das ist, wie ich gern zugebe, wieder eine stark vergröbernde Vereinfachung. Genauer genommen müßte man bei der Erklärung von den vorwiegend auf zeitliche Veränderungen ansprechenden rezeptiven Feldern ausgehen, die in den letzten Jahren auch in der Säugetiernetzhaut entdeckt worden sind. Diese Felder werden in einem etwas anderen Zusammenhang auch noch zur Sprache kommen.

20 Im Tierexperiment hat sich kürzlich nachweisen lassen, daß auch dieses im Zwischenhirn gelegene »primäre« Sehzentrum bei einem Großhirnbesitzer noch immer funktioniert. Affen, bei denen die Sehrinde des Großhirns – das »sekundäre« Sehzentrum – zerstört worden war, verhielten sich spontan zwar so, als ob sie absolut blind wären. Im systematischen Futter-Dressurversuch gelang es jedoch, sie dazu zu bringen, bewegten Gegenständen mit den Augen zu folgen. Sie lernten es sogar, größeren Hindernissen auszuweichen. Die mikroskopische Kontrolle nach dem Tode ergab einwandfrei, daß diese optischen Leistungen nur von dem archaischen Sehzentrum im »Kniehöcker« des Thalamus erbracht worden sein konnten. In keinem Fall gelang es auch, die Versuchstiere so weit zu bringen, daß sie bestimmte Gegenstände erkannten und von anderen Objekten unterschieden, auch dann nicht, wenn die betreffenden Gegenstände ihnen durch täglichen Gebrauch grundsätzlich bekannt waren.

21 Versuchstiere können über ihre Erlebnisse ja nicht berichten. Angaben erhält man nur in den seltenen Ausnahmefällen, in denen sich anläßlich von Hirnoperationen die Gelegenheit zur Reizung bestimmter Hirnareale beim Menschen ergibt. Da ein solcher Eingriff wegen der Schmerzunempfindlichkeit des Gehirns meist in örtlicher Betäubung durchgeführt wird, können die Patienten derartige innere Reizeffekte dann bewußt erleben und über sie berichten. Dabei

kommt es mitunter zu recht verblüffenden Beobachtungen. Es gibt Protokolle, nach denen Patienten als Reizeffekt – übrigens im Bereich des Stammhirns! – ein Glücksgefühl erlebten, das sie auch noch nach der Operation als das intensivste Glück beschrieben, das sie in ihrem Leben jemals empfunden hätten. Einer der Patienten versicherte seinem Chirurgen nachträglich sogar ausdrücklich, daß der Tag seiner Hirnoperation ungeachtet aller mit ihm verbundenen Ängste und Unannehmlichkeiten aus diesem Grunde der schönste Tag sei, an den er sich überhaupt erinnern könne.

22 Was wir beobachten, wenn Jungvögel es im Verlaufe einiger Tage vom ersten unbeholfenen Herumhüpfen auf dem Nestrand über ein unsicheres Flattern bis zum richtigen Fliegen bringen, hat mit »lernen«, wie dieses und zahllose andere Experimente gezeigt haben, in Wirklichkeit nichts zu tun. Der äußerlich sichtbare Fortschritt ist in diesen und vergleichbaren Fällen nachweislich nicht die Folge des Sammelns individueller Erfahrung nach dem Prinzip »Versuch, Irrtum und Erfolg«, sondern einfach die Folge der Tatsache, daß in einer bestimmten Phase nach dem Schlüpfen die Hirnstrukturen anatomisch ausreifen und damit funktionsreif werden, in denen die Erfahrung »wie man fliegt« erblich niedergelegt ist.
Ebenso verhält es sich übrigens auch bei einem Kleinkind, das »gehen lernt«. Auch bei ihm ist in Wirklichkeit von »lernen« gar keine Rede. Auch der zweifüßige Gang des Menschen ist ein arteigenes angeborenes Programm. Unsere Fähigkeit zu gehen ist eine uns angeborene Erfahrung. Wir erwerben diese Fähigkeit folglich nicht durch individuelles Lernen, auch wenn es so aussieht, sondern durch die endgültige Ausreifung der Teile unseres Stammhirns nach der Geburt, in denen dieses Programm gespeichert ist.

23 Wer an Einzelheiten der modernen biochemischen Gedächtnisforschung interessiert ist, sei auf folgende Originalarbeiten verwiesen:
Domagk, G. F., und H. P. Zippel: Biochemie der Gedächtnisspeicherung. Naturwissenschaften 57, 152 (1970).
Ungar, G.: Molecular coding of information in the nervous system. Naturwissenschaften 59, 85 (1972).

24 Selbstverständlich ist es eine Abstraktion, wenn hier und an anderen Stellen von »Zwischenhirnwesen« die Rede ist oder in anderer Form so getan wird, als ob es eine scharfe Grenze zwischen den drei Entwicklungsschritten (vegetativer Hirnstamm, Zwischenhirn, Großhirn) gäbe, an denen sich die Darstellung orientiert. In der

Realität der Natur gibt es alle überhaupt nur denkbaren Übergänge zwischen ihnen und nur in Ausnahmefällen Organismen, deren Nervensystem sich tatsächlich nur auf einen Hirnstamm oder die Kombination Hirnstamm/Zwischenhirn beschränkt. Die sich aus der Mehrzahl der Übergangsformen ergebende Vielfalt würde die Darstellung jedoch unübersichtlich machen und das Verständnis außerordentlich erschweren. Eine »idealtypische« oder generalisierende Abstraktion auf drei theoretisch voneinander abgegrenzte Typen ist unter diesen Umständen ein legitimes Verfahren, das übrigens auch in der wissenschaftlichen Forschung angewendet wird.

25 Hier im Vorgriff auf den letzten Abschnitt des Buchs der Hinweis auf ein triviales, aber amüsantes Beispiel aus dem Bereich kindlichen Verhaltens, auf das der deutsche Psychiater Rudolf Bilz aufmerksam gemacht hat. Wer Kinder daraufhin beobachtet, kann immer wieder einmal feststellen, daß sich das Verhaltensprogramm »Nahrungsaufnahme« und das Programm »Gehen« (auch der Zweifüßergang ist ein unterhalb der Großhirnrinde gespeichertes Programm motorischen Verhaltens) gegenseitig im Wege sein können. Wenn ein Kind auf dem Heimweg vom Kindergarten oder bei einer ähnlichen Gelegenheit ein mitgebrachtes Stück Brot zu essen beginnt, bleibt es nicht selten unvermittelt stehen. Wer länger zusieht, kann manchmal registrieren, daß sich die Sequenz »abbeißen – stehenbleiben« und »kauen – weitergehen« anschließend mehrfach wiederholt. Hier scheint die Herabsetzung der Schwelle für den einen Verhaltensbereich die für den anderen relativ zu erhöhen. In späteren Jahren ist das nicht mehr so deutlich, weil sich im Laufe der Zeit bestimmte Gewöhnungen und »Dressuren« durch die Umwelt stärker durchsetzen. Wer sich jedoch genau zu beobachten imstande ist, wird auch an sich selbst die Tendenz feststellen können, etwa bei einem Spaziergang einen Augenblick stehen zu bleiben, um in ein mitgenommenes Brot »in Ruhe« hineinbeißen zu können!

26 Gesichert ist auf diesem wissenschaftlich noch jungen Gebiet z. B. eine Steuerung der Verpuppungsstadien bei Insekten. Auch die Wanderaktivität der Zugvögel hat sich als abhängig von der Tageslänge erwiesen. Von Lichtreizen abhängig sind ferner der Reproduktionszyklus von Forellen sowie der Tag-Nacht-Rhythmus bei vielen (vielleicht allen) höheren Tieren.

In den meisten Fällen wird das diese und wahrscheinlich noch viele andere biologische Reaktionen bewirkende Licht – oft Licht nur einer ganz bestimmten Wellenlänge – durch die Augen aufgenommen. Bei manchen Arten (Fischen, Fröschen, Eidechsen) gibt es dagegen zusätzlich noch das sogenannte Parietalorgan oder »Scheitelauge«. Dabei handelt es sich um ein einzelnes, meist sehr kleines und primitives Auge auf dem Schädeldach. Es stellt, wie die »echten« Augen, einen vorgeschobenen Teil des Zwischenhirns dar und leitet den Lichtreiz an Hormondrüsen weiter, in erster Linie an die Hirnanhangsdrüse (Hypophyse). Der Vergleich zwischen Arten unterschiedlicher Entwicklungshöhe legt die Annahme nahe, daß sich dieser – dem Himmel zugewandte! – »Lichtreizempfänger« in dem Maße zurückbildete, in dem sich die höheren Tiere im weiteren Verlauf des Lichts als eines Mediums zur »optischen Wahrnehmung« bemächtigten. Ein starr zum Zenit gerichtetes »Auge« visiert dann, wenn diese Funktion die Überhand gewinnt, natürlich nicht mehr in die richtige Richtung und wird deshalb überflüssig. Die neuen, horizontal justierten Augen haben sicher die gleiche Vorgeschichte – sie sind in den späteren Stadien der Entwicklung lediglich ihrer jetzt günstigeren Position im Schädel wegen von der Evolution bevorzugt worden – und können daher die archaischeren Funktionen der vegetativen Verarbeitung und Weiterleitung von Lichtreizen ebensogut weiterhin aufrechterhalten. Sie sind auch bei unseren Augen noch immer vorhanden und nachweisbar (siehe im weiteren Text).

Auch unsere vormenschlichen Urahnen haben offensichtlich ein solches im hinteren Schädeldach gelegenes »drittes Auge« besessen. Welche Funktion es erfüllt haben dürfte und wie diese mit der der Zirbeldrüse verwandt ist, zu der sich unser »Scheitelauge« umgewandelt hat, habe ich ausführlich auf den Seiten 293 bis 297 meines in der Anmerkung 1 genannten Buchs beschrieben.

27 Andererseits dürfen wir beim augenblicklichen Stand unseres Wissens annehmen, daß keineswegs etwa der ganze Hahn nach diesem Prinzip optimaler Anpassung an seine artspezifische Umwelt restlos determiniert ist. So wäre z. B. zu vermuten, daß die außerirdischen Untersucher in unserem Gedankenexperiment, die also über den Besitz des Hahns hinaus über keinerlei Informationen über die Erde verfügen, auf ihre Frage nach der Ursache für die konkrete Färbung des Tiers keine befriedigende Antwort finden würden. Daß die Zeichnung der Körperoberfläche für die Beziehung zu den Artgenossen Bedeutung hat, würde die Untersuchung noch zeigen können. Warum diese Zeichnung in Farbe und Kontur aber gerade so und nicht

anders beschaffen ist, bleibt unbeantwortet. Deshalb eben, weil diese konkreten Einzelheiten innerhalb eines bestimmten Rahmens – etwa dem ihrer Eignung zur Signalfunktion – gewissermaßen beliebig sind. Es wäre auch anders gegangen.

Soweit wir wissen, ist wohl kein irdisches Lebewesen kausal oder biologisch durch und durch determiniert. Ganz sicher können wir in diesem Punkt allerdings nicht sein.

28 Ich benutze hier eine Formulierung Karl R. Poppers, der in seinen Schriften wiederholt den Gedanken ausgedrückt hat, daß unsere Sinnesorgane die Welt nicht entdeckten, sondern daß sie Hypothesen über diese Welt darstellten, die durch den Wahrnehmungsakt jeweils verifiziert würden.

29 In seinem 1909 in Berlin erschienenen berühmten Buch »Umwelt und Innenwelt der Tiere« hat der Hamburger Biologe J. v. Uexküll erstmals in wissenschaftlicher Form die Argumente dafür zusammengetragen, daß die »Umwelt«, auf die ein niederes Tier sich bezieht, an Merkmalen und Eigenschaften sehr viel ärmer ist als die das Tier objektiv umgebende Wirklichkeit. Seine Feststellungen sind nach wie vor wichtig und interessant, auch wenn man heute nicht mehr alle Argumente und insbesondere nicht mehr alle Teile der von Uexküll aus seinen Überlegungen abgeleiteten Theorien akzeptieren kann. Auch das von diesem Autor verwendete Begriffspaar »Umwelt« bzw. »objektive Wirklichkeit« ist heute aus verschiedenen, darunter umgangssprachlichen Gründen nicht mehr geeignet, den Unterschied, auf den es ankommt, unmißverständlich zu erfassen.

30 Angesichts der Tendenz und Fähigkeit der Evolution zur Optimierung ist zunächst nicht ohne weiteres einzusehen, wie es möglich sein kann, daß eine so simple von Menschen gebaute Attrappe wirksamer ist als das natürliche Signal. Aber die Evolution berücksichtigt – wie es bei jeder echten Optimierung geschieht – eben nicht nur einen einzigen Aspekt. Die Wirksamkeit eines Signals ist so gut wie immer gleichbedeutend mit seiner Auffälligkeit.

Eine maximal erhöhte Auffälligkeit würde aber den das Signal aussendenden Organismus auch maximal gefährden, weil er von seinen Feinden um so leichter entdeckt werden könnte. Aus diesem Grunde, so nehmen die Verhaltensforscher an, sind die natürlich vorkommenden Signale in der Regel nicht bis zur höchsten möglichen Wirksamkeit entwickelt worden. Sie sind vielmehr Ausdruck eines Kompromisses zwischen der Wirksamkeit für den Artgenossen und der Unauffälligkeit für den Artfeind.

Wenn das so ist, läßt sich leicht einsehen, daß Attrappen dann, wenn es erst einmal gelungen ist, den »Schlüsselreiz« zu identifizieren, wirksamer gemacht werden können als die biologischen Vorbilder. Bei dieser Gelegenheit sei auch an die Tatsache erinnert, daß Über-Attrappen dort, wo es im mitmenschlichen Bereich noch heute überwiegend instinkthafte Beziehungen gibt (Beziehungen also, die wesentlich durch das Wechselspiel von angeborenem Verhalten und dieses spezifisch auslösenden Signalen bestimmt werden) ebenfalls mit nachweisbarer Wirksamkeit eingesetzt werden können. Man denke, um ein einziges Beispiel zu nennen, nur an die erprobte Wirksamkeit massiver sexueller Signale in der Werbung.

Wer mit den Bildern halbentkleideter Mädchen für Zigarillos wirbt, sieht sich leicht dem Vorwurf gegenüber, er argumentiere irrational, denn beides habe nichts miteinander zu tun. Den Werbepsychologen berührt der Einwand nicht. Er hat gar nicht die Absicht, den Betrachter mit seiner Anzeige rational anzusprechen. Worauf es ihm ankommt ist, einzig die Aufmerksamkeit potentieller Zigarrenraucher durch ein instinktiv wirksames Signal auf die Anzeige zu richten. Und da besteht durchaus ein Zusammenhang, beides hat insofern durchaus miteinander zu tun, als Zigarren fast ausschließlich von Männern geraucht werden.

Wer solche Praktiken kritisieren will, muß an einer ganz anderen Stelle einhaken. Er kann z. B. auf die Analogie hinweisen, die zwischen einer solchen Werbemethode und dem Vorgehen eines Biologen besteht, der die Männchen einer bestimmten Schmetterlingsart mit einem spezifischen Sexual-Lockstoff (Pheromon) ködert, um mit ihnen dann irgendwelche Experimente durchführen zu können. Ein Kritiker könnte vor dem Hintergrund dieser Parallele etwa die Frage aufwerfen, ob es wünschenswert ist und geduldet werden soll, daß in einer Gesellschaft, die sich um möglichst rationale, vernünftige Beziehungen zwischen ihren Mitgliedern bemüht, bestimmte Gruppen durch Appelle an instinktive Verhaltensweisen andere Menschen für ihre Interessen einzuspannen versuchen.

Naturwissenschaftlich gesehen lassen sich beide Fälle, der der Werbung und die Methode des Schmetterlingsfängers, übrigens als »räuberische Mimikry« interpretieren: In beiden Fällen werden die Mitglieder einer bestimmten Art durch spezifische Signale motiviert, deren sich jemand bedient, der mit diesen Signalen einen total anderen

Zweck verfolgt, als es der Signalbedeutung unter natürlichen Umständen entspricht.

31 Für den Kenner: Selbstverständlich ist das in dieser Verallgemeinerung ebenfalls wieder eine »idealtypische Abstraktion«. In der Realität gibt es sehr wohl triebhafte Programme, die infolge einer aus inneren Gründen immer weiter absinkenden Schwelle schließlich in Gestalt einer sogenannten Leerlaufhandlung »spontan«, also in Abwesenheit des zugehörigen Auslösers, ablaufen. Und ebenso bekannt ist es, daß unter bestimmten Umständen ein Auslöser mittelbar auch einmal eine »unpassende« Instinktreaktion (in Gestalt einer »Übersprunghandlung«) in Gang setzen kann. In unserem Zusammenhang kommt es jedoch auf die Regel an und nicht auf die Ausnahmen.

32 Ein Alptraum, er mag noch so furchtbar sein, geht wenigstens rasch vorüber. Leider gilt das meist nicht für jene geistige Erkrankung, die von den Psychiatern »Schizophrenie« genannt wird. Diese psychische Störung muß hier kurz besprochen werden, weil die Besonderheit ihrer Symptomatik es wahrscheinlich macht, daß auch sie die Folge einer Störung der normalen hierarchischen Ordnung in unserem Zentralnervensystem ist. Die Krankheit wäre damit in Analogie zu den Verhältnissen beim Traum zu sehen, eine Möglichkeit, die in der Psychiatrie angesichts bestimmter traumartiger Eigentümlichkeiten schizophrenen Erlebens seit langem diskutiert worden ist.

Eine Vorbemerkung: Die Schizophrenie hat mit einer »Bewußtseinsspaltung« (oder einem »Spaltungsirresein«) so viel zu tun wie eine Galaxie mit einem Milchprodukt – nämlich überhaupt nichts. Dies in so deutlicher Form festzustellen, ist deshalb notwendig, weil viele gebildete Laien verständlicherweise meinen, daß die beiden deutschen Übersetzungen des medizinischen Krankheitsnamens so etwas wie eine Kurzbeschreibung des Krankheitsbildes darstellten. Davon aber kann keine Rede sein. Das Wort »Schizophrenie« wurde zu Anfang des Jahrhunderts aufgrund einer inzwischen längst überholten psychologischen Theorie geprägt. Es ist also lediglich historisch zu verstehen – ebenso wie der astronomische Fachausdruck »Galaxie«, der sich von dem griechischen Wort für »Milch« ableitet, ohne daß seine wörtliche Übersetzung etwa eine Anschauung von der wirklichen Natur eines Milchstraßensystems vermitteln könnte.

Den Kern einer schizophrenen Störung bildet eine ganz andere Art der Abweichung vom Normalen, als ihr Name es anzudeuten scheint. Von einer »Beziehungssetzung ohne Anlaß« hat man gesprochen. So vielfältig und äußerlich zum Teil sogar gegensätzlich die Störungen sein mögen, die der Psychiater unter dem Oberbegriff »Schizophrenie« zusammenfaßt, ihnen allen gemeinsam ist eine sehr eigentümliche, sehr charakteristische Störung des Verhältnisses zur Umwelt. Die einen Patienten halluzinieren, andere nicht. Manche sind unruhig und erregt, andere ganz im Gegenteil wortlos erstarrt. Immer dann jedoch, wenn es gelingt, von ihnen zu erfahren, was sie erleben, zeigt es sich, daß die Welt für sie eine gänzlich neue, eine auf unheimliche Weise veränderte Bedeutung angenommen hat.

Es fällt den Patienten bezeichnenderweise schwer, die Veränderung zu beschreiben, denn diese ist nicht sichtbar. Es sieht alles noch so aus wie früher. Und doch hat alles sich auf unheimliche Weise verändert. Es hat eine andere, eine unmittelbar auf den Patienten zielende Bedeutung angenommen, die sich nicht greifen läßt. Plötzlich erscheint alles bedrohlich, beziehungsvoll: ein Flugzeug am fernen Himmel, ein halb geöffneter Fensterflügel, die zufällige Geste eines Passanten. Gerade im Anfang der Erkrankung schildern einem die Patienten derartige Belanglosigkeiten in allen Details mit einer Erschütterung und Angst, die zu der (für uns!) absoluten Banalität ihrer Berichte in einem bezeichnenden Gegensatz steht.

Betroffen von dieser so schwer zu beschreibenden und vom Gesunden offenbar kaum nachzuerlebenden Veränderung sind auch die Gesichter der Mitmenschen. Sie erscheinen als »Masken«, deren wirklichen Ausdruck der Patient mit einem Male nicht mehr versteht. Fremde Gesichter werden bedeutungsvoll, scheinbar bekannt, fremde Menschen scheinen dem Erkrankten mimisch Zeichen geben zu wollen, an deren Sinn verzweifelt herumgerätselt wird. Nichts gibt es schließlich mehr, was nicht auf den Patienten gemünzt wäre, auf ihn abzielte, ihn in irgendeiner (meist bedrohlichen) Weise »meinte«.

Es ist hier nicht der Ort, das Thema weiter auszubreiten. Das Gesagte kann aber vielleicht genügen, um verständlich zu machen, warum sich der Gedanke aufdrängt, schizophrene Störungen könnten sich eines Tages als die Folge einer abnormen Dominanz vom Zwischenhirn ausgehender Einflüsse herausstellen. Analog zu den Verhältnissen, die herrschen, wenn wir träumen. Beim Traum ist die Umkehrung der in unserem Gehirn waltenden hierarchischen Funktionsstrukturen insofern normal, als die uns periodisch befallende Bewußtlosigkeit des Schlafs normal ist. Ein Hirnteil, der, wie das Großhirn während des Schlafs, die ihm zustehende Dominanz vorübergehend nicht wahrnimmt, räumt untergeordneten, älteren Hirnabschnitten einen erweiterten Spielraum ein.

Vielleicht ist es bei der Schizophrenie ähnlich. Nur, daß die Umkehrung der hierarchischen Verhältnisse im Gehirn des Patienten nicht durch den Schlaf hervorgerufen würde, sondern bei wachem Bewußtsein durch Ursachen, die wir heute noch nicht kennen. Das, was die Patienten schildern und erleben, scheint mir jedenfalls eine präzise Beschreibung der Situation zu sein, die entstehen müßte, wenn der Besitzer eines Großhirns in die archaische Welt des Zwischenhirns zurückversetzt würde: Das Fehlen belangloser Inhalte. Die perspektivische Anordnung, in der alles auf den Erlebenden ausgerichtet zu sein scheint. Der Verlust der Identität der Mitmenschen, der sich in dem Bekanntheitscharakter der Gesichter Fremder ebenso auszudrücken scheint wie in der maskenhaften Unverständlichkeit der Mimik Nahestehender. Ganz allgemein: das Auftauchen magisch-archaischer Formen der Beziehung zur Welt, wie es ohne jeden Gedanken an eine bestimmte Theorie von vielen Beobachtern immer wieder beschrieben worden ist.

Die Möglichkeit einer solchen Entgleisung der Hierarchie ist grundsätzlich kaum zu bestreiten, um so weniger, als schon normalerweise vom Zwischenhirn Einflüsse auf das Großhirn ausgehen und in bestimmten Extremsituationen (z. B. im Zustand eines übermächtigen Affekts, etwa dann, wenn jemand »in Panik gerät«) eine vorübergehende Dominanz tieferer Hirnabschnitte vorkommen kann. Daß ein heutiger Mensch, der in der biologischen Katastrophe einer Schizophrenie in die archaische Welt seiner evolutionären Urahnen zurückstürzt, sich dort nicht heimisch fühlen kann, bedarf keiner Begründung. Ein von diesem Schicksal betroffener Mensch säße mit seiner Erkenntnis- und Erlebnisfähigkeit existentiell zwischen sämtlichen Stühlen. Zu Anfang der Erkrankung (bevor die Prozesse einer gewissen Gewöhnung, der nie vollständig gelingende Versuch der Verarbeitung und Anpassung an die neue Situation, einsetzen) beschreiben die Patienten das, was ihnen da widerfährt, nicht selten als das Erlebnis eines Weltuntergangs. Mir scheint, daß diese Metapher den Sachverhalt mit bemerkenswerter Präzision trifft.

33 Neuere Untersuchungen sprechen dafür, daß die Spezialisierung des Vogelauges auf die Fähigkeit zum Entdecken von Bewegungen so weit getrieben ist, daß auch für diese Tiere der Polarstern eine Sonderstellung am nächtlichen Himmel einnimmt: Sie erkennen ihn als den

einzigen Stern, der die scheinbare Drehung des Himmelsgewölbes nicht mitmacht, und bedienen sich seiner zur Richtungsorientierung.

34 »Kinder des Weltalls«, 1970, S. 175 ff.

35 Hier muß daran erinnert werden, daß in dem Kapitel »Bussarde und Küken« bereits von einer noch elementareren Form des Erwerbs individueller Erfahrung ausführlich die Rede gewesen ist. Es handelte sich dabei um die Möglichkeit, Erfahrungen in Gestalt von Gewöhnungseffekten zu erlangen, also als sekundäre Folge eines ganz elementaren physiologischen Prozesses. Es erscheint plausibel, sich die Entwicklung der Fähigkeit zum Lernen als Abfolge der Stufen: Gewöhnung – »Prägung« (siehe die anschließenden Textabschnitte) – echtes Lernen (im Sinne der Fähigkeit zum Erwerb unspezifischer Inhalte) vorzustellen.

36 Eine ausgezeichnete Zusammenfassung des augenblicklichen Wissens auf diesem Gebiet liefert das Buch von Erwin Lausch, »Mutter, wo bist du?« (1974).
Wie völlig anders Wissenschaftler, selbst hervorragende Wissenschaftler, noch vor kurzer Zeit über diese Fragen urteilten, sei an einem der prominentesten Beispiele belegt. Kein geringerer als Konrad Lorenz schrieb in seiner erstmals 1950 veröffentlichten Abhandlung »Ganzheit und Teil in der tierischen und menschlichen Gemeinschaft« wörtlich: »Was die Psychopathologie als Gemütsarmut oder Wertblindheit bezeichnet, beruht ganz sicher auf genetischen Grundlagen (»Gesammelte Abhandlungen«, 1965, S. 192). Heute wissen wir, daß »asoziale« Persönlichkeitsmerkmale gerade dieses Typs zu den charakteristischen Spätschäden gehören, die der Entzug der Möglichkeit einer individuellen Bindung in der entscheidenden Entwicklungsphase hinterlassen kann. Es entbehrt nicht einer gewissen Pikanterie, daß das angeführte Zitat ausgerechnet von dem Mann stammt, der das Phänomen der Prägung seinerzeit (1935) entdeckt hat.
Lorenz wurde übrigens kürzlich unter anderem auch diese Zitats wegen von Schmidbauer in dessen sehr lesenswertem Buch »Biologie und Ideologie« (1973) angegriffen. Der Sache nach geschah das in diesem Punkt sicher zu Recht. Schmidbauer hätte aber vielleicht erwähnen sollen, daß die Lorenzsche Behauptung aus einer Zeit stammt, in der die Befunde von Meves etc. noch nicht bekannt waren.

37 Es ist nur billig, daran zu erinnern, daß der Psychoanalyse das unbestreitbare Verdienst zukommt, erstmals die Behauptung aufge-

stellt zu haben, daß Erlebnisse in der frühen Kindheit die Persönlichkeitsentwicklung entscheidend beeinflussen. Allerdings muß man im gleichen Atemzug hinzusetzen, daß es ihr bis heute trotz eines bemerkenswerten Aufwandes nicht gelungen ist, die ursächlichen Faktoren und die Gesetzmäßigkeiten ihrer Wirkung in einer Sprache darzustellen, die in der Wissenschaft unumstritten wäre. Auch den Beweis für die weitere Behauptung, sie sei mit der ihr eigenen Methode – rückerinnernde Bewußtmachung schädigender Einflüsse und deren nachträgliche rationale Verarbeitung – imstande, die negativen Folgen frühkindlicher Erfahrungen im späteren Leben wieder rückgängig zu machen, ist die Psychoanalyse in den Augen kritischer Beobachter bis heute schuldig geblieben.

38 Eine Reihe wichtiger Indizien spricht dafür, daß zu den Bereichen menschlichen Verhaltens, die durch prägungsartige Lerneffekte entscheidend und bleibend geformt werden, die sexuelle Sphäre gehört. Bei Tieren, vor allem bei Vögeln, ist die Möglichkeit einer irreversiblen Prägung auf bestimmte, auch artfremde Sexualpartner in vielen Fällen nachgewiesen. Besonders bedeutsam erscheinen Experimente des Lorenz-Schülers F. Schutz, der Erpel durch Prägung auf männliche Artgenossen irreversibel homosexuell werden ließ. Die Mehrzahl der Fachleute neigt heute zu der Annahme, daß vergleichbare Umweltfaktoren auch bei der Entstehung der menschlichen Homosexualität beteiligt sein dürften. Unser Strafrecht berücksichtigt diese Möglichkeit durch die Strafandrohung bei homosexuellen Beziehungen zu Minderjährigen, während gleichgeschlechtliche Beziehungen zwischen Erwachsenen in der Regel straffrei bleiben. Dabei ist jedoch einzuräumen, daß gesicherte Kenntnisse über die eine entsprechende Prägung beim Menschen bewirkenden Faktoren bisher ebensowenig vorliegen wie über den für ihre Wirkung entscheidenden Entwicklungszeitraum (die spezifische »sensible Phase«).

39 Hier ein einziges Beispiel für die Tricks, mit denen die Natur auf diesem Gebiet arbeitet: Die Übertragung mehrerer verschiedener Farbwerte erfolgt im Bereich des genannten »Kniehöckers« wahrscheinlich innerhalb der gleichen Nervenfaser in der Weise, daß die Impulse, die verschiedene Farbtöne signalisieren, um Bruchteile von hundertstel Sekunden zeitlich versetzt sind. Dabei informiert dann die zuerst eintreffende Impulsfolge über die Intensität etwa des Rotwertes, die anschließende über Blautöne und eine dritte über Helligkeiten im grünen Spektralbereich.

40 Die Tatsache, daß Hirnoperationen in der Regel in örtlicher Betäubung durchgeführt werden (vgl. Anmerkung 21), gibt den Hirnchirurgen die Möglichkeit, durch die elektrische Reizung der freiliegenden Hirnabschnitte (aufgrund der dabei auftretenden oder vom Patienten berichteten Reizeffekte) mit großer Präzision zu bestimmen, welche der Zentren oder Bahnen des Gehirns (die mit bloßem Auge nicht sichtbar sind) sie vor sich haben. Ein gewaltiges Beobachtungsmaterial hat sich ferner bei den Untersuchungen der Hirnverletzten beider Weltkriege angesammelt. Die Großhirnrinde gehört daher heute zu den am gründlichsten untersuchten Teilen des menschlichen Gehirns.

41 Zwar gibt es im Aussehen der Hirnrinde zwischen verschiedenen Menschen geringfügige Unterschiede. Wenn die Windungen und Furchen der Hirnoberfläche im großen und ganzen auch stets wiederkehren (und daher von den Anatomen auch mit festliegenden Namen bezeichnet werden können), so ist doch – ohne jeden erkennbaren Zusammenhang mit der Intelligenz oder besonderen Begabungen bei den verglichenen Menschen – in dem einen Fall eine Furche einmal etwas länger, eine Windung ein klein wenig breiter oder kürzer als in dem anderen. Diese Unterschiede gelten jedoch nicht für die im Reizversuch nachweisbaren »Zentren«. Diese sind, unabhängig von Rasse, Körpergröße, Intelligenz oder Begabungen, bei allen Menschen an der gleichen Stelle der Rinde und in gleicher Ausdehnung zu finden.

An dieser Stelle ergibt sich die Gelegenheit, kurz auf eine Frage einzugehen, die interessierte Laien gelegentlich beschäftigt: Ist es nicht möglich, daß verschiedene Menschen bestimmte Gefühle oder Sinneseindrücke ganz verschieden erleben? Daß der eine, um ein ganz einfaches Beispiel anzuführen, die Farbe »Grün« vielleicht so erlebt, wie ein anderer »Rot« sieht? Da Farbe ein rein subjektives Erlebnis ist (objektiv existieren lediglich elektromagnetische Schwingungen unterschiedlicher Frequenzen), ist diese Möglichkeit logisch nicht grundsätzlich auszuschließen.

Trotzdem scheint mir sicher zu sein, daß nennenswerte Unterschiede hier mehr als unwahrscheinlich sind. Jedenfalls liegt hier kein Problem vor, über das nachzugrübeln sich lohnt. Der Grund ist einfach die nahezu totale genetische Identität aller für diese subjektiven Erfahrungen maßgeblichen Hirnstrukturen bei allen Menschen. Einfacher ausgedrückt: Alle heute existierenden Gehirne sind das Ergebnis der in der Abfolge unzähliger Generationen ständig wiederholten genetischen Reduplikation des gleichen »Modells«. Unter diesen Umständen kann man sich mit großer Sicherheit darauf verlassen, daß man, wenn man eines von ihnen kennt (das eigene), auch weiß, wie die anderen funktionieren. Das gilt natürlich nicht für Leistungen, die auf Lernprozessen beruhen (wie z. B. das Sprachverständnis), es gilt nicht für individuelle Züge der Persönlichkeitsentwicklung oder kulturelle Unterschiede des Werturteils usw., wohl aber für derart elementare Leistungen wie etwa die Farbwahrnehmung.

42 Für diese als gesetzmäßig anzusehende Beziehung hier ein einziges eindrucksvolles Beispiel. Die Abhängigkeit der anatomischen Struktur von der Funktion (das Umgekehrte bedarf keiner Begründung) geht bekanntlich so weit, daß ungenutzte Organe zurückgebildet werden. Im Falle eines untätig bleibenden (untrainierten) Muskels scheint das nicht verwunderlich. Es handelt sich dabei aber allem Anschein nach um eine allgemeine Regel der Biologie, die z. B. auch für die Funktion der Augen gilt. In einigen Fällen wurden Reptilien und Fische bekannter Arten gefunden, die eine geologische Katastrophe in ein unterirdisches Höhlengewässer verschlagen hatte. Dort hatten die Individuen sich jahrtausendelang in absoluter Dunkelheit als isolierte Population halten können. Die Tiere sind heute in jeder Hinsicht normal, mit einer bemerkenswerten Ausnahme: bei allen sind die Augen zu rudimentären, funktionsuntüchtigen Kümmerorganen rückgebildet. Beim Grottenolm sind sie z. B. von der Körperhaut überwachsen.

43 Die Frage nach der »Freiheit« unseres Verhaltens ist aus der biologischen Perspektive verhältnismäßig einfach zu beantworten. Der Spielraum unseres Verhaltens ist ganz offensichtlich durch konkret angebbare und erfahrbare Grenzen eingeengt: Wir können nicht hungrig, müde oder gut gelaunt sein, wann wir wollen. Unsere Leistungsfähigkeit, Entschlußkraft und der Reichtum unserer Einfälle hängen von diesen unserem Einfluß nicht unmittelbar zugänglichen vitalen Zuständen unbestreitbar ab. Auf der anderen Seite aber sind wir, wie eben diese fortwährenden Schwankungen der Weite (und der Dimensionen) unseres Handlungsspielraums zeigen, ganz sicher auch nicht absolut unfrei. Denn wäre das der Fall, dann könnte eine schlechte vitale Verfassung (eine Krankheit, Unterernährung, starke Erschöpfung) unsere Freiheit nicht spürbar verringern, da einem nur genommen werden kann, was man bis dahin besaß.

44 Ein weiteres von vielen möglichen Beispielen sei hier noch kurz erwähnt, weil ihm heute eine gewisse Aktualität zukommt. Auch unsere Eßbegier scheint vom Zwischenhirn nach archaischen Regeln gesteuert zu werden. Die Tatsache, daß so viele Menschen heute »mit ihrem Gewicht zu kämpfen haben«, wie es so anschaulich und völlig zutreffend heißt, ist auf keine andere Weise ähnlich überzeugend zu erklären. Man muß sich den Zusammenhang wie bei einer Rückkopplung mit Hilfe eines Thermostaten vorstellen. Eine automatisch arbeitende Zentralheizung ist ein guter Vergleich. Die Wärme der geheizten Räume (die Kalorienmenge, die die Heizung in die Wohnung transportiert) hängt von der Einstellung des Thermostaten ab. Unterschreitet die Raumtemperatur den an diesem Steuergerät eingestellten Sollwert, dann wird der Ölbrenner zur erneuten Wärmeproduktion automatisch eingeschaltet.

Es hat nun den Anschein, als ob der in unserem Zwischenhirn steckende »Thermostat«, jenes nervöse Regelungszentrum, das die Kalorienbilanz unseres Körpers überwacht, auf einen etwas zu hohen Wert eingestellt ist. Das eine erneute Kalorienzufuhr bewirkende Programm »Eßtrieb« (von uns als Hunger erlebt) springt zu früh an, nämlich schon dann, wenn objektiv gesehen noch ausreichende Energiereserven im Körper gespeichert sind. Das ist zunächst einmal der sehr einfache Grund dafür, daß so viele von uns heute »zu dick« sind.

Wenn wir diesen Zusammenhang nun ebenfalls vor dem Hintergrund des an dieser Textstelle erörterten Zwiespalts zwischen Groß- und Zwischenhirn betrachten, dann stoßen wir auch hier wieder auf die Folgen der zwischen den beiden Hirnteilen bestehenden Altersdifferenz. Denn warum ist denn der »Kalorien-Thermostat« bei so vielen Menschen zu hoch eingestellt? Vermutlich doch deshalb, weil das Zwischenhirn mit seiner Lernunfähigkeit bis heute einen Wert beibehalten hat, der in der Epoche, in der er einst festgelegt wurde, zweckmäßig oder präziser: lebensnotwendig war.

Es ist ohne weiteres einzusehen, daß in einer Zeit, in der die Beschaffung von Nahrung noch identisch war mit einer langwierigen und strapaziösen Jagd und in der die Vorratshaltung noch nicht erfunden war, der Nahrungstrieb schon ausgelöst werden mußte, solange noch ausreichende Energiereserven vorhanden waren, um den mühsamen Beschaffungsprozeß durchhalten zu können. Und umgekehrt ist ebenso leicht einzusehen, welche Folgen es unvermeidlich haben muß, wenn diese Regelung in einer Umwelt beibehalten wird, in der einige Schritte zum Eisschrank genügen, um die Ernährung sicherzustellen.

45 Hier muß ein banales Mißverständnis kurz erwähnt werden, weil es selbst unter Gebildeten immer wieder Verwirrung stiftet. »Instinkt« und »instinktiv« sind Termini mit einer ganz bestimmten, präzise definierten Bedeutung. Wo immer sie in der Wissenschaft gebraucht werden, da ist von angeborener Erfahrung, von ererbten Verhaltensprogrammen die Rede. »Instinktiv« bedeutet dann stets die Auslösung eines solchen Programms durch spezifische Auslöser einschließlich aller anderen mit diesem automatischen Vorgang verbundenen Kriterien, wie sie ausführlich besprochen wurden. Es führt nur zu ständigen Mißverständnissen, wenn diese Definition nicht strikt beachtet wird und von »instinktivem« Verhalten oder Urteilen auch dann geredet wird, wenn in Wirklichkeit intuitives Reagieren oder Urteilen gemeint sind. Beides hat unmittelbar nichts miteinander zu tun.

46 Wir müssen hier selbstverständlich hinzufügen: auch die einzige, in der wir existieren können. Denn wir könnten unsere Wirklichkeit auf gar keine Weise verlassen, auch nicht mit der utopischen Hilfe einer Zeitmaschine, die uns die Möglichkeit zu einer Reise in die Zukunft gäbe. Deshalb nicht, weil sie ein subjektives und nicht ein objektiv existierendes, etwa unabhängig von uns selbst sich entwickelndes Phänomen ist. Mehr darüber in den letzten Kapiteln.

47 Regelung durch Rückkopplung gibt es nicht nur in lebenden Organismen, sondern in außerordentlich vielen Bereichen der belebten und unbelebten Natur einschließlich der menschlichen Technik. Die Fülle der Beispiele ist fast beliebig groß. Das Prinzip aber ist in allen Fällen das gleiche, und deshalb treffen die im Text behandelten Besonderheiten auch in der gleichen Weise sowohl auf technische als auch auf biologische Systeme zu.

48 Daß es noch wesentlich langwelligere biologische Schwingungen gibt, wird durch den vierwöchigen Menstruationszyklus belegt. Vielleicht gibt es darüber hinaus Schwingungen mit noch langsamerer Frequenz. Manche Wissenschaftler halten es für wahrscheinlich, daß auch der zeitlichen Regelung von Wachstum, geschlechtlicher Reifung und Alterung langperiodische biologische Rhythmen zugrunde liegen. Im Falle des Menschen fiele die längste mögliche Wellenlänge biologischer »Schwingung« dann mit unserer genetisch fixierten Lebensspan-

ne zusammen. Alle diese Fragen sind bisher aber noch kaum erforscht.

49 Ein indirekter Hinweis auf die Existenz einer solchen inneren zeitlichen Ordnung ergibt sich aus einer bekannten Erfahrung unseres technischen Zeitalters. Bei Flugreisen in ostwestlicher (oder umgekehrter) Richtung werden wir mit den heutigen Flugzeugen so schnell in andere Zeitzonen (in Gebiete mit anderer Ortszeit) versetzt, daß unsere »innere Uhr« mehrere Tage benötigt, bis der Anschluß an die vom Abflugsort abweichende Tag-Nacht-Periodik des neuen Aufenthaltsorts wiederhergestellt ist. Während der Tage der Umstellung fühlen sich die meisten Menschen mehr oder weniger unwohl: Schlaflosigkeit während der Nacht und Mattigkeit am Tage sind die häufigsten und einleuchtendsten Klagen. Hinzu kommen aber nicht weniger häufig Verdauungsstörungen, Schweißneigung, allgemeines Schwächegefühl, schlechte Stimmung und andere Formen eines allgemeinen körperlichen Unbehagens. Diese können den Wiedereintritt eines normalen, der neuen Ortszeit angepaßten Schlafrhythmus bezeichnenderweise noch um Tage überdauern. In diesen Fällen übernimmt offenbar der langwellige 24-Stunden-Rhythmus von Wachen und Schlafen unter dem Einfluß der äußeren Tag-Nacht-Periodik der neuen Umgebung als Zeitgeber die Führung bei der Umstellung. Die anderen, kurzwelligeren Funktionen aber hinken mehr oder weniger nach. Während der Umstellung kommt es folglich zu einer Desynchronisation, einem Zerfall der normalerweise bestehenden inneren »Zeitstruktur«. Die Physiologen vermuten, daß die erwähnten Formen des Unbehagens das Erleben ebendieser vorübergehenden vegetativen Asynchronizität darstellen.

50 Der handgreiflichste Beweis für die Beeinflußbarkeit unserer Stimmung »von innen«, von der vegetativen Basis her, ist die Wirkung euphorisierender Drogen. Die Verführung zum Einnehmen derartiger Substanzen beruht gerade darauf, daß sie den unmittelbarsten und bequemsten Zugang zu einem intensiven Glücksgefühl verheißen. Daß dieser Weg ein Kurzschluß im doppelten Wortsinn ist, zeigt der unausbleibliche Ruin derer, die der Versuchung erliegen. Ihr Schicksal ist die Folge der Zerstörung des subtilen vegetativen Gefüges, das uns mit der Umwelt verbindet, durch die brutale Wirkung des Suchtmittels.

51 Es kann, aus krankhafter Ursache, geschehen, daß diese Schwingungsfähigkeit unserer Stimmungen erstarrt. Das Resultat einer solchen Störung ist das, was die Psychiater eine »Gemütserkrankung« nennen.

Rastet die Stimmung am unteren depressiven Pol ein, so ergibt sich daraus das Erscheinungsbild einer krankhaften, endogenen Depression. Im umgekehrten Falle resultiert eine »Manie«.

52 John Fremlin: »How stereoscopic vision evolved«. New Scientist vom 5. Oktober 1972, S. 26.

53 Konrad Lorenz: »Die angeborenen Formen möglicher Erfahrung«. Zeitschrift für Tierpsychologie, Band 5 (1943), S. 235–409.

54 Ich entnehme diese Feststellung des amerikanischen Evolutionsforschers George Gaylord Simpson dem ausgezeichneten Buch »Evolutionäre Erkenntnistheorie« von Gerhard Vollmer (Stuttgart 1975), das allen empfohlen sei, die sich für die hier geschilderte Problematik und ihren geschichtlichen Hintergrund näher interessieren.

55 Wenn die Welt unserer täglichen Erfahrung mit der objektiven Realität der »Welt an sich« wirklich so nahtlos übereinstimmte, wie unser naives Welterleben es uns suggeriert, dann brauchten wir keine Naturwissenschaft. Die geistige Anstrengung, die wir mit diesem Begriff meinen, ist nichts anderes als die Reaktion des Menschen auf die Erkenntnis, daß sich der Augenschein mit der Realität nicht deckt. Es ist, wenn man die Situation einmal durchschaut hat, alles andere als erstaunlich, daß sich die Welt außerhalb des engen Rahmens unserer Anschauung unserem Vorstellungsvermögen entzieht. Erstaunlich ist vielmehr, daß es uns auf dem indirekten Weg der Wissenschaft gelingt, über diesen Rahmen hinaus in die Realität einzudringen. Zwar ist das nur auf den Krücken abstrakter, selbst unanschaulicher Formeln und Symbole möglich. Die Fachsprache des Wissenschaftlers ist aus der Not geboren, Zusammenhänge beschreiben zu müssen, die außerhalb des Bereichs unserer Alltagserfahrung liegen und für deren Beschreibung unsere aus dieser Alltagserfahrung entstandene Sprache daher weder Begriffe noch Syntax bereithält. Daß wir uns dabei aber tatsächlich uns sonst unerkennbar bleibenden objektiven Eigenschaften der Welt annähern, wird durch überprüfbare Resultate am Ende derartiger Formelketten bewiesen. Etwa dann, wenn sie uns die Auslösung einer Atomexplosion ermöglichen, mit der wir Materie in Energie umwandeln.

Hoimar v. Ditfurth

Im Anfang war der Wasserstoff
Sonderausgabe, 360 Seiten, davon 20 Farbtafeln, 40 s/w-Tafeln, gebunden.

Der Geist fiel nicht vom Himmel
Die Evolution unseres Bewußtseins.
340 Seiten mit zahlreichen Illustrationen und 32 Seiten Farbfotos,
gebunden.

Kinder des Weltalls
Der Roman unserer Existenz.
Sonderausgabe. 290 Seiten mit zahlreichen Illustrationen im Text und
56 Seiten Bildteil, gebunden.

Wir sind nicht nur von dieser Welt
Naturwissenschaft, Religion und die Zukunft des Menschen.
344 Seiten, gebunden.

Evolution II
Ein Querschnitt der Forschung.
Hrsg. von H. v. Ditfurth. 266 Seiten mit 37 mehrfarbigen und 90 s/w-
Illustrationen im Text, gebunden.

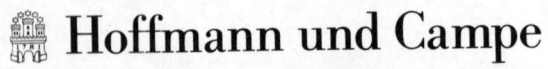 Hoffmann und Campe

Hoimar v. Ditfurth im dtv

Foto: York-Foto, Freiburg i. Br.

Der Geist fiel nicht vom Himmel
Die Evolution unseres Bewußtseins

Die Entstehung menschlichen
Bewußtseins als notwendiges
Ergebnis einer Jahrmilliarden langen
Entwicklungsgeschichte. dtv 1587

Im Anfang war der Wasserstoff

Ein Report über 13 Milliarden Jahre
Naturgeschichte, angefangen vom
Urknall über die Entstehung des
»Abfallprodukts« Erde, über die
große Sauerstoffkatastrophe, die
Entstehung der Warmblütigkeit
(und damit die Voraussetzung für
das menschliche Bewußtsein) bis
hin zur Möglichkeit interplane-
tarisch-galaktischer Kommunikation.
Durchgehend verzeichnet Ditfurth
dabei das Vorherrschen von Vernunft. dtv 30015

Kinder des Weltalls
Der Roman unserer Existenz

Anhand wissenschaftlicher Erkenntnisse vollzieht Ditfurth nach, warum
auf unserer Erde Leben entstehen
konnte und wie unser Dasein von
ineinandergreifenden kosmischen
Vorgängen abhängt. dtv 10039

Wir sind nicht nur von dieser Welt
Naturwissenschaft, Religion
und die Zukunft des Menschen

»Dies Buch wird in der Überzeugung geschrieben, daß die naturwis-
senschaftliche und religiöse Deutung
der Welt und des Menschen miteinander in Einklang zu bringen sind.«
(Hoimar von Ditfurth)
dtv 30058

Innenansichten eines Artgenossen
Meine Bilanz

Ditfurths letztes und reifstes Buch –
das Weltbild eines Denkers, der die
Grenzen zwischen den Wissenschaf-
ten überschritten hat. dtv 30022

Hoimar v. Ditfurth/Dieter Zilligen:
Das Gespräch
Mit zahlreichen Fotos

Hoimar v. Ditfurths letztes Inter-
view. Ein kraftvolles Vermächtnis des
großen Publizisten, Mahners und
Warners. dtv 30329

Zusammen mit Volker Arzt:

Dimensionen des Lebens
Reportagen aus der Naturwissenschaft auf der Grundlage der
Fernsehreihe »Querschnitte«.
dtv 1277

Querschnitte
Reportagen aus der
Naturwissenschaft
Zehn weitere Beiträge aus der
erfolgreichen Fernsehserie »Quer-
schnitte« in Buchform. dtv 30054

Frederic Vester
im dtv

Foto: Isolde Ohlbaum

Denken, Lernen, Vergessen
Was geht in unserem Kopf vor, wie
lernt das Gehirn, und wann läßt es
uns im Stich?

Frederic Vester vertritt eine völlig
neue Richtung der Gehirnfor-
schung: die Biologie der Lernvor-
gänge. Ein Testprogramm zeigt
dem Leser, wie er seinen individuellen Lerntyp feststellen und seinen
eigenen »biologischen Computer«
am effektivsten nutzen kann.
dtv 30003

Phänomen Streß
Wo liegt sein Ursprung,
warum ist er lebenswichtig,
wodurch ist er entartet?

»Vester ist es in bewundernswerter
Weise gelungen, die wesentlichen
Zusammenhänge des Streßgesche-
hens in einer auch dem Laien verständlichen Sprache zu vermitteln.
Sein Buch ist höchst angenehm zu
lesen, gut illustriert und äußerst
instruktiv.« (Professor Hans Selye)
dtv 1396

**Unsere Welt –
ein vernetztes System**

Ein faszinierender Einblick in die
Gesetzmäßigkeiten von sich selbst
regulierenden Systemen, die vom
Mikrokosmos bis zum Makrokos-
mos die gleichen sind. Anhand vieler anschaulicher Beispiele erläutert
Vester die Steuerung von Systemen
in der Natur und durch den Menschen, und wie wir sie in ihren
Abhängigkeiten und Wechselwir-
kungen verstehen, beurteilen und
zur Lösung von Problemen einsetzen können. dtv 10118

Neuland des Denkens
Vom technokratischen zum
kybernetischen Zeitalter

Das fesselnd und allgemeinver-
ständlich geschriebene Hauptwerk
von Frederic Vester – eine grund-
legende und breitgefächerte Orientierungshilfe für alle, die an einer
(über-)lebenswerten Zukunft interessiert sind. dtv 10220

Ballungsgebiete in der Krise
Vom Verstehen und Planen
menschlicher Lebensräume

Eine praktikable Anleitung, die
Zukunft unserer bedrängten Lebensräume nicht mehr der technokratischen Planung zu überlassen,
sondern sie auf der Grundlage bio-
kybernetischen Denkens als vernetztes System zu erfassen und für
die Zukunft zu gestalten. Aktualisierte Neuausgabe. dtv 30007

Frederic Vester/Gerhard Henschel:
Krebs – fehlgesteuertes Leben
Aktualisierte Neuausgabe. dtv 11181